民國建築工程期刊匯編

MINGUO JIANZHU GONGCHENG QIKAN HUIBIAN

58

《民國建築工程期刊匯編》編寫組 編

廣西師範大學出版社
GUANGXI NORMAL UNIVERSITY PRESS
·桂林·

第五十八册目録

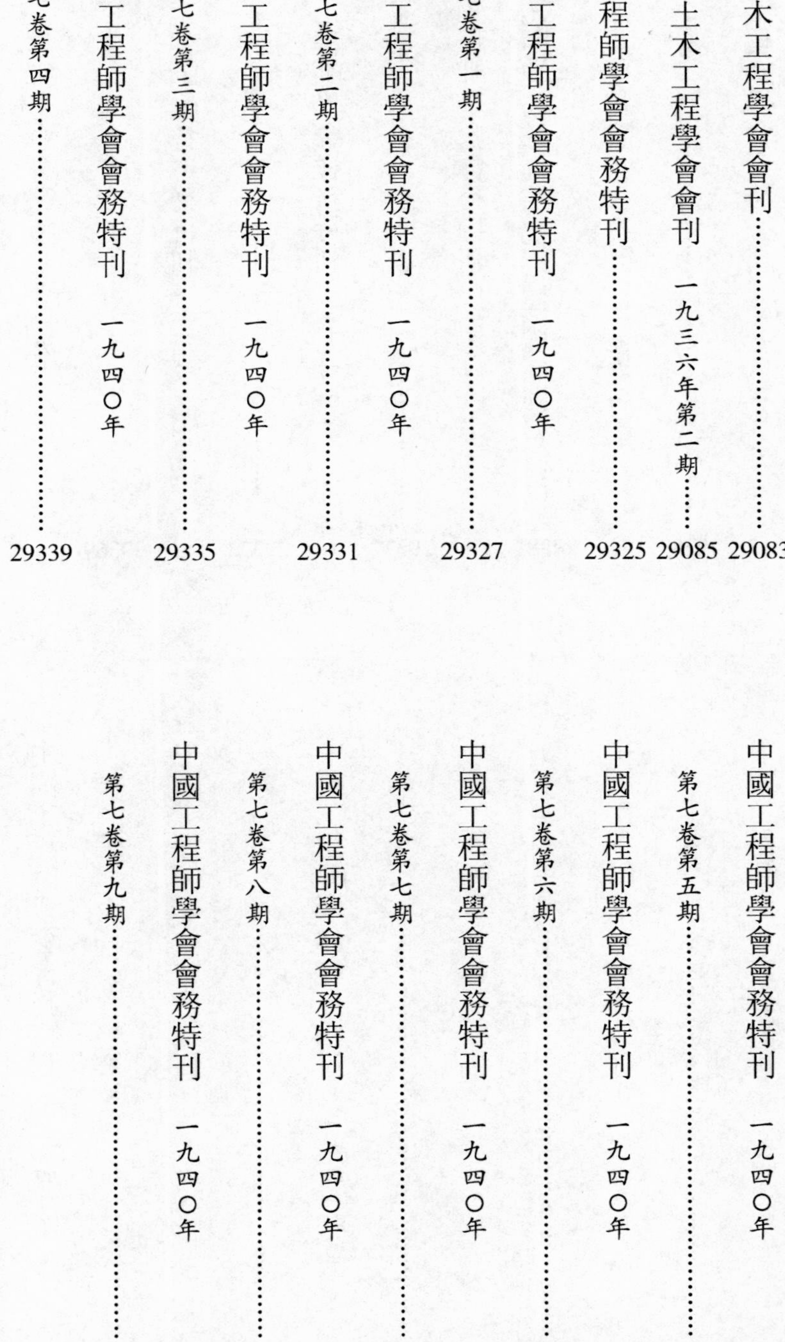

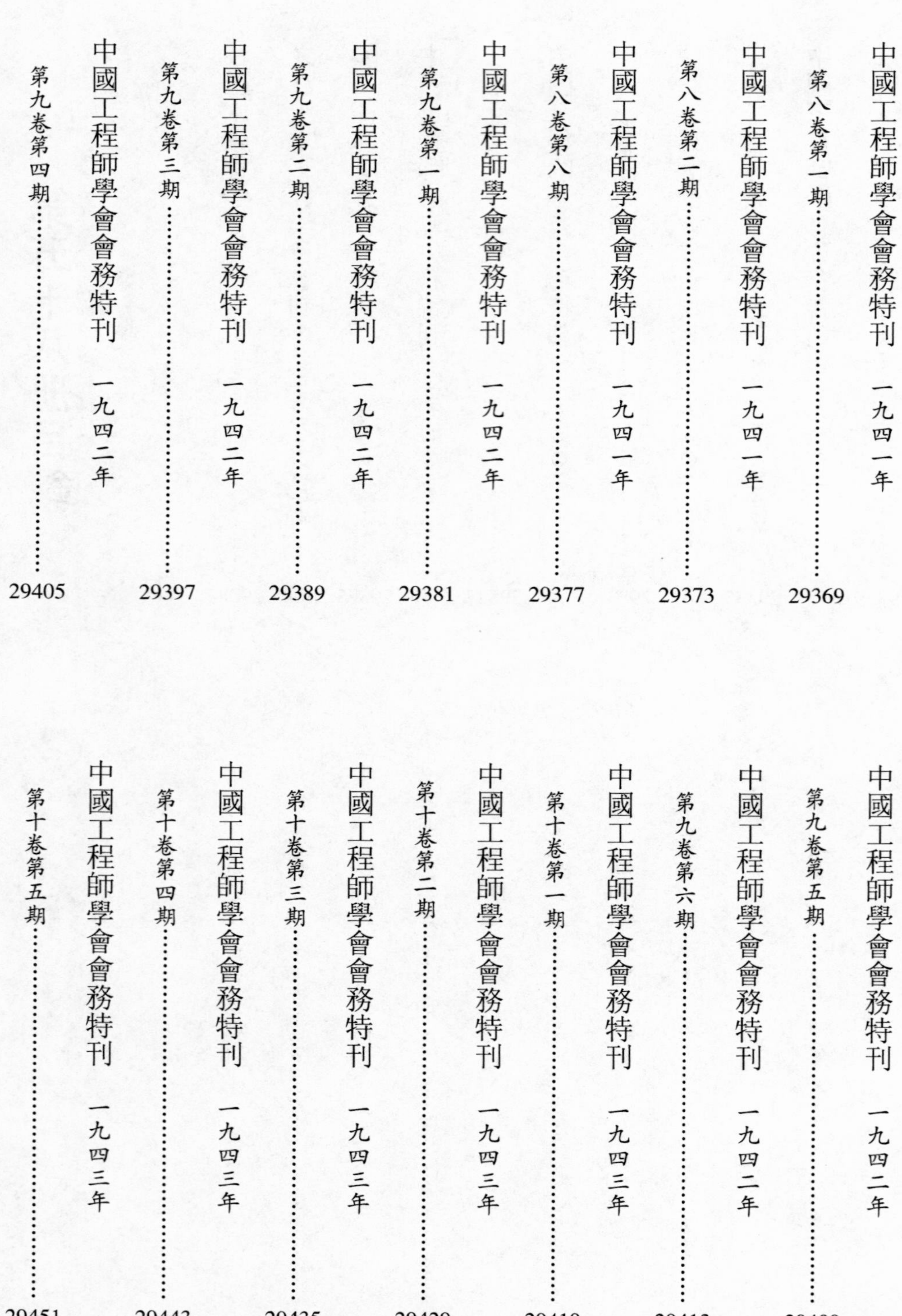

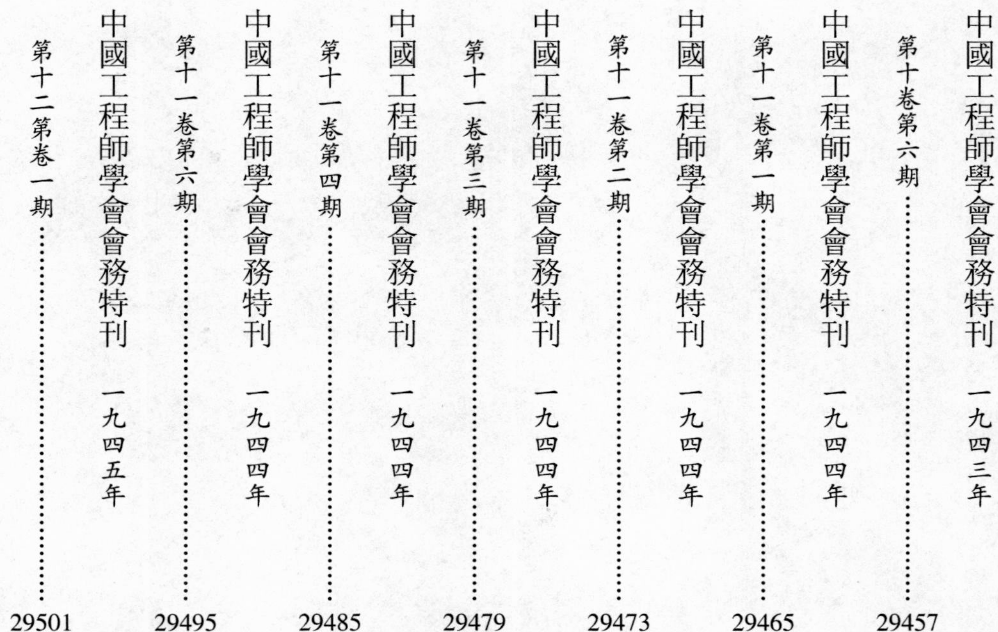

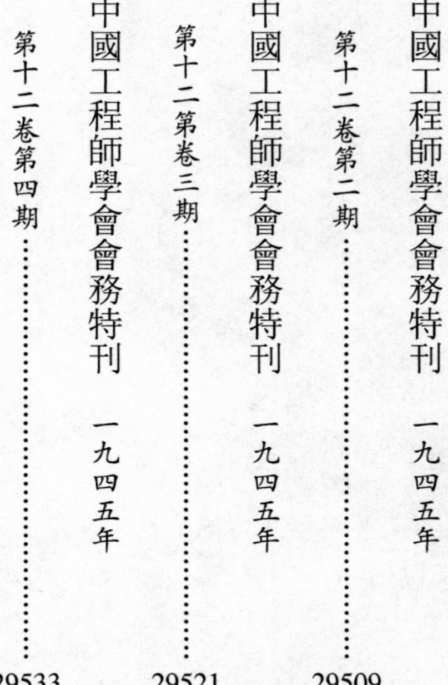

之江土木工程學會會刊

29085

之江土木工程學會會刊

第二期目錄

之江土木工程學會會刊序

徐 籙

本校剏立土木工程系之歷史未久,而土木工程學會之組織,爲期尤暫.其宗旨無非爲聯絡校內外同學之感情,使達互相切磋研究之目的耳,至於爲藝術上之貢獻,則殊未敢如此誇言.惟學術無止境,卽以土木工程而言,分類又至繁瑣,不論任何一隅,苟研究有相當心得,實施有若干經歷,俱可著爲文字,藉以互相傳佈,實至有裨益之事也.

本此觀念,於是本校之土木工程學會,亦循例有會刊之發行,於今爲第二次.論其內容,雖無當於大雅之一顧,然亦頗足以表現諸同學研究之精神,使日躋於學術之門,進而爲有特殊之貢獻,亦意計中事耳.

土木工程一科,學理與經驗並重,可以無待贅言.惟在校同學大都注重於學理上之研究,而校外畢業諸君,則服務工程界,必更有經驗上之心得.欲使此會刊日臻完善,必校內外同學通力合作,各舉所知,以相探討乃可.就研究學理而言,固非謂必有發明及深奧理論之著作,乃可當之,凡任何工程書籍或雜誌之著述,其中苟有討論之價值者,俱可著爲文字而加以研究.至就實地經驗而言,更不必將全部工程作有系統之敍述,僅擇其有困難或特殊情形者,述其解決之方法,亦頗爲可貴.是以本刊之取材至爲廣泛,願本會諸同學循此意義,盡量撰著,使本刊之內容日見豐富,再謀發揚而光大之,幸甚.

中國河流分佈及沿海概況

王壽寶

(一)河流之成,由於地面雨水向低處作逕流,冲刷沿途泥石,日積月累,漸冲漸深,遂成河槽,此其一也,地球表面,本非平坦,有高聳者山,有低卑者谷,故山谷實爲天然之河道,此其二也,大概河道之上游,行于山谷間,故欲考河道之地位,應先明其地山脈之情形,所謂大山之間必有大川者是也.

我國山脈,發端于帕米爾,(有世界屋脊之稱)而散布于四方,葱嶺如圓心,山脈恰若半徑之由圓心射出,形如摺扇,故全國水道,亦隨之而成幅射之勢,茲將其地位及尾閭分之如後.

流域以長江爲最大,佔本部之大半,其廣爲五百二十萬方里,約合黃珠淮沽黑諸流域之和,共爲六百七十五萬方里,故我國大水,首推長江,次爲黑龍江,再次爲黃河,以黑實長於黃,流域亦較黃爲廣,黑之支流松花江,以水利言,實超黃珠沽淮之上,而僅次於長江,病在季季冰結耳,

	河流	尾閭	
1. 陰山東北之水	黑龍江	注鄂霍海	入太平洋
	綏芬河	注日本海	
	圖們江		
	鴨綠江	注渤海	
2. 陰山南側之水	遼河		
	淩河		
	灤河		
	沽河		
3. 陰山與北嶺間之水	黃河		

水系	河流	注入	歸屬
	淮河	注黃海	
4. 北嶺與南嶺間之水	長江	注東海	
	浙江		
5. 南嶺東側之水	甌江		
	閩江		
6. 南嶺與句漏山脈間之水	九龍江	注南海	
	韓江		
	珠江		
7. 句漏山脈與橫斷諸脈間之水	元江		
	瀾滄江		
8. 岡底斯山與喜馬拉雅山間之水	怒江	注孟加拉灣	入印度洋
	雅魯藏布江		
	印度河	注阿拉伯灣	
9. 天山南北之水	塔里木河	瀦為羅布泊	內陸河流
	伊犂河	瀦為巴爾喀什湖	
10. 阿爾泰山脈間之水	額爾齊斯河	注鄂畢灣	入北冰洋
	烏魯克木河		
	色楞格河	注葉尼塞灣	

(二)河流之上游,地勢峻峭,水流湍急,而山岳復因日曬冰凍,風摧雨擊,裂為碎塊,流成沙礫,搬至下游,流速漸減,所載泥沙,遂堆積於兩岸及河口,成新陸地,故河流之上游,高山漸夷平地,此種作用,名為侵蝕,在下游淤漲新陸,此種作用,名為冲積,而冲積所成之平原,常坦坦蕩蕩,極目無際,因河口之被堵塞,成縱橫雜流之狀,且冲積平原多成三角形,故稱為三角洲,我國諸大三角洲概況列下:

黃河三角洲,起點約在陝州,半徑之長為九百公里,以天津至江蘇諸湖為起迄,在昔山東全為島嶼,使之漸與大陸相毗連,江蘇之洪澤大縱等湖均由黃河長江兩大三角洲合併交錯而成,北與永定白河三角洲相會,成保定至天津間之低地,大清河及諸湖流經其地,按黃河三角洲在諸三角洲中,面積為最大,黃河水含沙量之多,在世界各河流中,無出其右,宜其三角洲之佔地亦獨多也.

長江三角洲,南起杭州灣,北與黃河三角洲相銜接,地佔江蘇之南部,浙江之北部,安徽之中部,口有崇明島,分長江爲南北二水道,江水搬運泥沙入海,年有七百萬立方公尺,以續其擴大三角洲之工作.

珠江三角洲形如榕樹,中爲總幹,上分三枝,總幹之末,又分數道入海,若樹根之盤結者然,面積約三千方哩,爲全省農產物最盛之地.

三角洲之大小,尼羅河自開羅以下均爲冲積地,佔一萬英方哩,密西西比河自屋哈屋以下,佔地約一萬四千英方哩,而黃河三角洲,竟佔地約有三十萬平方公里,合十一萬英方哩之多.

三角洲灘漲速率,得根據昔日入海之地點而計之,如意之To河,於羅馬時代在 Adria 出口,距今二千年而其地今離海濱有二十英哩之遙,可知其每年灘漲五十英尺,法之 Rhone 河年漲七十五英尺,美之密西西比年漲三百三十英尺,我國長江年漲七十英尺,黃河在大禹時由章武入海,卽今之靜海縣,距海約二百里,而大禹迄今爲四千年,計之年漲爲七十尺,冲積層之深度,在尼羅河爲40至80英尺,在密西西比河爲50英尺,按此深度,得約計冲積層之年齡,如埃及王 Rameses Ⅱ之像埋在冲積層下 9 英尺,而王在日迄今,已達三千年,卽每 333 年淤一英尺,淤高40英尺需時 13330 年,卽該河在其地之冲積作用,總在一萬年之上矣.

河流對于兩岸既有侵蝕與冲積二種不同之作用,故分河流爲冲積河流與非冲積河流二種,冲積河流之兩岸,皆爲汜濫期洪水所帶之泥沙淤積而成,故其地面由河岸至附近盆地,向下傾斜,常至數十百里,如黃河三角洲兩旁之有湖澤,而非冲積河流之河床及兩岸,則皆由冲刷以前之高原所成,兩岸常較附近平地低,由河岸至兩旁,向上傾斜,水在地中行,自無水災,冲積平原最爲膏腴,我國人口最稠密之區,物產最殷富之地在焉,證之上述諸三角洲可知不謬,河流有三角洲,卽延長其下游,降低其坡度,減少其宣洩之量,故在三角洲之起點,遷道改流,皆始於此,證之黃河歷年決口地點,皆在鄭州銅瓦廂間,故於該處應固築堤防也.

（三）黄土德名Loss最著者在我國北部佔地約有一百五十萬平方公里,深達三百公尺,次爲萊因谷及密西西比谷,土質極細,直徑約在0.05至0.02公厘間,爲細沙,石灰,雲母,及方解石等之混合物,其成份如下:

沙粒	SiO_2	64%
土粒	Fe_2O_3 Al_2O_3	18%
石灰質	$CaCO_3$	10%
其他雜質		8%

未風化時爲棕色,經風化後,卽變黃色,因其含鐵質故,($FeO \rightarrow Fe_2O_3$)禹貢名爲黄壤,成因似由風力所搬運,土質腴美,不勞培壅,滲漉性極大,故黄壤區域,其井恆深,而黄河支流之成,類皆由潛流始道路常深處地面之下,名曰衖衕,潦時成香爐底,北方有諺,無雨三尺土,有雨滿街泥,卽黄壤之被冲刷入街道使然,土鬆易坍,入水便飽和,黄河永定河之難治,以其流經黄壤區域,含黄土之量太甚故也,我國之於黄土,似有重大關係,人爲黄種,清代以黄色爲帝色,河有黄河,海有黄海,可以概見.

（四）我國海岸以杭州灣爲天然分界,以北爲北洋,大致爲上升海岸,多成沙岸,以南爲南洋,屬於下降海岸,則爲岩岸,故杭州灣以南概爲高峻海岸,岩壁削露,海灣深入,河流入海,均在海灣之中,而成喇叭口,杭州灣以北,爲諸大河之冲積平原,淺灘連亙,平直延曠,以南則岩岸,港灣幽深,島嶼森羅,浙閩海岸,港灣衆多,最著者爲象山港,堪作軍港之用,查英之東岸海濱,亦係下降海岸,爲潮浪剝蝕,年有四尺左右,德之北海濱島嶼漸失,海爾格蘭島爲其僅存者,他如荷蘭之草益得海,在昔亦係陸地,今以人力填海爲陸復其舊觀,工程之艱難偉大,當可知矣.

中國水系述略

施成熙

河川湖沼,通舟楫之便,有灌溉之利,俾益人生,固非淺鮮,但洪水氾濫,江河漫溢,人畜漂沒,廬舍爲墟,財產之損失,人民之流離,國計民生,均蒙其害!故水利工程於防洪灌溉航行三項,兼籌並顧,不可偏廢,治水利者,于整理河道之先,爲滿足上述要素,須瞭然各河流之性質,但因氣候之殊,地域之異,變化複雜,莫可測究,既無一定之公式,控制水文之變化,更鮮相似之情形,足供設施之借鏡,美國密西西比河(Mississipi River),於春夏之交,爲洪水時期,埃及尼羅河(Nile River)每年於春季氾濫一次,我國黃河長江洪水時期,於每年夏秋之交,粵江則於初夏發洪,可見河流因地域之殊,即洪水時期亦有不同,其他含沙流量之變化,無待贅述.茲爲研究便利起見,將國內各河流分爲若干系統,根據各水系之地域,地形,地質,氣象,流量等,推水文之變化,其庶幾矣.

黑龍江水系.包有吉黑諸水,黑龍江源出外蒙古外興安嶺上源,名鄂嫩河,出外蒙古東北流入俄境,與額爾古納河相會,流經黑省北界,至下游會松花江,烏蘇里江,入俄境,注庫頁海峽,長約九三四〇市里.松花江源出長白山西北,流會輝發伊通等河,至扶餘納嫩江,折向東北,會牡丹江等,入黑龍江,長約四七一〇市里,烏蘇里江發源於錫赫特山,上連興凱湖,下入黑龍江,全長約一〇七〇市里.

鴨綠江水系.鴨綠江源出長白山西南,流爲中韓界水,南流至大東溝,入黃海,長約一六〇〇市里.圖們江源出長白山,東北流爲中韓界水,注入日本海全長約二五六〇市里.

遼東半島水系,遼東半島諸水,源近流短,均流入黃海,稍大者爲畢利河,大洋河等.

遼河水系包括遼河大凌河渾河諸水徑流遼甯熱河二省遼河三源分東遼,河西遼河二水,東遼河源出長白山,西遼河源出興安嶺,東流至三江口,與東遼河會,南曲會渾河太子河等水,至營口注遼東灣,全長約五千市里.大凌河發源於熱河松嶺東,流經遼西至錦州,東注遼東灣全長約一〇〇〇市里.

灤河水系,灤河源出熱河喇嘛山上游,各上都河東北流至多倫折而南沿喇嘛東麓西南,流百里折而東南,始稱灤河,爲灤年會伊遜河,再東流會熱河柳河濮河,入河北注渤海,全長約一七三〇市里.

白河水系,與河北河南北部山東西部諸水相聯,構成中原平原,北部主要之河流,爲海河,白河,永定河,大清河,隆陽河滹沱河,南運河等匯流注入渤海灣,海河自天津東南流入海,長約一〇〇市里.白河亦稱北運河,源出獨石口外,南流納沙河,通惠河而入海,河長約一〇三〇市里永定河上源爲拒馬河,白溝河,流經東會小牙河,至天津而注於海河,滹沱河,出山西東流入平原,會隆陽河,合稱子牙河,長約六五〇市里.衛河源出太行山,至臨清入運河,注於海河,自臨清以下,長約一一〇〇市里.其他河流,如德駭小清箭桿河(蓋小運河)等,河自較短,而獨流入海者也.

黃河水系,黃河源出青海巴顏額喇山,東流過星宿海,穿扎陵鄂陵兩湖,東流曲折S形,會洮河浩亹河,東北流經賀蘭山東麓至臨河折西,東至河口,折而向南,構成河套,富庶之區,納興定河延水汾水洛水渭水涇水而抵潼關,而東折於河南境,會沁水洛水伊水濁水至鄭州,出鄂爾多斯高原而入中原平原,經開封北折向東北,穿河北南部而入山至利津而注於海,全長約八七〇〇市里,流域面積六百萬方里,流經區域,多黃土層,水黃濁,故名黃河,中含沙特多,河自游蕩时生,氾濫爲害最劇.

山東半島水系.本系諸水均係源近流短,小清河,濰河,流入渤海灣,膠河則流入黃海.

淮河水系.淮河發源河南之桐柏山,南流至安徽境,會汝水潁水渦水注入洪澤湖,又東入寶應,高郵等湖,經運河入江,一部分則由廢黃河及裏下河各水道出海,全長二二一〇餘市里.河源出山東魯山南麓南流會汶水入蘇境,經駱馬湖至集鎮,折東爲六塘河,由灌河入海.沭河源出山東沂山,與沂水之原,相距不過百六十餘里,所行線路上,幾與沂水平行,流至江蘇淤陽西北老湖圩,分爲前後二河,東流匯於薔薇河注海,運河雖爲人工開鑿,但爲淮水入江之道,故日釀洪禍,爲害江北,故甚重要.本系湖泊頗多,於魯則有南陽獨山昭陽微山等湖,爲魯運蓄水之所,於蘇則有駱馬.洪澤.高.寶.射陽諸湖,分蓄沂淮諸水,本系流域面積約二萬方市里.

長江水系.長江源出青海唐古拉山脈北麓,東流會楚木爾河,烏蘭木倫河,東南流稱金沙江,入雲南境,至石鼓,折向東北,成W字形,而達四川之溗山,再東北流至宜賓會岷江而入四川盆地沿途有沱江嘉陵江黔江來會至夔州出四川盆地而入楚西山地,經三峽而抵宜昌,灘淺水急,無航運之利,自宜昌而東,入湖廣平原,會洞庭諸水,至漢口,會漢水.東流經贛西山地,入江西會鄱陽諸,水構成鄱陽盆地,至安徽會巢湖青戈江丹陽湖構成皖南平原又東經南京穿南京山地至吳越平原而入海,全長約一〇三〇〇餘市里,全流域計七百五十萬方市里.本系湖泊,除去上游諸湖外,尚有吳越平原之太湖,介於江浙之間,爲江南各河流水源取給之所.

浙江水系.浙江源出仙霞嶺東北流抵衢州,稱信安江至,建德會新安江,又東北流,會浦陽江,入杭州灣.

浙東水系.包括甬江,靈江,甌江等,經流浙東山地,直接注入東海者也.

閩江水系,閩江發源於武夷山上流,名富屯溪,至南平,會沙溪,劍溪,至水口會古田溪而達福州,分南北二道,至馬尾合流注海,全部行山地中水流湍急,險灘頗多.

閩澳沿海水系.本系包括較大之河流有二,一爲漳江,一爲韓江,漳江亦稱九龍江,源出武夷山東南麓甯洋附近,南流至漳平,與萬可溪會,即稱九龍,江又南流至江東會龍溪,合注入廈門灣.韓江源出閩之武夷南麓上源名鄞江,南流會永定溪,入粵境,始名韓江,至三河壩,會梅江,入海.其他如晉江獨流入泉州灣,南溪獨流入海門灣,其河身更短矣.

粵江水系.粵江爲東.北.西三江總名,全流域約四百十萬方市里.東江有二源,東名尋鄔水,西名鐀水,會流於東水鎮,至龍川.西南流,至河源納新豐水,曲屈西南流,至廣州附近,會西江.北江源出大庾嶺南麓,西南流至韶州,會武水南流,納翁江,連州江,至三水而與西江會合.西江源出雲南,由霑益南流者,爲南盤江,由水城東南流者爲北盤江,於冊享會流爲紅水河,於廣西遷江縣東,納折江鬱江,容江,桂江,入廣東境,納南江,經肇慶,至三水,會綏江,北江,又徑廣州,會東江,構成廣東三角洲,分若干派入海,全長約三六〇〇市里.

粵南水系.在粵江流域之南,計有漠陽江鑑江二水,直接流入廣州灣,九州江,羅成江,欽江,則直接流入東境灣者也.

印度支那水系.本系各河流,均上游在中國,而下游則由印度支那半島入海,富良江源出大理洱海之南,東南流至河口,納南溪河入安南,名紅河,注入東京灣.瀾滄江源北唐古拉山之北,南流入西康境,與金沙江平行.至雲南會洱海,漾濞江,過車里入暹羅境,稱湄公河,東南流注入南海,怒江亦名潞江,源出唐古喇山南麓,東流經西唐入雲南平源,與瀾滄江平,行兩江距離,最大處不過四十市里,水流湍急,故有怒江之稱,入緬甸後,名薩爾溫江,注孟加拉灣.本系各河,均流行山谷中,且係上游,故無洪水之患.

雅魯藏布江流域,源出岡底斯山南麓之公珠湖,東流納拉薩河,至西康境,納尼洋楚河,至龍勒,折而南流入印度境,注孟加拉灣.

西藏內陸水系.本系無源遠流長之江河,各河流皆河身短小,無足述者惟湖泊甚多,著名者爲騰格里海,奇林湖,唐格拉攸穢湖等.

青海內陸水系.青海亦名庫庫諾爾,周圍六〇〇市里,面積約二四八〇〇方市里,爲吾國第一大湖.高出海面約三〇四〇公尺,入海之水,有布喀河及布喀音果勒河;此外有柴達水河,長九〇一〇餘市里,注入霍魯遜湖.

天山南路內陸水系.塔里木河爲亞洲第一內陸河,由喀什噶爾河,葉爾光河,和闐河合流而成,葉爾光河源出喀喇崐崙山脈,東北流會由葱嶺發源之喀什噶爾河,東流會和闐河,稱塔里水河,東南流至羅布泊附近而消失,全長約四〇〇〇市里.流勒河,源出大通山西北流,會黨河,注喀拉湖.

天山北路內陸水系.庫額爾齊斯河,源出阿爾泰山東南麓.西北行會哈巴河,入俄境,注入穿桑湖,長約九〇〇市里,伊犂河上源,爲崆吉斯河,喀什河西流經伊甯至伊犂,而南出境,注入巴勒哈什湖,烏倫古河源出阿爾泰山東南麓,南流至布爾根,折向西北,注布倫托海,此外如馬那斯河,注阿亞阿湖,庫爾河注入艾比河,皆本系河流較大者也.

蒙古內陸水系.本系河流,類皆短小.或沒於沙漠,或流入內陸湖泊;其較大者:弱水河發源於祁連山北麓.西北流,會臨水河入居延海.帖斯河發源於杭愛山,沿唐努烏拉山南麓,西流注入烏布沙泊,長約一一〇〇市里.科布多河,發源於根德克圖泊,東南注慈母湖,長約八〇〇市里.而盆河源出杭愛山,西北流,注入艾里克泊長約一〇〇〇市里.

葉尼塞河水系.烏魯克穆河,源出東薩陽嶺,西流納見克穆河,折而西南,至入俄境後,北流爲葉尼塞河,注入北冰洋,色楞格河,源杭愛山,上游名倭帖爾河,東流納德勒格河額格河烏里河至恰克圖會鄂爾渾河出境注貝加爾湖全長約一九〇〇市里;在蒙古境者約一四〇〇市里.

結論　水系之劃分根據河流天然之形勢;爲研究便利起見,累加區分而已!蓋各系之地質,地形,氣候,均有其特點,根據各系水文材料,方可作有系統之研究.斯篇之述,不過研究水利工程之一敲門磚耳!惟作者見聞有限,所論容有未當,當望閱者指正!

經緯投形論

徐功懋

緒論

地球之形態,介乎圓球與橢圓球之間,乃不規則之幾何球體,不能以平面地圖表示.但以應用為目的,保持其特性,如角度,邊長及面積,而製成之地圖有三種:一為等角投形圖,二為等邊長投形圖,及三為等面積投形圖,此三者,在本文中當有分別詳論.

在此三種投形圖之外,其用以表示地形者有二:一為地球儀,及二為透視圖.

地球儀乃地球之雛型,以曲面表示曲面上之圖形,當能保持其角度,邊長,及面積之真實性,但以地球儀不適於放大,僅能製造小形地球儀,即有巨大之地球儀,亦不能攜帶,不便於應用.

透視畫法乃以平面表示曲面,能使一般人民一目了然,但無特殊之應用,且以視點之變遷,使透視畫各各不同.茲就常用之四種透視畫法,略述如下:

(甲) 中心透視

(乙) 球面透視

(丙) 離球面透視

(丁) 平行線透視

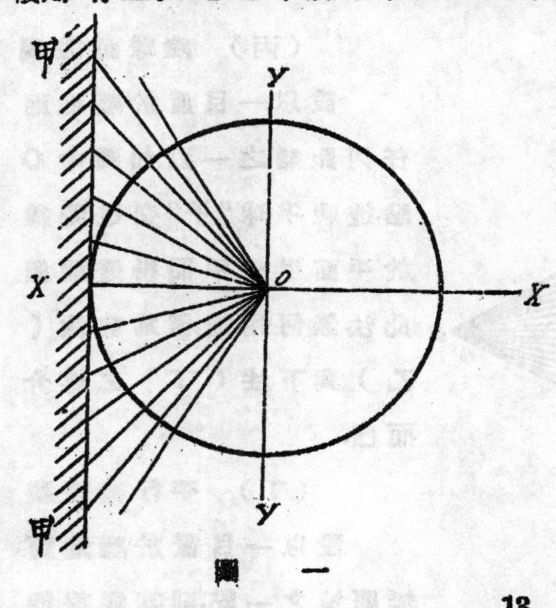

圖一

29101

（甲）　中心透視

設以一目置於地球之中心,如圖中O點,透視地球,其透視線垂直於圓球而留形於平面甲一甲,凡近X軸之角度,其圖形之眞實性較强於遠離X軸者,至於Y軸上之一點,其透視線平行於平面甲一甲而不能相交,故此法適用於所表示之緯度間距不大者,至於經度,則所不計.

（乙）　球面透視

設以一目置於球面之任一點,如圖中O點,透視半球"子"交透視線於平面而得透視圖,如O點在兩極,則所得者爲南極透視圖與北極透視圖,此法之較勝於前法者,以其能表示半球而已,其他則同.

圖　二

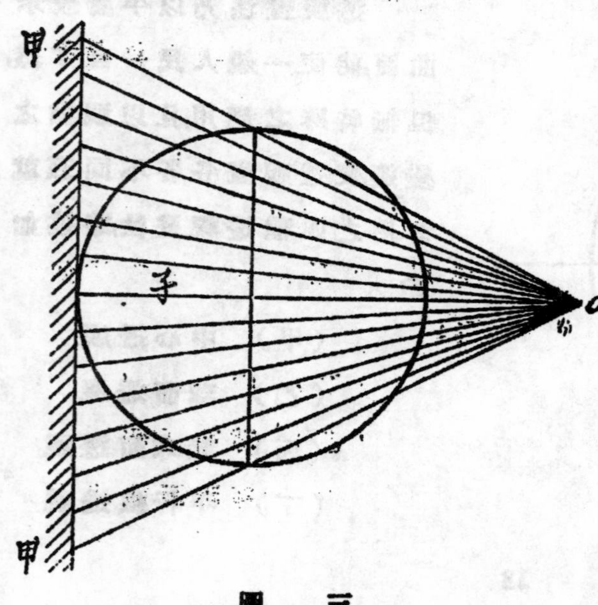

圖　三

（丙）　離球面透視

設以一目置於離地面任何距離之一點,如圖中O點,透視半球"子"交透視線於平面甲一甲而得透視圖,此法無何用途,僅爲前法（乙）與下法（丁）之媒介而已.

（丁）　平行線透視

設以一目置於離地面無窮遠之一點,則其視線卽成平行線;透視半球"子"交於平面甲—甲而得透視圖.此法能表示半球,且無(甲)法之缺點,但一如前三法之無特別性質與功用,僅可作爲觀展而已,是以下述之三法:一爲等角度投形,蓋投形圖中所示之角度等於地球面所示之角度,二爲等比邊投形,蓋投形圖中所示之邊長,等於地球面所示之邊長,及三爲等面積投形,蓋投形圖中所示之面積,等於地球面所示之面積焉,視其應用之性質,而分別應用之.

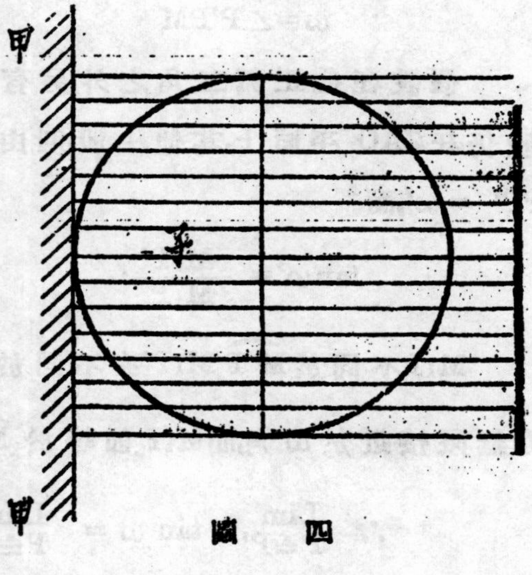

圖 四

等角度投形

等角度投形基於圓球及圓柱之關係,茲分述圓球與圓柱上相對兩線段之關係如次:

圓球上之一線段

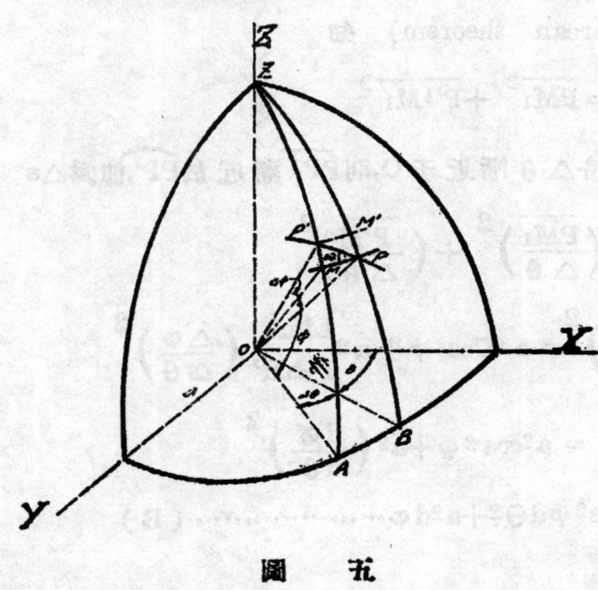

圖 五

在圓球上任意一綫段,如以經度 θ,及緯度 ϕ 表之,則此線段之公式爲 $F(\theta,\phi)=0$.

左圖,設有一線段 P—P',P之坐標爲 (θ_1,ϕ_1) 及其鄰點 P'爲 $(\theta_1+\triangle\theta,\phi_1+\triangle\phi)$ 以Z A與 ZB 兩經線及 MP 與 M_1 P'兩緯線相交而成一弧邊長方形,而P—P'爲該弧邊長方形之對角線.

茲求P—P'與緯綫MP所作之角度,即

$\omega=\angle P'PM$

假設在此正弧三角之外,另有一三角形,MPP' 其斜邊爲PP',其一股仍在ZAO平面上,其他一股,則由P作線垂直於ZAO平面,於是$\angle M_1PP'=\omega'$,而

$$\tan\omega'=\frac{M_1P'}{M_1P}.$$

M_1P不同於$\widehat{MP}$ M_1P'亦不同於$\widehat{M_1P'}$但當P無限接近於P'時,ω'角亦無限接近於ω角,而M_1P即等於$\widehat{MP}$, M_1P'亦等於$\widehat{MP_1}$

$$\therefore \lim_{P\doteq P'}\tan\omega=\lim_{P\doteq P'}\frac{M_1P'}{M_1P}$$

$$\therefore \tan\omega=\frac{\widehat{MP'}}{\widehat{M_1P}}$$

由圖可知$\widehat{MP}=a\cos\phi\, d\theta$及$\widehat{MP'}=a\,d\phi$

$$\therefore \tan\phi=\frac{a d\phi}{a\cos\phi d\theta}=\frac{1}{\cos\phi}\frac{d\phi}{d\theta}\cdots\cdots\cdots\cdots\cdots(A)$$

由畢氏定理(Pythagarean theorem)知

$$\overline{PP'}^2=\overline{PM_1}^2+\overline{P'_1M_1}^2$$

以$\overline{\triangle\theta}^2$除此式,而令$\triangle\theta$漸近于0,則$\overline{PP^1}$漸近於$\widehat{PP'}$,即爲$\triangle s$

$$\left(\frac{\overline{PP'}}{\triangle\theta}\right)^2=\left(\frac{\overline{PM_1}}{\triangle\theta}\right)^2+\left(\frac{\overline{P'M}}{\triangle\theta}\right)^2$$

$$\lim_{P\doteq P'}\left(\frac{\triangle s}{\triangle\theta}\right)^2=a^2\mathrm{Cos}^2\phi+a^2\lim_{P\doteq P'}\left(\frac{\triangle\phi}{\triangle\theta}\right)^2$$

$$\therefore\left(\frac{ds}{d\theta}\right)^2=a^2\cos^2\phi+a^2\left(\frac{d\varnothing}{d\theta}\right)^2$$

或 $ds^2=a^2\cos^2\phi d\Theta^2+a^2d\phi$ ……………………(B)

圓柱上一線段

以同理可得圓柱體上一線段之公式如次:

29104

線段C—C'之公式爲

$\Phi(\theta,\phi)=0$

線段C—C'之C爲(θ,ϕ_0)及其鄰點C'爲$(\theta_0+\triangle\theta', \phi_0+\triangle\phi)$

以Z_1A與Z_2B兩直線及CN與C'N'兩圓弧相交而成一種長方形,而CC'爲該長方形之對角線.

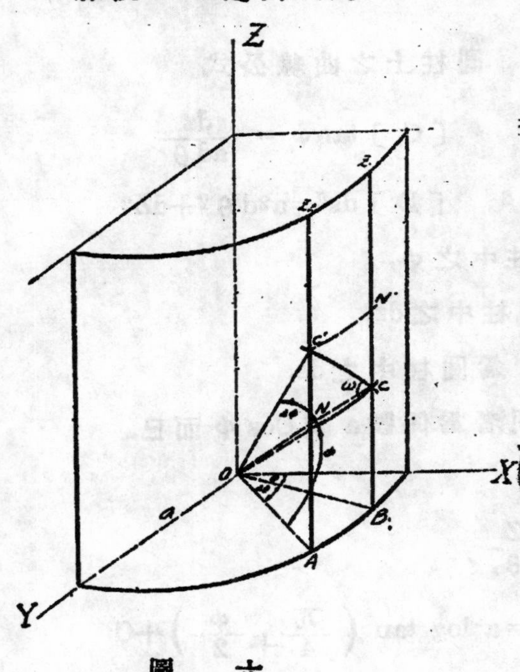

圖 六

茲求CC與平面XOY所作ϕ之角度,即

$\phi=\angle CC'N.$

同前理,可知

$$\tan\phi=\frac{\widehat{NC'}}{\widehat{NC}}$$

由圖可知, $\widehat{NC'}=dZ$ 及 $\widehat{NC}=\widehat{AB}=a\,d\theta.$

$$\therefore\ \tan\phi=\frac{dZ}{a\,d\theta}\quad\cdots\cdots\cdots\cdots(C)$$

由畢氏定理知 $\overline{CC'}^2=\overline{CN}^2+\overline{C'N}^2$

即 $\overline{CC'}^2=\overline{a\triangle\theta}^2+\overline{\triangle Z}^2$

如C漸接近於C'則

$$\lim_{C\doteq C'}\overline{CC'}=\lim_{\triangle\theta\doteq 0}\overline{a\triangle\theta}^2+\lim_{\triangle Z\doteq 0}\overline{\triangle Z}^2$$

$$\therefore\ ds^2=a^2d\theta^2+dZ^2\quad\cdots\cdots\cdots\cdots(D)$$

茲以此兩類公式比較之.

圓球上之曲綫公式　　　　圓柱上之曲線公式

〔A〕$\tan\omega=\frac{d\psi}{\text{Cos}\,\theta d\theta}$　　〔C〕$\tan\phi=\frac{dz}{ad\theta}$

〔B〕$ds^2=a^2\text{Cos}^2\phi d\theta\div a^2d\phi^2$　　〔D〕$ds^2=a^2d\theta^2+dZ^2$

由此可知圓球中之ω爲圓柱中之φ,

圓球中之$ad\phi$爲圓柱中之dz,

及圓球中之$\text{Cos}\phi d\theta$爲圓柱中之ds,

是以兩類曲線頗相似,所不同者爲係數a與$\text{Cos}\,\phi$而已.

茲令ω＝φ,則

$$\frac{d\phi}{\text{Cos}\phi d\theta}=\frac{dZ}{ad\theta},$$

C於是　$\int Z=\frac{ad\phi}{\text{Cos}\phi}=a\log\tan\left(\frac{\pi}{4}+\frac{\phi}{2}\right)+C$

當φ＝0,Z亦爲0,故C＝0

所以

$$Z=a\log\tan\left(\frac{\pi}{4}+\frac{\phi}{2}\right)\cdots\cdots\cdots\cdots(E)$$

由此式可使圓球上緯度爲φ之一點,投諸圓柱體上而得一點,其縱標爲Z,由此所成之圖形,其角度不變.

在航海中欲求最直之路線,則其方向須不變,卽ω當爲常數,

$\therefore\ \tan\omega=\frac{1}{\text{Cos}\phi}\frac{d\phi}{d\theta}$中,之ω爲常數,

則　$\theta\tan\omega=\int\frac{d\phi}{\text{Cos}\phi}$

$$\therefore\ \tan\omega=\log\tan\left(\frac{\pi}{4}+\frac{\phi}{2}\right)+C\cdots\cdots\cdots\cdots(F)$$

此曲線爲等角螺旋線,卽如ω不變,則θ與ψ之關係能于圓球上

以螺旋曲線表示之,但須注意[E]與[F]兩式相似[F]乃在球面上表示一線段,而[E]式則于平面上以一直線表示同一線段如[F]者,然則在等角投形圖上任何兩點之間連結一直線卽可得一不變方向之航綫,此等角投形地圖之所以有功于航海術焉.

經緯之決定

以所論者爲圓球與圓柱之關係,而實際上,地球不爲圓球,乃介乎圓球與橢圓球之間焉,但在地球之部份,可以圓球表示之,如美洲可在克氏(Clark)之圓球上表示之,是以上述之立論何可應用.

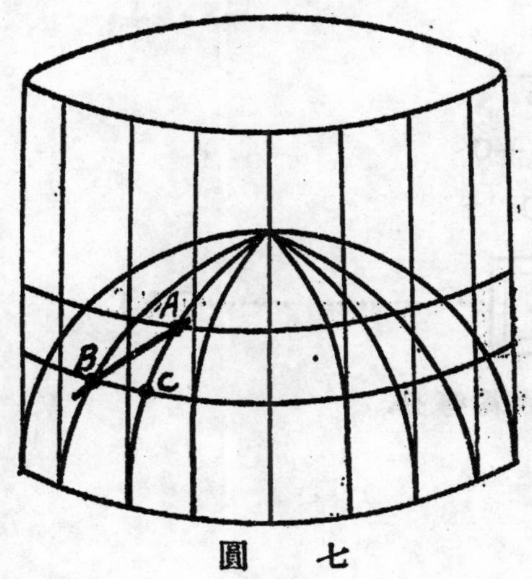

圖 七

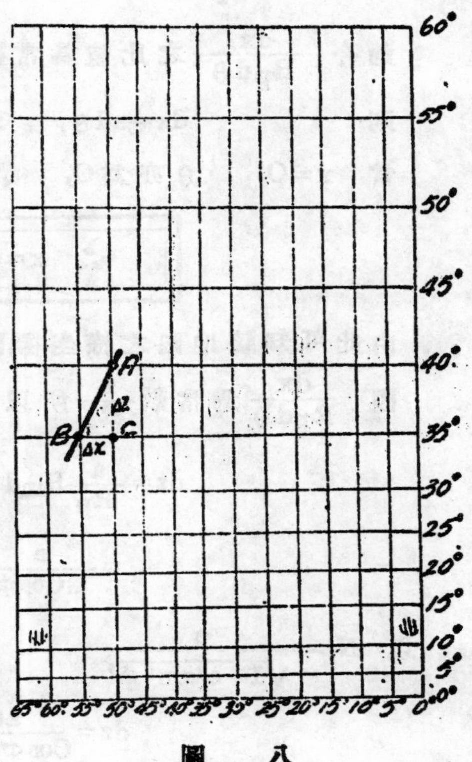

圖 八

玆以一柱體切于地球,于是地球上之經線,卽爲柱體上之縱直線,球上之緯線,卽爲柱體上之等圓周,若縱劊此柱體而展開之,卽得圖八.

當晝地圖之先,必先決定經緯線之坐標,如坐標決定,則依某地點測點之經度 θ 與緯度 ϕ_1 晝于坐標圖卽得.

爲求近于地球之情形,乃假設地球爲近似圓球形之球體.

以投形後,不變其角度故 $\tan\psi=\tan\omega$.

由圖七與圖八,得

$$\frac{\triangle Z}{\triangle X}=\frac{AC}{BC}$$

$$\therefore \frac{dz}{dx}=\frac{R_m d\phi}{R_p d\theta}$$

R_m 爲子午線上之平均半徑 $=\dfrac{a(1-e^2)}{(1-e^2\sin^2\phi)^{\frac{3}{2}}}$

Rp爲垂直圓上之半徑 $=N\cos\phi$

N 爲球上一點至球心縱軸之垂直距離.

$$dz=\frac{dx}{R_p d\phi}R_m d\phi$$

如今 $\dfrac{dx}{R_p d\theta}$ 之比值爲常數 $\dfrac{a}{R_p}$

則　$dx=a\,d\theta,\quad x=a\theta+C$

當　$x=0,\quad \theta$ 亦爲 $0,\quad \therefore C=0$

$$\boxed{\therefore\ x=a\theta}\ \cdots\cdots\cdots\cdots\cdots\cdots[G]$$

由此可知該地圖之橫坐標,卽經線,爲等分.

因 $\dfrac{dx}{R_p d\theta}$ 爲常數 $\dfrac{a}{R_p}$ 所以

$$dz=\frac{a}{R_p}R_m d\phi$$

$$=\frac{a}{N\cos\phi}\cdot\frac{a(1-e^2)}{(1-e^2\sin^2\phi)^{\frac{3}{2}}}d\phi$$

以 $N=\dfrac{a}{\sqrt{1-e^2\sin^2\phi}}$,

$$dz=\frac{a(1-e^2)d\phi}{\cos\phi(1-e^2\sin^2\phi)}$$

$$\therefore z=\int_{\phi_0}^{\phi_1}\frac{a(1-e^2)d\phi}{\cos\phi(1-e^2\sin\phi)}$$

$$=a\int_0^{\psi_1}\frac{d\phi}{\cos\phi}-ae\int_0^{\phi_1}\frac{e\cos\phi\,d\phi}{1-e^2\sin^2\phi}$$

$$=\left[a\log_e(\sec\phi+\tan\phi)-\frac{ae}{2}\log_e\frac{1+e\sin\phi}{1-e\sin\phi}\right]_0^{\phi_1}$$

$$= \left[\frac{a}{M} \log_{10} \frac{1+\sin\phi}{\operatorname{Cos}\phi} - \frac{ae}{2} \log_e \frac{1+e\sin\phi}{1-e\sin\phi} \right]_0^{\phi_1}$$

$$= \left[\frac{a}{M} \log_{10} \left(\frac{1+\sin\phi}{1-\sin\phi} \right)^{\frac{1}{2}} - \frac{ae}{2} \log_e \frac{1+e\sin\phi}{1-e\sin\phi} \right]_0^{\phi_1}$$

其中

$$\left(\frac{1+\sin\phi}{1-\sin\phi} \right)^{\frac{1}{2}} = \operatorname{ton} \left(\frac{\pi}{4} + \frac{\phi}{2} \right)$$

及

$$\log_e \left(\frac{1+e\sin\phi}{1-e\sin\phi} \right) = 2 \left(e\sin\phi + \frac{e^3\sin^3\phi}{3} + \frac{e^5\sin^5\phi}{5} + \cdots\cdots \right.$$

$$\left. \cdots\cdots + \frac{e^{2n-1}\sin^{2n-1}\phi}{2n-1} \right)$$

$$\therefore z = \frac{a}{M} \log\tan \left(\frac{\pi}{4} + \frac{\phi}{2} \right) - ae \left[e\sin\varnothing + \frac{(e\sin\phi)^3}{3} + \cdots + \frac{(e\sin\phi)^{2n-1}}{2n-1} \right] \quad \cdots\cdots\cdots(H)$$

式中 $a = 637820.4$ 公尺

$M = 0.4342945$

$e^2 = 0.006768658$

z 值之計算如下:

$$z = \frac{637820.4}{0.4342945} \log \tan \left(\frac{\pi}{4} + \frac{\phi}{2} \right) - 637820 \left[0.006768658\sin\phi \right.$$

$$\left. + 0.00001527312\sin^3\phi + \cdots\cdots \right]$$

$$z = 1{,}468{,}616 \log\tan \left(\frac{\pi}{4} + \frac{\phi}{2} \right) - 4317.41 \sin\phi - 24\sin^3\phi$$

$$- 0.0012\sin^5\phi - \cdots\cdots$$

$$z = \log^{-1} \left[\log 1{,}468{,}616 + \log\tan \left(45^\circ + \frac{\phi}{2} \right) \right]$$

$$-\operatorname{og}^{-1} [\log 4317.41 + \log\sin\phi] - \log^{-1} [\log 24 + 3\log\operatorname{siu}\phi]$$

$$-\log^{-1} [\log 0.0012 + 5\log\sin\phi] - \cdots\cdots$$

$$z = \log^{-1} \left[6.1669069 + \log\log\tan \left(45^\circ + \frac{\phi}{2} \right) \right.$$

29109

$$-\log^{-1}[3.6352233+\log\sin\phi]-\log^{-1}[1.3802112+3\log\sin\phi]$$

$$-\log^{-1}[7.0791812+5\log\sin\phi]\cdots\cdots\cdots\cdots$$

簡約之,則

$$z=\log^{-1}A-\log^{-1}B-\log^{-1}C-\log^{-1}D-\cdots\cdots\cdots$$

當 $\phi=0°$ 時,由〔H〕式可知 $z=0$;

當 $\phi=90°$ 時,由〔H〕式可知 $z=\infty$.

當 $\phi=30°$ 時

$\log\log\tan\left(45°+\frac{\phi}{2}\right)=$	9.3775987−10	
	6.1669069	
	5.5445056	
$\log^{-1}A=$		+350352.82
$\log\sin\phi=$	9.6989700−10	
	3.6352233	
	3.3341933	
$-\log^{-1}B=$		−2158.17
$3\log\sin\phi=$	9.0969100−10	
	1.3802112	
	0.4771212	
$-\log^{-1}C=$		−3.00
$5\log\sin\phi=$	8.4948500−10	
	7.0791812−10	
	5.5740312−10	
$-\log^{-1}D=$		−0.00
$\therefore z_{\phi=30°}=$		+348207.11公尺

由上示計算法,茲得值如下表:

$$z=\frac{a}{M}\log\tan\left(\frac{\pi}{4}+\frac{\phi}{2}\right)-ae\left[e\sin\phi+\frac{(e\sin\phi)^3}{3}+\cdots\cdots+\frac{(e\sin\phi)^{2n-1}}{2n-1}\right]$$

φ	z	φ	z	φ	z
0°	00000.0	30°	348191.1	60°	836114.1
1°	11057.3	31°	361045.9	61°	858784.9
2°	22102.9	32°	374036.6	62°	882100.2
3°	33184.9	33°	387172.8	63°	906155.8
4°	44262.5	34°	400458.4	64°	931072.8
5°	55363.8	35°	414904.6	65°	956900.6
6°	66362.5	36°	427516.9	66°	983716.5
7°	77591.6	37°	441304.4	67°	1011607.1
8°	88684.9	38°	455276.0	68°	1040670.8
9°	99926.0	39°	469441.2	69°	1071046.8
10°	111138.5	40°	483809.8	70°	1102787.8
11°	122386.9	41°	498390.8	71°	1136118.3
12°	132672.2	42°	514198.6	72°	1172184.6
13°	145000.9	43°	528234.5	73°	1208190.8
14°	156375.4	44°	543533.7	74°	1247375.2
15°	167786.5	45°	559087.4	75°	1289024.4
16°	179208.6	46°	574927.9	76°	1333482.2
17°	190818.6	47°	591037.0	77°	1381171.7
18°	202418.8	48°	607463.5	78°	1432614.6
19°	214086.9	49°	624213.5	79°	1488470.1
20°	225824.1	50°	641305.6	80°	1549586.8
21°	237538.1	51°	666759.1	81°	1654849.4
22°	249532.5	52°	676594.1	82°	1692469.9
23°	261512.0	53°	694835.4	83°	1775871.7
24°	273581.3	54°	713506.9	84°	1876383.6
25°	289711.6	55°	732632.5	85°	1992850.0
26°	298011.7	56°	752244.1	86°	2135312.6
27°	310383.0	57°	772372.3	87°	2318907.9
28°	322866.1	58°	793050.9	88°	2577596.8
29°	33547.66	59°	814318.0	89°	3019738.4
30°	348191.1	60°	836114.1	90°	∞

等比邊投形

經緯決定之一

等邊投形者即地圖上之邊長與地球上之邊長成等比之謂也,法以無數圓錐,切于地球而展開之,故亦有名之爲多圓錐投形者,茲先以一圓錐切于地球之理說明之,則無數圓錐者亦自明矣.

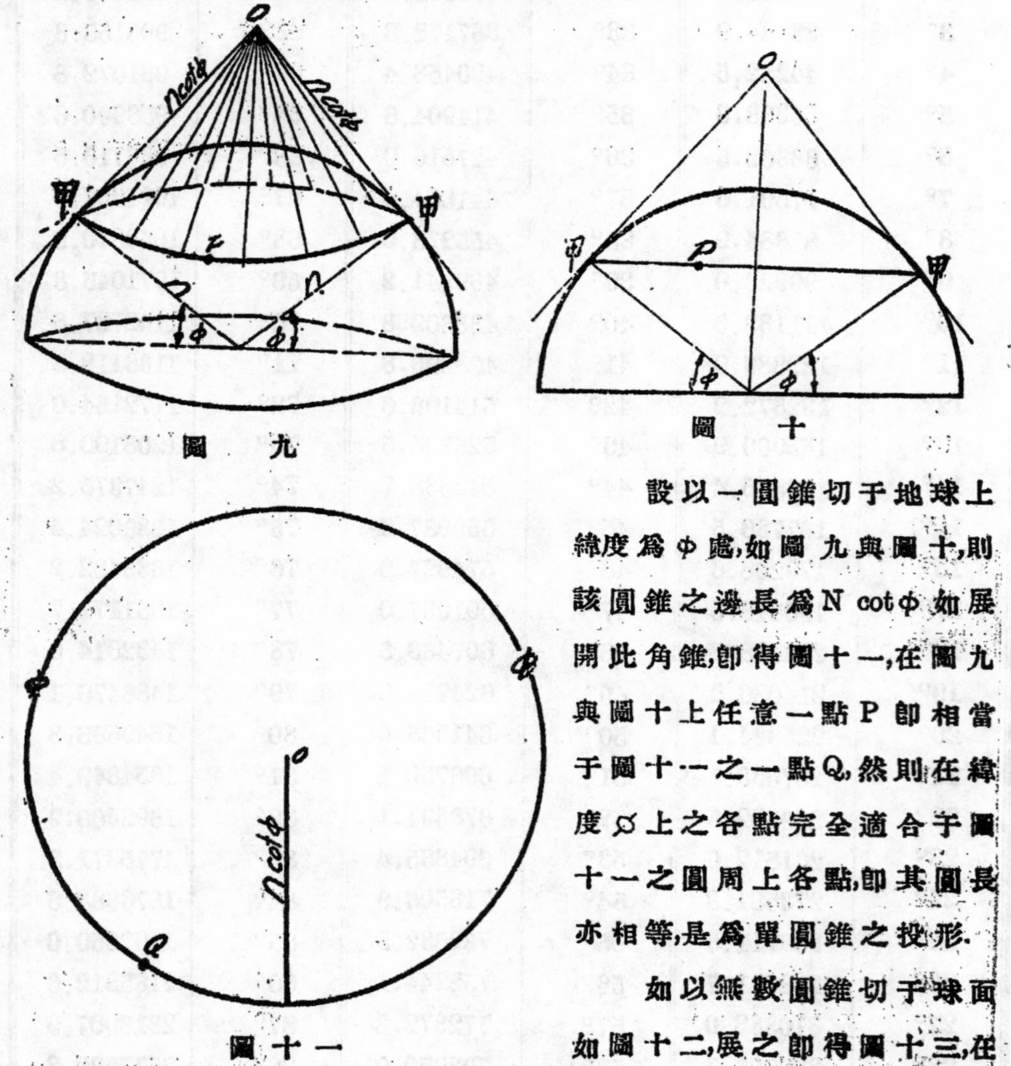

圖九

圖十

圖十一

設以一圓錐切于地球上緯度爲φ處,如圖九與圖十,則該圓錐之邊長爲N cotφ 如展開此角錐,即得圖十一,在圖九與圖十上任意一點P即相當于圖十一之一點Q,然則在緯度φ上之各點完全適合于圖十一之圓周上各點,即其圓長亦相等,是爲單圓錐之投形.

如以無數圓錐切于球面如圖十二,展之即得圖十三,在圖十二之O_1,O_2及O_3三點,爲圖十三中之O點,在圖十二之甲一甲,乙一乙及丙一丙三線,即爲圖十三之三圓周ϕ_1, ϕ_2及ϕ_3.

經緯決定之二　以地球不爲圓球,是以地圖之坐標不如圖十七之簡單,玆定經緯之坐標如次:

設有一地球面上一點 P_1 及鄰點 P_2, P_1 及 P_2 之位置悉如左圖所示,乃以一角錐 O－甲－甲切于甲,甲兩點,展開此角錐而得圖十五.

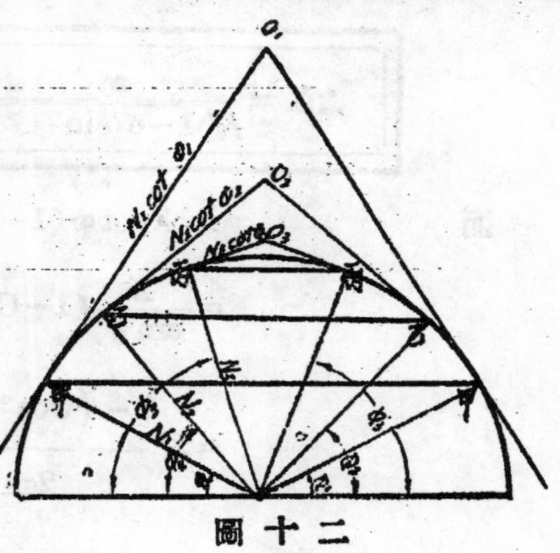

圖十二

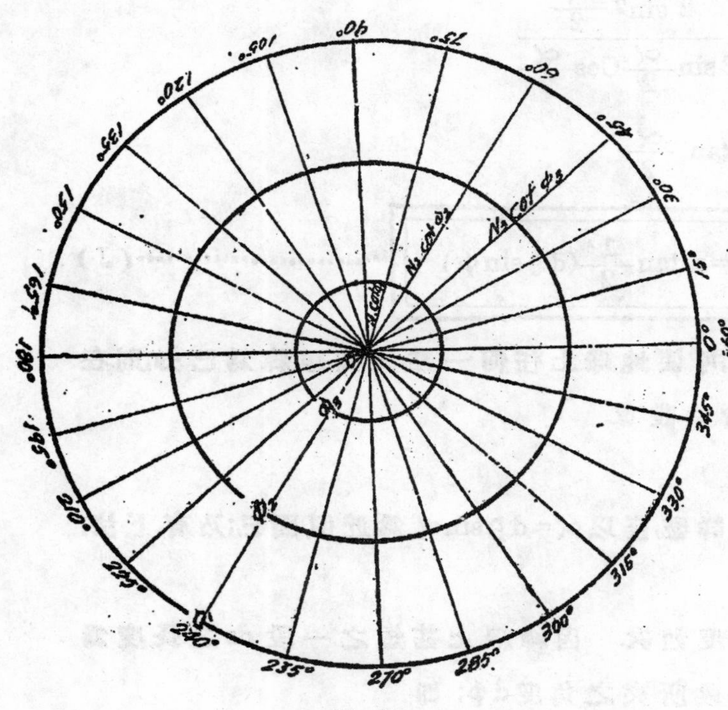

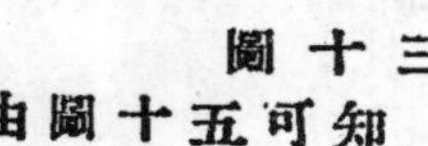

圖十三

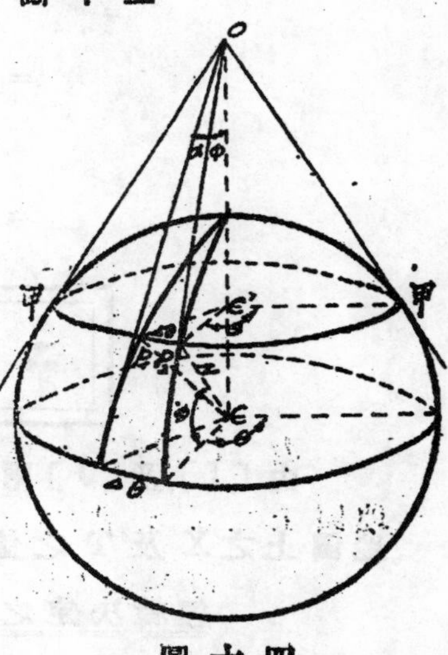

圖十四

由圖十五可知

$$X = N\cot\phi\sin\alpha$$

但以　$\alpha \doteq d\theta\sin\phi$

$$\therefore\quad X = N\cot\phi\sin(d\theta\sin\phi)$$

其中　$N = \dfrac{a}{\sqrt{1-e^2\sin^2\phi}}$

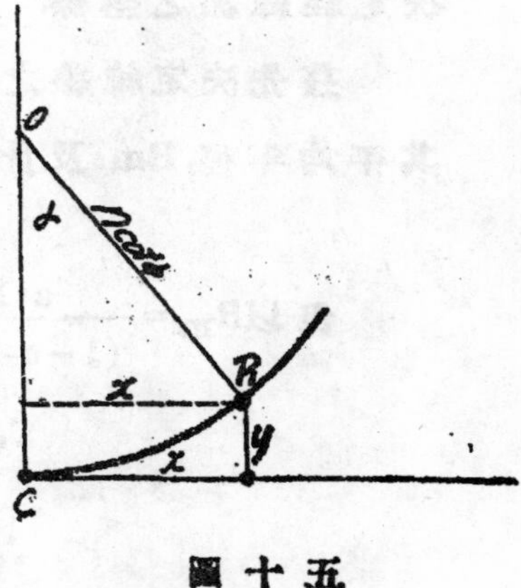

圖十五

$$\therefore X=\frac{a}{\sqrt{1-e^2\sin^2\phi}}\operatorname{Cot}\phi\sin(d\theta\sin\phi)\cdots\cdots\cdots\text{(I)}$$

而 $y=N\cot\phi(1-\operatorname{Cos}\alpha)$

$$=\frac{X}{\sin\theta}(1-\operatorname{Cos}\alpha)$$

$$=X\frac{1-\left(\operatorname{Cos}^2\frac{\alpha}{2}-\sin^2\frac{\alpha}{2}\right)}{2\sin\frac{\alpha}{2}\operatorname{Cos}\frac{\alpha}{2}}$$

$$=X\frac{2\sin^2\frac{\alpha}{2}}{2\sin\frac{\alpha}{2}\operatorname{Cos}\frac{\alpha}{2}}$$

$$=X\tan\frac{\alpha}{2}$$

$$\therefore\quad y=x\tan\frac{1}{2}(d\theta\sin\phi)\cdots\cdots\cdots\cdots\text{(J)}$$

由〔I〕及〔J〕兩式,可使地球上任何一點,如其經緯為已知,則在地圖上之X及T之值當能設算.

經緯決定之三

上述之坐標,又未能詳盡,蓋以$\alpha=d\theta\sin\alpha$為近似而已;乃有下法,決定經緯線之坐標:

茲先決定緯線之長度如次. 因緯線上甚短之一段ds之長度為其平均半徑,Rm及此線段所夾之角度$d\phi$; 即

$$ds=R_m d\phi$$

但以$R_m=\dfrac{a(1-e^2)}{(1-e^2\sin\phi)^{\frac{3}{2}}}$

$$\therefore\quad ds=\frac{a(1-e^2)}{(1-e^2\sin^2\phi)^{\frac{3}{2}}}\,d\phi$$

$$\therefore s=\int_{\phi_2}^{\phi_1}\frac{a(1-e^2)d\phi}{(1-e^2\sin^2\phi)^{\frac{3}{2}}}$$

此式不能用普通積分求得,須用羅氏 (Legendre) 之橢圓積分表或展成級數而後分項積之.(至于此式之展成級數之可展性本文從略)…

$$\therefore S=a(1-e^2)\int_{\phi_2}^{\phi_1}(1+\frac{3}{2}e^2\sin^2\phi+\frac{15}{8}e^4\sin^4\phi+\frac{35}{16}e^{67}\sin^6\phi+\cdots)d\phi$$

其中

$$\text{Sin}^2\phi=\frac{1}{2}-\frac{1}{2}\text{Cos}2\phi$$

$$\text{Sin}^4\phi=\frac{3}{8}-\frac{1}{2}\text{Cos}2\phi+\frac{1}{8}\text{Cos}4\phi$$

$$\text{Sin}^6\phi=\frac{5}{16}-\frac{15}{32}\text{Cos}2\phi+\frac{6}{32}\text{Cos}4\phi-\frac{1}{32}\text{Cos}6\phi$$

$$\therefore S=a(1-e^2)\int_{\phi_2}^{\phi_1}(1+\frac{3}{4}e^2-\frac{3}{4}e^2\text{Cos}2\phi+\frac{45}{64}e^4-\frac{15}{16}e^4\text{Cos}2\phi+$$

$$\frac{15}{64}e^4\text{Cos}4\phi+\frac{175}{256}e^6-\frac{525}{512}e^6\text{Cos}2\phi+\frac{105}{512}e^6\text{Cos}4\phi-$$

$$\frac{35}{512}e^6\text{Cos}6\phi+\cdots\cdots\cdots\cdots)d\phi$$

$$=a(1-e^2)\Big[\phi+\frac{3}{4}e^2\phi-\frac{3}{8}e^2\sin^2\phi+\frac{45}{64}e^6\phi-\frac{15}{32}e^4\sin^2\phi$$

$$+\frac{15}{256}e^4\sin4\phi+\frac{175}{256}e^6\phi-\frac{525}{1024}e^6\sin2\phi+\frac{105}{2048}e^6\sin4\phi$$

$$-\frac{35}{3072}e^6\sin6\phi+\cdots\cdots\cdots\cdots\Big]_{\phi_2}^{\phi_1}$$

$$=\Big[\Big(1+\frac{3}{4}e^2+\frac{45}{64}e^4+\frac{175}{256}e^6+\cdots\cdots\Big)\phi-\Big(\frac{3}{8}e^2+\frac{15}{32}e^4+$$

$$\frac{525}{1024}e^6+\cdots\cdots\Big)\sin^2\phi+\Big(\frac{15}{256}e^4+\frac{105}{2046}e^6+\cdots\cdots\Big)\sin4\phi$$

$$-\Big(\frac{35}{3072}e^6+\cdots\cdots\Big)\sin 6d+\cdots\cdots\cdots\Big]_{\phi_2}^{\phi_1}$$

以 $e^2=\frac{a^2-b^2}{a^2}=0.0067858$

$$\therefore S=a(1-e^2)\Big[1.0051093\phi-0.0051202\sin2\phi+0,0000108\sin4\phi-0.0000000\sin6\phi\Big]_{\phi_2}^{\phi_1}\cdots\cdots\cdots(K)$$

至于經度間之間距 dm, 及緯度之校正値dp則有美國大地測量

29115

所示之公式如下.

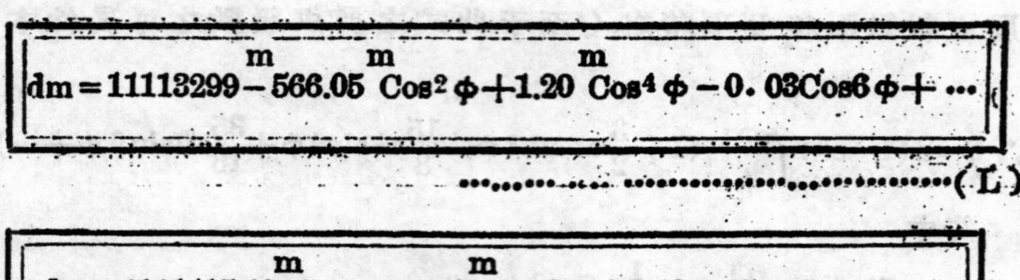

$$dm = \overset{m}{11113299} - \overset{m}{566.05}\ \mathrm{Cos}^2\phi + \overset{m}{1.20}\ \mathrm{Cos}^4\phi - 0.03\mathrm{Cos}6\phi + \cdots \cdots \cdots (L)$$

$$dp = \overset{m}{1111415.10}\ \mathrm{Cos}\phi - \overset{m}{9454}\ \mathrm{Cos}3\phi + 0.12\mathrm{Cos}5\phi + \cdots \cdots \cdots (M)$$

等邊投形之坐標

緯度	緯度間距 S	經度之間距						緯度之校正值 dp					
								經度間距					
		5'	10'	15'	20'	25'	30'	5'	10'	15'	20'	25'	30'
	哩	哩	哩	哩	哩	哩	哩						
0°	0	5.764	11.529	17.293	23.056	28.822	34.586	.000	.000	.000	.000	.000	.000
1°	68.704	5.67	11.527	17.291	23.054	28.818	34.581	.000	.000	.001	.001	.002	.003
2°	68.704	5.761	11.522	17.283	23.044	28.805	34.565	.000	.001	.001	.002	.004	.005
3°	68.705	5.756	11.513	17.270	23.026	28.783	34.539	.000	.001	.002	.003	.005	.008
4°	68.706	5.750	11.501	17.251	23.002	28.752	34.502	.000	.001	.003	.005	.007	.011
5°	68.707	5.743	11.485	17.228	22.970	28.713	34.456	.000	.001	.003	.006	.009	.013
6°	68.710	5.733	11.466	17.199	22.932	28.665	34.398	.000	.002	.004	.007	.011	.016
7°	68.712	5.722	11.443	17.165	22.867	28.609	34.330	.000	.002	.005	.003	.013	.018
8°	68.715	5.709	11.417	17.126	22.834	28.543	34.252	.001	.002	.005	.009	.014	.021
9°	68.718	5.694	11.388	17.082	22.776	28.470	34.163	.001	.003	.006	.010	.016	.023
10°	68.722	5.677	11.355	17.032	22.710	28.387	34.064	.001	.003	.006	.011	.018	.026
11°	68.726	5.659	11.318	16.978	22.637	28.296	33.955	.001	.003	.006	.013	.020	.028
12°	68.730	5.639	11.278	16.918	22.557	28.196	33.835	.001	.003	.007	.014	.021	.031
13°	68.735	5.618	11.235	16.853	22.470	28.088	33.706	.001	.004	.008	.015	.023	.033
14°	68.470	5.594	11.188	16.783	22.377	27.971	33.565	.001	.004	.008	.016	.025	.035
15°	68.746	5.369	11.138	16.708	22.277	27.846	33.415	.001	.004	.009	.017	.026	.038
16°	68.752	5.542	11.085	16.628	22.170	27.713	33.253	.001	.004	.009	.018	.026	.040
17°	68.758	5.514	11.028	16.542	22.056	27.571	33.085	.001	.005	.011	.019	.029	.042

(接下頁)

18°	68.764	5.484	10.968	16.452	21.936	27.420	32.904	.001	.005	.011	.020	.031	.044
19°	68.771	5.452	10.905	16.357	21.809	27.262	32.714	.001	.005	.012	.021	.032	.046
20°	68.779	5.419	10.838	16.257	21.676	27.095	32.513	.001	.005	.012	.022	.034	.049
21°	68.769	5.381	10.768	16.151	21.535	26.919	32.303	.001	.006	.013	.022	.035	.051
22°	68.795	5.347	10.694	16.042	21.389	26.736	32.083	.001	.006	.013	.023	.036	.052
23°	68.803	5.309	10.618	15.927	21.236	26.545	31.853	.001	.006	.014	.024	.038	.054
24°	68.812	5.269	10.538	15.807	21.076	26.345	31.614	.002	.006	.014	.025	.039	.056
25°	68.821	5.227	10.455	15.682	20.910	26.137	31.365	.002	.006	.014	.026	.040	.058
26°	68.830	5.184	10.369	15.553	20.737	25.922	31.106	.002	.007	.015	.026	.041	.059
27°	68.838	5.140	10.279	15.419	20.558	25.698	30.833	.002	.007	.015	.027	.042	.061
28°	68.849	5.003	10.187	15.280	20.374	25.467	30.560	.002	.007	.016	.028	.043	.063
29°	68.859	5.046	10.091	15.137	20.182	25.228	30.274	.002	.007	.016	.028	.044	0.64
30°	68.870	4.996	9.993	14.989	19.985	24.918	29.978	.002	.007	.016	.029	.045	.065
31°	63.880	4.945	9.891	14.836	19.782	24.727	29.672	.002	.007	.017	.030	.047	.067
32°	68.891	4.893	9.786	14.679	19.572	24.465	29.358	.002	.007	.017	.030	.047	.068
33°	68.902	4.839	9.679	14.518	19.357	24.196	29.056	.002	.008	.017	.030	.048	.069
34°	68.915	4.764	9.565	14.352	19.136	23.920	28.704	.002	.008	.017	.031	.049	.070
35°	68.924	4.727	9.454	14.181	18.908	23.636	28.363	.002	.008	.018	.031	.049	.071
36°	68.935	4.669	9.338	14.007	18.676	23.345	28.014	.002	.008	.018	.032	.050	.072
37°	68.947	4.609	9.219	13.828	18.437	23.046	27.656	.002	.008	.018	.032	.050	.073
38°	68.959	4.508	9.096	13.645	18.193	22.741	27.289	.002	.008	.018	.033	.051	.073
39°	68.970	4.486	8.971	13.457	17.943	22.429	26.914	.002	.008	.018	.033	.051	.074

(接下頁)

40°	68.982	4.422	8.844	13.266	17.688	22.110	26.532	.002	.008	.019	.033	.052	.074
41°	68.994	4.357	8.713	13.070	17.427	21.784	26.140	.002	.008	.019	.033	.052	.075
42°	69.007	4.290	8.581	12.871	17.161	21.451	25.740	.002	.008	.019	.033	.052	.075
43°	69.019	4.222	8.445	12.667	16.890	21.112	25.334	.002	.008	.019	.033	.052	.075
44°	69.030	4.153	8.307	12.460	16.613	20.767	24.920	.002	.008	.019	.034	.052	.075
45°	69.043	4.083	8.166	12.249	16.332	20.415	24.498	.002	.008	.019	.034	.053	.076
46°	69.055	4.011	8.023	12.034	16.045	20.056	24.065	.002	.008	.019	.034	.053	.076
47°	69.065	3.938	7.877	11.815	15.754	19.692	23.630	.002	.008	.019	.034	.052	.075
48°	69.080	3.864	7.729	11.593	15.457	19.322	23.186	.002	.008	.019	.033	.052	.075
49°	69.093	3.789	7.578	11.367	15.156	18.945	22.734	.002	.008	.019	.033	.052	.075
50°	69.105	3.713	7.425	11.138	14.850	18.563	22.276	.002	.008	.019	.033	.052	.075
51°	69.117	3.635	7.270	10.905	14.540	18.176	21.811	.002	.008	.019	.033	.051	.074
52°	69.128	3.556	7.113	10.669	14.226	17.782	21.338	.002	.008	.018	.033	.051	.073
53°	69.140	3.477	6.953	10.430	13.906	17.383	20.860	.002	.008	.018	.032	.050	.073
54°	69.152	3.396	6.791	10.187	13.583	16.979	20.374	.002	.008	.018	.032	.050	.072
55°	69.164	3.314	6.628	9.941	13.255	16.560	19.533	.002	.008	.018	.032	.049	.071
56°	69.176	3.231	6.462	9.693	12.924	16.155	19.385	.002	.008	.018	.031	.049	.070
57°	69.188	3.147	6.294	9.441	12.588	15.736	18.882	.002	.008	.017	.031	.048	.069
58°	69.199	3.062	6.124	9.186	12.248	15.311	18.3[illegible]3	.002	.003	.017	.030	.047	.068
59°	69.210	2.976	5.953	8.929	11.905	14.882	17.858	.002	.007	.017	.030	.046	.067
60°	69.221	2.890	5.779	8.669	11.588	14.448	17.337	.002	.007	.016	.029	.045	.065
61°	69.232	2.802	5.604	8.406	11.208	14.010	16.811	.002	.007	.016	.029	.045	.064

(接下頁)

62°	69.242	2.713	5.427	8.140	10.854	13.567	16.280	.002	.007	.016	.028	.044	.063
63°	69.253	2.624	5.248	7.872	10.456	13.120	15.744	.002	.007	.015	.027	.043	.061
64°	69.262	2.534	5.068	7.602	10.136	12.670	15.203	.002	.007	.015	.026	.041	.060
65°	69.272	2.443	4.886	7.329	9.772	12.215	14.658	.002	.006	.014	.026	.040	.058
66°	69.282	2.351	4.702	7.054	9.405	11.756	14.107	.002	.006	.014	.025	.039	.056
67°	69.291	2.259	4.518	6.776	9.035	11.294	13.553	.001	.006	.014	.024	.038	.054
68°	69.300	2.166	4.331	6.497	8.662	10.828	12.994	.001	.006	.013	.023	.036	.053
69°	69.309	2.072	4.144	6.216	8.288	10.560	12.431	.001	.006	.013	.022	.035	.051
70°	69.317	1.977	3.955	5.932	7.910	9.883	11.865	.001	.005	.012	.022	.034	.049
71°	69.326	1.882	3.765	5.647	7.530	9.412	11.294	.001	.005	.012	.021	.032	.047
72°	69.334	1.787	3.574	5.360	7.147	8.934	10.721	.001	.005	.011	.020	.031	.044
73°	69.341	1.691	3.381	5.072	6.762	8.453	10.144	.001	.005	.011	.019	.029	.042
74°	69.348	1.594	3.188	4.782	6.376	7.970	9.563	.001	.004	.010	.018	.028	.040
75°	69.355	1.497	2.993	4.490	5.987	7.484	8.980	.001	.004	.009	.017	.026	.038
76°	69.361	1.399	2.798	4.197	5.596	6.995	8.394	.001	.004	.009	.016	.025	.036
77°	69.367	1.301	2.602	3.903	5.204	6.505	7.805	.001	.004	.008	.015	.023	.033
78°	69.373	1.202	2.405	3.607	4.810	6.012	7.214	.001	.003	.008	.014	.021	.031
79°	69.377	1.104	2.207	3.311	4.414	5.518	6.621	.001	.003	.007	.013	.020	.028
80°	69.382	1.004	2.009	3.013	4.017	5.022	6.026	.001	.003	.006	.011	.018	.026

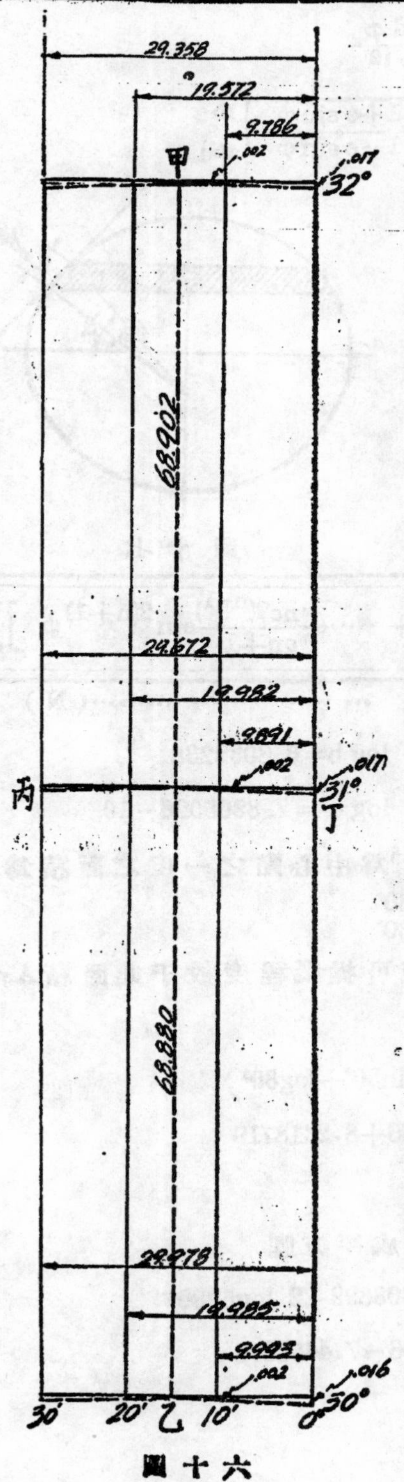

圖十六

左圖為坐標圖之一片段,茲述其作法如下:

(1)在圖之中央,作一虛綫如甲一乙線及丙一丁綫.

(2)查上表得S一項,此項之值為緯度之間距,在甲一乙線上點出各點,並由各點畫虛線,垂直于甲一乙線.

(3)由表得 dm 一項,此項之值為經度之間距以甲一乙線為中心,向兩旁量出 dm 之距離,連結各點或圖中之經線.

(4)由表得dp一項,此項之值用以校正(2)項中所作之緯線,蓋緯線實為弧形,彎向兩極,是以dP之值恆使緯線朝向兩極.

(5)坐標圖既作成,則地球上各點依其經度,即可以圖表之.

等面積投形

以等邊投形之結果僅可使邊長相等而已至于面積之大小,則又未焉,茲以等邊投形之理論加以修改,即得等面積投形,等面積投形之應用,乃于平面地圖上,計算球面上之面積焉.

茲求緯度間之面積如下:

由左圖,可知

$$dA=(2\pi N\cos\phi)R_m d\phi$$

$$=\frac{2\pi b^2\cos\phi d\phi}{(1-e^2\sin^2\phi)^2}$$

$$A=\int_{\phi_1}^{\phi_2}\frac{2\pi b^2\cos\phi\, d\phi}{(1-e^2\sin^2\phi)^2}$$

$$\therefore\ A=\frac{\pi b^2}{2e}\left[\frac{e\sin\phi}{1-e^2\sin^2\phi}+\log_e\sqrt{\frac{1+e\sin\phi}{1-e\sin\phi}}\right]_{\phi_1}^{\phi_2}$$

但以此式不便于計算,是以將積分式中之$(1-e^2\sin^2\phi)^{-2}$展成級數而後積分（關于此項之展成級數而積分後,不變其性質之問題茲且不論）.

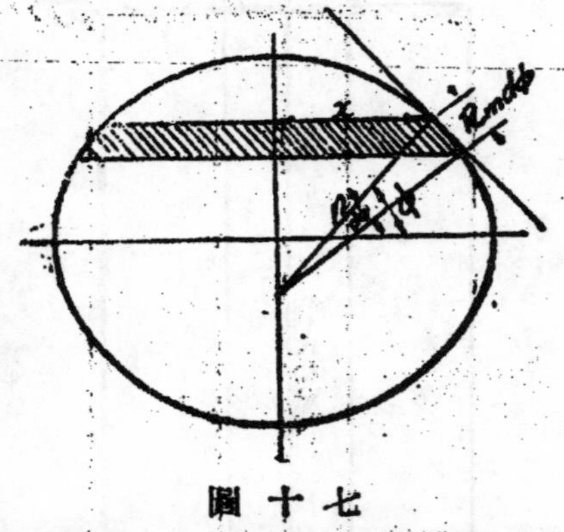

圖十七

故得 $(1-e^2\sin^2\phi)^{-2}=1+2e^2\sin^2\phi+3e^4\sin^4\phi+4e^6\sin^6\phi+\cdots\cdots$

$\cdots+ne^{2(n-1)}\sin^{2(n-1)}\phi$

$$\therefore A=2\pi b^2\left[\sin\phi+\frac{2e^2}{3}\sin^3\phi+\frac{3e^4}{5}\sin^5\phi+\cdots\cdots+\frac{ne^{2(n-1)}}{2n+1}\sin^{2(n+1)}\phi\right]_{\phi_1}^{\phi_2}$$

……………………(N)

〔N〕式中 $b=6,356,583.8$公尺 $\log b=6.8032238$

$e^2=0.006768658$ $\log e^2=7.8305026-10$

設在緯度0^0時其南北各30',即以0^0為中心點之一度之面積為

$$A_0=2\pi b^2\left[\sin\phi+\cdots\cdots\cdots\right]_{-30'}^{+30'}$$

因 sin 之值較諸sin 30'之值小至可拋棄程度,故于此面積,A_0中僅用第一項.

$$\log A_0=\log 2\pi+\log b^2+\log(\sin 30'+\log 30')$$

$$=0.7981796+13.6064476+8.2418719$$

$$=12.6464991$$

但以A_0之單位為平方公尺,茲化之成平方哩.

$$\log A_0=12.6464991+2\log 3.2808692-2\log 5280^*$$

$$=12.6464991+1.0319596-7.4452678$$

$$=6.2331909$$

$\therefore\ A_0=1,710,838.8$平方哩

於是每 $\frac{1}{360}$，即經度間距之面積爲

$$a_0=\frac{1,710,838.8}{360}=4752.33\text{平方哩}$$

※1公尺=3.2808693　　1哩=5280呎

每一經度間距各緯度間之面積表

緯度間之中點	面積平方哩	緯度間之中點	面積平方哩	緯度間之中點	面積平方哩
0°	4752.33	30°	4129.60	60°	2400.48
1°	4751.63	31°	4088.21	61°	2328.02
2°	4749.52	32°	4045.57	62°	2254.82
3°	4746.00	33°	4001.69	63°	2180.89
4°	4741.07	34°	3956.69	64°	2106.26
5°	4734.74	35°	3910.28	65°	2030.94
6°	4727.00	36°	3862.76	66°	1954.97
7°	4717.86	37°	3814.06	67°	1878.57
8°	4707.32	38°	3764.18	68°	1811.16
9°	4695.38	39°	3713.14	69°	1723.36
10°	4682.05	40°	3660.93	70°	1645.00
11°	4667.32	41°	3607.62	71°	1566.10
12°	4651.20	42°	3553.17	72°	1486.70
13°	4633.71	43°	3497.62	73°	1406.81
14°	4614.82	44°	3440.98	74°	1326.46
15°	4594.57	45°	3383.27	75°	1245.68
16°	4572.94	46°	3324.49	76°	1164.49
17°	4549.94	47°	3264.68	77°	1082.91
18°	4525.59	48°	3203.84	78°	1000.99
19°	4499.87	49°	3141.99	79°	918.73
20°	4472.81	50°	3079.15	80°	836.18
21°	4444.41	51°	3015.34	81°	753.34
22°	4414.67	52°	2950.58	82°	670.27
23°	4383.60	53°	2884.88	83°	586.97
24°	4351.21	54°	2818.27	84°	503.47
25°	4317.51	55°	2750.76	85°	419.81
26°	4282.50	56°	2682.37	86°	336.02
27°	4246.20	57°	2615.13	87°	252.11
28°	4208.61	58°	2543.05	88°	168.12
29°	4169.74	59°	2472.16	89°	84.07
30°	4129.60	60°	2400.48	90°	00.00

茲更求各緯度之長度爲

$$L=2\pi N\cos\phi$$

$$L=\frac{2\pi a\cos\phi}{\sqrt{1-e^2\sin^2\phi}}$$

然則某緯度上之每一經度間距爲

$$l=\frac{\pi a\cos\phi}{180\sqrt{1-e^2\sin^2\phi}}\cdots\cdots\cdots\cdots(O)$$

此式中 $a=6378206.4$公尺 $\log a=6.8046985$

$e^2=0.006768658$ $\log e^2=7.8305026-10$

$$\therefore \log L=\log 2\pi+\log a+\log\cos\phi-\frac{1}{2}\left[\log(1-l^2\sin^2\phi)\right]$$

$$=0.7981796+6.8046985+\log\cos\phi-\frac{1}{2}\left\{\log\left[1-\log^{-1}(7.8305026-10+2\log\sin\phi)\right]\right\}$$

$$=7.6028781+\log\cos\phi-\frac{1}{2}\left\{\log\left[1-\log^{-1}(7.8305026-10+2\log\sin\phi)\right]\right\}$$

當 $\phi=0^\circ$ 時,

$\log L_0=7.602871$

$$\therefore L_0=40,075,422\text{ 公尺}$$

∴ 緯度0°上之每一經度間距爲

$$l_0=\frac{40,075,422}{360}=111,320.7\text{公尺}$$

茲由 (O) 式得 ϕ 與 l 之相對值,乃列表如下:

29124

緯度φ上每經度之間距表

緯度φ	緯度長l	緯度φ	緯度長l	緯度φ	緯度長l
0°	111.321	30°	96.488	60°	55.802
1°	111.304	31°	95.506	61°	54.110
2°	111.253	32°	94.495	62°	52.400
3°	111.169	33°	93.455	63°	50.675
4°	111.051	34°	92.387	64°	48.934
5°	110.900	35°	91.290	65°	47.177
6°	110.715	36°	90.166	66°	45.407
7°	110.497	37°	89.014	67°	43.622
8°	110.245	38°	87.835	68°	41.823
9°	109.959	39°	86.629	69°	40.012
10°	109.641	40°	85.396	70°	38.188
11°	109.289	41°	84.137	71°	36.353
12°	108.904	42°	82.853	72°	34.506
13°	108.846	43°	81.543	73°	32.648
14°	108.036	44°	80.208	74°	30.761
15°	107.553	45°	78.849	75°	28.908
16°	107.036	46°	77.466	76°	27.017
17°	106.487	47°	76.058	77°	25.123
18°	105.906	48°	74.628	78°	23.220
19°	105.294	49°	73.174	79°	21.311
20°	104.649	50°	71.698	80°	19.394
21°	103.972	51°	70.200	81°	17.472
22°	103.264	52°	68.680	82°	15.545
23°	102.524	53°	67.140	83°	13.612
24°	101.754	54°	65.578	84°	11.675
25°	100.952	55°	63.996	85°	9.735
26°	100.119	56°	62.395	86°	7.792
27°	99.257	57°	60.774	87°	5.846
28°	98.364	58°	59.135	88°	3.698
29°	97.441	59°	57.478	89°	1.949
30°	96.488	60°	55.802	90°	0

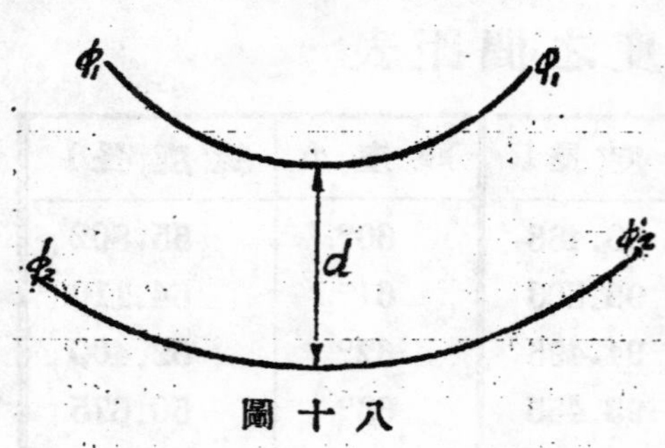

圖十八

由上述兩表,卽可計得任何兩緯度間之距離d如圖十八.

$$d=\frac{\text{緯度}(\varphi_1+\varphi_2)/2\text{之面積}}{\text{緯度}(\varphi_1+\varphi_2)/2\text{之長度}}$$

其作圖法一如等邊投形中所示者,所不同者間距耳.

結　論

本文所論,其目的在決定地圖上之經緯線,卽地圖上之坐標,經緯線一經決定後,則球面上任何一點,如其經度與緯度測得後,卽可於圖上表示,而由畫成之地圖上,亦可明示圖上某點,卽在球面上某某處.

經緯線決定之方法繁多,各持一端,各定一說,但其合于應用者,僅有角度投形,邊長投影,及面積投形三者而已.

此三種投形法,雖各有其用,但其方法則相同,皆使雙曲面之球面在平面地圖上表示之,而以單曲面,如圓柱與圓錐爲襄助.

文中所示之表,未能按分按秒計算,蓋以各式之係數a及b等,隨地變動,故須按地施測該地之a及b等之值,而後計算坐標之值,玆所採用之係數,爲克氏 (Clarte) 所決定者,卽 a=6,378,206.4 公尺及b=6,356,583.3 公尺,克氏係數不定能適用于中國,而中國自應決定,但尚未焉,係數既未決定,詳細計算經緯線之坐標,亦屬徒然,此本文中所有各表僅按度計算之主因也.

參考書:

Hosmer: Geodesy

Wilson: Topographic Triangulation and Geodesy Surveying.

Johnson: Theory and Practice of Surveying.

Ingram: Geodetic Surveying

Meriman: Precise Surveying and Geodesy

Osgood: Advanced Calecnlus.

連雲市市政工程計劃

趙　棨

第一章　引　言

第一節　地位及形勢

吾人苟閱中國地圖,即覺江蘇省有二大特點;其一卽江蘇位於沿海七省之中央,扼握南北;其二卽江蘇海岸絕少曲折,自南至北淺沙綿亙,以致沿海少有較深之海港,輪船寄碇,極感不便.間有一二港口,絕無沙灘,形勢天成,足資開闢者,惟北端之連雲一港而已.

連雲港位於薔薇河臨洪口之南,以近西連島雲台山而得名.當沂.沭.運.鹽諸河之尾閭,爲清海州府之屬地.孫中山於建國方略中列之爲二等港,隴海鐵路局經愼密之考察選之爲海口,蓋此港地位衝要,適居上海靑島之期,就軍事上言,可爲優等軍港,如徐文泉氏所云;『東南千餘里至上海,東北千餘里至山東之成山頭,儼如三角之兩腰,於此成百度角之交點,是扼黃海渤海交通線之中心點也.』(見地學雜誌第四卷第二號遊雲台山記)就經濟上論,可卓然成一純粹中國勢力之商港.而與歐美日本商人相抗衡,誠如前江蘇省議會所謂;『南可挽上海已失之權利,北可掣靑島擴張之勢力,實完全握有黃海中心健固之海權,屹然爲江蘇金湯之北藩.』者也.(見地學雜誌第四卷第四期海蘭路海口之爭點)

連雲港口築於老窯面向東西連島,背依前後雲台,後雲台山迫近海岸,而西連島與海岸之距離,兩端四五里,中闊處約十餘里,最狹處亦有二千公尺,故其形勢宛若香港之九龍焉,東西連島實爲一島,以有鷹遊山而分爲東西二部,島之趨勢,作西北東南向,可爲冬季北風之屏蔽,

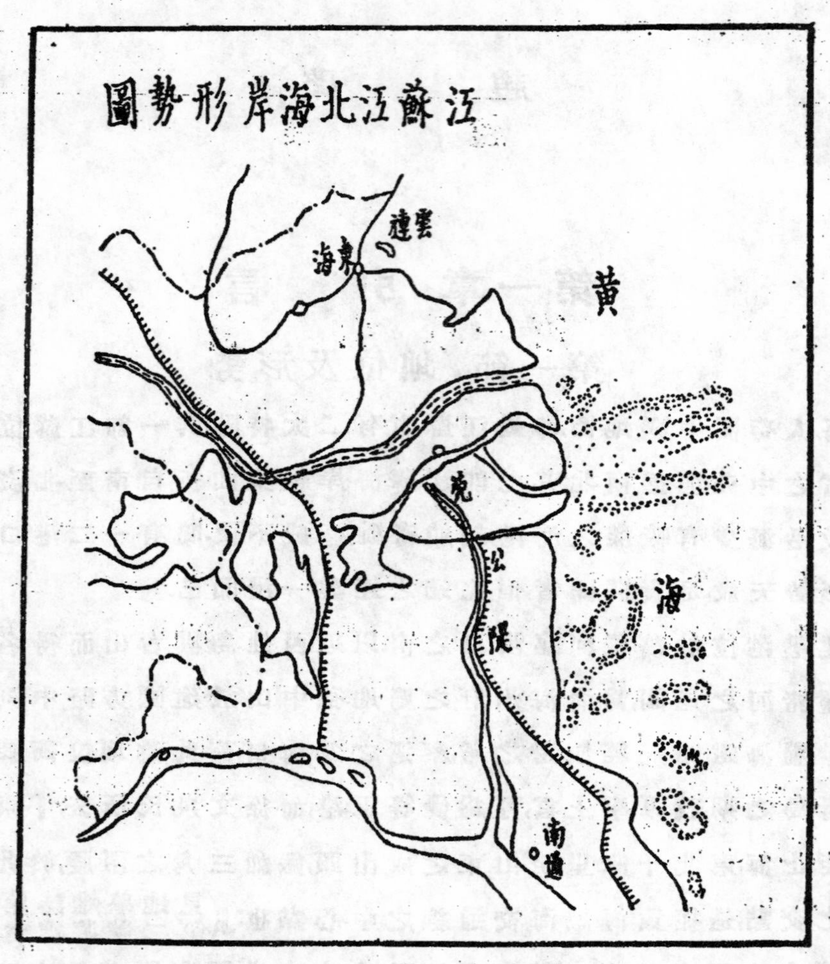

圖一

而夏季颱風,復有雲台爲之攔阻,是爲此港優於香港處,而雖值嚴寒,亦不結冰,則又優於營口也.

連雲市以連雲港而得名,爲民國念四年一月江蘇省政府議決籌設者,因鑒於老窰一帶之狹窄山麓,不足供大港之發展,乃將臨洪口以南,燒香河以北,東海灌雲兩縣濱海之地,悉劃歸之,現値籌備之初僅具雛形,然內有優良之海港,外有亘長之鐵路,他日之發展,正未可限量也.

第二節 沿革

總理於其所著之建國方略中謂:『海洲位於中國中部平原之東陲,此平原者,世界中最廣大肥沃地區之一也.海州以爲海港,則適在北方與東方兩大世界港之間,今已定爲東西橫貫中國中部大幹線海蘭路(即隴海路)之終點,海州又有內地水運交通之便利,如使改良大運河其他水系已畢.則將北通黃河流域,南通珠江流域,中通揚子江流域,海州之通海深水路可稱較,在沿江北境二百五十英里之中,只此一點,可以容航洋巨舶逼近海岸…………欲使海州成爲吃水二十英尺之船之海港,須先浚深其通路至離河口數里之外,然後可得四尋深之水,海州之比營口,少去結冰,大爲優越.』總理列海州爲二等海港,爲提議興築連雲港之第一聲.在軍閥時代,亦曾一度有海州商埠督辦公署之設立,終以主持不得其人,與經費之不易籌措,旋即撤銷,民國二十年冬,隴海鐵路局因鑒於大浦內港日漸淤塞,千噸以上之船隻,非潮漲時不能進口,乃覺連雲港之建築,爲急不容緩之要圖,遂决定展築新浦至老窰間之路線.翌年春,成立購地委員會,購買民地,旋即開工興築,計長八十華里.而港務建築工程,亦同時以三百萬元由荷蘭治港公司承包,積極建築,其位置在東西連島之西,老窰山之東,計長十餘里,中間距離寬有二千公尺.自陶練嘴至孫家山,所有沿海地面,悉數爲隴海鐵路局所徵用.其第五號碼頭,已於民國二十三年十月十日開始泊輪.隴海鐵路局復與國營招商輪船局協辦聯運,自是客貨車均先後直達老窰,以是墟溝老窰等極端簡陋之小市鎮,遂一躍而成日趨繁榮之都市矣.江蘇省政府鑒於該處地位之重要,即於二十四年一月十八日省府會議議决,籌設連雲市,跨連東海灌雲兩縣之濱海區域,均劃入市區,同年六月一日連雲市籌備處成立,籌備一切,而連雲市之雛形,以是略具.

第三節 設市之理由

連雲地位之重要,形勢天成,已如前述,蘇省府二十四年設市之决議,乃及時之舉,吾人苟一究目前該地之實況立感專門建設機關之亟需.蓋由極僻之漁村,變爲國防上,經濟上之重地,必須經宏偉之建設程序也.玆將最近——民國二十五年——連雲市之情形,略述如次;

連雲市之面積,根據江蘇省政府民國二十四年一月十八日公佈,其水陸區域,暫以西至新浦臨洪口以東,南至板浦燒香河以北,東沿東西連島爲範圍,包有東海灌雲兩縣原有之三鎭二十鄉.全面積約三千方里.其區域內之各鄉鎭名稱爲; 1. 新縣鄉, 2. 尹桑鄉, 3. 郁林鄉, 4. 鳳雲鄉, 5. 鹽場鄉, 6. 墟溝鎭, 7. 東簪鄉, 8. 連島鄉, 9. 五羊鄉, 10. 洪雲鄉, 11. 隔村鄉, 12. 中富鄉, 13. 東磊鄉, 14. 東灘鄉, 15. 龍山鄉, 16. 石門鄉, 17. 南城鄉, 18. 新村鄉, 19. 大浦鎭, 20. 東山鄉, 21. 西山鄉, 22. 夏灘莊, 23. 太平埝鄉,此二十三鄉鎭中,除少數係漁農合處者外,餘均爲純粹農民集合之村落,因境內多山,故風景甚佳,而地磽民貧,際此到處農村破產時期,目前除新縣,南城,郁林等數處外,其他各鄉之農民,生活咸甚困難,至於商業,以農民之購買力過差,大資本之商舖,絕無僅有,自民國二十一年,闢港工程開始後,墟溝老窰數處始稍見發達,但就全境言,該市之商業固仍在萌芽期也.

連雲市之人口,據二十四年十二月各鄉鎭公所呈報之保甲冊,共有一萬五千二百五十三戶,八萬四千一百七十五人.因地僻民貧,土匪時有出沒,故性强悍,互殺事件,屢見不鮮,正有待良善政治與教育之敎化也.

綜觀上述,目前之連雲,仍爲一海濱之僻地,欲使本地之人才與經濟,繁榮此國防上,政治上,經濟上之重要,實爲不可能事.要必國家政府盡力建設不爲功,連雲市脫離縣治,獨設機關之理由,其在斯乎.

尤有進者,我國數大都市,香港早入他國之版圖,津,漢,滬等處之財富及其他勢力,半爲外商所挾持,半爲巨賈富商所掌握,而此輩巨賈富商之行動,又多視外人顏色而轉移,且以都市之畸形發展,此數大都市已成爲一切罪惡之淵藪,其有裨益於我國民族者幾許?有害我國民族者又幾許?!凡我國人,當能洞悉,連雲僻絕僾之形勢,目前尚未繁榮,興帝國主義者絕無瓜葛,其宜應努力謀其迅速發展,不言而喻,是故連雲之設市,謂為及時之舉,不亦宜乎.

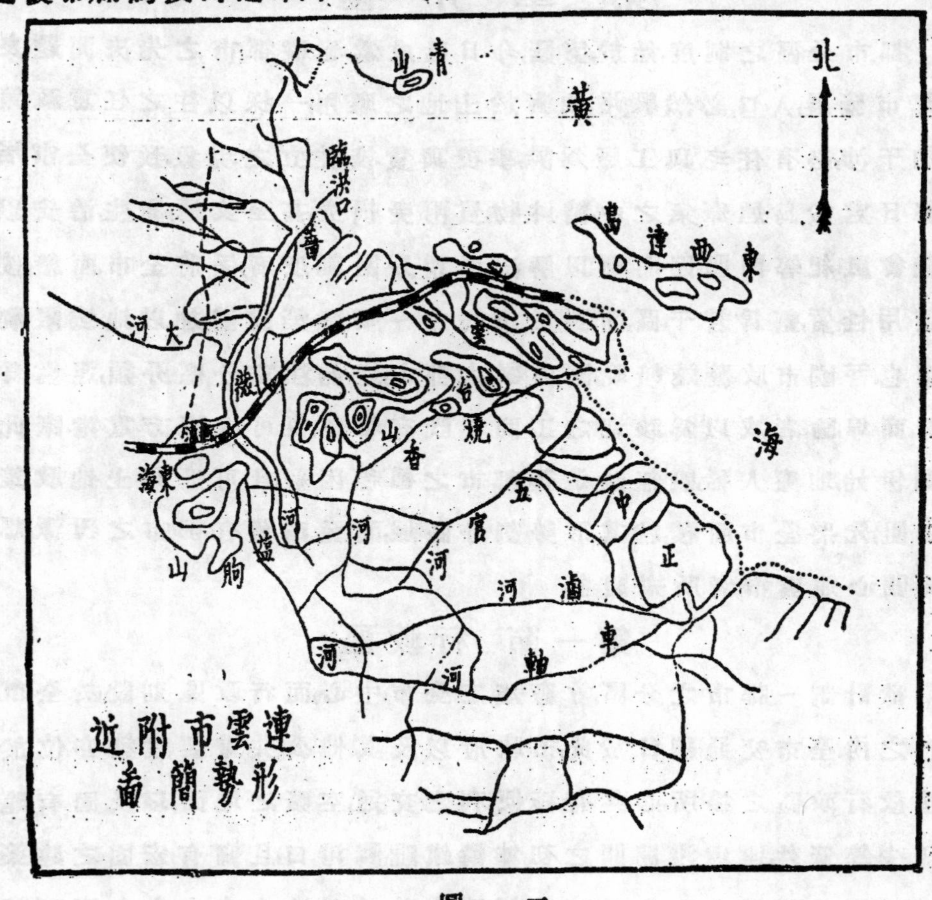

圖二

第四節　作者之動機

連雲地位之優良,前途之有望,已前述之矣.惟凡重要都市之建設,應有完善之計劃,依序而行,方能有就,況我國市政發達較晚,目前欲求一完全之倘不可得,連雲為方興之市,其應以最新之方法,籌模範之建設,當無疑義.是以如何建設連雲市,實為一大問題.該市籌備處雖於二十四年夏成立,但時至今日,各種計劃尚未前聞.作者鑒於事勢之需要,本愛桑梓之熱忱,不揣淺陋,爰擬連雲市政工程計劃.惟以學識經驗兩俱缺乏,掛一漏萬在所不免,猶望國內高才,因之而起,湊連雲於繁榮,樹

29131

市政之模範,則不負是作矣.

第二章 分區

都市分區之制度,始於德國,今日已成爲建設都市之先决問題.良以都市發展,人口必然驟增,倘對於土地之應用,一採以往之任意政策,不加干涉,必有住宅與工廠爲隣,學校與貨棧並立之現象.致使全市居民,終日處於烏煙瘴氣之中,精神物質兩受損失,甚至交通,衛生,治安以及社會風紀等問題,因而難以解决,所謂分區制度者,係將全市面積,按其使用性質,劃爲若干區,而對於市內之一切建築設備,加以地域限制之謂也.吾國市政發達較晚,國內數大都市,近始注意分區分類,連雲爲新闢商埠,論者咸以爲該地之工商業既有希望,復可成東方重港.際此開闢伊始,地廉人稀,既無改造舊都市之種種困難,且可應用土地政策而無阻,先將全市面積,就其形勢劃分區域,而免蹈舊有都市之覆轍,想亦爲關心連雲市者所樂聞也.

第一節 行政區

欲計劃一都市之分區,首應規定全市中心,而行政區則設於全市中心之內.全市交通總會於此,市政府以及其他公共重要建築亦位於此.是故行政區之場所,必具有極便利之交通,空曠之地面,以及固有建築稀少等條件.連雲港開闢之初,墟溝鎮毗隣港口,且備有宏固之建築物,復以連雲籌備處設立於該處,無形中被目爲將來之市中心,實則連雲港碼頭,距山數百尺,而孫家山迤西達墟溝之十數公里,亦均山谷起伏,道路崎嶇,僅足一街之設置.即墟溝古鎮,北有北固,南有烟墩,山谷狹地,决不足爲東亞重港之中心,故鄙意以爲連雲市之行政區,應設於北固山以西,烟墩山以南,洪雲鄉至平山一帶.該處地面平曠,多爲鹽質荒田,官方儘可廉價收買,一做上海市辦法,劃段招領,而獲一部之建築費,至交通方面,北部已隣鐵道,他日街道若再以此爲放射中心,支配全市當無問題也.

第二節 商業區

連雲市外有形勢天成之良港,內有橫亙中國之鐵路將來內河若加疏濬,飛航再能發達,則必可吸收中國中部平原之產品,南儕上海,北製青島,而成國際貿易之要埠.益以此市風景極佳,名勝多不勝舉他日交通便利,遊人如鯽,實可預卜,商業亦可因之而繁榮,是以商業區之規劃,實爲至要也.

查該市原有之五羊中富兩鄉,比隣港口,既與隴海鐵路相距非遙,即擬築至通海鐵路一南通至海州一亦將經此而達海口,兼以地尙平坦,迤西與行政區相聯,故擬以此二鄉爲大商業區,而爲全市商業之總匯.此外如原有之徐圩,弁霧山,汪莊,朱曹嘴,唐圩,孝婦祠,新縣以及候嘴等處,或近住宅區,或聯漁業區,擬均劃爲小商業區以便市民.

第三節 工業區

據專家觀測連雲市之將來,確有成爲大工業市之可能.查工業市之要素,一曰海陸聯運之交通,一曰用之不竭之原料,前者已爲連雲所俱備,其一觀連雲腹地之產品.據民二三年隴海鉄路局調查其沿線出產品約如下表:

品名	產量(單位噸)
鹽	八〇•〇〇〇
小麥	二九七•〇〇〇
高粱	二一五•〇〇〇
花生	六七•〇〇〇
雜糧	二六八•〇〇〇
豆子	七七•〇〇〇
棉花	二五•〇〇〇
煤	五七二•〇〇〇

由此表可略知連雲腹地之富,而將來連雲市之工業,將以精鹽,紡織諸端爲尤要,茲請申論之.

鹽於近代工業上之地位,異常重要前表中所示之鹽產,僅爲產於我國中部者,而兩淮鹽產,著稱國內,海州固爲其集散地,卽豫鄂諸省亦賴其供給,是故將來連雲市之精鹽以及鹽酸等工業原料,大有取之無盡用之不竭之概.隴海鐵路所經之河南,陝西等省均以產棉著稱,陝西所產之棉,號稱渭棉,纖維細長,質地潔白,爲我國最佳棉花之一種,連雲市可利用此種棉花爲紡織之原料,且蘇北濱海之地,亦爲適宜之棉作場,最近江蘇省已規定植棉爲江北各縣農民之副業,產量必可日增,他日所產之棉,可由通海鐵路或內河航船,運至連雲市,故連雲市之原料,當無缺乏之慮,其他如黃淮兩流域之產麥,可爲麵粉工業之原料,中興賈汪各處之出煤,可供各種工廠之燃料等,均爲他埠所求之不得者.連雲可成爲大工業市,可預卜矣.

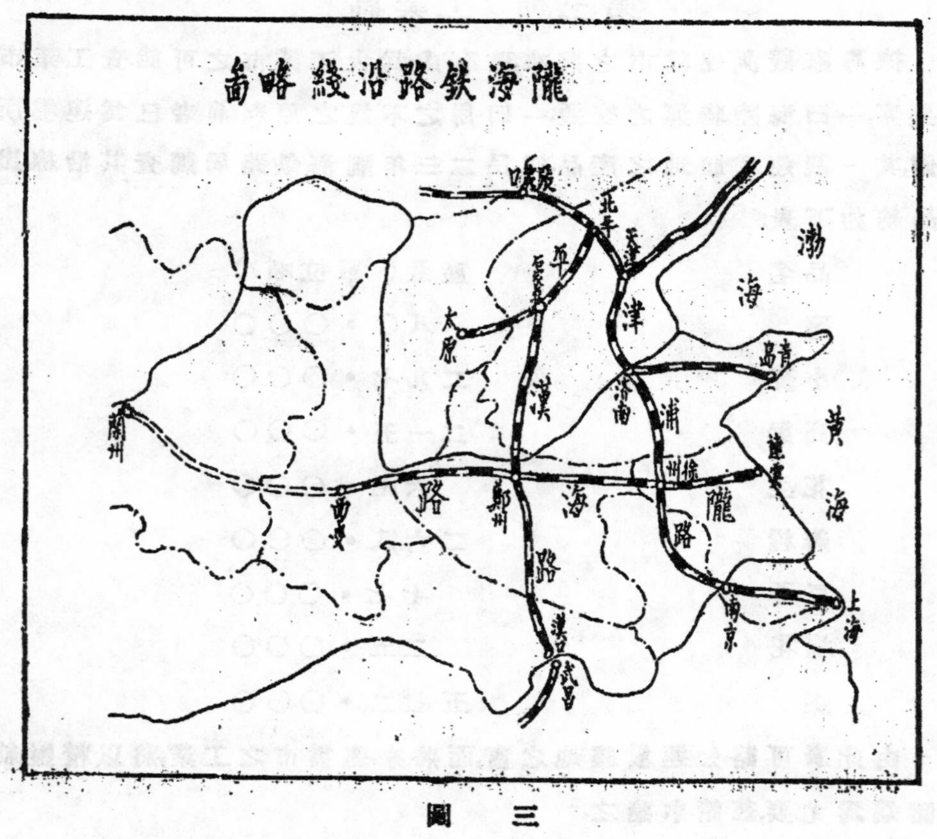

圖三

連雲之工業既有如是之希望,則工業區之劃定,必以遠大之目光,愼重從事.查連雲原有墟溝鎮及新村,鹽場二鄉,東隣碼頭,北依鐵路,運鹽河及燒香河之支流綜錯境內,旣有水陸交通之便,復有多量河水之供給,工業區之要素已咸俱備,故擬劃此一鎮二鄉境內之墟溝,石門,南老院,前莊,公興莊,陶圩,戈張莊,劉圩,汪莊,西河及益河等十一村爲工業區.並規定海濱數村爲特別工業區,製造或儲藏易燃及有害物品之建築,均須設此.

第四節 住宅區

連雲市工商業之有望,已如上述.他日世界之不景氣旣過,我國之經濟建設完成,則連雲之繁榮,指日可待,人口之驟增,亦將爲必然之結果,據二十四年十二月調查,墟溝,老窰一帶之人口,已較二十一年未開港前增加十倍,此雖不足爲預測將來人口之根據,而人口之激增,已可見一般.况連雲一帶風景宜人,冬無嚴寒,夏無燠熱,春間山花燦爛,夏季海風吹拂,海灘浴罷,溽暑全消.秋初百樹成果,遍於山谷,冬季則山峯積雪,皚皚如銀.四時風景,隨時節而各異,實爲濱海居住之適宜地,將來山莊別墅,如鱗櫛比,是故住宅區之劃分,其不重要也哉!

余以爲連雲市內之住宅區,應有二類;一種可稱高等住宅區,區內專建上等階級之寓所,多置公園草地,注意日光與空氣,除食物雜貨等商店外,其他各類商店,均絕對禁止.四週圍以森林,使與工業等區隔絕.現劃定原有之鳳雲鄉之全部及華蓋山一帶均屬此區.另設普通住宅區數處,以便從事工商業者.區內亦敷設草地及小公園,以供居民之憩息,並多建平民住所,低價租貸,以利勞工,現劃高泥嶺,簑衣山,北固山及工業區商業區附近之山麓均屬之.

第五節 漁業區

海州之漁,向與淮北之鹽並著,總理建國方略中,置海州爲我國三十一漁業港之一.連雲開港之初,江蘇省府即設一水產職業學校於墟溝,可見國人對於連雲漁業之重視.茲據調查,連雲沿海水產,只魚一項已有七十餘種,而黃花魚,鯗魚,帶魚,紅娘魚,秦皇魚,黃鳳魚等均有極豐

之產量,茲錄連雲每年水產約數如左:

品名	產量(單位噸)	每担價(元)
魚	一九〇〇〇〇	五—十五
蝦皮	二〇〇〇〇	二五—四十
大烏賊	一〇〇〇〇	八—十五
對蝦	五〇〇〇	四十—八十

綜觀上表,可見連雲水產之豐,以其最低價目計,每年產量亦值百八十萬元.倘政府再加提倡,則產量必年有增加,既可爲罐頭工業之原料,復可供數省之採食,故連雲市漁業區之劃定,視爲提倡漁業之先聲,不亦宜乎.

規劃漁業區,自然以沿海近水爲首要條件,連雲港屏障之東西連島,本爲數十戶漁民聚居之地,擬仍其舊而作此區之中心,其他如東窰鄉之石城村,連島鄉之新雲,留雲二村,均係沿海之地,漁民集居,亦擬劃歸此區,以利發展.

第六節 風景區

都市之發展,與附近之風景,亦有甚大關係,連雲市包有雲台山之全部,實足慶幸,蓋雲台爲吾國四大靈山之一,盤鬱百餘里,蒼松古土,飛泉古洞,仙佛遺跡,隨處皆是,上海天津,號稱大埠,而苦無良好風景,供人遊覽,就此點而論,尙不及連雲遠甚,故鄙意以爲連雲市必有風景區之設,蓋如略加整理,與名甲天下之西湖較,柔美或略遜一籌,而幽偉則實能過之,他日招徠遊客,亦可爲前途發展之一助,故本文於風景區建設,另闢一章,亦示對此點之注意耳.

論及雲台風景,向以前頂,東磊及宿城三處爲著,前頂以莊嚴勝,東磊以奇崛勝,宿城則以幽奧勝,風景區勢非包括此三處之全部,不足引人入勝,故擬將原有之東磊,龍山,東灘三鄉全部及連島鄉南半部,新鄉縣東半部,均劃入此區,至區內名勝之整理,建築之計劃,容於第六章中詳之.

除上述各區外,市內所餘之地,擬供農業之用,暫保持其現有狀況,如此則市內所需菜蔬及其他原料,既得由此供給,而各區如有特殊發展感地域過窄,不敷應用時,亦可以保留之地而擴充之.且因此項農業地面之存在,使全市之園林綠面積,得以較廣,於市民衛生,大有裨益.若再以茂林夾道之幹路,與各區聯絡,則連雲市更園林化矣.此全市分區計劃之大概也.（參閱分區計劃圖）

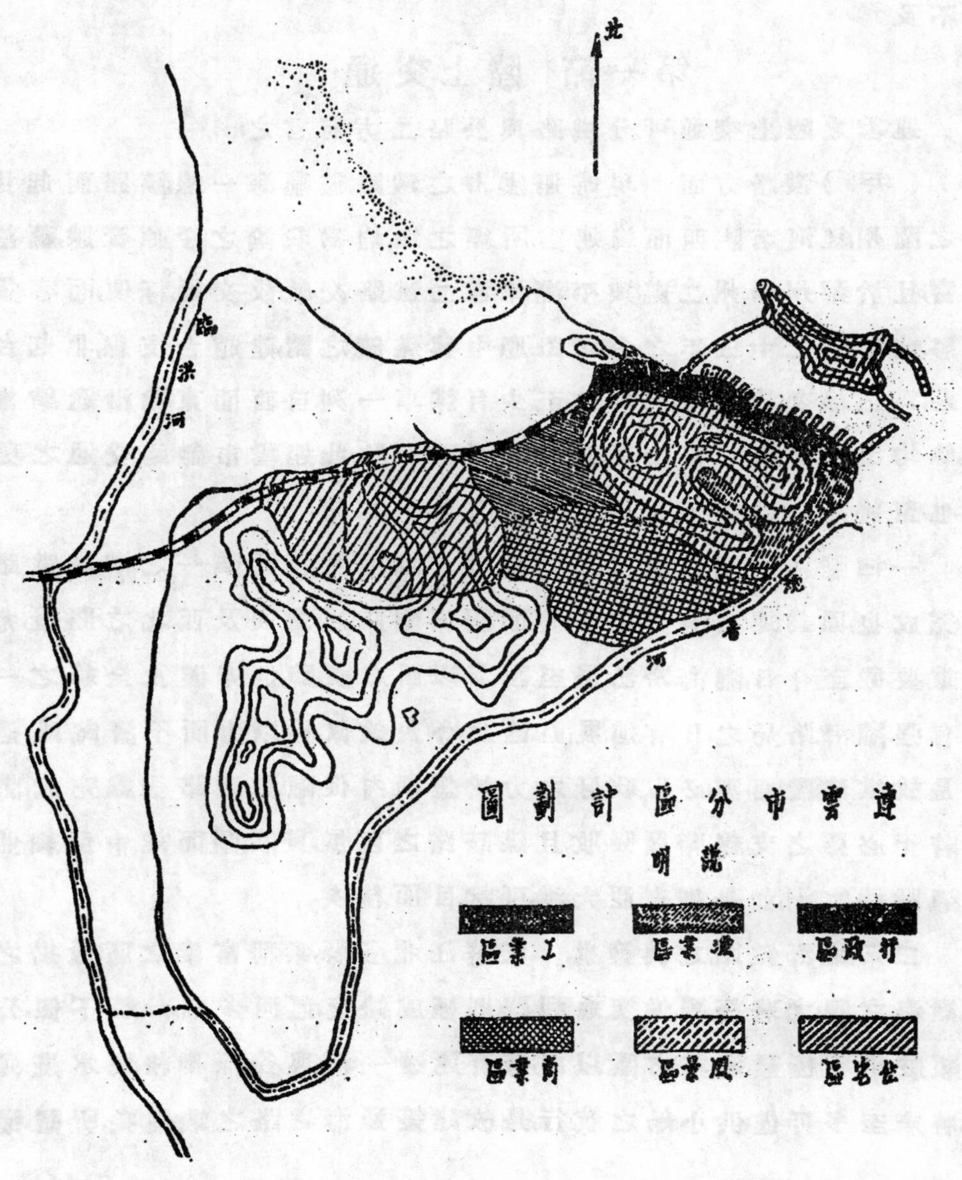

第三章 交通

凡一都市之形成,捨土地人口以及經濟等條件外,交通便利實爲極大之要素,連雲有東亞大港之望,目前雖內有隴海鐵路橫貫中原,外有千噸海輪直駛青滬,惟尚不能四通八達,使全境商業化.茲將陸上,水上,空中,及市內之交通計劃,分述於後.至郵電等項,以其不在工程範圍,略不及焉.

第一節 陸上交通

連雲之陸上交通,可分鐵路與公路二方面言之:

(甲)鐵路方面 現時連雲市之鐵路,僅隴海一線,該路西起甘肅之蘭州,經河南陝西而達連雲.所經之地,均爲我國之平原膏腴,蘊蓄宏富,且於鄭州徐州二處.與平漢津浦二鐵路交軌.故交通極便,而客貨均夥.前年一二十三年之冬,該路應中興煤礦之請,建趙台支線,北起台兒莊,與正線交於趙墩,現每日至少有煤車一列,自西而東,除沿途銷售外,餘均出口,魯南一部土產,亦因之而被吸收.此連雲市鐵路交通之現狀也.至將來之計劃,鄙意以爲至少有下列二者.

一曰隴海之完成及其發展長也 隴海爲吾國唯一之橫貫鐵路,其完成也,固爲連雲有力之培養,而關係國防之鞏固及西北之開發,尤爲重要.截至今日,隴海路已展至西安以西之寶雞,但亦僅及全線之一半有强.隴海路局之日有進展,固已足令人欽佩,終以力所不濟,尙感遲緩.是故欲建設連雲,必以政府之力,於短期內促隴海鐵路全線完成,間築若干必要之支線,藉廣吸收.且謀該路之西展,貫新疆而達中亞細亞,勾通歐亞二洲,如是則東亞大港,可拭目而待矣.

二曰通海鐵路之興築也. 江蘇江北各縣,素稱富庶之區,通揚之棉,淮海之鹽,尤著全國.惟交通利器,則極感缺乏.運河多閘,舟航不便,公路顚跛,車行極難.連雲市區以內,僅有運鹽一河,與各縣聯絡,而水淺河狹,將來至多可僅供小船之航行,是故建築通海鐵路之議倡矣.所謂通海鐵路者,乃自揚子江岸之南通,經如皋,東台鹽城,淮陰而達海州連雲港之鐵路.有識者久有是議,而以經濟艱窘,至今尚未與工,實則此路之築,其經濟上之價值至爲充備,而對於沿海荒田之墾殖,尤關重要.他日路成,江北農村必可因此而復蘇,終點之連雲市,亦可更增一富庶之培養綫矣.

連雲市總車站之建築,亦爲必然之要求,其地位自以接近市中心區爲宜.查所擬之行政區北部,現有之鹽場車站以東之處,地勢平曠,總車站即擬建此,該處擬建車站及調車場,作爲隴海通海兩線之共有終點站.至於貨物棧房擬築於港口之附近,兩機廠則又擬仍用海州車站原有設備也.

(乙)公路方面　連雲市區以內,前本無公路可言.自淮北鹽務所建圩委員會與灌雲縣政府通力合作,徵工修築後.始有幹綫數條;一自墟溝至新浦,一自新縣至板浦,另一自墟溝沿海濱至灌河口之燕尾港.此數路者亦僅能駛行汽車而已,其沿路之坡度,路拱,及排水設備等,均未能合新式公路之規定,故應加以整理.此外更擬有下列之計劃:

(一)將墟溝至新浦之路線沿長,經墩上,河河,青口諸村而達贛榆縣城.

(二)築新縣至市中心區之大道,並將通板浦之一線南展至清江,與鎮清公路相啣接.

(三)早日與築鄭海公路.此路爲江蘇省政府所擬,自連雲經東海,沭陽,宿遷,睢甯,銅山等縣而達鄭州,此線雖有與隴海鐵路多有平行處,但利於徐海南半各縣非淺,尤富軍事上之價值也.

第二節　水上交通

連雲市之水上交通,可分海面與河道二方面計劃之;

(甲)海面交通　連雲市以連雲港而著名,他日可握黃海渤海交通之樞紐.現時該市尚無專載旅客之商輪,關於貨運者,除各地商輪不時行駛過港外,刻有招商輪船局劃定;連雲港至上海,廣州,大連,青島,烟台,五航線,而指有定輪,按班行駛者,則又僅連雲至上海及青島兩線耳,此外另有帆船百餘艘,分航青島,日照,滸浦,新浦等處,裝載乘客,商品,米麥,木材等項,以其運費低廉,亦殊爲人所樂雇也.

欲言連雲市海上交通之前途,首應注意連雲港之工程,照隴海路局之計劃,該港共擬築碼頭十二,於其兩端各築止浪堤,一在孫家山,一在老窰,老窰止浪堤之北端,留一缺口,以便船舶出入.依照規定之海岸線,向外填出三百公尺,現時潮水漲落,深達四公尺,擬再挖深四公尺,以便五千噸左右船隻,可不顧潮水漲落,而自由出入於海港.其計劃中之第五號碼頭,已於民國二十三年十月十日開始泊船.該碼頭長三百公尺,寬六十公尺,可同時泊五千噸輪船三艘,建築費係由隴海鐵路局負擔,約計三百萬元,由荷蘭治港公司承包.此連雲港口之大概也.

連雲闢港之計劃及工程之現狀,既如上述,吾人如表示滿意外,僅殷冀其早日完成.惟吾人尤有不勝欲言者,即連雲港之水深問題也.蓋他日新航路之能否增闢,巨輪之能否停泊,全視此爲轉移.據民國十七年隴海鐵路局之測量報告;連雲港內之海底,上層爲灰色沙泥,下層爲灰色膠泥,深至十四公尺並無岩石.故鄙意以爲港內應浚掘至十二公尺以上,庶幾萬噸巨輪,可自由入港,倘能如是,則除前述招商局所擬五航線外,新航路必自然增加,將來中外人士之欲入我國中部者,可不必繞道青滬矣.

(乙)河道交通　連雲市區內,僅有河流三條,即臨洪河,燒香河及運鹽河也.臨洪河爲最寬最深者,千噸海輪,可入口直達大浦.近以河道失修,航業已漸衰落.燒香河本不通海,河身亦短,故僅有農業上之價值.去歲之夏,以黃河爲災,已被地方人士疏之入海,但終無交通價值,運鹽河自新浦經市區西部而達淮陰楊莊,但以年久失修,河身漸行淤塞,入冬水淺,帆船航行,尙感未便也.

綜觀上述,連雲市之河道交通,希望殊微,茲實爲美中不足,但此關係一市前途之發展甚巨,勢不能不盡量利用天然,將陋就簡,加以整理.

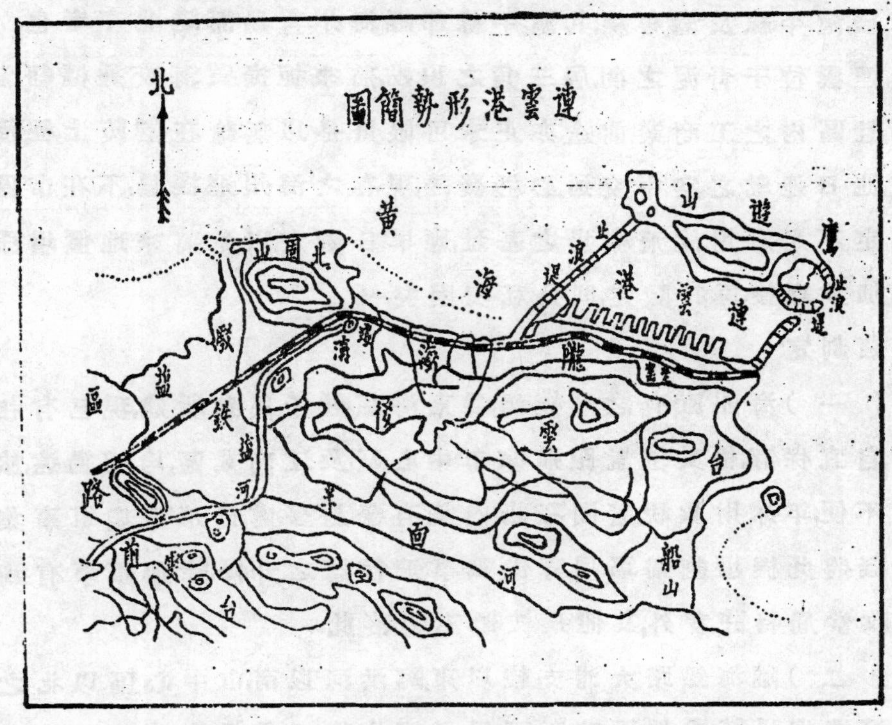

圖四

臨洪河朱溝以上,頗淤灘,應加疏浚,趙集一帶,無主蘆柴頗夥,應全加割除,以暢水流,如此則微型小輪,可通至其上流青伊湖以西.而沭陽等處之客貨,可爲其吸收矣.運鹽河沿線,除應加工疏通外,擬倣運河辦法,築船閘數處,以節水量,而謀救濟.最近財政部淮北建坨委員會,已着手整理,假以時日,當可航行班輪,與運河之淸揚,淸鎭諸航線銜接,而通揚子江流域也.

第三節 空中交通

晚近科學發達倡明,人類進而征服空氣豁之穹蒼.近年來各種飛行器益見進步,旣穩且速.以是不特爲戰爭之利器,且漸具商業之價值.是所以全世界各國航空之一日千里也.我國科學落後,航空事業,至民國十九年始行發軔.至今國內營業性質之航空公司僅二:一爲歐亞航空公司,一爲中國航空公司.前者爲我國政府與德人所合設,計有上海至柏林及北平至洛陽二線.後者係美國加千斯飛行公司所投資,計有:

滬杭綫,滬平線及滬粵線,其滬平線即經海州,青島而達北平者也.

連雲位于青滬之間,居三角之頂點,將來扼握黃海交通樞紐,當無疑議,且區內之工商業前途,亦正未可限量.是以無論在國防上,經濟上而言,他日連雲之空中交通,必極發達,現存之海州飛機場,不在市區以內,且定不足應用.故飛機場之基址,應早日劃定,以免將來地價增漲,建築物加多以後,再行圈定,則公私交困矣.

茲劃定:

(一)海州原有之飛機場,為東海縣數千民衆所建,現已有相當設備,自宜保存,惟其位置距將來市中心區及工商業區,均感過遠,旅客甚感不便.年來財政稅警團在場內築有營房多處,已形海屬軍事集中地,故擬將此機場劃歸軍用,專供戰事飛行器之升降.除與軍事有關或得軍政當局特許者外,其他飛機概不得落此.

(二)隴海鐵路大浦支綫以東,臨洪河以南,市中心區以北之荒地為飛機總場,該處地面曠平,可得長寬均逾千公尺之廣場,而復與行政,商業,工業等區,相距非遙,劃為飛機總場,堪稱適宜也.

第四節　街道

街道云者,市區以內之道路也.其於城市,宛若人體之有脈絡,故為交通要件.市民車馬,循之往來;日光空氣,賴其供給.以是全市之發展,實利賴之,連雲為前途極有希望之城市,街道系統,實應早日計劃也.

今之言街道系統者,莫不以交通,經濟,美觀,及衛生四要素為標準,各大都市以其地勢之不同,其街道系統亦各不同.綜計約有後列四種:

(一)棋盤式　將全市面積劃成若干方格,若棋盤格式,亦稱格子式.此式街道,皆係直線,故所佔地位較少,而於偉大建築之前,猶顯壯觀.惟以形態呆滯,於建設時恆有窒礙,而于全市交通之融通,猶感不便,故多不為人所樂於採用.

(二)放射式　先劃一市中心點,全市街道,咸以為中心而向四面八方放射,此式街道,形態靈活,且有多數曲綫,可依地勢而任意佈置,故較前式爲進步,惟因各處交通,咸會於一中心,則近中心處,常生混亂,是爲其弊也.

(三)棋盤式與放射式混合　此式係採前二式之長,擇地勢平曠,地位適中之處,爲中心點,中心區採用棋盤式街道,以避混亂,而壯觀瞻,其他各區,則依地勢而向外放射,直至區邊.

(四)圓環式　此爲最新式之街道系統,劃全市爲圓形,市中心區即爲多數同心圓之圓心,各區環繞,如衆星拱斗.區與區之間,多植園林,以調空氣.其全市交通之融通,爲他式所不及者也.

連雲以地勢關係,不能採用圓環式,但所擬之行政區,小山,平山一帶,地尚平曠,將來宏偉建築物甚多,故擬此區街道,採用棋盤式,其他各區,則擬以上述一區爲放射中心,依就地情形放射幾列五大幹道:

(一)經墟溝達孫家山嘴與海港相接.

(二)經五羊至大小板鯇一帶之商業區.

(三)經汪莊而達朱曹.

(四)通新縣而至喉嘴等村之住宅區.

(五)通戈張圩至西墅.

上述爲大幹道之大約方向,至其敷設時之地位,及各幹線聯絡之次要各路,則必待全市地形實測之後矣.

第四章　衛生

都市既興之後,必致人口激增,而屋舍鱗次櫛比.倘於規劃之初,未及衛生事宜,則他日必有湫溢卑濕疾疫橫行之現象,全市居民,日處苦域,生趣毫無,其影響於健康者,又奚待言.連雲爲吾國中部新興商港,前途無量,將來人烟稠密,可以預卜,衛生行政,可不及時籌辦,兹將該市衛生工程之舉大者,舉其四端,分別計劃如次:

第一節　上水道

水爲人生要素之一,與空氣食品同稱.其功用能潤澤吾人之身心沐浴吾人之髮膚,洗濯吾人之服用,洒掃吾人之居處,是水也者,不可須臾離也.古者地廣人稀,城村市集,莫不趨就多水之鄉,以免感缺水之憂.但自科學昌明,機械發達後,工業驟興,大都市以之形成.水之供給,遂成市政之要圖.上水道卽所以供給市民以清潔之水質也.其功效不特為增進人類之衛生,且可便利使用與消防.我國市政發展較晚,各大城市之有上水道者,尙屬少數,連雲市之工商業,發展有望,而境內之井水河水,均以距海過近,含鹽質甚多,除僅可用於炊事外,既不可採為市民之飲料,復不能作為工廠之水源,且倘過旱季,則欲此鹽水而不可得,如不早為解决,其有礙於該市之發展非淺,是故上水道之計劃,豈容緩哉!

惟都市上水道之敷設,必經詳盡之考察,周密之設計,方能實施.連雲港埠初闢,百端未舉,區內水文之記載未得,道路之方位未定,全市上水道之設計,當尙未其時,玆僅將該市籌設上水道前應在之考慮,臚列於後:

（一）計劃都市之上水道工程,莫不預測若干年後之情形而為張本,鮮有祇顧目前之需要者,連雲際此初闢伊始,各項發展,方興未艾,一切計劃尤須具遠大目光,方不致有背經濟之原理.鄙意以為該市港口完成,至少須二十年,而工商業發達與大都市抗衡之期,又必在數十年之後,是故現時計劃上水道者,應詳察各都市初興人口之增加率,而作將來五十年之擴充計劃,方能符於實情,而合乎經濟也.

（二）都市中每一市民之平均用水量,各有不同,蓋都市之大小,地位,人民之生活程度,所供給之水質與價格,下水道之有無,及其他各原因,均足以影響水量.連雲介于我國二大都市青滬之間夏季溫度略高于二埠之平均數,（據調查上海七月之平均溫度為二十六度八,青島為二十三度三,連雲則為二十八度四.）將來市民之生活程度,介乎青滬,亦可臆度.故擬每一市民之用水量如下表:

類別	平均每人每日所用加侖數
住宅	十加侖

工商　　五

公用　　二

損失　　三

總計　　二十加侖

（三）水源之選擇,爲上水道工程之首要,良以水之品質,成本,總量,以及全工程之設備,莫不以此爲轉移.查連雲市區以內,旣乏湖沼,復少河流,而附近臨洪潽河之水,又含鹽質過多.是則該市之水源,必于山谷澗溪間求之矣.老窰迤東過陶練嘴山脚,有黃窩地方者,當大山谷之衝,爲後雲台各澗之匯流處,終年水流不絕,奔騰入海,流量若干,雖無詳確記載,觀其泳湧之勢,支流之多,其可供數十萬人之用水無疑.且水質清冽,無需繁多之清潔手續.老窰側之東山,復可供建清水貯蓄池,以分佈於全市,他日工程完備,必可與青島之嶗山水齊名也.

（四）其他如各種運輸清水之設備,清潔之方法與手續,各項材料之規定,分佈系統之計劃,則必有待於確切考慮之後,今限於資料之缺乏,惟有略之矣.

第二節　下水道

都市愈發達,人口愈稠密,倘衞生行政不備,則必致全市污穢腐敗,屋內亦不能保其清潔,雨天則泥水濺膝,晴日則蚊蠅飛集,終致病疫細菌蔓延散佈,豈非人生之大礙.下水道工程,卽所以解決此種問題者.其用途有二:一以排洩雨水,一以引導污水.市民之福利由是增,生命由是存,眞重要有如是者.吾國下水道事業,尙在萌芽,雖著名之數大都市,亦多付闕如,連雲市欲樹模範之先聲,可不早爲注意及之哉!茲將該市下水道計劃中應有之考慮,分述于後:

甲制度之選擇　下水道計劃中,以決定排水制度爲首要.恆見者計有二種:一爲將雨水污水合流入同一溝渠管中,謂之合流制,一爲將二水分制導入二種溝管中,謂之分流制,二種制度,各有利弊,其取捨標準,則全視各地形勢及經濟情形而定,未能一概而論也.現計劃連雲市之

下水道,關於二種制度之取捨,鄙意應考慮下列諸點:

（一）連雲各區之溝管,必以大海爲出水道,又以中心區設於小山一帶,其地位又必於孫家山以西無疑.是以該市下水道所以採用制度,與全市飲水清潔問題,毫無關係,蓋自來水水源遠在黃窩也.

（二）該市中心區附近,地雖尙平,而其他各區,則多崗陵起伏,往往掘地數尺卽行現石,故計劃下水道時,務須力避掘地過深,以免埋管時發生困難,且應利用天然地形,使各區之水,均能恃地心吸力,匯於總道而入海,能如此則可不必有抽水機之設備,而成本以減.

（三）連雲爲濱海之區,雨量甚大.排洩雨水之溝管,卽足供合流制溝管之用,良以住宅中所排洩污水,爲量不多,不足影響合流溝管之大小也.故採用合流制,祗須埋設一種溝管,卽可供排洩雨水及污水之用,較爲經濟.

徵諸以上各點,該市下水道計劃,爲顧全目前事實及將來發展計,以採用合流制爲宜.現祗敷設一部份溝渠,以排洩雨水,並利用天然地勢,使自瀉入海中.將來居市增多時,該項溝管,稍加擴充,卽可供排洩污水之用.惟以地區過廣,出水道數必不能僅一總管,其近居民或碼頭者,應建造治理污水廠,用沉澱方法,去其污渣,則更合衞生之道矣.

（乙）計劃之大概　關於制度及出水道之決定,已如上述,至各溝管之佈置,因地勢關係,似以採用散射式爲宜,卽以市中心區一平山小山一帶一爲起點,四面向散埋幹管,再分各區爲若干小區,流入幹管,就地面形勢,注入海中.各幹管入海處,建一小規模之治理污水廠,專備天晴時治理污水之用.如此則各管距離不遠,依坡度下斜,不致掘地過深.而將來發展時,亦易於擴充.此連雲市下水道工程計劃之大概也.

第三節　森林

都市之中,屋舍鱗次櫛比,於衞生方面,殊有遺憾.於是乃有市內宜保存隙地,廣植樹木之説.此説倡行未久,而各大都市紛紛仿行,其所以如此者,係因森林於衞生上有莫大之利益,玆請略述如左:

（一）森林可調節氣溫. 溫度影響於人類之生活甚大,若變化過甚,則易造成病疫.據實驗之結果,知林內氣溫,較之林外溫度,晝低夜高,夏涼冬暖,炎暑之時,林內低於林外五度至七度（華氏）.寒冬之際,林內高於林外一度至三度,故森林所在之地,不致有亢熱及過寒,寒暑調和,而適於生活.

（二）森林可調節濕度 空氣中所含水汽之多寡,影響人類之精神與體格甚大.倘空氣過於乾燥,則精神興奮,不易入眠,過於濕潤,則又精神抑鬱,體溫蓄積,皆易引起疾病,森林內溫度既較林外為高,故林外空氣乾燥之時,則林內之濕氣得補充調和之,若林外濕度過高時,此含多量水分之空氣,經過森林,因林內濕度本大,再遇此濕氣,則呈飽和狀態,遇冷凝結而成雨,使空氣仍得保持一定而適當之溫度,使生活舒適.

（三）森林可調適空氣之成分 吾人不能片刻無空氣,蓋需氧氣而氧化腹內食物也,森林於行同化作用時,吸入二氧化碳,放出新鮮之大量之氧氣,使空氣中氧氣充分,增進人類之健康.

（四）森林可調養精神 人類操勞過度,精神疲乏,擾攘都市,愈增其煩擾而疲倦,但森林之處,空氣新鮮,花香鳥語,無嘈囂之市聲.吾人至此,精神為之一振,疲勞盡去,興趣盎然.且綠色最合目力,散步林中,翠綠欲滴,可使心境愉快,而精神早復也.

綜觀上述各點,可知森林與都市衛生之關係,故晚近市政建設,莫不注意及此.連雲市區以內,除劃為風景區之各山森林,予以保存並各路旁均植樹外,擬將政治區及住宅區之四週,均植以森林,以便與市塵隔絕,其佈置見總計劃圖.

第四節 公墓

吾國之習尚,墳墓多散佈於田野,出郊數步,舉目所矚,纍纍皆是.富有者廣佔土地,松柏成林.貧窮者則劃田一方,黃土一堆.自明以來,全國墳墓,未嘗毀掘,以四萬萬人口之衆,歷五六百年之久,墳墓所佔之地,應

29147

有幾何!而農業所受損失,又爲幾何!公墓之創設,即所以改革此不良之習尚也.

連雲依山面海,包有雲台山之勝,他日交通便利,靈山之名,必可聞於天下.際此新舊思想潮流交換之候,倘不早日指定公墓所在,則將來富商巨賈,名人雅士,咸爭營墓地,歲月既久,必蹈杭州之覆轍,風景佳處,盡爲墳墓.屆時欲再整理,則公私交困矣.故該市公墓之規定,必與全部市政同更始也.

按晚近都市之公墓種類有二:一爲規劃平地多方,敷路植草,作卜葬之所.一爲指定森林多片,略植花草,成爲墳墓之地.連雲市之公墓,擬採用後者.蓋此種設施,既無須另劃土地,致增費用,且不致黃土纍然,碑碣成林,於經濟美觀二方面,均得圓滿之解決也.現擬指作公墓之森林區爲新縣以東,北固山以北兩片,其地位見計劃圖.

第五章　公共建築

都市既興,人口日繁,凡有關係於公共利益之建築,自應及時興築,且新都市之初設,形成移民之現象,其發展之緩速,有時亦視公共建設之程度者,由此可瞭連雲市公共建築之不容緩,茲分別舉其重要者如次:

第一節　市中心區建築

凡市之中心區,均爲行政機關之所在.故全市由其統轄,各區由其管理,全市交通匯於茲,而各重要建築亦建於此,連雲市有濱海之港,他日繁榮之後,中外人士觀光者,必不乏人,故中心區之一切建築,應力加注意,以重觀瞻,現略述建築市政府,圖書館及博物館之計劃如次:

(一)市政府　連雲市二十四年所成立之籌備處,現設於墟溝鎮,辦公處所,係租用民房,惟俟他日連雲市正式成立之後,賃物辦公,自非澈底之計,故自建辦公房屋,應爲建設全市之先聲也.

晚近各國新興都市,爲增進工作効能及便利市民計,市政府各種辦公處,多趨向於合併一區,卽所謂行政區也.連雲爲新興之市,各項新起事業,有待於國內外人士之投資,然市之形式未備,投資者輒存觀望,故主持建設連雲者,應速建設市中心區,以爲建設連雲之初步,而建築市府辦公處所,則又可視爲建設市中心區之先聲也.

市政府新屋之大小,以目前經濟情形而論,自不宜過大,然爲全市觀瞻計,又不能過小,故應參酌各情,俾能兩全.以鄙意,在初創時期,地面空曠,建築稀少,房屋可不必求其精美,但求寬敞,使十年之內,足敷各局辦公之用,十年後視情形之需要,再另行重建正式之房屋,如此則經濟觀瞻可兩均顧及矣.

(二)圖書館 夫書者,知識之源泉,傳播文明之利器也.然載籍之博,無力者旣不能致,私人幸而有所得,則又視爲珍祕,不肯輕以示人,書之爲用漸失.晚近世人,有鑒於斯.乃假公共之力,兼收而幷蓄之.明其系統,別其部居,指導必得其人,管理日善其法,公開便人民省覽,故士無間於貧賤,其享用惟均,專研博覽者各取所需,而愚賢不肖之所得,恰如其分,都市鄉村學校,莫不俱備,圖書館遂一躍而爲近世敎育之重要位置矣.連雲市位於江蘇北部,民性强悍,敎育落後,圖書館之設,實爲至要,故擬於中心區內,建大規模之圖書館一所,廣集圖書,以盡宣揚文化之效,其他各區,於文化機關中,亦各設小圖書館,以廣效益.

(三)博物館 宇宙之祕,不可得而窮也,近世科學倡明,究研事理,格物致知,莫不以科學之方法,除精讀籍冊外,復重實物之觀察.惟以宇宙之大,物類之廣,若人欲增其見聞,必親身遍覓實物,則畢其生亦不過知宇宙之一隅,近代人士,知其然也,乃除設圖書館收集書卷外,且創博物館.廣集天下物品之標本,別其類,分其部,庶幾士人能於短時期內,能窺世之生物與無生物之大概,而見聞頓廣,此博物館所以成敎育上之必有設備也.

連雲市區以內及其腹地出產之豐,前以屢言之矣.故欲提高市民之程度,增進市民之智識,必有博物館之建築.其地位亦擬定於市中心區內,與圖書館對峙.如此寫有便利之交通,且可壯觀瞻也.

第二節　娛樂場

都市之中,競爭激烈,市民生活,多屬於機械者.然人究非機械,工作之暇,必稍事休息,以娛其身心,且都市居民,四方雜處,良莠不齊,苟不導以正當之娛樂,則不免流入邪途,聚賭嫖娼,放辟邪侈,無所不爲,市民日形墮落,盜賊由是蠭起,妨害公安,莫此爲甚!故今之從事市政者,除設各種敎育機關,以敎化市民外,莫不另設公共娛樂場多處,務使市民於疲勞之餘,有正當娛樂場所愉快其身心,娛樂場之種類甚多:普通爲戲院,電影院,說書場等.

連雲市區以內,本無娛樂場之設,近年港口開闢,老窰墟溝一帶,方有簡陋之戲場,多爲茅屋數間,撮土爲台,演員來自四方,爲迎合顧客心理計,所演之劇,趣味非常低級,甚有淫穢不堪者,一般民衆,趨之若鶩,傷風害俗,實非淺鮮,故連雲可謂至今無正當娛樂場,而亟應從速創設也.

連雲際此建設伊始,百事待興,自無多數餘款,作爲建築公共娛樂場之用,故現擬於商業區及港口附近,各設娛樂場一,內容繁多,使類滬杭之大世界.完全由市政府籌建管理,其中所演之戲劇,電影等,均必求其正當,或屬敎育性質,或係警世範圍,庶可與敎育機關相輔爲用,而不若其他大都市娛樂場之齷齪不堪矣!

第三節　公共運動場

夫人之生活,以健康爲第一要意.歐美各國,莫不亟亟於體育之提倡,聞名全球之各大都市,如柏林,東京等,莫不於其近郊,設有宏偉廣大之運動場,以期促市民於健康之途.吾國人民,體質素弱,有東亞病夫之稱,近年來,政府頗注意於國民體育之提倡,大都市如南京,上海等,均已有規模較大之體育場,然較之他國設備,則仍望乎其後!況一般城市,則多僅平地一方,運動其中,灰塵撲面,不特非運動之道,且有害衛生,連雲初闢,鄉村故觀仍在,除數大鎭市如墟溝,新縣,南城外,鮮有運動場之設.故大公共體育場之規劃,實急不容緩也.

29150

今之籌設運動場者,除規模特大者外,多趨向於公園運動場,即於大公園中,闢其一角,植草設具,以作市民工餘運動之所.蓋公園中樹木蒼翠,山水黛碧,空氣既極新鮮,環境亦復幽美,工作之餘,運動其中,眞可消一日疲勞也,連雲爲新興之市,大規模之運動會,近年內不致假此舉行,故採用公園體育場之方式,當極適合,玆擬將全市最大之公共體育場,建於新縣附近之第一公園中,該處爲住宅區,市立之重要學校,均擬建於園之附近,今第一體育場設此,當可便於居民與學生.其他如第二,第三兩公園中,亦擬有體育場之設,惟規模較小.至道旁路中之小公園及運動場,則可於敷設道路時,視地形及需要而設置之矣.

第四節 公共學校

連雲市海角僻地,敎育落後,已略前及,玆據調查,在現有之三鎭二十鄉地面,二萬一千餘兒童中,僅有初級職業學校一所,小學校十六,學生一連私塾在內一不及二千五百人,於此可見敎育問題嚴重之程度,而得民性强悍,嗜殺互鬥之所由來矣!

是故建設連雲市者,欲推進行政制度,而整理公安,必以謀敎育之普及爲第一要務.指撥的款,設立公共學校,尤爲首圖.蓋今之市民,非不欲其子弟就學,實無力量及機會耳.

玆擬連雲市區以內應有之公立學校如左:

(一)水產職業學校一所　培養人材,製理連雲市豐富之水產.

(二)鄉村師範一所　培養小學敎員及鄉村敎育人材.

(三)完全中學一所　敎育有力升學他埠者.

(四)小學數十所　敎養一般兒童,附設平民學校及問字處以便不識字之成人.

至各學校之校址,除水產職校可用今之初級職校舊址,小學校應分設各村外,其他各校擬均設於住宅區內第一公園附近.

29151

第六章　風景區建設

都市之發達,與附近之風景,亦有關係,良以風景之爲物,既可供居民憩息其間,調劑生活;且足招徠他鄉遊旅蕩佯其中,增進樂趣,宛如無限珍品,雖顧主源源而來,而絕無用盡取竭之時,觀乎西湖之於杭州,亦可窺此關係之大概矣.

連雲市內,包有雲台山之全部,飛泉古洞,仙佛遺跡,隨處皆是,實足慶幸.前者.雖交通不便,而每屆香汎,遊者輒來自數百里外.連雲初闢,訪者更絡繹於途.足見雲台風景之整理,有利於該市之前途,決非淺鮮.是章之作,卽鄙見及此耳.茲先將擬風景區內之大概,略述於後:

論及連雲風景,素稱前頂,東磊,宿城三處,前頂以莊嚴勝,東磊以奇崛勝,宿城以幽奧勝.前頂爲雲台山最高之處,巨石甚多,所產桂樹萬年松,延柔數里.茂林修竹,四時常青,泉水亦甚甘沃.秋冬之候,草潤亦如青天,故亦稱青峯頂.東磊亦名石礌山,俗稱磊裏,爲雲台山之最陡處,奇峯層出,秀拔萬丈,其曲者有如列屏,其削者有如立壁.遍植桃杏數千株,春時繁花滿目,爛如雲錦,延福觀附近,有天生巨石,相壘如累卵;或三壘直上,或二載一,鬼斧神工,莫可言狀,取名東磊,卽基於此.宿城之景,又具一格,諸峯突起,環抱如城,金剛岩巨石陡立,仙人屋戶牖天成.山中多銀杏,冬青蒼松古槐,大逾合抱,皆數千年物.他如龍湫,瀑布泉,鳳凰石,無梁殿等,均爲絕勝之景色.他日連雲發達,遊人如鯽,可預期也.

第一節　風景的整理

連雲市風景,已略前述.如欲使其更臻佳麗,自必再加以整理,務使遊人稱便,樂而忘憂.茲將整理之途徑分述於後:

(一)房屋段落之劃定　都市房屋之段落,本應劃定,而在風景區中,尤爲要着.蓋不特須顧人民之利益與衛生,尤須美觀也.現雲台山中,村落稀少,正宜規定道路,劃定段落.並早日制定區內建築規程,他日不致有零落綜措之弊,如此則來遊者如入新村,居此者如處桃源矣.

（二）道路之修築　雲台山中之道路,除少數通廟宇者外,均爲羊腸小道.山路崎嶇,行人苦之.足健者可擇途而登,體弱者惟望頂興嘆.故爲便利遊客,繁榮市面計,應速依據所定段落,與築道路.地位不高如宿城一帶者,可築大道,使汽車直達.其他名勝古跡附近,亦應闢有山道,庶遊者可親臨憑償.此事定可得當地居民之贊助,蓋路通之後,遊人必增,修路之資,固可取償於他日也.

（三）風景之保護　本市既有風景區之設,區區名勝古蹟,自應即日通令保護,任何人不得無故摧殘.茲將有保護價値者,列舉於後,以供關心連雲之參考:

（一）海甯寺.　（二）九龍橋.

（三）海天洞.　（四）飛泉.

（五）延福觀.　（六）翠屏山.

（七）三龍潭.　（八）法起寺.

（九）仙人屋.　（十）仙人洞.

（十一）釣魚台.　（十二）竇娥祠.

（十三）李白澗.　（十四）陳增墓.

（十五）防倭炮台.　（十六）其他.

第二節　公共住所

連雲市工商業之堪以發展,前已屢言之矣,將來繁榮之後,人口稠密,房租昂貴,爲必然之結果.他鄉貧民就食於是鄉者,亦必日衆.此輩之居住問題,必甚嚴重,倘不早爲注意,定有目前各大都市草棚雲集之現象.不獨污穢齷齪,有礙公共衛生,抑且人品流雜,常爲罪惡淵藪.又以草料易燃,每釀巨災,故爲市民利益計,市容觀瞻計,應有公共住所之建.茲擬具計劃如下:

連雲市之平民住所,擬分二類:一爲劃定地段,由市民多人承租而自建經濟住宅於其上.一爲由政府撥款建造房屋.建築中除電話,自來水等必需之設備外,餘極求簡單.蓋必如此方適合社會實情而省公帑也.住所地位,於可能範圍內,均築於風景區內,可省所外之佈置.每所內擬有大禮堂一所,備住戶婚喪之用.民衆學校一所,補住戶知識之不足.設貧民借貸處,使住戶謀生有途.設消費合作社,以減輕住戶之生活費用.設小規模之娛樂館與運動場,以備住戶之正當消遣.能如此則點點草棚,將來可不見於茲市而一般貧民,雖不能得若何舒適,亦可由污泥而登茬蓆矣.

第三節 公園

城市之有公園,不特可以增進市民之健康,且足陶冶其性情,轉移不正當之娛樂.於羣衆衛生及社會道德上,均有莫大關係.進雲希望無量,風景宜人.除已有風景區之設外,自宜再於他區設公園數處,以作市民工作之餘,憩息之所.茲將所擬大公園三處,概述於後,其他較小之公園,可於開闢道路時,就地佈置,此不及焉:

(一)市立第一公園,擬設於行政區內,位於市政府及圖書館等建築之北,總車站之南,佔地三百畝,此園以地處交通要道,故與全市之觀瞻,極有關係.故設備應力求雅緻.點綴力求奇美.復設小規模運動場一,以作附近市民運動之用.

(二)市立第二公園,擬設於住宅區之南部,原有之新縣附近,佔地五百畝,爲公園中之最大者,此園之建設重心,爲一偉大之市公共體育場,因市中之公立學校,咸擬與其爲鄰,正可備全市運動會及學校團體各種比賽之需,此外不擬有特殊佈置,僅植林敷草,掘池修路而已.

(三)市立第三公園,擬設於風景區之東部,原有之宿城附近,亦佔地約三百畝.此處地稍僻靜,風景特佳.故設備擬注重附近居民之誘導,且供遊人停足進食之所.內部不求華麗,但必雅而不俗,建築有民衆禮堂,通俗教育館,公立茶樓及食堂等,寓教於遊,不亦宜乎.

第四節 海水浴場

都市之能有海濱浴場,殊非易事.蓋既須地位濱海,且須有廣素細膩之淤沙,及清潔平靜之海水也.環顧國內,都市有此種設備者,僅一二耳.連雲市濱海而設,沿海沙灘,平滑如鏡,自應有浴場之設立,免負天然之賜,而增市民之生趣也.

所擬之行政區及商業區以北一帶,沿海沙灘,細膩如泥,每屆夏季,墟溝一帶,沿海人士,日浴於此,沙鷗點點,海闊天空,清風徐來,水波不興,不特暑氣全消,抑且胸襟豁暢.誠天然之良好浴場.連雲市海水浴場即擬設此.將來加以佈置,必可與青島之匯泉場抗頡也.

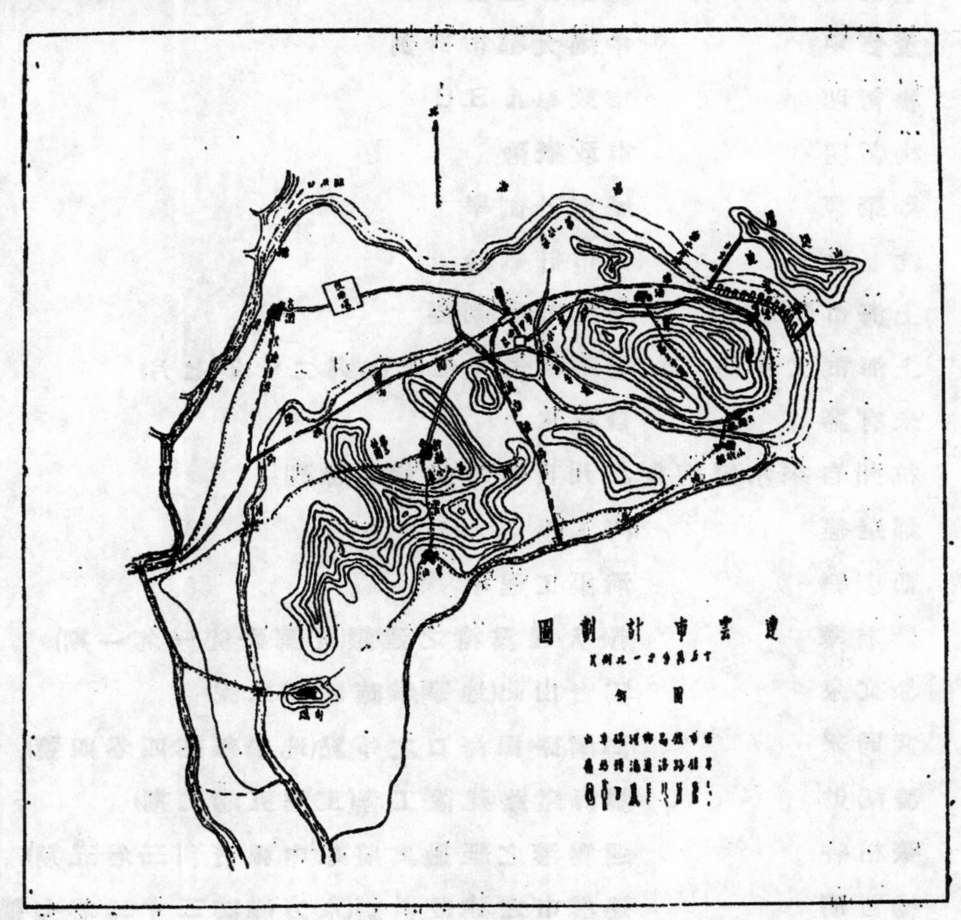

第七章 結論

總觀前數章所論:連雲港口之天成,地位之衝要,腹地之豐富,風景之宜人,在在足徵符合偉大都市之條件.是文之作,實鑒此.所論各節,雖皆依據連雲之地理,推測前途之趨勢,詳加研究,通盤規劃,惟作者學識,實過淺陋,現有統計,難期徵信,參考材料,尤形缺乏,故雖經草擬,尚不敢視爲定案,況市政萬端,寥寥數千言,豈能完備!還望國人,對此新興之市,更深認識起而建設連雲,樹模範之市政,則幸甚矣!

參考書:

董修甲　市政新論

董修甲　都市分區論

董修甲　中國大都市計劃

楊哲明　市政學ABC

楊哲明　市政概論

鄭肇經　城市計劃學

沈　怡　都市計劃論

上海市政府　上海市政概要

上海市工務局　業務報告(十七年七月二十年七月)

朱有騫　自來水

杭州自來水籌備會　杭州自來水創始紀念刊

鄭肇經　河工學

顧康樂　溝渠工程學

蔣君章　擴大連雲港之建議(江蘇研究一卷一期)

徐文泉　雲台山記(地學雜誌四卷二號)

武同舉　海蘭路擇海口之爭點(地學雜誌四卷四號)

凌鴻勛　隴海鐵路建設工程(工程五卷二期)

張柏香　連雲港之經過與將來(申報月刊三卷五期)

楊哲明　連雲市之建設計劃(東方雜誌三十二卷七號)

聯拱橋分析法

Analysis of Multiple Arches

Alexander Hrennikoff著

謝仁德　譯

（一）緒言

本篇所述,爲建於彈性橋墩上聯拱橋之分析;對於每一單獨拱孔兩端及橋墩中力幾(Moment)及橫推力(Thrust)之計算法,均有所列論.但所研究者,僅係已知建築物之一切尺寸及載重情形而根據工程力學以計算應力之法.至於詳細之設計,則非本文範圍所及.

本篇所用方法,根據著名哈台克勞斯氏(Hardy Cross)之力幾分配(Moment Distrbution)原理;但應用該原理之方式,及其他零星之材料,則爲本文所固有.

（二）分析法撮要

本篇應用之方法,可分爲下列諸步驟.

（1）分析每一單獨拱孔,假定其兩端均爲定者,計算兩端之力幾與推力.

（2）在每一橋墩上,將二聯續拱孔之固定端力幾及推力,用代數法相加,求其不平衡之力幾及推力.

（3）求出若干末端分配因數(The end distributoion factrs)之值,此種因數與力幾分配法中之分配因數及過運因數(Carry-over factors)相仿,其性質容後詳述之.

（4）求出四個接點分配因數,(The joint distribution factors)代表接點C受外力發生單位旋轉(Rotation)與單位橫移位(Horizontal

Displacement) 而具有不平衡力量時之力幾與推力.此種接點因數,等於相交於接點 C 處三構部 (Member) 末端分配因數之代數和.

(5)分配 C 點不平衡之力幾與推力,須求出用以平衡 C 點諸力所需之旋轉與橫移位.此步驟包括二公式之分解或一圖之構築.

(6)求出每構部兩端之合力.

根據步驟(3),當 C 點移動之時,每一構部之每端,皆有四末端分配因數:(此處所謂構部,係指每一單獨拱孔或橋墩而言,故第一圖中共有五構部.)(1)旋轉力幾因數,m_α;(2)旋轉推力因數,h_α;(3)移位力幾因數,$m_\triangle$;(4)移位推力因數,$h_\triangle$ 一一兩因數係當 C 點具有一不平衡之固定末端力幾與推力,而發生一無直線移位之單位旋轉時,任何構部末端(如第一圖之 A 點)之力幾與推力,同上,$m_\triangle$ 與 $h_\triangle$ 亦爲當 C 點發生一無任何旋轉或縱移位之單位橫移位時之力幾與推力.

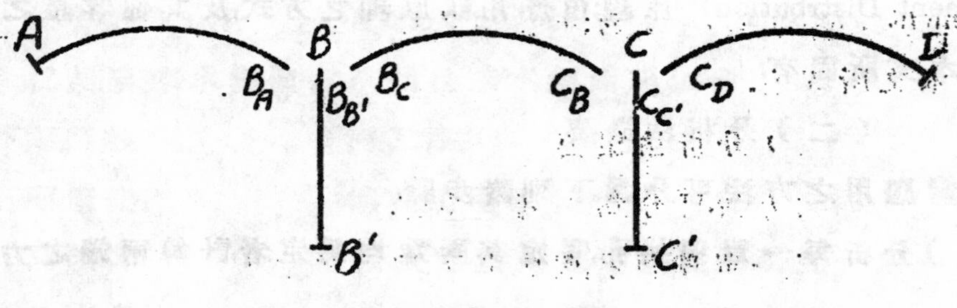

第一圖

與移動點相鄰之橋墩點 B,並不作爲固定者,而允許其移動相當之數值.此係本文所用方法與力幾分配法所不同之處.第一圖中二組構部分配因數決定法之不同,可由此說明之.第一組之構部 C C' 與 C D,有一端固定,其另一端則有一已知之移動;(單位旋轉或單位移位)其分配因數,可由後文所推演之公式計算之.其他三構部在一端有未知之移動;彼等之分配因數,則可用特別之代數方法計算之.

總結上文所述之撮要,本篇大部依照一種簡單之算術方法,並不應用較高之數學.公式僅用以計算單獨構部之末端分配因數,所包括

29158

之常數,則為通常用以代表拱橋與橋墩所習用之彈性性質者.

(三)單拱橋與橋墩之末端分配因數(End Distribution Factors of Single Arches and Piers)

(1)對等拱橋條骨之旋轉因數(Rotation Factors of a Symmetrical Arch Rib)———設 F N(第二圖)為聯拱橋中一單獨對等孔,假定 F 為固定者,N 則依正向(順鐘向)順轉一角,$\alpha=1$ 弧角(Radian);求兩末端 N 與 F 之力幾與推力.

如將轉動之端 N 稱為近端,而固定之端 F 稱為遠端,則近端之旋轉推力因數與旋轉力幾因數可用 $h_{n\alpha}$ 及 $m_{n\alpha}$ 代表之,其在 F 端者可用 $h_{F\alpha}$ 及 $m_{F\alpha}$ 代表之.

此種符號之正負是否與其真正之意義確切符合,極關重要.依力幾分配法之慣例,及假定 m 與 h 為拱橋作用於接點處之力幾與推力,力幾之正向為順鐘向,推力之正向為向右.

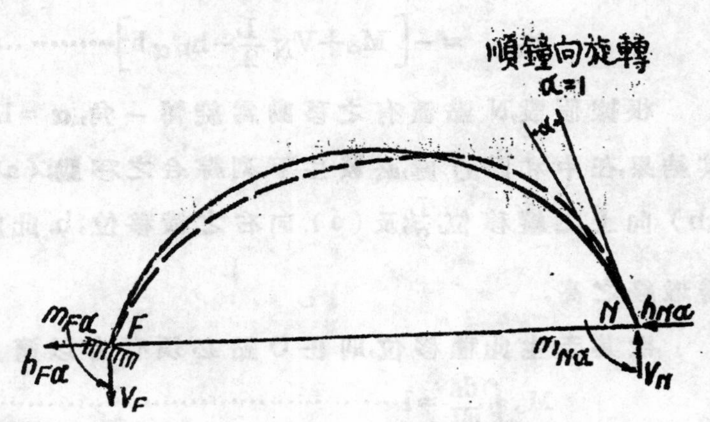

第二圖

因每一接點加於拱橋上之力,與拱橋加於接點上之力,彼此相等而相反;故可作一拱橋之自由體圖,(Free-body Diagram)以接點 N 順鐘向旋轉一角,$\alpha=1$ 弧角,如圖二所示;圖中 m 與 h 箭頭之方向,均按前述之末端分配因數之意義與符號決定之.苟其相當之分配因數求得係負值,則實際力之方向與圖中所示者相反.由此可知,N 端需一順鐘向力幾,以發生一順鐘向旋轉,故其力幾因數 $m_{n\alpha}$ 必係負值.在 m 與 h 之外,同時尚需縱反應力(Vertical Reaction) V_f 與 V_n,以保持該拱橋之靜力的平衡狀態.

力矝因數m與推力因數h公式之演繹,並非本文之特務,其目的僅在使讀者得窺其全豹而已.所需各式,均極易由中和點法 (Neutral Point Method) 求得

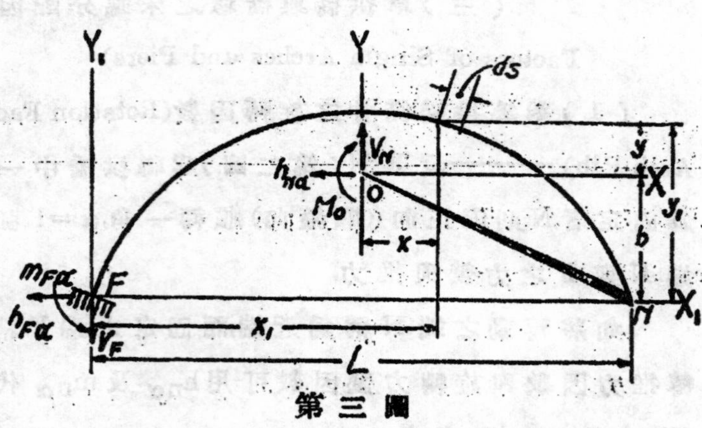

第三圖

之,第三圖與第二圖,係在同一變形 (Deformaton) 狀况之下,拱橋有一鋼臂自N端伸至中和點O,此O點並受有自N點移來之$h_{n\alpha}$,Vn與M_o諸力.因第二圖之力系,相當於第三圖之力系,故可由靜力學列成下式:

$$m_{n\alpha}=-\left[M_o+V_N\frac{L}{2}-h_{n\alpha}b\right]\cdots\cdots\cdots(1)$$

根據假設,N點僅有之移動爲旋轉一角,$\alpha=1$.(參看第二圖)故其結果,在中和點O處,必發生下列綜合之移動:(a)順鐘向旋轉,$\alpha=1$;(b)向上之縱移位,$\frac{L}{2}$;及(c)向右之橫移位,b.此處之b,爲中和點距橋墩綫之高.

欲其產生此種移位,則在O點必須有力以適合下列之情形:

$$M_o\int\frac{ds}{EI}=1\cdots\cdots\cdots(2)$$

$$V_N\frac{x^2ds}{EI}=\frac{L}{2}\cdots\cdots\cdots(3)$$

及 $$-h_N\alpha\left[\int\frac{y^2ds}{EI}+\int\frac{ds}{EA}\right]=b\cdots\cdots\cdots(4)$$

未知數M_o,V_N與$h_N\alpha$,皆可由上式求出;而$m_{n\alpha}$,$m_{F\alpha}$,與$h_{F\alpha}$,則可由公式(1)及拱橋之平衡條件解决之;故一單獨拱孔之旋轉分配因數,其最後公式爲:

$$m_{n\alpha}=-\left(\frac{1}{\int\frac{ds}{EI}}+\frac{\left(\frac{L}{2}\right)^2}{\int\frac{x^2ds}{EI}}+\frac{b^2}{\int\frac{y^2ds}{EI}+\int\frac{ds}{EA}}\right)\cdots\cdots(5)$$

$$m_{F\alpha}=\frac{1}{\int\frac{ds}{EI}}-\frac{\left(\frac{L}{2}\right)^2}{\int\frac{x^2ds}{EI}}+\frac{b^2}{\int\frac{y^2ds}{EI}+\int\frac{ds}{EA}}\cdots\cdots(6)$$

及，$$h_{F\alpha}=-h_{n\alpha}=\frac{b}{\int\frac{y^2ds}{EI}+\int\frac{ds}{EI}}\cdots\cdots(7)$$

此處須說明者,即公式(5),(6)與(7)中 x 及 y 二值之根據點X與Y坐標,代表縱橫二軸,並穿過中和點O. b之距離,用以決定中和點之地位者,可由下式得之:

$$b=\frac{\int\frac{y_1ds}{EI}}{\int\frac{ds}{EI}}\cdots\cdots(8)$$

下列二式,於積分式之演繹,頗多助益:

$$\int\frac{x^2ds}{EI}=\int\frac{x_1{}^2ds}{EI}-\left(\frac{L}{2}\right)^2\int\frac{ds}{EI}\cdots\cdots(9)$$

及，$$\int\frac{y^2ds}{EI}=\int\frac{y_1{}^2ds}{EI}-d^2\int\frac{ds}{EI}\cdots\cdots(10)$$

公式(8),(9)與(10)中,X_1與Y_1為拱橋軸線根據X_1與Y軸之坐標點.其中心點為基點F.

(2)對等拱橋條骨之移位因數(Displacement Factors of a Symmetrical Arch Rib)———依據旋轉因數之前例,移位因數,可謂為當遠端F固定,而近端n向右橫移(無旋轉)一單位長度時,拱橋加於接點處之力幾及橫推力.(參看第四圖)此種拱橋加於接點處之作用,(並非接點加於拱橋者)其正向仍假定推力為向右,而力幾為順鐘向.

在此種情形之下,中和點之移動,顯然與n點相同;即向右移一單位長度,而此移動,亦可加一橫力$h_{n\triangle}$於O點(如圖四虛線所示)而使之發生.故:

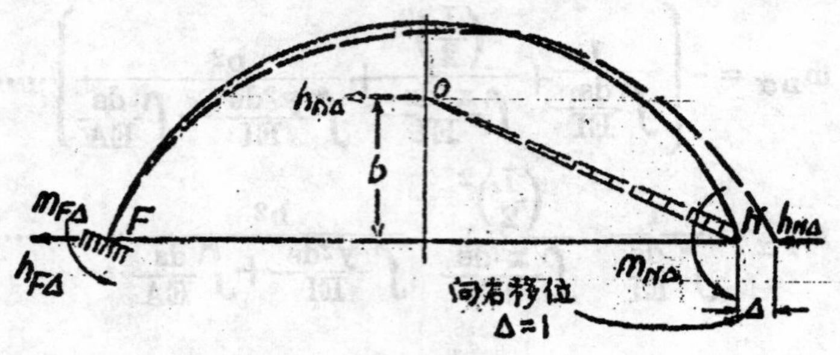

第四圖

$$h_{n\triangle}=-\frac{1}{\int\frac{y^2ds}{EI}+\int\frac{ds}{EA}}\cdots\cdots(11)$$

其他因數之公式,可由平衡條件求得之:

$$h_{F\triangle}=-h_{n\triangle}\cdots\cdots(12)$$

及,
$$m_{F\triangle}=-m_{n\triangle}=\frac{b}{\int\frac{y^2ds}{EI}+\int\frac{ds}{FA}}\cdots\cdots(13)$$

自(5)至(13)諸公式,係根據拱橋之左端固定右端移動而演繹者.然當其右端固定而左端移動時,此種公式,仍可應用(符號亦同).

欲觀察橋台移動之影響,必須先以公式表明當拱橋一端垂直下坐(無旋轉)經過一單位長度而另一端保持固定時之極端諸力.在此情形之下,並無橫力發生,而其末端力羧則爲:

$$m_V=\frac{\frac{L}{2}}{\int\frac{x^2ds}{EI}}\cdots\cdots(14)$$

如拱橋之右端向下移動,則兩端之力羧皆係正號.

(3)固定基橋墩之旋轉及移位因數.(Rotation and Displacement Factors for a Pier With Fixed Base)——第五圖表示一彈性橋墩固定於基礎B,頂點T具有一順鐘向之旋轉(無直線移位),並受有$m_{T\alpha}$與$h_{T\alpha}$諸力之作用(橋墩之相反旋轉因數).第六圖則各力皆移至鋼臂之一端於橋墩之中和點,而爲M_o與 $h_{T\alpha}$.此中和點在橋墩頂點之下,相距之長度爲a,由此可知:

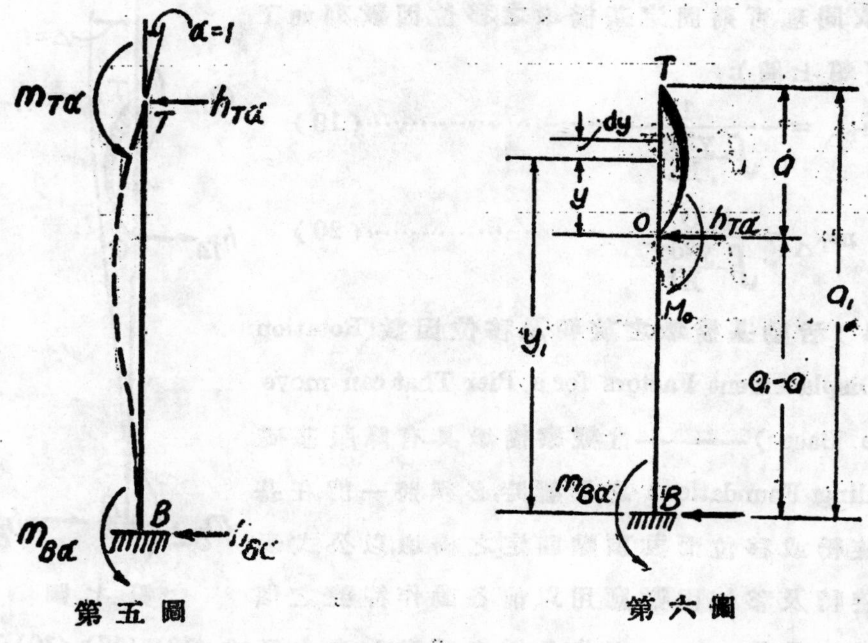

第五圖　　　　　　　　　　　　第六圖

$$m_{T\alpha}=-\left[M_o+h_{T\alpha}\ a\right]\cdots\cdots\cdots\cdots(15)$$

中和點O,具有下列之移動:順鐘向旋轉, $\alpha=1$; 及向左直線移位, a. 此種移動,係由 $h_{T\alpha}$ 及 M_o 所發生.

$$h_{T\alpha}=\frac{a}{\int\frac{y^2dy}{EI}}\cdots\cdots\cdots\cdots(16)$$

而 $M_o=\frac{1}{\int\frac{dy}{EI}}$,於是公式(15)可變爲:

$$m_{T\alpha}=-\left(\frac{1}{\int\frac{dy}{EI}}+\frac{a^2}{\int\frac{y^2dy}{EI}}\right)\cdots\cdots\cdots\cdots(17)$$

公式(16)與(17)積分符中橋墩軸之 y 坐標,乃從位於中和點之中心點量起,應用下式,可使積分式之演繹,較爲簡便.

$$\int\frac{y^2dy}{EI}=\int\frac{y_1{}^2dy_1}{EI}-(a_1-a)^2\int\frac{dy_1}{EI}\cdots\cdots\cdots\cdots(18)$$

式中之 y_1 與 a_1,皆從橋墩之基礎量起.(參看第六圖)

依同理,可將固定基橋墩之移位因數,列如下式(第七圖):

$$h_{T\triangle}=-\frac{1}{\int\frac{y^2dy}{EI}}\cdots\cdots\cdots\cdots(19)$$

及,

$$m_{T\triangle}=\frac{O}{\int\frac{y^2dy}{EI}}\cdots\cdots\cdots\cdots(20)$$

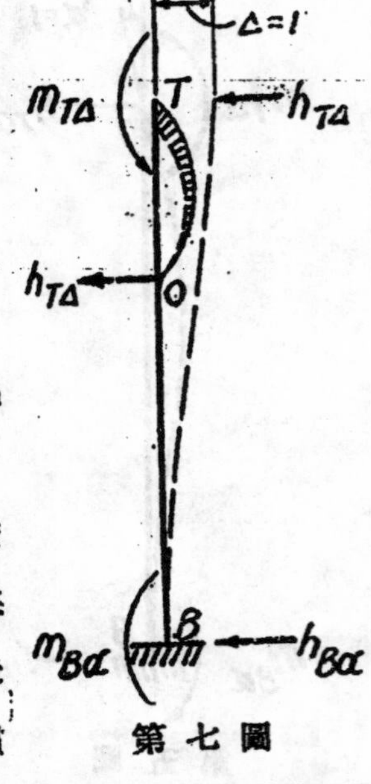

第七圖

(4)活動基橋墩之旋轉及移位因數(Rotation and Displacement Factors for a Pier That can move at the Base)————當觀察橋墩具有降服基礎(Yielding Foundation)之影響時,必須將一能在基礎橫旋轉或移位而其頂點固定之橋墩,以公式表明其旋轉及移位因數.應用以前各動作符號之慣例,而以 a 易作 $-(a_1-a)$,代入橋墩頂點相當之公式(16)(17)(19)及(20)內,即可求得橋墩基點之推力與力矩($h_{B\alpha}$ $m_{B\alpha}$ $h_{B\triangle}$ 與 $m_{B\triangle}$),而當橋墩頂點仍保持聯合時,其上端各力之因數,即可由靜力學求得之.

(四)計算實例

此法之應用,可以二算例說明之;例中所用拱橋之條骨(Rib)與橋

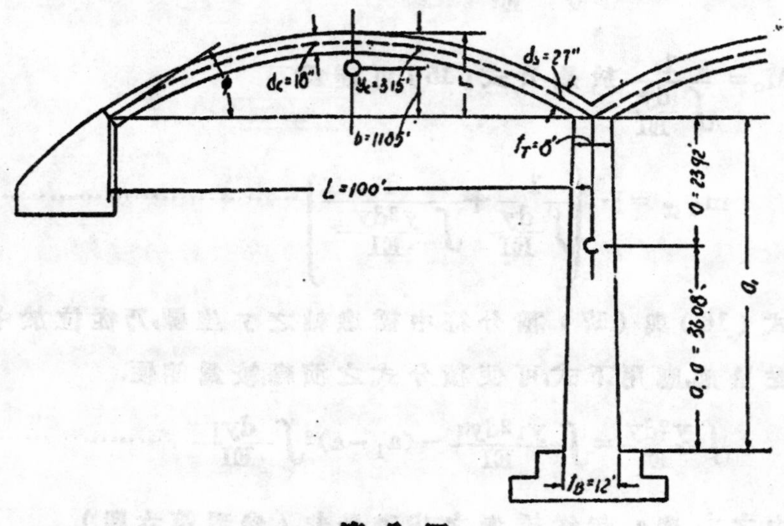

第八圖

墩各部大小比例,均按照惠特南氏 (Charles S. Whitney) 拱橋設計一文中所示者.一切條骨及橋墩之寬,則均假定爲一呎.(參看第八圖)而其各種性質,則見第一表.

第一表　算例中條骨及橋墩之性質

(參看第八圖)

跨度,L,單位吋	1,200
拱橋軸高度,r 單位呎	15
基點載重 Ws 與頂點載重 Wc 之比數,W	4.70
$\frac{Ic}{Is\cos\phi}$之比數,n	0.339
W=Cosh k 式中之係數, k	1.5
橋墩高度,a_1 單位呎	60
橋墩頂點之慣性動率,$I_T\left(=1.1\times\frac{8^3}{12}\right)$,單位呎之四次方	46.85
拱圈厚度,單位吋	
(a)頂點d_c,	18
(b)基點d_s.	27
φ之餘弦函數	
拱橋軸頂點與中和點之間距,y_c,單位呎橋墩厚度,單位呎	3.15
(a)頂端,t_T	8.0
(b)底端,t_B	12.0
拱圈之慣性動率,單位吋之四次方	
(a)頂點,Ic	6,399
(b)基點,Is	24,560
中和點與基點線之縱距,b,單位吋	142.2
總高,a_1+b,單位呎	71.85
距離,a,單位吋(參看第八圖)	287
距離,a,-b,單位吋(參看第八圖)	433

29165

下列各數,均自惠氏所演公式中求得.

拱橋條骨部份.

$$E\int\frac{ds}{EI}=0.1252(\text{吋})^{-3}\cdots\cdots(21)$$

$$E\int\frac{x^2ds}{EI}=11354(\text{吋})^{-1}\cdots\cdots(22)$$

及,

$$E\int\frac{y^2ds}{EI}=247.9(\text{吋})^{-1}\cdots\cdots(23)$$

橋墩部份:

$$E\int\frac{dy}{EI}=0.0004106(\text{吋})^{-3}\cdots\cdots(24)$$

及,

$$E\int\frac{y^2dy}{EI}=16.7(\text{吋})^{-1}\cdots\cdots(25)$$

條骨縮短之影響,以積分式 $\int\frac{ds}{EA}$ 表示之,其值甚微;故在算例中,可省略不計.末端分配因數之值,可以公式(21)至(25)之數量,代入公式(5)至(20)求得之.結果列如第二表.各因數均以E除之.例如第二表中之旋轉因數$h_F\alpha$,實際上爲$\frac{h_F\alpha}{E}$.

第二表　算例中條骨及橋墩之末端分配因數(各數均除以E。參看第一表)

旋轉因數			移位因數		
公式號數	因數	數值	公式號數	因數	數值
(7)	$h_F\alpha$	0.574平方吋	(12)	$h_F\triangle$	0.00404 吋
(7)	$h_n\alpha$	-0.574平方吋	(11)	$h_n\triangle$	-0.00404 吋
(5)	$m_n\alpha$	-121.2立方吋=-101平方吋呎	(13)	$m_n\triangle$	-0.574平方吋=-0.0478吋呎
(6)	$m_F\alpha$	57.8 立方吋=4.82平方吋呎	(13)	$m_F\triangle$	0.574平方吋= 0.0478吋呎
(16)	$h_T\alpha$	17.19平方吋	(19)	$h_T\triangle$	-0.0599 吋
(17)	$m_T\alpha$	-7371 立方吋=-614.2 平方吋呎	(20)	$m_T\triangle$	17.19平方吋= 1.433 吋呎
(14)	m_V	0.0528平方吋= 0.0044吋呎			

29166

各分配因數絕對值之並非首要,甚屬顯而易見;因其比例數量,同時亦可用以分配不平衡接點之力幾與推力除此以外,旋轉因數之比例係數,可與移位因數之比例係數不同.此種係數之改變,可使因數值增大或減小,因此可避免所用數值過大或過小之弊.

在後列之計算實例中,$\frac{h\alpha}{E}$與$\frac{m\alpha}{E}$之值,將用爲旋轉因數;而$\frac{100h_\triangle}{E}$與$\frac{100m_\triangle}{E}$之值,則爲移位因數.$\frac{1}{E}$與$\frac{100}{E}$卽比例係數是也.

根據分配因數之物理意義,$m\alpha$之單位爲力量.長度;$h\alpha$之單位爲力量;$m_\triangle$之單位爲$\frac{\text{力量.長度}}{\text{長度}}$;而$h_\triangle$之單位爲$\frac{\text{力量}}{\text{長度}}$.

有一重要之特點,卽力幾因數之長度量,較之推力因數之長度量,其乘數較高一次,各比例值之單位,亦保持同樣之特性.(參看第二表)此額外之長度量,(例如$m_{ıı}\alpha$爲吋之三次方而$h_{ıı}\alpha$爲吋之二次方)與其餘之度量完全不同;雖餘者均可用吋或呎表明之,而此特種度量,則必須與固定端力幾之長度單位相符.

此卽第二表中,力幾因數單位同時包括呎與吋之故.而此種單位之合併,乃因固定端力幾之單位爲千磅呎(Kip-feet)也.由是言之,則將比例分配因數以呎表明之,雖因其值過微,略有不妥,而其準確,則頗可靠;捨此簡單之限制,以及或爲降服基礎而須顧及其極端變形之絕對值外;其他分配因數之單位,均無關緊要,可不必注意之,

<u>第一例</u>———第三表所包括者,爲一二孔拱橋之完全解法;力幾之單位爲千磅呎,而推力之單位爲千磅.條骨與橋墩之呎吋,及彈性性質,均如第一表與第二表所載.此建築物自右端至左孔之中心,載一均佈重,W=0.1千磅/呎.(如第九圖)橋墩基礎B'與橋台A與C,均假定係絕對固定者.

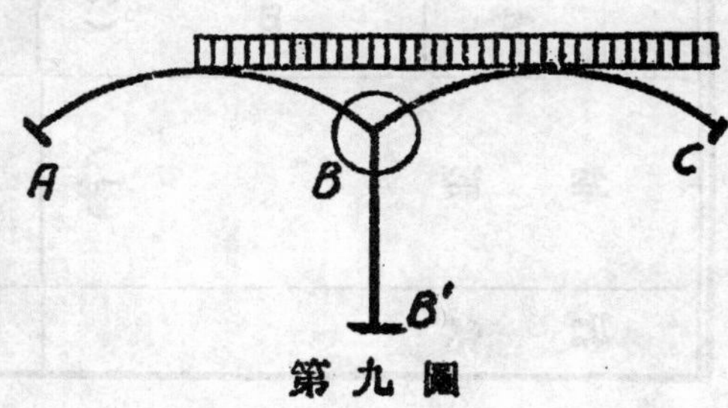

第九圖

29167

第三表 二孔拱橋之末端力幾及推力 （推力h,單位千磅;力幾m,單位千磅呎）

行次	情形	A_B	接點B						B點合計		C_B
			B_A		B_{B1}		B_C				
		m*	h	m	h	m	h	m	h 第(3),(5)(7)列	m 第(4),(6)(8)列	m†
	(1)	(2)	(3)	(4)	(5)	(6)	(7)	(8)	(9)	(10)	(11)
1	$\alpha=\frac{1}{E}$	+4.82	−0.574	−10.10	+17.19	−614.2	−0.574	−10.10	+16.04	−634.4	+4.82
2	$\triangle=\frac{100}{E}$	+4.78	−0.404	−4.78	−5.99	−143.3	−0.404	−4.78	−6.80	+133.7	+4.78
3	固定端各力	−25.02	+4.482	−12.40	....	....	−8.964	−12.62	−44.82	−25.02	+12.62
4	$\alpha=\frac{0.3541}{E}$	−1.71	+0.203	+3.58	−6.09	+217.5	+0.203	+3.58	....	....	−1.71
5	$\triangle=\frac{149.4}{E}$	−7.15	+0.603	+7.15	+8.95	−214.0	+0.603	+7.15	....	....	−7.15
6	二孔各力	−33.88	+5.288	−1.67	+2.87	+3.56	−8.158	−1.89	0.0	0.0	+3.76

* h之值與第(3)列中相同　　† h之值與第(7)列中相同

29168

第三表中之各縱列,包含力幾與推力,爲各構部(Member)末端之數值,故第(3)列與第(4)列上端之"B_A,"意卽謂該二列爲構部BA末端B之各力(第九圖).第(9)列與第(10)列,包括作用於接點B處諸力之總值.此種數值,可將前三列B_A B_{B^1}與B_C各數值用代數法相加求得之.

第三表第(1)列所示,爲發生諸力之情形或原因.第(1)行與第(2)行,包括B點處因旋轉$\alpha=\frac{1}{E}$及移位$\triangle=\frac{100}{E}$所發生之各力;故第九圖中,B點用一圓圈表明之.換言之,此二行所載各數,卽接點B之移動分配因數是也.

第三表之第(3)行,包括二單孔受有已知均佈重時之固定端各力.此種數值,皆根據惠氏文中之圖表及公式計算得之.如橋樑之支持點,有任何已知之移動,則其影響均可由公式(5)至(20)計算之;並包括因載重而發生之末端諸力.

按第三表之第(3)行,接點B有一不平衡推力−4.482千磅及一不平衡力幾−25.02千磅呎;使此接點旋轉一未知角α,及橫移一未知距離$\triangle$;故在此接點之各力,乃變爲平衡.設如其旋轉α爲角度單位,(Angular units)等於$\frac{1}{E}$弧角;而其移位$\triangle$爲直線單位,(Linear units)等於$\frac{100}{E}$;此種未知之數值,可根據B點之平衡公式:$\Sigma H_B=0$,及$\Sigma M_B=0$計算之.則得:

$$h_\alpha \alpha + h_\triangle \triangle + h_{B(固定)} = 0 \quad\cdots\cdots(26)$$

及,

$$m_\alpha \alpha + m_\triangle \triangle + m_{B(固定)} = 0 \quad\cdots\cdots(27)$$

將第三表第(1)(2)(3)行中h與m(B點)之數值,代入公式(26)與(27),則上二式變爲:

$$16.04\alpha - 6.80\triangle - 4.482 = 0 \quad\cdots\cdots(28)$$

及,

$$-634.4\alpha + 133.7\triangle - 25.02 = 0 \quad\cdots\cdots(29)$$

所有α與$\triangle$各項之係數卽B點之分配因數.由(28)及(29)二式,可得:

$\alpha=-0.3541$,與$\triangle=-1.494$.

第三表之第(4)行與第(5)行,爲接點B處,因旋轉$0\cdot3541\frac{1}{E}$及移位$1.494\frac{100}{E}$而發生之力.第(6)行爲規定載重下,該建築物各構部之總極端力幾與推力;係由第(3)(4)(5)行用代數法相加所得.

第(6)行中,第(3)(5)(7)列各h之值,及第(4)(6)(8)列各m之值,其相加之和均應等於零;此點爲在解方程式後一優良之校驗.根據校驗之結果,橋墩內略有極小之差別;其硬度(Rigidity)及分配因數,均超過接點處其他構部之相當數值甚大.在不平衡諸力作用之下,B點之旋轉及移位量,亦可用圖解法求得.但本文將不再討論及之.

<u>第二例</u>——此例係一四孔拱橋之分析.較之前例,頗多困難.所有拱橋條骨橋墩之呎吋與彈性性質,均與第一例中相同.(參看第二表及第三表)橋台及橋墩,仍假定爲絕對固定者.

計算方法之可採用者甚多;但其最簡單者,即先假定該建築物爲二個二孔拱橋ABC與CDE所合併,而固定於C點;(第十圖)然後將此點折開,而求其移動之影響.此法之首要者,即爲接點C移動分配因數之決定.此種分配因數,與公式(5)至(13)所求得者迴然不同,因此建築自C點伸出有二孔而非一孔也.

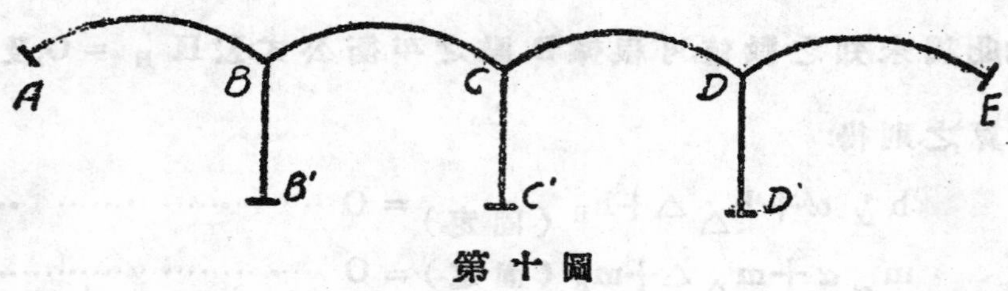

第十圖

29170

CB		CC'		CD		C點		DC		DD'		DE		D點		ED
h	m	h	m	h	m	h	m	h	m	h	m	h	m	h	m	m
+0.574	+4.82															
+0.404	+4.78															
-0.574	-10.10							$16.04\alpha-6.80\triangle+0.574=0$								
+0.029	+0.244							$-634.4\alpha+133.7\triangle+4.82=0$								
+0.082	+0.973							$16.04\alpha-6.80\triangle+0.404=0$								
-0.404	-4.78															
+0.0229	+0.192							$-634.4\alpha+133.7\triangle+4.78=0$								
+0.0619	+0.734															
-0.463	-8.88	+17.19	-614.2	-0.463	-8.88	+16.26	-632.0									
-0.819	-3.85															
+4.482	-12.40							$16.04\alpha-6.80\triangle-4.482=0$								
-0.2032	-1.708							$-634.4\alpha+133.7\triangle-25.02=0$								
-0.604	-7.15							$16.26\alpha-6.63\triangle+3.675=0$								
+3.675	-21.26							$-632.0\alpha+135.6\triangle-21.26=0$								
-0.083	-1.60	+3.094	-110.6	-0.083	-1.60			+0.083	+0.601	-0.063	-0.34	-0.020	-0.266			+0.219
-0.318	-3.83	-5.96	+142.6	-0.318	-3.83			+0.318	+3.623	-0.229	-2.49	-0.085	-1.135			+0.926
+3.274	-26.69	-2.873	+32.12	-0.401	-5.43	0.00	0.00	+0.401	+4.22	-0.296	-2.82	-0.105	-1.40	0.00	0.00	+1.15
+4.482	+25.02							$16.04\alpha-6.80\triangle-4.482=0$								
[illegible]	[illegible]							$-634.4\alpha+133.7\triangle+12.40=0$								
-0.492	-5.84							$16.26\alpha-6.63\triangle+3.854=0$								
+3.854	+18.04							$-632.0\alpha+135.6\triangle+18.04=0$								
-0.1497	-2.87	+5.56	-198.4	-0.1497	-2.87			+0.1497	+1.08	-0.113	-0.615	-0.0859	-0.479			+0.394
-0.4386	-5.29	-8.23	+196.9	-0.4386	-5.29			+0.4386	+5.00	-0.316	-3.44	-0.1168	-1.566			+1.277
+3.266	+9.88	-2.678	+1.72	-0.588	-8.16	0.00	0.00	+0.588	+6.08	-0.435	-4.04	-0.158	-2.04	0.00	0.00	+1.67
+0.628	+6.98							$16.26\alpha-6.63\triangle+0.628=0-632.0\alpha+135.6\triangle+698=0$								
-0.0306	-0.587	+1.137	+40.6	-0.0306	-0.5877			+0.0306	+0.221	-0.0233	-0.123	-0.0078	-0.098			+0.081
-0.082	-0.980	-1.530	+36.8	-0.082	-0.9889			+0.082	+0.985	-0.0601	-0.642	-0.0218	-0.203			+0.239
+0.515	+5.40	-0.402	-3.82	-0.113	-1.58			+0.113	+1.16	-0.084	-0.77	-0.029	-0.30			+0.32
+0.807	+8.86							$16.26\alpha-6.63\triangle+0.807=0\ -632.0\alpha+135.6\triangle+8.86=0$								
-0.0892	-0.752	+1.455	-52.0	-0.0892	-0.752			+0.0892	+0.282	-0.0298	-0.157	-0.0094	-0.125			+0.103
-0.105	-1.267	-1.97	-47.15	-0.105	-1.267			+0.105	+1.198	-0.0771	-0.824	-0.028	-0.375			+0.306
+0.663	+6.84	-0.519	-4.82	-0.144	-2.02	0.00	0.00	+0.144	+1.48	+0.107	-0.98	-0.087	-0.50	0.00	0.00	+0.41
					法			$16.04\alpha-6.80\triangle=0$								
+0.1796	+1.510							$-634.4\alpha+133.7\triangle+100=0$								
+0.2984	+3.530							$16.04\alpha-6.80\triangle+1=0$								
+0.0353	+0.297															
+0.1180	+1.396							$-634.4\alpha+133.7\triangle=0$								
+0.478	+5.04															
+0.1533	+1.698															
-0.1546	-2.964	+5.74	-205.0	-0.1546	-2.964			$16.26\alpha-6.63\triangle=0$								
-0.2613	-3.152	-4.908	+117.4	-0.2613	-3.152			$-632.0\alpha+135.6\triangle+100=0$								
-0.0316	-0.606	+1.178	-41.92	-0.0316	-0.606			$16.26\alpha-6.63\triangle+1=0$								
-0.1015	-1.225	-1.905	+45.6	-0.1015	-1.225			$-632.0\alpha+135.6\triangle=0$								
-0.416	-6.12	+0.832	-87.76	-0.416	-6.12	0.00	0.00									
-0.1881	-1.881	-0.7338	+3.662	-0.1881	-1.831	-1.000	0.00									
+4.482	-12.40															
-0s1196	-1.260															
-0.6878	-7.60															
+3.674	-21.26															
+0.0885	+1.301	-0.1768	+18.65	+0.0885	+1.301			-0.0885	-0.872	+0.0657	+0.568	+0.0228	+0.304			-0.249
-0.4895	-6.740	-2.695	+13.45	-0.4895	-6.740			+0.4895	+5.100	-0.3615	-3.392	-0.1275	-1.703			+1.394
+3.273	-26.70	-2.872	+32.14	-0.401	-5.44	0.00	0.00	+0.401	+4.23	-0.296	-2.88	-0.105	-1.40	0.00	0.00	+1.15

29171

		情形	建築物	A_B	B_A		B^B		B_C		B點	
				m	h	m	h	m	h	m	h	m
	1	$\alpha=\frac{1}{E}$		+4.82	-0.574	-10.10	+17.19	-614.12	-0.574	-10.10	+16.04	-634.4
	2	$\triangle=\frac{100}{E}$	,,	+4.78	-0.404	-4.78	-5.99	+143.3	-0.404	-4.78	-6.80	+133.7
α及△因數 C點移動	3	$\alpha=\frac{1}{E}$							+0.574	+4.82		
	4	$\alpha=0.0505\frac{1}{E}$		+0.944	-0.029	-0.510	+0.868	-31.08	-0.029	-0.510		
	5	$\triangle=0.2035\frac{100}{E}$	,,	+0.973	-0.082	-0.973	-1.218	+29.16	-0.082	-0.973		
	6	$\triangle=\frac{100}{E}$							+0.404	+4.78		
	7	$\alpha=0.0399\frac{1}{E}$		+0.192	-0.0229	-0.403	+0.686	-24.52	-0.0229	-0.403		
	8	$\triangle=0.1533\frac{100}{E}$	,,	+0.734	-0.0619	-0.734	-0.920	+21.98	-0.0619	-0.734		
	9	$\alpha=\frac{1}{E}$(3)+(4)+(5)		+1.22	-0.111	-1.43	-0.352	-1.86	+0.463	+3.34	0.00	0.00
	10	$\triangle=\frac{100}{E}$(6)+(7)+(8)	,,	+0.93	-0.085	-1.14	-0.284	-2.50	+0.319	+3.64	0.00	0.00
第一類 重載	11	固定端諸力							-4.482	-25.02		
	12	$\alpha=-0.3542\frac{1}{E}$		-1.708	+0.2032	+3.577	-6.09	+217.7	+0.2032	+3.577		
	13	$\triangle=-1.496\frac{100}{E}$	,,	-7.15	+0.604	+7.15	+8.96	-214.7	+0.604	+7.15		
	14	二孔諸力		-8.86	+0.807	+10.73	+2.868	+3.56	-3.675	-14.29	0.00	0.00
	15	$\alpha=0.1800\frac{1}{E}$		+0.219	-0.0200	-0.266	-0.063	-0.34	+0.083	+0.601		
	16	$\triangle=0.9956\frac{100}{E}$	,,	+0.926	-0.085	-1.135	-0.229	-2.49	+0.318	+3.623		
	17	四孔諸力(14)+(15)+(16)		-7.71	+0.702	+9.33	+2.572	+0.74	-3.274	-10.07	0.00	0.00
第二類 重載	18	固定端諸力							-4.482	+12.40		
	19	$\alpha=-0.2371\frac{1}{E}$		-1.143	+0.1360	+2.395	-4.074	+145.5	+0.1360	+2.395		
	20	$\triangle=-1.220\frac{100}{E}$	,,	-5.84	+0.492	+5.84	+7.31	-174.8	+0.492	+5.84		
	21	二孔諸力(18)+(19)+(20)		-6.98	+0.628	+8.24	+3.226	-28.88	-3.854	+20.64	0.00	0.00
	22	$\alpha=0.3232\frac{1}{E}$		+0.394	-0.0359	-0.479	-0.113	-0.615	+0.1497	+1.08		
	23	$\triangle=1.375\frac{100}{E}$	,,	+1.277	-0.1168	-1.566	-0.316	-3.44	+0.4386	+5.00		
	24	四孔諸力(21)+(22)+(23)		-5.31	+0.475	+6.20	+2.791	-32.92	-3.266	+26.72	0.00	0.00
第三類 重載	25	二孔諸力		-18.04	+3.854	-20.64	-3.226	+28.88	-0.628	-8.24	0.00	0.00
	26	$\alpha=0.06612\frac{1}{E}$		+0.081	-0.0073	-0.098	-0.0233	-0.123	+0.0306	+0.221		
	27	$\triangle=0.2568\frac{100}{E}$	,,	+0.239	-0.0218	-0.293	-0.0601	-0.642	+0.082	+0.935		
	28	四孔諸力(25)+(26)+(27)		-17.72	+3.825	-21.08	-3.310	+28.11	-0.515	-7.08	0.00	0.00
第四類 重載	29	二孔諸力		+21.26	+3.675	+14.29	-2.868	-3.56	-0.807	-10.73	0.00	0.00
	30	$\alpha=0.0847\frac{1}{E}$		+0.103	-0.0094	-0.125	-0.0298	-0.157	+0.039	+0.232		
	31	$\triangle=0.3292\frac{100}{E}$	,,	+0.306	-0.028	-0.375	-0.0771	-0.824	+0.105	+1.198		
	32	四孔諸力(29)+(30)+(31)		+21.67	+3.638	+13.79	-2.975	-4.54	-0.663	-9.25	0.00	0.00
m及h因數 B點移動						更						代
	33	$\alpha=0.318\frac{1}{E}$		+1.510	-0.1796	-3.161	+5.38	-192.2	-0.1796	-3.161		
	34	$\triangle=0.739\frac{100}{E}$	,,	+3.530	-0.2984	-3.530	-4.427	+105.95	-0.2984	-3.530		
	35	$\alpha=0.0616\frac{1}{E}$	,,	+0.297	-0.0353	-0.6222	+10.595	-37.82	-0.0353	-0.6222		
	36	$\triangle=0.2921\frac{100}{E}$	,,	+1.396	-0.1180	-1.3965	-1.750	+41.9	-0.1180	-1.396		
	37	m=100(33)+(34)	,,	+5.04	-0.478	-6.69	+0.956	-86.62	-0.478	-6.69	0.00	-100.00
	38	h =1(35)+(36)	,,	+1.693	-0.1533	-2.019	-0.6934	+4.038	-0.1533	-2.019	-1.000	0.00
m及h因數 C點移動	39	$\alpha=0.3339\frac{1}{E}$		+0.407	-0.0371	-0.494	-0.1175	-0.621	+0.1546	+1.115		
	40	$\triangle=0.819\frac{100}{E}$	,,	+0.761	-0.0696	-0.933	-0.1916	-2.048	+0.2613	+2.981		
	41	$\alpha=0.0683\frac{1}{E}$	,,	+0.083	-0.0076	-0.101	-0.0240	-0.127	+0.0316	+0.228		
	42	$\triangle=0.3182\frac{100}{E}$	,,	+0.296	-0.0271	-0.363	-0.0745	-0.796	+0.1015	+1.159		
	43	m=100(39)+(40)	,,	+1.17	-0.107	-1.43	-0.309	-2.67	+0.416	+4.10	0.00	0.00
	44	h =1(41)+(42)	,,	+0.379	-0.0347	-0.464	-0.0984	-0.923	+0.1331	+1.387	0.00	0.00
第一類 重載	45	固定端諸力							-4.482	-25.02		
	46	m=-25.02		-1.260	+0.1196	+1.674	-0.2392	+21.67	+0.1196	+1.674		
	47	h =-4.482	,,	-7.60	+0.6878	+9.053	+3.107	-18.09	+0.6878	+9.053		
	48	二孔諸力(45)+(46)+(47)		-8.86	+0.808	+10.78	+2.866	-3.59	-3.674	-14.29	0.00	0.00
	49	m=-21.26		-0.249	+0.0228	+0.304	+0.0657	+0.568	-0.0885	-0.872		
	50	h =+3.614	,,	+1.394	-0.1275	-1.703	-0.3615	-3.392	+0.4895	+5.100		
	51	四孔諸力(48)+(49)+(50)		-7.71	+0.703	+9.33	+2.570	+0.73	-3.273	-10.06	0.00	0.00

第十一圖之編排,其要旨與第三表相同,第(2)列中建築物之圖,係用以使計算者在作各部計算時,腦中得一印像.由圖可知,此四孔拱橋之各種特質,須先研究一孔拱橋及二孔拱橋,然後可求得之.在每步計算中,有某一接點爲移動者,即於圖中用一圓圈表明之.

第十一圖之第(1)及第(2)行,包括一二孔拱橋ABC之分配因數.AB'與C爲固定點,而B點(有圈)則可自由移動.第(3)行爲一單孔拱橋BC之旋轉因數,B點係固定者,而C點則可移動.此種數值,與第(1)行第(3)(4)(5)列之數值,完全相同.

設將受有第(3)行中各力作用之B點折開,此點即旋轉並橫向移動,恰如一二孔拱橋之中心接點;故各力乃得變爲平衡.此種移動,可將第十一圖中之推力與力幾因數,代入與公式(26)及(27)相似之公式求得之.故:

$$16.04\alpha-6.80\triangle+0.574=0\cdots\cdots\cdots\cdots(30)$$

及,
$$-634.4\alpha+133.7\triangle+4.82=0\cdots\cdots\cdots\cdots(31)$$

爲明瞭計,公式(30)及(31),亦附入第十一圖中.由此二式,可得:

$\alpha=0.0505$,及$\triangle=0.2035$.

此種移動之影響,可以第(3)及第(4)行所計算之各力表明之.當此種數值,與拱橋BC在B點未移動前原有諸力相加後;其結果即爲此二孔拱橋ABC,當C點有一旋轉$\frac{1}{E}$,而B點亦有一適當之移動時其各構部之總力是也.(第9行)換言之,即第(9)行所包括者爲此四孔拱橋其中心接點C移動時之旋轉分配因數移位分配因數,亦用相似之法求得;見第十一圖之第(6)(7)(8)(10)各行.

第十一圖之第(9)與第(10)行之完成,僅須填入C_C與C_D二列之數值,並將三C列之值用代數法相加,以求得接點之分配因數.D列與E列可毋須填入,蓋其因數與相對之構部B與A完全相同故也.以上總結第一階段,爲研究四種載重情形之預備.爲明瞭計,此第一階段可重申其結果如次:

(1)決定在二孔拱橋ABC中因接點B處之單位旋轉及單位移位而發生之極端諸力.

(2)決定在四孔拱橋ABCDE中因中心接點C處之單位旋轉及單位移位而發生之極端諸力.

第(11)行包括一單孔拱橋BC當其右半部載有均佈重時(第一類)之固定端諸力.第(14)行爲二孔拱橋ABC受同樣載重下之極端諸力.在B點之不平衡諸力分配以後,應用第(1)及第(2)行之諸因數,並解決第十一圖中右端與第(11)行相對之公式.所餘之步驟,僅爲用第(9)與第(10)行之分配因數,分配C點之不平衡諸力.下列二式,即用公式(26)與(27)之形式:

$$16.26\ \alpha - 6.63\triangle + 3.675 = 0 \cdots\cdots(32)$$

及,

$$-632.00\alpha + 135.60\triangle - 21.26 = 0 \cdots\cdots(33)$$

由上列二式,可得C點之移動爲:$\alpha = 0.1800\frac{1}{E}$,與$\triangle = 0.9956\frac{100}{E}$.在DE諸列內,各構部所受C點移動之影響,與該建築物左半部相對之各構部相同.極端諸力之結果,則載於第(17)行.

第二類所研究者,爲BC孔之左半部載有均佈重;其結果列入第十一圖之第(18)至(24)行.因C點之分配因數前已求得,故此處僅須解決二組之不平衡力.所用之公式均見第十一圖.

在第三類及第四類載重情形中,因其二孔諸數值,可比較第一類與第二類而直接寫出;每類均祇需計算一組之不平衡力.故四類全部之計算,其工作尚少於一類之二倍.

任何孔數拱橋之一般情況(General Case of a Structure With Any number of Spans)—第二例爲本法應用上一極好之例解,非僅限於四孔;凡任何孔數之拱橋,均可應用之.而應用時最好之步序,即爲先固定建築物中心一接點,(如孔數成單,則用近中心之一接點.)平分該建築物爲二部,將每部各別分析之.在決定該臨時固定點之移動分配因數後,再分配該接點之不平衡諸力.

在計算分配因數之預備工作完畢以後,則關於載重分配所需之時間較少.在設計一聯拱橋時,所需研究之載重情形頗多;而當用此法時,則所分析之載重情形愈多,其每類平均所需之時間愈少.此點於第二例中,業已闡明之矣.

本法更能用以構築感應綫(Influenee Lines);通常任何點之力幾或推力感應綫,可應用馬克斯威爾之互換原理 (Maxwell's Reciprocal Theorem) 求得之,有如一變形建築物當其因變形而致之不平衡極端諸力已分配後之撓屈曲綫(Deflection Curve).此法因需將力幾化為撓曲,故運用時頗為繁複.

然如依照與第二例相仿之步驟,將一單位載重順次置於拱橋上之各點;則所有極端諸力感應線(如一切均應用感應線則此為最後分析所必需者)之求得,較前為易.在第二例中,所有十極端力之感應線,每一跨度中各具有十等分點之縱距,而其構築,則僅需二十七種分配.由各力因數之數量方面而言,則其工作尚不能稱為過多.

更代法(Alternative Method)—如在某種情況之下,需要多數之分配;則可改變前述方法,而將決定接點移動之公式,捨去不用.此種改變之方法,應用於第一類載重,見第十一圖下端之"更代法"項.其要點卽將原有之旋轉及移位因數,用"m因數"及"h因數"代替之.故每構部之每端,仍有四種因數:(1)m力幾因數,m_m;(2)m推力因數,h_m;(3)h力幾因數,m_h;(4)h推力因數,h_h.

前二者,為任何構部之一端,(例如A_B)當此接點(卽B點)因外力而受有一力幾等於1或100時所生之力幾及推力.因此力幾之結果,B點卽發生旋轉α,及移位$\triangle$.此種數值,甚易求得.而由此種移動,卽可計算所有各構部各端之力幾及推力.同樣,h因數卽為當某接點受有推力$h = 1$時各極端之力幾及推力.

一二孔拱橋ABC,因B點移動而發生之m因數及h因數,應用第一行與第二行之旋轉及移位因數所計算,其結果見第十一圖之第

(33)至(38)各行計算B點受一力幾100所生移動之公式為：

$$16.04\alpha-6.80\triangle=0\cdots\cdots\cdots\cdots\cdots\cdots(34)$$

及，$$-634.40\alpha+183.70\triangle+100.00=0\cdots\cdots\cdots\cdots\cdots\cdots(35)$$

由上二式，得：$\alpha=0.813$，及$\triangle=0.739$.

由此種移動所生之各力，列入第十一圖之第(37)行；顯代表二孔拱橋ABC之m因數，用同樣方法求得之h因數，則載於第(38)行。第(43)與(44)行，包括一四孔拱橋因其中心點C移動而生之m因數及h因數，所用方法，與前相仿。

此用以決定m因數及h因數所有四增加之分配，當研究不平衡固定端諸力之影響時，可將公式省去。故在此二孔拱橋ABC受有第一類載重時，(第十一圖之第45至48行)在B點所受固定端推力—4.482千磅之影響，僅為此數值與相當h因數之乘積(見第47行)，毋須求助於公式。關於不平衡力幾—25.02千磅呎，其辦法亦正相同。

(五)結論

下列之結論，陳述本文所用方法之價值及其限制：

(1)除每一單獨構部分配因數之計算外，(此項並非分析之必需部份．)本法所用數學，並無高於基本代數者．

(2)除當帶有小型之附圖時外，本法之要旨，頗為簡單；而各步之分解，亦極易觀察．

(3)計算之趨勢，包括一組之數值，而用一單獨之因數乘之，故此法極宜於計算尺之應用．(第三表與第十一圖之一切計算，均係用一普通之十吋計算尺所計算者．)

(4)有次序之表格，可減少錯誤之機會．

(5)三構部相交於一點各極端力之代數和必等於零，此為計算結果之一有效校驗法．唯一之例外，為橋台處之力幾．事實上當固定端諸力及單孔分配因數均已準確求得後，則錯誤發生之機會極少．

(6)此方法中最易引起紛亂者，或即關於分配因數之意義與符號之習慣.有數種單獨構部分配因數之符號,偶一見之,似頗奇特,然如習慣之後,並觀察構部末端與中和點間所發生之移動,則每一符號之規定,皆顯然有其理由.

(7)前舉二例,均係相等並對稱之聯拱橋.然如每一拱孔本身對稱,而與所聯者不相等;則方法上無甚變更.如本身亦不對稱,則此法仍可應用;惟第(1)至(14)各分配因數公式,均屬無效.

(8)各接點因橋墩縮短而致之下坐,因其無關緊要,故本文中並未提及.然如逢必需時,則不妨與事後另行加入,除此例外之原理上限制外,本法較之普通彈性原理之具有多數假設者,實爲準確多多.

(9)當僅研究一種載重情形時,本法或較他法略形繁複;但應用於多種載重情形,或構築感應線,則本法確可節省時間不少.再如第十一圖,偶一觀之,似覺此種解法所包含之工作,甚爲複雜.然事實上,大部之數值,僅係由此列抄入彼列.讀者苟能對於本法步驟上熟悉之後,則自有捷徑可循也.

總結本文,著者深願此法能爲一般工程設計室所採用.

公路設計之基本經濟

W.W.Zass著

夏寶圻譯

——斜度,直線,路面與車輛行駛價值之影響——

從公共汽車之觀點上講:若斜度甚小而能相消,—正斜度適等於負斜度—路面微成拱形而取高式之公路,可謂理想之公路.此蓋由於三種重大之要素,—即斜度,直線,及路面之形式—影響及機關車輛行駛之價值與安適.若此三種要素中任何一種變化,或三種均變化,即可使車輛行駛之價值增加或減少也.

在從事於近代公路計劃時,吾人必先愼擇路線,務使此路線之直綫及斜度,皆能適合吾人所需要者,而在兩點之間,距離最短.但除少數情形之外,大都此兩種要素與初價,(First cost)皆能使連接兩點間之最短線—直線—變爲不可能或不實用.路線分歧之原因,大都由於欲在不超出合理之初價內避免人工或天然之障礙物.爲使路線變化減少之結果,高度亦須變化矣.

因斜度之變化甚小而能相消,故齒輪之變化可以不計,普通並不包括在行駛耗費之內.若以經過此公路之任何等級,重量之汽車,貨車.公共汽車與客車,及其各等級車輛之可靠百分比計算之,此路之最大斜度爲百分之七.若經過此路之重貨車或公共汽車爲較多者,則其斜度不能超過百分之四.

旋轉抵抗(Rolling resistance)

依照研究之結果,—Iowa State College之著名試驗,其結果刊載該校出版之 Bullatins Nos.1,67,88 —可以說:旋轉抵抗依行駛車輛之重量,速度,及路面之形式而變化.此種旋轉抵抗或稱對於行動之抵抗,組成車輛各部分之摩擦抵抗力,車輪與路面之摩擦力,及空氣抵抗力.

從實驗上可以決定總旋轉抵抗之變更:從車輛行駛在最佳之高式路面,每噸車輛載重之旋轉抵抗,為二十磅,至于車輛行駛在優或劣之低式路面,每噸車輛載重之旋轉抵抗為一百四十磅.假定一適當之旋轉抵抗數值,每噸車輛載重之旋轉抵抗為一百磅,則欲使一噸車輛行駛一呎所需之能為一百呎磅.——一呎磅為一磅之重量在水平面上行動一呎所需之能.

一部汽車在發生足夠之力,以推動車輛,使其速度為每小時二十五哩,車輛中所發生反對此種抵抗之動能與其重量成正比例.假定總重為二千磅,速度為每小時二十五哩,則此車輛所產生之動能為四一九〇〇呎磅.

由前所講,每噸車輛總重之旋轉抵抗為一百磅.故此汽車在水平面上達到每小時二十五哩之速度而關閉後,若不加以制動機時,則此車輛尚可行駛 41900÷100 = 419 呎也.

上登斜度(Climbing grades)

在上登斜度上所遇之地心引力,可用同樣方法表示之.在上列計算而得之旋轉抵抗二千呎磅中,須再加上一百呎中上登一呎所須之動能,但此三千呎磅之動能為載重二千磅在水平面行駛一呎所發生之動能,故在一百呎中上登一呎所須之動能為 2000÷100=20 呎磅.

在上登百分之一斜度所產生之抵抗為地心引力及旋轉抵抗之總和.如上所舉例,則每噸載重行駛一呎所需之總抵抗為 20+100=120 呎磅.因其速度為每小時二十五哩,其所發生之動能為四一九〇〇呎磅,若此汽車在上登斜度百分之一上,達到此速度後關閉之而不加以制動機之動作時,則此車輛尚可行駛 41900÷120=349 呎也.

平均距離及斜度(Balancing distance and gradient)

從上述之原理,可知每噸載重在上登百分之一斜度行駛一呎所須之動能,較在同樣情形之車輛行駛在水平面上者多二十磅.水平面上所生之抵抗與上登斜度所生之抵抗之關係,可以下式表示之:

$$\frac{RT}{RT+20rT}$$

其中R爲旋轉抵抗,T爲載重噸數,r爲一百呎中所上升之呎數或稱斜度.

此式表示距離與斜度間之平均或經濟中項.爲欲說明此種事實,假定通過B點之A與C間之距離爲五千呎,經此三點可通過一水平面路.在通過D點之A與C間,可另擇一路,其距離爲四千呎,但須有斜度.應用上面所假定之數值,則ABC路上每噸所耗費之能爲5000×100×1=500,000呎磅.ADC路上每噸所耗費之能爲4000[100×1+(20r×1)]或(400,000+80,000r)呎磅.欲使ADC路供給ABC路上所發生之總抵抗,可由其相等斜度(equivalent grade)得之.欲求其相等斜度,可以上列二數位等之.

$$400,000+80,000r=500,000$$

$$r=\frac{5}{4}$$

在ADC線上所增之總斜度爲$\frac{5}{4}\times4000\div100=50$呎,此所增之斜度,可使四千呎距離所生之抵抗與在水平面上之五千呎者相等,由此類推.在完成工作時,此上登五十呎之高度,可在五千呎,一千呎,或三千呎內完成之.在上所舉例中,任何路線上之車輛對燃料所消耗之行駛費須相同,在以其餘價值計算在內,若路線之斜度不致大至可能限度之外,以路線之短者爲經濟也.

車輛行駛費與每年養路費之節省

假定平均車輛之行駛費及修理費爲每哩六分,則此車輛因縮短路程而須增加之建築費可計算得之.爲使容易說明計,假定A路較B路短二哩,但有高低之斜度,若平均車輛之密度爲每日一千輛,則此短

路每年所能節省之行駛費為:

$$365\times1000\times0.06\times2=\$43,800$$

在原有之投資中,若短路之利息,修理,及養路費與較長之路線相較而不超出 \$43,800者,以選擇短路較為經濟,舉例如下:假定A路二十八哩所須之建築費為\$40,000/哩,或共\$1,120,000.B路三十哩所須之建築費為\$30,000/哩,或共\$900,000.假定利息為百分之五,每年之修理費為百分之五,每年之養路費為\$500/哩,則每年各路所須支出之經費如下:

	A路	B路
	\$1,120,000×0.05=\$56,000	\$900,000×0·05=\$45,000
	1,120,000×0.05= 56,000	900,000×0.05= 45,000
	20 × 500= 14,000	30× 500= 15,000
每年支出	=\$126,000	=\$105,000

改良A路每年所支出之經費超過B路每年所支出者\$21,000,但此數小於車輛每年所節省之行駛費\$48,900.故對於節省經費方面,以造較短之路為經濟.但有一點値得吾人注意者:即此所沾之利益,盡為車輛行駛者所得,政府或其他附屬機關,固未嘗沾分毫也.就事實而論,政府乃以較多之每年支出,換得車輛主人每年行駛費之減少也.

吾人可假定車輛在高式路面之行駛費與在低式路面之行駛費之相差數為每哩二分.若平均每日車輛之密度為二千,則車輛行駛在高式路面每年所能節省之行駛費為2,000×0.02×365=\$14,600/哩.高式路面與低式路面之近似比較値如下:

	高式	低式
初價之利息	\$25,000×0.05=\$1,250	\$8,000×0.05=\$400
修理費	25,000+0.05= 1,250	8,000×0·25=\$2,000
養路費	= 500	= 800
每哩每年總支出	=\$3,000	=\$3,200

29181

由假定之每年支出觀之,高式之每年支出稍低於低式之每年支出.故由假定之車輛密度.採用高式路面後,可淨省之行駛費及每年支出共為$14,600+$200=$14,800/哩.又有一點值得吾人注意者:即所節省經費之主要部分,並非屬於政府或其附屬機關也.

關於公路之定線及設計,吾人既經以經濟之眼光分析矣,復有一疑問發生:即最佳之路線位置及設計為何不能在各種情形之下採取?吾人之回答即為:關於此問題之要素為初價,若改良此公路時有充分之資財,則此路建築可造成吾人理想中之真確程度,但若經費有限時,則此路建築,不得不適合此僅有之數也.

路面損壞之測定

上所講者,乃單獨從汽車行駛之觀點上,討論直線斜度及路面之改良.以及如何獲得車輛行駛最低消耗之方法.

任何完善公路之養路費,大都視其所使用車輛之形式及載重而決定之.車輛之速度.能生一種與輪緣相切之離心力.因此在車胎脫離地面時,發生一種真空,除去組成此路面之微粒.而使路面有一種橫深或縐紋發生.

車輛之重量及其載重.有一種擠碎路面之趨勢.載重大者較小者為能減短其有用之壽命.損壞亦可因不良之基礎情形,酷烈之氣候關係及總合此種或其他各種原因而發生.車輛在加制動機時,往往使其在路面滑動而擦去微粒,因制動機而發生之路面損壞.車輛之重量及載重成正比例.除車輛在高速度行駛而發生較遠距離之滑動外,並不因速度而使路面發生變化.此種擦去路面微粒之現象在車輛開始行動時,亦可以同樣見之.出發時之摩擦力可與滑動摩擦相等視之,但因前者所發生之路面損壞,僅限於局部而已.

若車輛行駛之速度為每小時二十五哩,其所能發生之動能,已由上文算出,為41,900呎磅.若加以制動機而使車輪立刻被鎖時,此種動量足可使車輛在其與路面間之摩擦力未能使其停止前行駛相當距離在 JoWa State College 之雜誌上已有實驗之結果刊出,謂在此種情形下,無論何種大小之車胎及路面之形式,車輪及路面之滑動摩擦係數為0.5—1.0/每噸車輛及載重,即合乎標準之車輛總重一噸,在石子路面上所發生之滑動摩擦係數為0.6,在高式路面則有0.8,此意即謂其所發生之工作為1,200呎磅,或(0.6×2,000),及1,600呎磅或(0.8×2000)/每呎滑動之距離,若此車輛加制動機時所發生之動能為41,900呎磅,則此車輛在停止前將滑動36呎或(41900÷1200)及26呎或(41,900÷1600)之距離,在多數情形中,尤其在高速度時,此制動機之加上,並不立刻鎖住車輪,但連加數次,務使之發生連續不斷之推擊,蓋使車輪半鎖而半放也.

因出發及滑動摩擦而擾亂組成路面之部分,除堅硬者外,能使各種形式之路面蒙受極大之損害,由於後者,車胎所受之摩擦損害,有甚於非堅硬之路面者.

在初價中,車輛之載重愈大,則所設計者亦須依之而增加也.詳細分析此種事實不能在有限之空間內供給之.但吾人可謂在數學之分析中所指示者,為公路應力之增加與車輛之載重成正比例.

公路資本之獲得

近代思想潮流之所趨,指示吾人:公路改良及養路資本之獲得,須向使用公路之車輛直接徵收之,此種資本,不能向真正及人民財產中取得分毫也.今有一疑問發生:究竟公路制度正常之發達是否可使各種財產之價值增加?及其供給國家社會之物質統一,是否有利?此種價值之增加,頗難決定,但在真正產業中徵收極少量之定額稅,可得一相當之收入,凡此皆簡而易舉者,且可救濟車輛主人一部分之負擔也.

車輛之納稅,在各種形式之車輛中,須平均分配之,務須與其行駛之利益或使公路損壞之程度成正比例.平均分配之稅額,普通由所消耗之燃料中徵收之,稱為汽油稅,及所徵收開駛汽車特權之每年固定稅額,此即註冊或執照費.

行駛車輛所消費之燃料數量與哩數及運輸之噸重成正比例.爲估計利益計,汽油稅中供給一種碼尺,經車間一遇之;但其所出之資爲小,重車則假定一種增加之資本.故由燃料所獲得之資本,最初須基於所用之量,而其納稅之分配,須與所獲得之便利相稱也.

註冊費之徵收,所以保證車輛主人使用公路以運輸人或物之特權.註冊費之性質並不如汽油以使用公路範圍之大小爲條件,但視其利用供給之便利程度耳.車輛之行駛費大部分依照其所發生之馬力及載重而決定之,公路之損壞,亦依此而變化,故知由此二者以決定註冊費爲合理也.

舉例以明之:30馬力2噸重之車輛,每年使用此公路15,000哩,平均每加侖汽油行駛12哩,其所納之汽油稅爲 $0.06/ 加侖,註冊費包括馬力在內爲$0.10/單位,及$0.01/磅(包括載重),如下:

註冊費

30馬力 ×$0.10=$ 3.00

4,000磅 ×$0.01=$ 40.00

汽油稅

1,250加侖 ×$0.06=$ 75.00

總共納費 =$118.00

由此可知爲使用改良之公路權而納之稅爲每月十元;若行駛者因用改良之公路而能節省$0.01/哩,則其節省之費爲15,000×0.01=$150,車輛主人乃以 $118 納諸當局,以作改良及養路之用,蓋爲其應盡之責也.

成岩礦物及岩石土壤之鑑定法

謝　培　元

成岩礦物係由一定化學成分組成之單體;產于自然礦物界中.如石英.長石.雲母等.岩石者乃由各種礦物密切結合,或互相透生而成之複性體.如花岡石.石灰石.砂石等.土壤者係由黏土.砂.及礫組成,而含有多量之腐植質.上述三種礦物地質對工程材料上均有直接或間接之應用;故吾人於選擇工程材料時,對礦物地質之性質不可不加以相當之認識與鑑定.茲將成岩礦物.岩石.及土壤鑑定法之總述及各別之鑑定法分述如下:

I.鑑定法總述.

甲.觀察法.

(一)硬度之觀察.

甲乙二種礦物,互相磨擦之際;二者所生之抵抗力謂之硬度.如甲乙二礦物磨擦時,乙被甲所傷,則甲之硬度比乙者為高.西人摩司氏(Mohs)用十種礦物互相磨擦,測定各礦物硬度之高低,列為一表作觀察硬度之標準;其硬度表如下:

一度—滑石(片狀形)　　二度—石膏(結晶體)

三度—方解石(透明結晶)　　四度—螢石(結晶體)

五度—磷灰石(透明者)　　六度—長石(白色有劈理面者)

七度—石英(透明水晶)　　八度—黃玉(透明者)

九度—鋼玉(青色有劈理面者)　十度—金鋼石

通常測定礦物硬度用摩司硬度表不甚經濟,故可用下列數種硬度接近之物以代之:

指爪—二度半　　銅幣—三度　　鐵釘—四度

玻璃—五度半　　小刀—六度　　燧石—七度

觀察硬度時,宜取各礦物相近者;不可取其距離過遠者.如測二度左右硬度之礦物,斷無用七度硬度之燧石試之;當用指爪及銅幣試之而得其大概.

(二)韌度之觀察

鑛物受鎚擊時,所發生之抵抗力謂之韌度,韌度之性質不一,別之如次,以便觀察.

1.脆性—當吾人鎚擊礦物時,鑛物呈細片或碎粒狀而分散者,謂之脆性.如方解石.長石等,

2.柔性—鎚擊之,易成粉末;而用小刀截取之,易於切斷者.謂之柔性.如石膏之類.

3.撓性—受撓折後作彎曲形,而不復原狀者謂之撓性.如滑石之類.

4.彈性—受曲折而彎曲;力去而恢復原狀者謂之彈性,如雲母石棉之類.

(三)劈理之觀察.

礦物受打擊或强壓後,結晶沿一定之方向而割裂者,謂之劈理,其面謂之劈理面.欲觀察礦物劈理之有無,可用鐵鎚擊之;或以小刀剝之;或觀其天然之裂罅.普通劈理面多有光澤.完全之劈理,就其面之光澤,即可辨認.

(四)斷口之觀察.

無劈理性之礦物,因受打擊而呈不規則之破裂者,謂之斷口,斷口之形狀可分下列數種:

1.介殼狀—成圓滑之曲面,如水晶金鋼石等.

2. 平坦狀—其面略成平整,如玄武岩石炭等.

3. 多片狀—斷口呈細片狀,如燧石蛇紋石等.

4. 參差狀—斷口粗糙無定形.如雪花石膏等.

5. 土狀—斷口呈砂狀或土狀者.如高嶺土等.

(五)色之觀察

光線射至礦物時,一部分色光被礦物吸收;一部分則由礦物反射,故現種種之色,非金屬之色大別有下列數種:

1. 白色—如大理石.
2. 黑色—如煤炭.
3. 黝色—如石墨.
4. 藍色—如琉璃.
5. 赤色—如辰砂.
6. 青色—如孔雀石.
7. 褐色—如黑雲母.
8. 黃色—如硫黃.

(六)條痕之觀察.

由極細微礦物粉末所合成之色,謂之條痕,欲觀察礦物粉末之色,可將礦物劃於條痕板上,使其粉末磨附而成條痕,將所得條痕與先曾寫生之礦物之色,兩相比較;而辨別其異同.

(七)光澤之觀察

礦物之表面反光狀態謂之光澤.非金屬光澤之種類可分下列數種:

1. 金剛光澤—屈折率最高之礦物如金剛石等.

2. 玻璃光澤—普通玻璃所具之光澤如石英等.

3. 脂肪光澤—礦物表面呈脂肪狀如石榴石等.

4. 眞珠光澤—完全劈理礦物之光澤如石膏等.

5. 絹絲光澤—平行纖維狀透明礦物之光澤如石棉及纖維石膏等.

(八)結晶之觀察

凡依幾何學之學理,由多數平面圍合而成之多面體者,謂之結晶.礦物之形態除結晶外,尙有結晶質及非晶質.結晶質係外形不成結晶狀態,而內部之構造成整齊之排列.如花岡石中之長石.石英.非晶體者係外形及內構均無一定之規律.如石炭.玻璃等.欲觀察礦物結晶之狀態如何;可用接觸測角器,或叉狀測角器測定之.

(九)透明度之觀察.

透過礦物光綫之多少謂之透明度.透明度之差異,可分以下數種:

1. 全透明—如玻璃. 2. 半透明—如石英.

3. 亞透明—方解石. 4. 半亞透明—如螢石

5. 不透明—如黑雲母.

(十)比重之觀察.

物體在空氣中之重量,與同容積之水之重量之比謂之比重.欲測定某礦比重如何,可用通常物理上所述之大秤法,比重瓶法,及重液法.

乙.實驗法

(一)吹管分析

用一特製之金屬吹管,鼓吹火焰;使礦物燃燒,觀察其各種化學變化,而分析之.以此法檢定礦物之化學性質者,謂之吹管分析.實驗之步驟可先將欲測之礦物,用鎚擊碎,放於乳缽中,磨成粉末;次將粉末置於木炭上,用吹管鼓吹火焰燃燒之,同時注意觀察其變化而檢定其性質.以此法試驗各種礦物所得之結果,可舉數點如下:

1. 剝裂發爆音者—如螢石等.

2. 磷光—如磷鈣石等.

3. 發生水分—如沸石等.

4. 發生臭氣—如硫.煤.炭等.

5. 焰色反應—如鈉之化合物呈黃色;鈣之化合物呈紅黃色;鉀之化合物呈堇色.

(二)顯微鏡下之截片測定法.

岩石或礦物之截片係由岩石或礦物磨成薄而透明,其厚度通常在0.02耗至0.05耗之間.此截片可置於顯微鏡下,精細觀察其屈折稜

29188

數,結晶形,光澤.劈理.及色等.而確定其性質.

倘有一法係以礦物遇試藥,使緩緩蒸發後,發生特殊之結晶,及結晶集合體,後將所成之結晶或其集合體,置顯微鏡下鑑定,此法謂之顯微化學法,今將成岩礦物及岩石所含之幾種重要化學元素,用本法試驗時所起之反應,述之如下:

鈣—用硫酸發生石膏之針狀結晶體.

鉀—在其鹽酸溶液中加氯化鉑,發生 K_2PtCl_6 之暗黃色等軸系結晶及集合體.

鈉—其溶液蒸發至乾燥後,加入醋酸鈉氧基,發生醋酸鈾氧基鈉之鮮黃色四面體,及集合體.

磷—在其亞硝酸溶液中,加入銅鉬錏,發生黃色之八面形,或斜方十二面形結晶.

鎂—在其溶液中,加入硼砂及亞磷酸鈉後再加入硇精一滴,冷時發生錏磷酸鎂之雪晶形針狀集合體;熱時發生扁平骸晶.

鋁—用硫酸錏發生硫酸鋁錏等之軸系結晶.

鐵—用第一鐵銹化鉀,或第二鐵銹化鉀;發生青色沈澱.

(三)化學成分之分析.

成岩礦物係由一定化學成分組成,已如前述.故此礦物可用化學分析法,測定其所含之化學成分,而鑑定之.至於岩石土壤其所含之化學成分雖然無一定之量,惟其大概化學成分之百分比例,在各地質礦物學中,均有記載.故鑑定岩石土壤亦可用化學分析法,測定其所含之化學成分.

II.分別鑑定法

甲,成岩礦物之鑑定法

(一)石英

水晶之結晶形—水晶之晶體為六角柱六角錐集合而成,然晶體不完全者居多,或其錐狀部呈殘缺狀;或呈扁形狀.故就其斷面比較,較爲分明,通常所成之面角皆相等.水晶之斷口通常爲介殼狀.

水晶硬度之測定——黃玉與水晶互相磨損,水晶受傷;長石與水晶互相磨損時,長石受傷;故知水晶比黃玉弱,而比長石硬.黃玉爲八度長石爲六度,水晶介乎其間,卽爲七度.

水晶之比重——通常水晶之比重爲2.5.

水晶面角之測定——面角卽二結晶面相交成銳稜之處.水晶面角通常有下列三種:(a)二柱面間之角度爲120°.(b)二錐角間之角度爲133°44'.(c)柱面與錐面間之角度爲141°47',

(二)長石.

色之觀察——多爲白色或肉色.

於條痕板上劃痕——無色.

用玻璃.小刀.水晶等測其硬度——硬度爲六.

測其比重——比重爲2.5

觀察光澤——眞珠光澤.

面角測定——	底面	斜軸面	柱面
柱面	112°13'	120°36'	118°47'
橫直庇面	119°44'	90°0'	120°44'
縱直庇面	99°42'	90°0'	134°18'

(三)雲母

將雲母片略彎屈而試其彈性,其片之薄者,雖多彎屈,放之仍還原.

將薄片之一角,置入炭中或焰中燒之,不能溶解,此乃雲母之特點.

雲母之硬度——硬度爲2–3.

面角之測定——通常面角爲120度

黑雲母含鐵之鑑定——將黑雲母粉末或其小破片少許納入試驗管,注加硝酸數滴,俟其數回沸騰後,再注入少量之水;將黃血鹽溶液滴入數滴,卽呈靑藍色.由此可證明鐵之存在.

(四)石膏

色爲無色透明,或呈白.灰.黃褐.淡紅等色亦有不透明者.眞珠光澤或玻璃光澤.

多爲結晶體單晶成菱形;雙晶成燕尾形.

硬度二.可用指爪銅元方解石等實驗.

比重—2.2—2.4.

沿菱形結晶之扁面,用小刀劃入,可剝爲數片,其劈理面大都完全.

(五)螢石

螢石之結晶以立方體及其透入雙晶占多數.

色爲無色透明以至青綠薑黃紅紫等色.加熱,則其色消失;光澤爲玻璃光澤.

用方解石銅片鐵釘等檢其硬度—硬度爲四.

打破而檢其劈理—劈理完全.

以其小片入試驗管加熱,即變色而爆裂,再於暗處檢之,可見其發顯著之燐光.

置螢石數小片於蒸發皿內,注入濃硫酸,徐徐加熱,便發生氟化氫氣體;若以玻璃蓋於皿上,則其表面漸被腐蝕.

(六)方解石.

色由灰白至黃褐赤綠青黑等;間有無色透明者.光澤爲玻璃光澤.

常見之結晶爲斜方六面體,此外或成粒狀,片狀.塊狀.鐘乳狀等.

劈理面有不規則之波狀細綫,轉動覩之,內部之罅面現美麗七色之層叠.

將方解石之一角,當以刀或鋼鑿之鋒口,用鎚輕擊,則可見其完全之劈理.

方解石之面角可分二種,若將此二種度數,分別平均之,大角爲105°5' 小角爲 74°55.

(七)輝石

輝石結晶形甚小,其結晶多呈單柱狀,或爲雙晶.

色爲黑綠黑,草綠等.條痕爲灰綠色.

輝石之面有光澤甚强者,有幾無光澤者;有光澤爲眞珠光澤者.

(八)角閃石

角閃石大體似輝石而形稍大,爲長柱狀結晶;其橫斷面較之輝石,顯近菱形.

色爲黑綠.褐.赤褐.暗綠.黃等.

劈理面之光輝較輝石爲强.

(九)金剛石

對X光綫透明;與鈽接近發青綠色之光.

硬度爲十度係成岩礦物中之最强者.

光輝燦然,非他種礦物所及.

金剛石不生重屈折

遇氟化氫,幷無變化.

表面滴水一滴,水成珠狀而不流.

乙.岩石之鑑別法

(一)火成岩

火成岩之特徵——

1. 塊狀,無層理;但有柱狀或板狀之節理.

2. 絕無含化石者.

3. 多少含玻璃狀之物質.

4. 有玻璃狀有孔狀礦滓狀等組織.

5. 多爲結晶質.

6. 貫通其他之岩石.

7. 與被貫通之岩石相接之部,其結晶粒特小.

8. 貫通之際,附近之岩石必變質,是爲接觸變質.

花岡石之觀察——

1. 迎光幌動岩石,則見新破面內含有劈理面.劈理面之形狀大小,種種不一,但必成平面,由其反光之强,即能辨之.

2. 花岡石之破面各部,除正長石與雲母外,餘皆石英.石英爲透明質,有似水晶或玻璃之色及光澤.且其破壞無一定規則.

安山岩之觀察——

1. 安山岩之新破面,多粗糙而粒不密着.

2. 質地呈黑灰.淡灰.淡赤等色,而現種種之斑晶.

3. 迎光幌動岩石,則閃閃有光;是爲斜長石之劈理面;恰與花岡石中之正長石劈理相似.

4. 石基與斜長石之外,往往發見黑色之濃色礦物.劈理面有光輝甚强者,是爲角閃石.

5. 若其色似角閃石,結晶比短冊更短,斷面不爲菱形;而爲近於切角之四角形,劈開面光澤不强者,多爲輝石.

熔岩之觀察——

1. 熔岩普通爲灰黑色,是爲非酸性之表面.

2. 角稜鋒銳,觸手即傷,可知爲由岩漿生成之物尚未受流水作用.

3. 概爲多孔質,此孔爲氣體逃出之道路,乃由高熱作用生成之證據.

4. 破壞而觀其新面,鼠色之質地內,滿布白色之斜長石,其劈理面皆閃閃有光,可知其組成近於安山岩或玄武岩,但普通者結晶甚少,乃由其冷却急激之故.

(二)水成岩

水成岩之特徵——

1. 多成層狀.

2. 多含化石.

3. 岩石無玻璃狀物質.

4. 無玻璃狀,有孔狀,礦滓狀等組織.

5. 被火成岩貫通之隣接部分,皆成變狀.

凝灰岩之觀察——

1. 砂礫間孔隙甚多,是爲比重小之一原因,且易於生苔易於吸水,故破壞甚速.

2. 以擴大鏡窺砂礫之面,有大小不一之孔甚多,恰與麵包內部之形狀相同,是爲氣體逸出時所生之孔.

3. 凝灰岩中,往往含有化石,故屬水成岩.

4. 凝灰岩常因接觸變質增加硬度,而成碧玉之狀.

黏板岩之觀察——

1. 色爲灰黑色或黝黑色.

2. 斑紋化石常存在.

3. 有風化之處,其色常生變化.

4. 加鹽酸一滴,卽發泡.

砂岩之觀察——

1. 砂岩之粒子,其大小自小豆大以至肉眼能見之最小限度.若在小豆大以上者,則爲礫岩之粒子.

2. 砂岩之膠結物,可滴以鹽酸,若發泡卽爲炭酸鈣,或其他炭酸鹽類.

3. 加鹽酸不發泡,劃以小刀而不傷者,則爲矽酸質.

4. 加鹽酸不發泡而小刀能傷者,必爲黏土質,其色多爲鼠色.

5. 若呈黃褐色或赤褐色,多爲褐鐵礦或氧化鐵之膠結物.

礫岩之觀察——

1. 礫多爲卵形.

2. 膠結物滴以鹽酸;如發泡,爲炭酸鹽;不發泡,而小刀亦不能傷之者,必爲硅酸質;小刀能傷者,則爲黏土質.

3. 帶褐色則爲鐵之化合物.

石灰岩之觀察——

1. 色有多種,惟多呈灰色;亦有現縞條之花紋者.

2. 被擦部分之光豔,頗似石英及燧石.

29194

3. 小刀易傷,其硬度爲三.

4. 加以鹽酸,則生炭酸氣而發泡.

5. 以白金線前端,蘸鹽酸附着部分之液體,與酒精燈之外焰接觸,即顯出朱紅之焰色,是爲含有石灰成分之證據.

丙.土壤之鑑定法.

(一)土中含氧化鐵之鑑定

土帶赤色者,其中均含有氧化鐵,實驗之步驟如下述:

1. 納土之粉末入試驗管,管之內壁如潮濕;須注意勿使粉末附着管綠.

2. 加熱使土粉沸騰.

3. 注入硝酸五六滴,再滴入黃血鹽一二滴,則見青色之沉澱下降.

(二)土中含腐植質之鑑定

耕地及林場之土,因飽含腐植質,多呈黑色,可用下列之實驗方法證明之.

1. 於洋鐵皿中盛腐植質土少許,架於火爐之炭火上,加以强熱.

2. 土受熱,自皿上發出水蒸氣,此乃土中含有水分所致.

3. 水蒸氣既盡,再繼續加熱,土成赤色,是爲赤土.

4. 此變色之原因,乃由三種變化,即腐植質之燒失,水分之蒸發,鐵分之氧化.

5. 此赤土若噴水其上,令保有原來之濕氣,則黑色稍增,可見水分爲其黑色之一原因.其色比原來之黑色遙淡,可見黑色之另有原因,由於含有腐植質,今腐植質燒失故色變淡也.

6. 土中含有之鐵,因氧化更增赤色,故黑色消失.

(三)水底綠色土之實驗.

綠色土乃因其氧化程度較低,故呈綠色.欲行鑑定,可取該項土壤少許,盛于鐵皿內强熱之.其初青色,次第變淡,繼而黃赤色,次第增加,終乃變爲赤土.此因低度之氧化鐵,遇高熱氧化,變爲高度之氧化鐵,故其結果綠色變為赤色.

(四)各種土壤含量比例及其特質

各種土壤含量之比例及其特質可列成下表以便觀察或實驗.

名 稱	礫	砂	黏 土	腐植質	特 質
礫 土	七成以上				石粒大
砂 土		八成以上	二成以下		適於空氣流通不適於水分養分之含蓄
壤 土		五 成	五 成		流通空氣含蓄水分養分均佳為耕土中最良者
埴 土		四成以下	六成以上		適於含蓄水分養分不適於空氣流通
腐植土				六成以上	色黑富于酸性

(五)各種土壤透水性之比較.

各種土壤各有不同之透水性.欲測完各土壤透水性之強弱,可將各種土壤各採少許,保持其適當之濕度,用同大之漏斗,以木棉布為濾紙,將同量之各種土壤分別置入各漏斗內,同時注以同量之水,如此比較同時間集於受水器之水量,即可判定透水性之強弱.實驗結果,得透水性強弱之順序如下:(a)礫土最強;(b)砂土次之;(c)壤土又次之;(d)埴土最弱.

29196

長方形涵洞之應力審察

徐　功　懋

玆有一長方形之涵洞,如下圖,其一切尺寸皆爲已知,而欲審察其能否任受目前情形所予之應力.

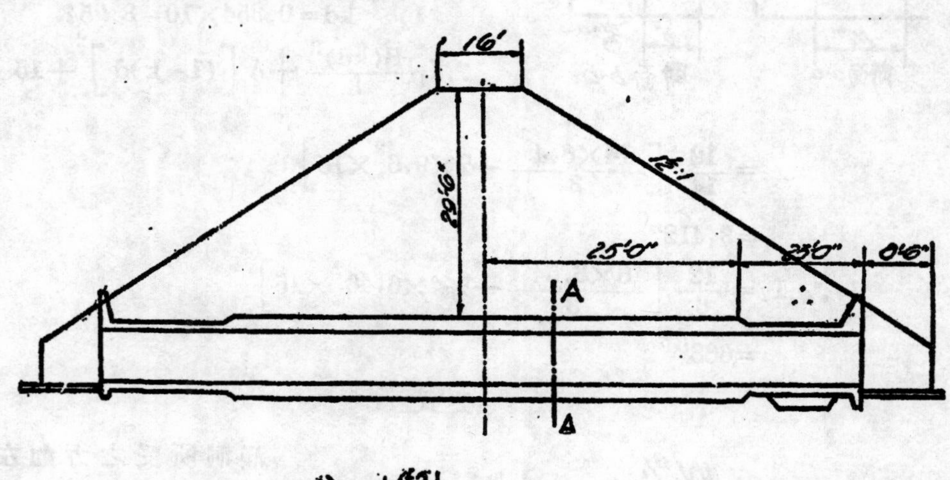

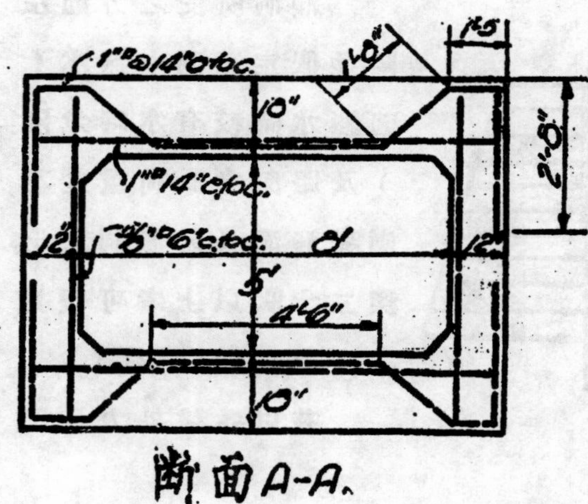

断面A-A.

爲便于審察,乃分下列五步驟:—

I. 中心軸

II. 公式

III. 力幾圖

IV. 四應力,f_s, f_c, f_v, f_u,

V. 結論.

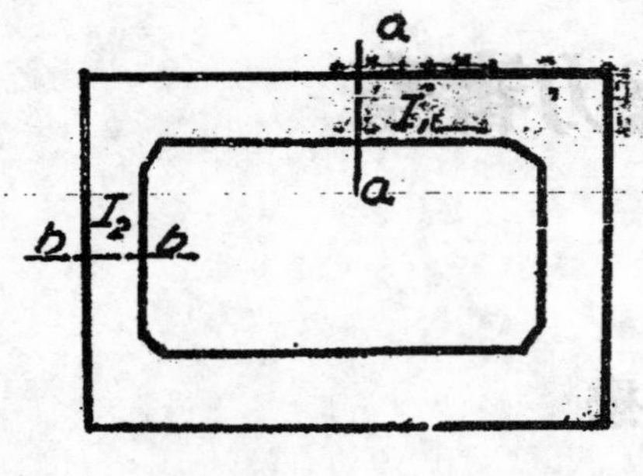

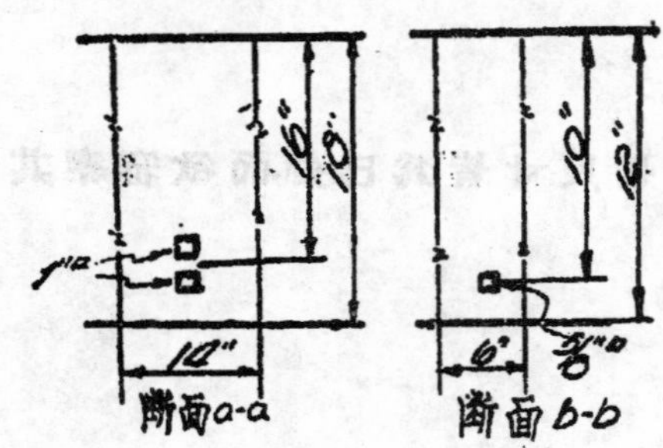

斷面a-a　　斷面b-b

I　中心軸

斷面甲一甲

$$p=\frac{2\times1^2}{14\times16}=0.0089$$

$$k=0.400$$

$$kd=0.4\times16=6.''4$$

斷面乙一乙

$$p=\frac{\frac{5}{8}\times\frac{5}{8}}{6\times10}=0.00165$$

$$k=0.354$$

$$kd=0.354\times10=3.''54$$

$$\therefore I_1\frac{B(kd)^3}{3}+A_s\Big[(1-k)d\Big]^2+15$$

$$=\frac{12}{14}\left[\frac{14\times6.4^3}{3}+2\times9.6^2\times15\right]$$

$$=3,412''^3$$

$$\therefore I_2=\frac{12}{6}\left[\frac{6\times3.54^3}{3}+\frac{5}{8}^2\times6.46^2\times15\right]$$

$$=668''^3$$

II　公式

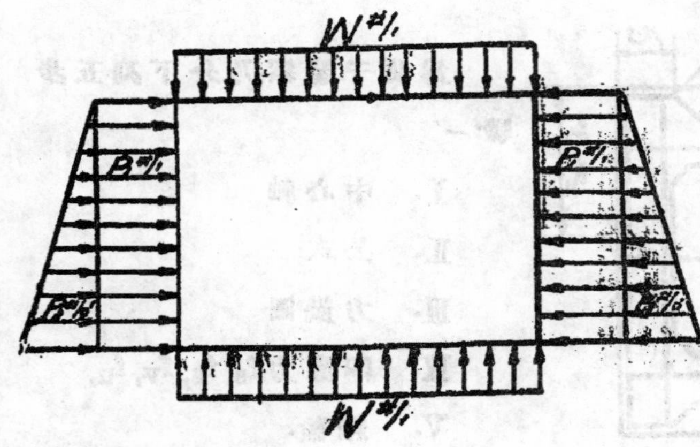

涵洞所受之力如左圖,並假定涵洞中無水(因無水時較有水時危險)及路面之動荷重並不應響涵洞(因涵洞上土深二十呎以上者可假定不受動荷重之影響)。

茲以各種外力分別計算,而後總和之

(甲)當僅靜荷重,W載於涵洞時

(乙)當僅泥土之壓力之一部份, P_1, 載於涵洞時.

(丙)當僅泥土之壓力之一部份, P_2 載於涵洞時.

(丁)前三項之總和.

(甲)當僅靜荷重,W,載於涵洞時.

積分	C−A	A−D	D−F	和
$\int_{\frac{1}{2}}\frac{ds}{I}$	$\frac{b}{2I_1}$	$\frac{h}{I_2}$	$\frac{b}{2I_1}$	$\frac{b}{I_1}+\frac{h}{I_2}$
$\int_{\frac{1}{2}}\frac{yds}{I}$	O	$\frac{h^2}{2I_2}$	$\frac{bh}{2I_1}$	$\frac{h}{2}\left(\frac{b}{I_1}+\frac{h}{I_2}\right)$
$\int_{\frac{1}{2}}\frac{y^2ds}{I}$	O	$\frac{h^3}{3I_2}$	$\frac{bh^2}{2I_1}$	$h^2\left(\frac{b}{2I_1}+\frac{h}{3I_2}\right)$
$\int_{\frac{1}{2}}\frac{x^2ds}{I}$	$\frac{b^3}{24I_1}$	$\frac{b^2h}{4I_2}$	$\frac{b^3}{24I_1}$	$\frac{b^2}{4}\left(\frac{b}{3I_1}+\frac{h}{I_2}\right)$
$\int_{\frac{1}{2}}\frac{M'ds}{I}$	$-\frac{wb^3}{48I_1}$	$-\frac{wb^2h}{8I_2}$	$-\frac{wb^3}{48I_1}$	$-\frac{wb^3}{4}\left(\frac{b}{3I_1}+\frac{h}{I_2}\right)$
$\int_{\frac{1}{2}}\frac{M'yds}{I}$	O	$-\frac{wb^2h^2}{16I_2}$	$-\frac{wb^3h}{48I_1}$	$-\frac{wb^2h}{8}\left(\frac{b}{3I_1}+\frac{h}{I_2}\right)$
$\int_{\frac{1}{2}}\frac{M'xds}{I}$	$-\frac{wb^4}{128I_1}$	$-\frac{wb^3h}{16I_2}$	$-\frac{wb^4}{128I_1}$	$-\frac{wb^3}{16}\left(\frac{b}{4I_1}+\frac{h}{I_2}\right)$

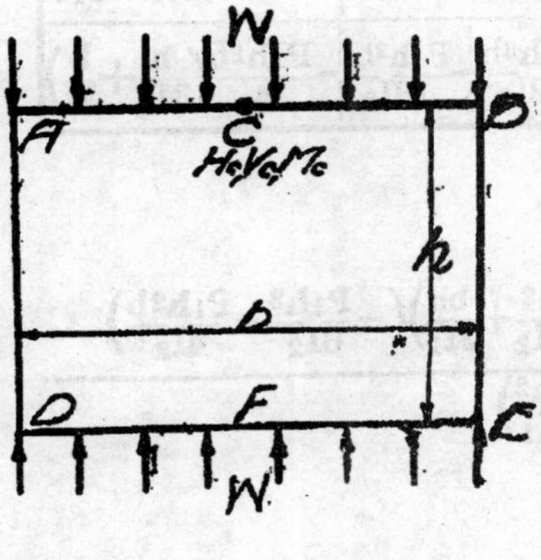

$$\therefore M_c=\frac{\int\frac{M'yds}{I}\int_{\frac{1}{2}}\frac{yds}{I}-\int_{\frac{1}{2}}\frac{y^2ds}{I}\int\frac{M'ds}{I}}{2\left[\frac{h^2}{4}\left(\frac{b}{I_1}+\frac{h}{I_2}\right)^2-h^2\left(\frac{b}{I_1}+\frac{h}{I_2}\right)\left(\frac{h}{3I_2}+\frac{b}{2I_1}\right)\right]}$$

$$=\frac{-\frac{wb^2h^2}{8}\left(\frac{b}{3I_1}+\frac{h}{I_2}\right)\left[\left(\frac{b}{4I_1}+\frac{h}{4I_2}\right)-\left(\frac{b}{2I_1}+\frac{h}{3I_2}\right)\right]}{2\left[\frac{h^2}{4}\left(\frac{b}{I_1}+\frac{h}{I_2}\right)^2-h^2\left(\frac{b}{I_1}+\frac{h}{I_2}\right)\left(\frac{h}{3I_2}+\frac{b}{2I_1}\right)\right]}$$

$$=\frac{wb^2}{24}\left(\frac{\frac{3h}{I_2}+\frac{b}{I_1}}{\frac{b}{I_1}+\frac{h}{I_2}}\right)$$

$$=\frac{wb^2}{24}\left(\frac{\frac{b}{h}+3\frac{I_1}{I_2}}{\frac{b}{h}+\frac{I_1}{I_2}}\right)$$

如令 $\frac{b}{h}=R, \frac{I_1}{I_2}=S$

則 $M_c=+\frac{wb^2}{24}\left(\frac{R+3S}{R+S}\right)$

$$H_c=\frac{\int_{\frac{s}{2}}\frac{ds}{I}\int\frac{M'yds}{I}-\int_{\frac{s}{2}}\frac{yds}{I}\int\frac{M'ds}{I}}{2\left[\left(\int_{\frac{s}{2}}\frac{yds}{I}\right)^2-\int_{\frac{s}{2}}\frac{ds}{I}\int_{\frac{s}{2}}\frac{y^2ds}{I}\right]}$$

$$=\frac{-\frac{wb^2h}{8}\left(\frac{h}{I_2}+\frac{b}{3I_1}\right)\left(\frac{h}{I_1}+\frac{b}{I_2}\right)+\frac{h}{2}\left(\frac{b}{I_1}+\frac{h}{I_2}\right)\frac{wb^2}{4}\left(\frac{b}{3I_1}+\frac{h}{I_2}\right)}{2\left[\left(\int_{\frac{s}{2}}\frac{yds}{I}\right)^2-\int_{\frac{s}{2}}\frac{ds}{I}\int_{\frac{s}{2}}\frac{y^2ds}{I}\right]}$$

$$=0.$$

$$V_c=\frac{\int\frac{M_L^1Xds}{I}-\int\frac{M_r^1Xds}{I}}{2\int_{\frac{s}{2}}\frac{X^2ds}{I}}$$

$$=0$$

因其任重相對,故 $\int\frac{M_L^1Xds}{I}=\int\frac{M_r^1Xds}{I}$;而同時 $\int_{\frac{s}{2}}\frac{X^2ds}{I}$ O所以 $V_c=0$.

（乙）當僅泥土之壓力之一部份,P_1 載於涵洞時.

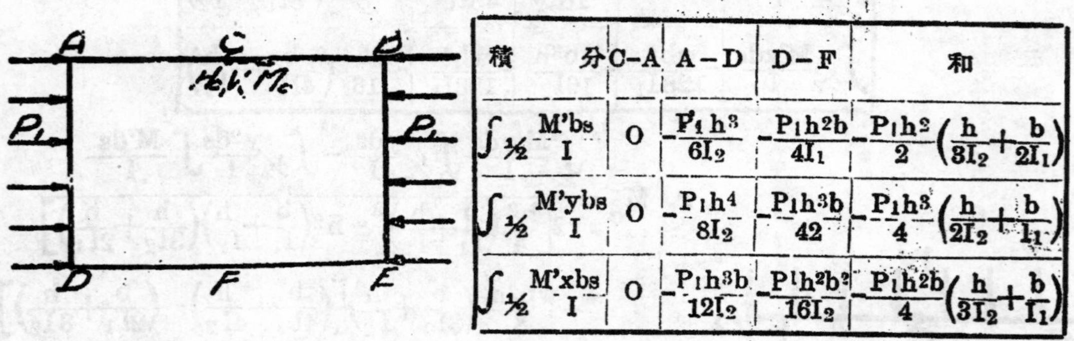

積　　分	C-A	A-D	D-F	和
$\int_{\frac{s}{2}}\frac{M'bs}{I}$	0	$-\frac{P_1h^3}{6I_2}$	$-\frac{P_1h^2b}{4I_1}$	$-\frac{P_1h^2}{2}\left(\frac{h}{3I_2}+\frac{b}{2I_1}\right)$
$\int_{\frac{s}{2}}\frac{M'ybs}{I}$	0	$-\frac{P_1h^4}{8I_2}$	$-\frac{P_1h^3b}{42}$	$-\frac{P_1h^3}{4}\left(\frac{h}{2I_2}+\frac{b}{I_1}\right)$
$\int_{\frac{s}{2}}\frac{M'xbs}{I}$	0	$-\frac{P_1h^3b}{12I_2}$	$-\frac{P^1h^2b^2}{16I_2}$	$-\frac{P_1h^2b}{4}\left(\frac{h}{3I_2}+\frac{b}{I_1}\right)$

$$Hc=\frac{P_1h}{I}$$

$$或H_c=\frac{2\left(\frac{h}{I_1}+\frac{h}{I_2}\right)\left(-\frac{P_1h^4}{8I_2}-\frac{P_1h^3b}{4I_1}\right)-2\left(\frac{h^2}{2I_2}+\frac{bh}{3I_1}\right)\left(-\frac{P_1h^3}{6I_2}-\frac{P_1h^2b}{4I_2}\right)}{2\left[\left(\frac{h^6}{2I_2}+\frac{bh}{2I_1}\right)^2-\left(\frac{b_1}{I_1}+\frac{h}{I_2}\right)\left(\frac{h^3}{3I_2}+\frac{bh^2}{2I_1}\right)\right]}$$

$$=\frac{\left(\frac{b}{I_1}+\frac{h}{I_2}\right)\left(\frac{b}{I_1}+\frac{h}{3I_2}\right)\frac{P_1h^3}{8}}{\left(\frac{b}{I_1}+\frac{h}{I_2}\right)\left(\frac{b}{I_1}+\frac{h}{3I_2}\right)\frac{h^2}{4}}=\frac{P_1h}{2}$$

$$Me=-\frac{\int\frac{M^1ds}{I}+2H_e\int_{\frac{1}{2}}\frac{yds}{I}}{2\int_{\frac{1}{2}}\frac{ds}{I}}$$

$$=\frac{2\left(-\frac{P_1h^3}{6I_2}-\frac{P_1h^2b}{4I_1}\right)+2.\frac{ph}{2}\left(\frac{h^2}{2I_2}+\frac{bh}{2I_1}\right)}{2\left(\frac{b}{I_1}+\frac{h}{I_2}\right)}$$

$$=-\frac{P_1h^2}{12}\left(\frac{\frac{h}{I_2}}{\frac{b}{I_1}+\frac{h}{I_2}}\right)$$

$$=-\frac{P_1h^2}{12}\left(\frac{\frac{I_1}{I_2}}{\frac{b}{h}+\frac{I_1}{I_2}}\right)$$

如令 $\frac{b}{h}=R_1 \quad \frac{I_1}{I_2}=S$

則 $Me=-\frac{P_1h^2}{12}\left(\frac{S}{R+S}\right)$

$Ve=O$

（丙）當僅泥土之壓力之一部份,P_2,載於涵洞時.

積分	e-A	A-D	D-F	和
$\int_{\frac{1}{2}}\frac{M^1ds}{I}$	O	$-\frac{P_2h^4}{24I_2}$	$-\frac{p_2h^3b}{12I_1}$	$-\frac{P_2h^3}{12}\left(\frac{h}{2I_2}+\frac{b}{I_1}\right)$
$\int_{\frac{1}{2}}\frac{M^1gds}{I}$	O	$-\frac{P_2hs}{30I_2}$	$-\frac{p_2h^4b}{12I_1}$	$-\frac{P_2h^4}{6}\left(\frac{h}{2I_2}+\frac{b}{2I_1}\right)$
$\int_{\frac{1}{2}}\frac{M^1xds}{I}$	O	$-\frac{P_2h^4b}{48I_2}$	$-\frac{P_2h^3b_2}{48I_1}$	$-\frac{P_2h^3b}{48}\left(\frac{h}{I_2}+\frac{b}{I_1}\right)$

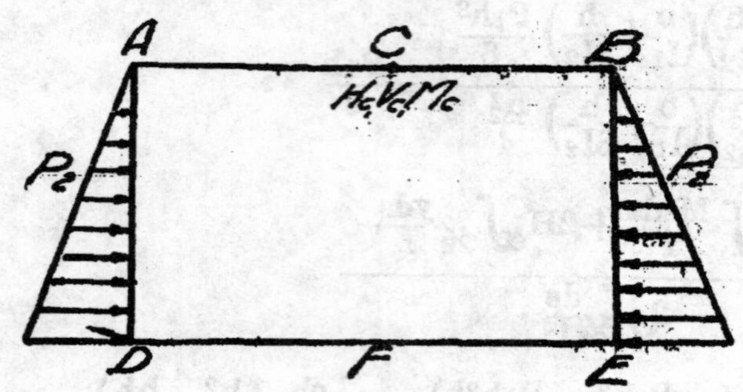

$$H_e=\frac{\int_{1/2}\frac{ds}{I}\int\frac{M'yds}{I}-\int_{1/2}\frac{yds}{I}\int\frac{M'ds}{I}}{2\left[\left(\int_{1/2}\frac{yds}{I}\right)^2-\int_{1/2}\frac{ds}{I}\int_{1/2}\frac{y^2ds}{I}\right]}$$

$$=\frac{-\left(\frac{b}{I_1}+\frac{h}{I_2}\right)\cdot\frac{P_2h^4}{6}\left(\frac{h}{5I_2}+\frac{b}{2I_1}\right)+\frac{h}{2}\left(\frac{h}{I_2}+\frac{h}{I_2}\right)\cdot\frac{P_2h^3}{12}\left(\frac{h}{2I_2}+\frac{b}{I_1}\right)}{\frac{h^2}{4}\left(\frac{h}{I_2}+\frac{b}{I_1}\right)^2-h^2\left(\frac{b}{I_1}+\frac{h}{I_1}\right)\left(\frac{h}{3I_2}+\frac{b}{2I_1}\right)}$$

$$=\frac{P_2h^2}{6}\left(\frac{\frac{3}{10}s+R}{\frac{1}{3}s+R}\right)$$

$$M_e=-\frac{\int\frac{M'ds}{I}+2H_e\int_{1/2}\frac{yds}{I}}{2\int_{1/2}\frac{ds}{I}}$$

$$=-\frac{\frac{-P_2h^3}{12}\left(\frac{h}{2I_2}+\frac{b}{I_1}\right)+\frac{P_2h^2}{6}\left(\frac{\frac{3h}{10Is}+\frac{b}{I_1}}{\frac{h}{3I_2}+\frac{b}{I_1}}\right)\frac{h}{2}\left(\frac{h}{I_2}+\frac{b}{I_1}\right)}{\frac{b}{I_1}+\frac{h}{I_1}}$$

$$=-\frac{p_2h^3}{180}\cdot\frac{5(25+7R)}{(3+R)\left(\frac{5}{3}+R\right)}$$

$V_e=e$

（丁）前三項之總和

載重情形 \ 應力	M	p1	p2
Mc	$+\frac{Mb^2}{24}\left(\frac{R+3s}{R+s}\right)$	$-\frac{P_1h^2}{12}\left(\frac{S}{R+s}\right)$	$-\frac{P_2h^3}{180}\cdot\frac{S(2s+7R)}{\left(S+R\right)\left(\frac{s}{s}+R\right)}$
Vc	O	O	O
Hc	O	$\frac{P_1h}{2}$	$\frac{P_2h^2}{6}\left(\frac{\frac{3}{10}s+R}{\frac{1}{3}s+R}\right)$

III　力幾圖

$b=9,'41=113.''0$

$h=6.93=83.''16$

$I_1=3,412_{cu.in.}$

$I_2=668_{cu.in.}$

$R=\frac{b}{h}=1.36$

$S=\frac{I_1}{I_2}=5.1$

$W=H'\times1'\times100\#/_{cu.ft.}=29.5\times100=2950\#/_{ft.}=246\#/_{''}$

（假定泥重每立呎100磅）

$P_1=29.'5\times1/3\times1'\times100\#/_{cu.ft.}=1.000\#/_{cu.ft.}=83.3\#/_{cu.in.}$

$P_2=1'\times1/3\times100\#/_{cu.ft.}=33.3\#/_{cu.ft.}=0.23\#/_{cu.in.}$

$$\therefore\begin{cases}M_{cw}=+\frac{wb^2}{24}\left(\frac{R+3s}{R+s}\right)=\frac{2950\times113^2}{24}\left(\frac{1.36+5.1\times3}{1.36+5.1}\right)\times\frac{1}{12}=+337,000''\#\\M_{cp_1}=-\frac{P_1h^2}{12}\left(\frac{s}{R+s}\right)=-\frac{1000\times83.16^2}{12}\left(\frac{5.1}{1.36+5.1}\right)\times\frac{1}{12}=-37,800''\#\\M_{cp_2}=-\frac{P_2h^3}{180}\cdot\frac{s(2s+7R)}{(s+R)\left(\frac{s}{3}+R\right)}=-\frac{33.3(83.16)^3}{180}\left\{\frac{(2\times5.1+7\times1.36)\times5.1}{(5.1+1.36)(\frac{5.1}{3}+1.36)}\right\}\times\frac{1}{144}\end{cases}$$

$=3800''\#$

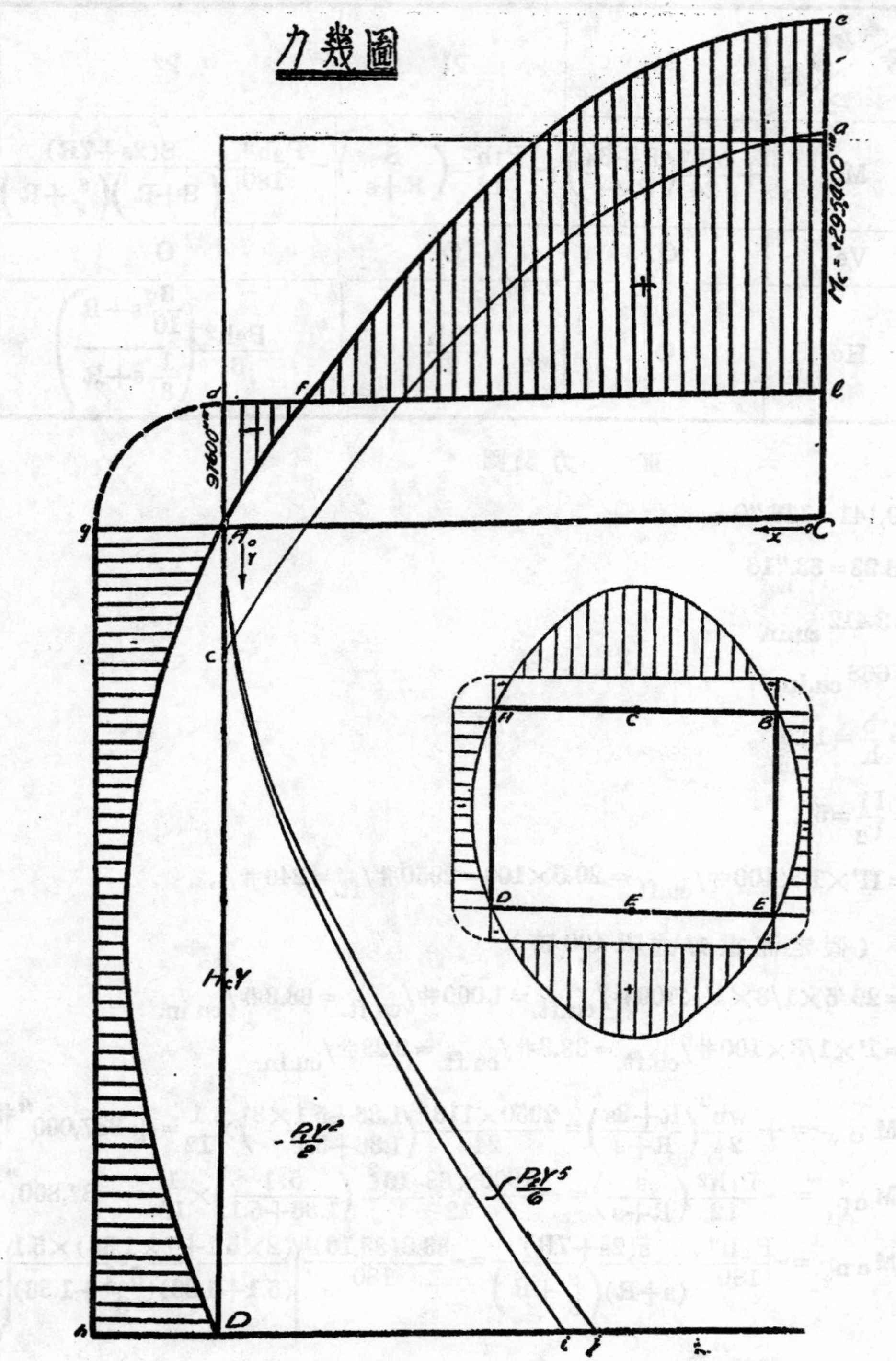
力幾圖
Mc=+295400"#
97600"#
+
-
d
f
e
a
l
g
A₀
C
c
H₀Y
D
h
i
j
-PY²/2
PY⁵/6
H
C
B
D
E
E
+
-

$$\therefore\begin{cases}H_{ew}=0\\ H_{ep_1}=\dfrac{P_1h}{2}=\dfrac{1000\times83.16}{2\times12}=3465^{\#}\\ H_{ep_2}=\dfrac{P_2h^2}{6}\left(\dfrac{\frac{3}{10}s+R}{\frac{1}{3}s+R}\right)=\dfrac{33.3\times6.93^2}{6}\left(\dfrac{\frac{3}{10}\times5.1+1.36}{\frac{1}{3}\times5.1+1.36}\right)\end{cases}$$

$$=252^{\#}$$

$$\therefore V_e=0$$

$$\therefore\begin{cases}M_c=+337,000-37,800-3,800=+295,400''^{\#}\\ H_c=3465+252=3,717^{\#}\\ V_c=0\end{cases}$$

在C點之力幾,M_c;橫推力,H_c.及剪力,V_c;既已求得,玆卽可畫出該涵洞之力幾圖.

(一)自C至A.

c爲起點,其力幾公式應爲:

$$Mx=M_c-\frac{Mx^2}{2}$$

當 $x=\frac{b}{2}$, $M_{\frac{b}{2}}=M_e-\frac{Wb^2}{8}=M_c-\frac{2950\times113^2}{8\times12}=M_e-393,000''^{\#}$

當 $x=\frac{b}{4}$, $M_{\frac{b}{4}}=M_e-\frac{Wb^2}{32}=M_c-98,250''^{\#}$

當 $x=\frac{3b}{8}$, $M_{\frac{3b}{8}}=M_e-\frac{9Wb^2}{128}=M_c-221,000'^{\#}$

根據此三點,可畫出拋物線ca,如圖　移動ca線至Ae.於是力幾圖爲dAfeld.

在A角之力幾爲295,400—393,000=—97,600"#

(二)自A至D.

力幾公式爲 $My=\left(Mo-\frac{wb^2}{8}\right)-\frac{P_1y^2}{2}-\frac{P_2y^3}{6}+Hcy.$

29205

因在一點僅有一力幾量,所以gA=dA,此即由$\left(M_0-\frac{wb^2}{8}\right)$一項所生之力幾.

因$-\frac{P_1y^2}{8}$而生之負力幾,如圖中 ADiA

當 $x=h,\quad -\frac{P_1y^2}{2}=-\frac{P_1h^2}{2}=-\frac{1000\times 83.16}{2\times 12}=-288,000$"#

當 $x=\frac{h}{2},\quad -\frac{P_1y^2}{2}=-72,000$"#

當 $x=\frac{h}{4},\quad -\frac{P_1y^2}{2}=-18,000$"#

當 $x=\frac{3}{4}h,\quad -\frac{P_1y^2}{2}=-162,000$"#

因$-\frac{P_2y^3}{6}$而生之負力幾,如圖中 AijA.

當 $x=h,\quad -\frac{P_2y^3}{6}=-\frac{P_2h^3}{6}=-\frac{33.33\times 83.16^3}{6\times 144}=-22,300$"#

當 $x=\frac{h}{2},\quad -\frac{P_2y^3}{6}=-2,800$"#

當 $x=\frac{3}{4}h,\quad -\frac{P_2y^3}{6}=-12,550$"#

因Hcy而生之正力幾,如圖中 AjDKA

當 $x=h_1\quad Hcy=3717\times 83.16=310{,}300$"# *

當 $x=\frac{h}{2},\quad Hcy=155,150$"#

當 $x=\frac{3h}{4},\quad Hcy=232,725$"#

當 $x=\frac{h}{4},\quad Hcy=77,575$"#

* 注意,此值可為校對值,以288000+22300=310,300.

茲以Aj為基線,凡為負之力幾向此綫之右量,正者左量,乃得力幾圖 Agh DkA.

其餘部份則以此涵洞之形式與載重均為對稱所以其力幾圖亦對稱.

29206

Ⅳ 四應力,f_s, f_c, f_v, f_u.

在此涵洞所宜注意而認爲當注意者有三處.

（一）在頂點,c,或在底點,F.

在此兩點之力幾各爲＋295,400"#.

（二）在四角,A, B, C 及 D 點

在此四角之力幾各爲－97,600"#

（三）兩邊,自 A 至 D,或自 B 至 C.

（一）在頂點,c,或底點,F.

$k=0.400 \quad j=0.867 \quad k'=0.444 \quad \left(k'=\frac{k}{n(1-k)}\right)$

$$f_s=\frac{M}{Asjd}=\frac{295,400}{2\times\frac{12}{14}\times .867\times 16}=12,400\ \#/_{sq.in.}$$

$$f_c=12400\times .0444=550\#/_{sq.in.}$$

$$f_v=O$$

$$f_u=O$$

（二）在四角,A, B, C, 及D 點.

（a） 斷面 a—a.

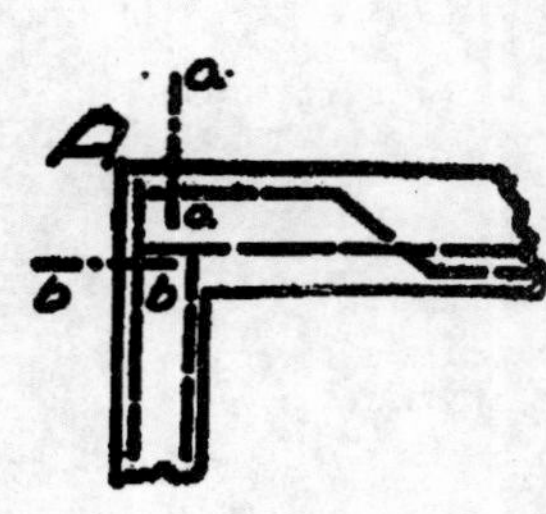

$k=0.400 \quad j=0.867 \quad k'=0.0444$

$$f_s=\frac{97600}{1\times\frac{12}{14}\times .867\times 16}=8,200\#/_{sq.in.}$$

$$f_c=0.0444\times 8200=364\#/_{\square}"$$

$$f_v=\frac{V}{b^1jd}=\frac{\frac{2950\times 9.41}{2}}{12\times .867\times 16}=83.5\#/sq.in.$$

此處須加U鐵

$$f_u=\frac{V}{\Sigma ojd}=\frac{b'}{\Sigma o}f_u=\frac{12}{8}\times 83.5=125\#/_{sq.in.}$$

此處須加橫置鐵筋,

（b） 斷面 b—b.

$k=0.354 \quad j=0.882 \quad k'=0.0365$

$$f_s=\frac{97600}{\frac{12}{14}\times.882\times10}=12{,}900\#/_{sq.in.}$$

$$f_c=0.0365\times12900=470\#/_{sq.in.}$$

$$f_v=\frac{\frac{10000\times6.93}{2}+\frac{33.3\times6.93^2}{6}}{12\times.882\times10}=34.6\#/_{sq.in.}$$

$$f_u=\frac{12}{4\times4\times5/8}=34.664\#/_{sq.in.}$$

(三)兩邊,自A至D,或自B至E

由力幾圖,曌可知鋼鐵須置於涵洞之外緣但以當初設計該涵洞時,應用普通理論,以此涵洞分成數塊而計算,故兩邊任力如樑,而鋼條乃置于內緣.

V 結 論

審察結果,有兩點須注意

(1) 此涵洞之四角,其fc及fu較一般規定之應力爲大,故宜添置u鐵及橫置鋼條,或添置斜角放之鋼條,以固其角.

(2) 此涵洞之兩邊之鋼條,宜置於兩外緣.

(3) 其餘部份皆健全.

29208

剪力面積法

(The Shear-Area-Method)

馮世祺譯

(Horace B· Compton, Assoc. M. Am. Soc. C. E, 及

Clayton O. Dohrenwend, Jun. Am. Soc. C. E. 原著)

甲. 引言

在一般工程界上或工程學校內,其實際應用或講授時常用力幾面積法(Moment-Area-Method)以解決當樑受各種不同樣荷重(Loading)後所發生之彈性函數(Elastic functions).但事實上非僅力幾面積法可解決之;剪力面積法(Shear-Area-Method)亦與力幾面積法俱有同樣之功能也,且其方法之簡單而有興味,迨非上法之所能及者矣.

剪力面積法可應用於任何形式之樑受各種不同之荷重後而發生之力學問題.但因篇幅與時間之關係,此文之所討論及者僅爲當某樑受集中荷重(Concentrated loads),均佈荷重(uniform loads),或偶力(Couples)後其靜力學可解決(Statically determinate)情形下之分析,及其靜力學所不能解決(Statically determinate)情形下之分析也.

符號——本文中可應用之各種符號,特先詳釋之於下,以供參考:

a = 由某斷面至樑之右端(Rightend)之距離(=L−b).

b = 由某斷面至樑之左端(Left-end)之距離(=L−a).

c = 由某斷面至連樑(Continuous beam)第二孔(Spanz)之右端之距離($=L_2-d$).

d = 由某斷面至連樑第二孔左端之距離($=L_2-c$).

e = 書於下方之記號,以代表"在端點(end)"者.

m = 書於下方之記號,以代表"最大值(maximum)"者.

o＝書於下方之記號,以代表“原點(origin)”或“中點”者.

w＝單位長度內之荷重;樑每一呎上所荷之重.

x＝與 X- 軸平行之距離;用於書於下方之記號,則代表此符號係關於斷面 X-X 者.

y＝樑任何斷面上之撓屈(Deflection)〔＝數學樑(mathematical beam)任何斷面上之斜度(slope)〕. y_m＝最大之撓屈.

A＝數學樑上荷重圖之面積.

C＝常數, C_1, C_2, ……代表各不同之常數.

E＝彈性係數(Modulus of Elasticity).

I＝慣性能率(Moment of Inertia). I_x ＝ 剪力圖任何斷面上之慣性能率; I_o ＝樑之中點之慣性能率; I_e ＝ 樑之端點之慣性能率.

L＝長度;樑每孔之長度;用於書於下方之記號則代表“左端”

M＝力之能率(Moment of force);樑之彎曲能率(Bending Moment) M_T ＝ 力之總能率.

P＝樑之集中荷重.

R＝反作用力,或結果;用於書於下方之記號則代表“右端”

T＝書於下方之記號代表“總數”

V＝樑之總剪力(Shear).

X＝偶力(couple).

φ＝彈性(Elastic)曲線之斜度; ϕ_L ＝樑之左端之斜度(＝數學樑左端之彎曲能率); ϕ_R ＝ 樑之右端之斜度(＝數學樑右端之彎曲能率); ϕ_T ＝ 總斜度; ϕ_x ＝樑任何斷面(X-X)上之斜度(＝數學樑任何斷面 X-X 上之彎曲能率).

乙. 要旨

應用力幾圖 (Moment-Diagram) 以求靜力學可解決之樑之斜度及撓曲,及靜力學所不能解決之樑之未知素 (Redundant) 之方法已盡人皆知矣;然吾人可用同樣之處理方法應用剪力圖 (Shear-Diagram) 以求之也.(在某種情形下,此法當更爲便利.)

茲舉剪力面積法之優點於下:

(1) 廢棄力幾圖之應用,而應用比較簡單之圖樣(特別在均布荷重方面).

(2) 使求樑之任何斷面上之斜度及撓屈之方法更爲簡單,由此則樑之最大撓屈及其所在地位亦甚易求得也.

(3) 對於在任何荷重形式下之"三能率定理(Three-Moment's Theorem)"之演成,有明確之指示.

當研求此種方法之先;必須對"數學樑(Mathematical beam)"有相當之認識,以有助於得知樑之一般作用(action)也.用此法以解決樑之各種問題時,剪力圖之應用方法與 Conjugate-Beam Method 中應用力幾圖之方法,完全相同.

下列六種假定(Assumption)必須認識清楚,方可着手應用剪力面積法:

(1) 彈性係數(Modulus of Elasticity)在任何情形下,皆假定爲常數.

(2) 如樑之慣性能率爲常數時,則剪力圖除以慣性能率等於數學樑上之荷重也.

(3) 數學樑上任何斷面之剪力,可代表實有樑(Real beam)上同一斷面之彎曲能率.

(4) 數學樑上任何斷面之彎曲能率,可代表實有樑上同一斷面之斜度.

(5) 數學樑上任何斷面之斜度,可代表實有樑上同一斷面之撓屈.(此撓屈可由剪力圖之慣性能率而得之).

(6) 數學樑之兩端點情形,須由所給樑(Given Beam)之情形如何而決定.

由假定（2）當慣性能率爲變數時,則其關係可由下式中得之:

$$E\frac{d^3y}{dx^3}=\frac{V}{I}-\frac{M}{I^2}\left(\frac{dI}{dx}\right)\text{..............................}(1)$$

公式（1）之演算:

$$E\frac{d^2y}{dx^2}=\frac{M}{I}\text{..............................}(2)$$

故; $$E\frac{d^3y}{dx^3}=\frac{d}{dx}\left(\frac{M}{I}\right)=\frac{IdM-MdI}{I^2}=\frac{V}{I}-\frac{M}{I^2}\left(\frac{dI}{dx}\right)\text{...}(3)$$

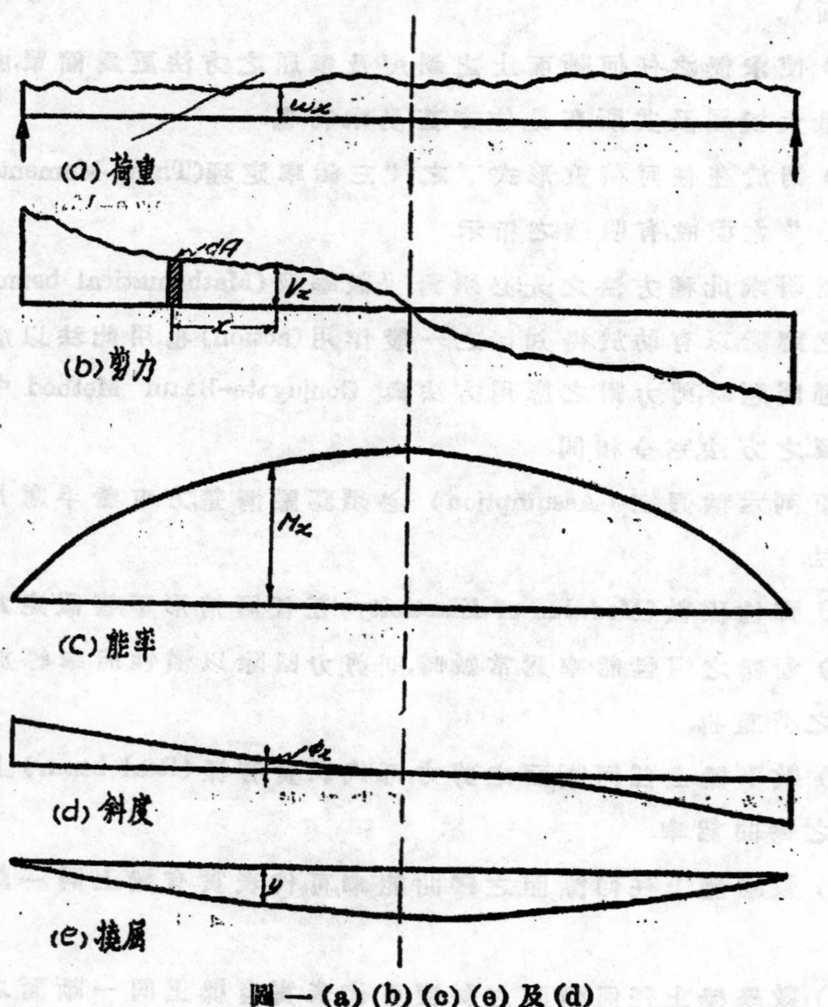

圖一(a)(b)(c)(e)及(d)

假定（1）至（6）係闡明樑之荷重,剪力,彎曲能率,斜度,及撓屈之相互關係;其公式列下:

剪力之公式,圖一(b)

$$V_x = R - \int w_x \, dX \cdots\cdots\cdots\cdots\cdots\cdots(4)$$

彎曲能率之公式,圖一(c)

$$M_x = \int V_x \, dX = \int dA \cdots\cdots\cdots\cdots\cdots\cdots(5)$$

斜度之公式;圖一(d)

$$\phi_x \phi_L - \int M_x dx = \phi_L - \int x dA + c_1 (=o) \cdots(6)$$

撓屈之公式,圖1(e)

$$y = \int \theta_x dx = \theta_L x - \int\int x dA dx = \theta_L x - \frac{Ix}{Z} + c_2 (=o) \cdots(7)$$

丙. 靜力學可解決之樑之分析

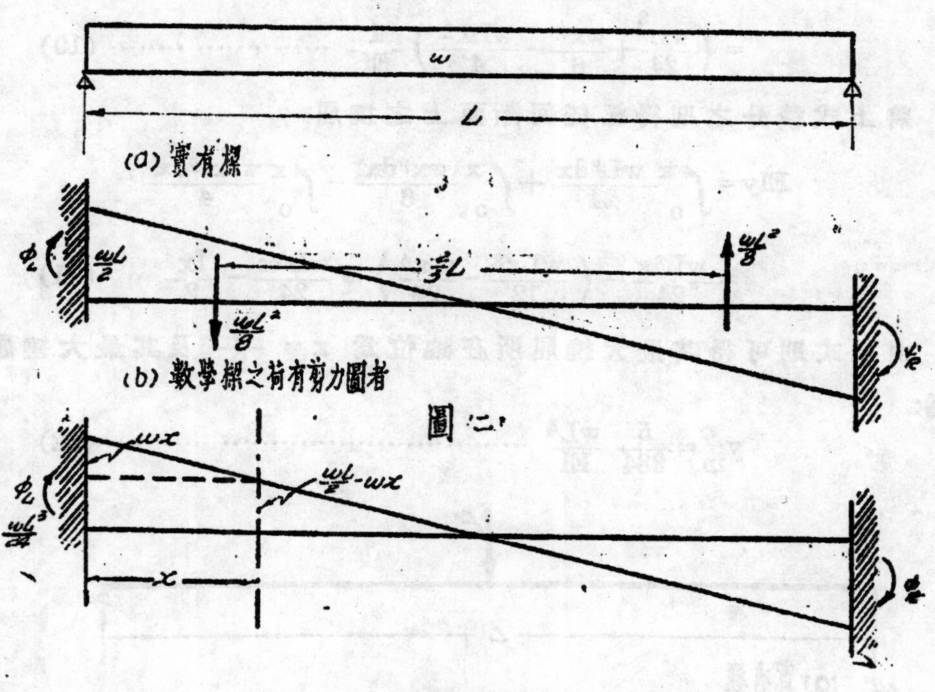

圖三

I. 單樑(Simple Supported Beam)之負有均布荷重於全部者——在此情形下,實有樑之兩端之斜度皆相等,而數學樑之兩端則發生彎曲能率.在實有樑之兩端其彎曲能率爲零,而數學樑之兩端其剪力爲零.因此則數學樑之兩反作用力(Reaction)爲偶力,及其所荷重亦爲

29213

偶力,且與樑之中點對稱;於是每一反作用力承受總偶力之半也.

荷重之總能率可由下式表示之,(圖2(b))

$$\theta t=\frac{wL}{2}\times\frac{L}{2}\times\frac{1}{2}\times\frac{2}{3}L\times\frac{1}{EI}=\frac{wL^3}{12EI}\cdots\cdots(8)$$

故其實有樑之端點斜度爲上值之半;即

$$\phi_R=\phi_L=\frac{wL^3}{24EI}\cdots\cdots(9)$$

因斜度之變遷,可由剪力圖之彎曲能率而得之;故在任何斷面(其距離端點爲 x)上之斜度可由下式得之:(圖3)

$$\phi_x=\frac{wL^3}{24}-w\times x\times\frac{x}{2}\times\frac{2x}{3}-\left(\frac{wL}{2}-wx\right)\frac{x^2}{2}$$

$$=\left(\frac{wL^3}{24}+\frac{wx^3}{6}-\frac{wLx^2}{4}\right)\frac{1}{EI}\cdots\cdots(10)$$

將上式積分之則得樑任何斷面上之撓屈:

$$EIy=\int_o^x\frac{wL^3dx}{24}+\int_o^x\frac{wx^3dx}{6}-\int_o^x\frac{wLx^2dx}{4}$$

$$=\frac{wL^3x}{24}-\left(\frac{wLx^3}{12}-\frac{wx^4}{24}\right)=\frac{wL^3x}{24}-\frac{Ix}{2}\cdots\cdots(11)$$

由上式則可得其最大撓屈所在地位爲 $x=\frac{L}{2}$,及其最大撓屈則爲;

$$y_m=\frac{5}{384}\frac{wL^4}{EI}\cdots\cdots(12)$$

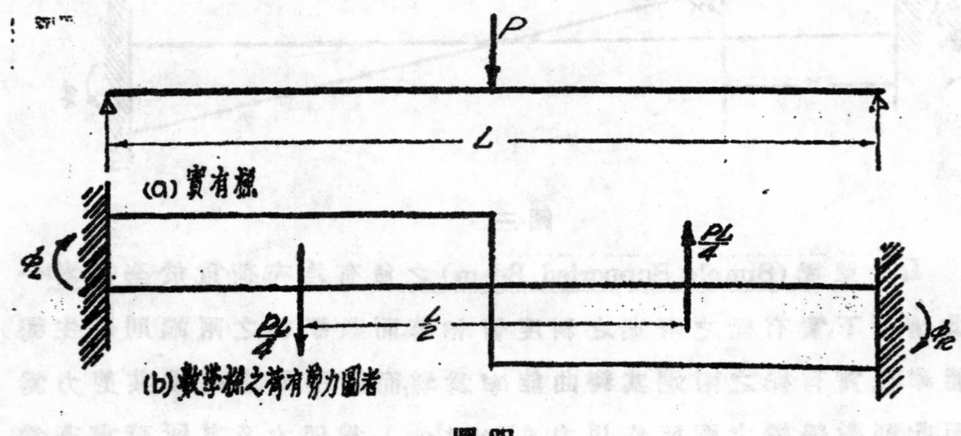

圖四

當剪力圖中遇有集中(Concentrations)情形時,則每一數值必須乘以距離之平方(此條係包含於公式(11)中)

II. 單樑之負有集中荷重於中點(Mid-Span)者:—— 在此情形下(由圖4)其荷重之總能率爲:

$$M_T=\frac{pL^2}{8EI}\cdots\cdots(13)$$

及其支點之斜度爲:

$$\phi_L=\frac{PL^2}{16EI}\cdots\cdots(14)$$

其任何一點斜度之能率爲:

$$\phi_x=\frac{PL^2}{16EI}-\frac{Px^2}{4EI}=\frac{P}{4EI}\left(\frac{L^2}{4}-x^2\right)\cdots\cdots(15)$$

其任何一點之撓屈則爲:

$$EIy=\frac{PL^2x}{16}-\frac{Ix}{2}\cdots\cdots(16)$$

由上式則其最大撓屈之所在地位爲 $x=\frac{L}{2}$;其最大撓屈爲:

$$y_m=\frac{PL^3}{48EI}\cdots\cdots(17)$$

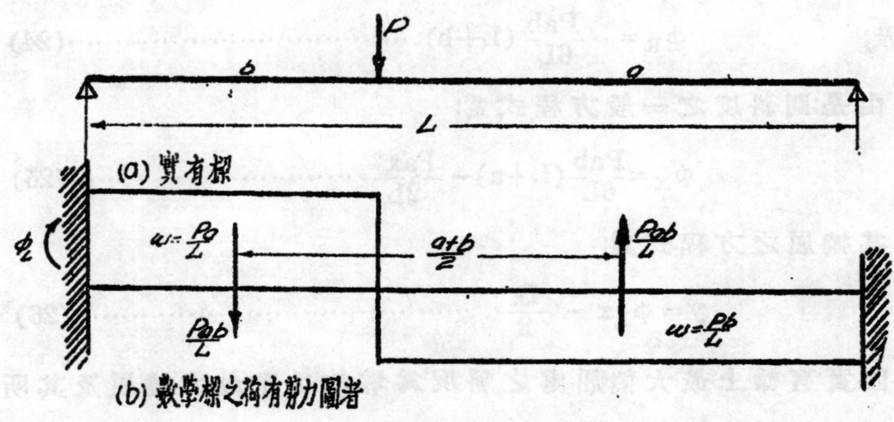

圖五

III. 單樑之負有集中荷重於任何地位者:—— 在此情形下必須先寫出一普通之彎曲能率方程式以定數學樑之支點情形.

令左支點爲原點(Origin)，則其普遍方程式爲:

$$EI\frac{d^2y}{dx^2}=\phi_L-\frac{Pax^2}{2L} \cdots\cdots\cdots\cdots(18)$$

及，

$$EI\frac{dy}{dx}=\phi_L x-\frac{Pax^3}{6L}+c(=o) \cdots\cdots\cdots\cdots(19)$$

令右支點爲原點,則其普遍方程式爲:

$$EI\frac{d^2y}{dx^2}=\phi_R+\frac{Pbx^2}{2L} \cdots\cdots\cdots\cdots(20)$$

及，

$$EI\frac{d^2y}{dx^2}=\phi_R x+\frac{Pbx^3}{6L}+c(=o) \cdots\cdots\cdots\cdots(21)$$

在上兩式中,令(19)式中之x=b;(21)式中之x=a,則得在集中荷重處數學樑之兩切線(tangent)方程式也;但在實有樑上此點之撓屈僅有一値,故此二切線方程式可使之相等:

$$-\phi_L b+\frac{Pab^3}{6L}=\phi_R a+\frac{Pba^3}{6L} \cdots\cdots\cdots\cdots(22)$$

再者;因 $\phi_R=\phi_L-\phi_T$;

故，

$$\phi_L=\frac{Pab}{6L}(L+a) \cdots\cdots\cdots\cdots(23)$$

及;

$$\phi_R=-\frac{Pab}{6L}(L+b) \cdots\cdots\cdots\cdots(24)$$

由是;則斜度之一般方程式爲;

$$\phi_x=\frac{Pab}{6L}(L+a)-\frac{Pax^2}{2L} \cdots\cdots\cdots\cdots(25)$$

其撓屈之方程式爲;

$$y=\phi_L x-\frac{Ix}{2} \cdots\cdots\cdots\cdots(26)$$

因實有樑上最大撓屈處之斜度爲零,故欲求最大撓屈及其所在地位,惟須使數學樑之彎曲能率方程式等於零而求x之値可也;即:

$$-\frac{Pab}{6L}(L+b)+\frac{Pbx^2}{2L}=o \cdots\cdots\cdots\cdots(27)$$

解之,則得:

$$x=\sqrt{\frac{9}{3}(L+b)} \quad \cdots\cdots\cdots\cdots\cdots(28)$$

以 (28) 式代入撓屈方程式中,則其最大撓屈爲:

$$y_m=\frac{Pab}{9EIL}\sqrt{\frac{a}{3}(L+b)^3} \quad \cdots\cdots\cdots\cdots\cdots(29)$$

其中可注意者:當 b 值由零變到 $\frac{L}{2}$ 時,則 x 之值亦隨之而由 $\sqrt{\frac{1}{3}}L$ 變至 $\frac{1}{2}L$. 換言之卽 x 之值(由樑之中點算起)常 8%L 以內也.

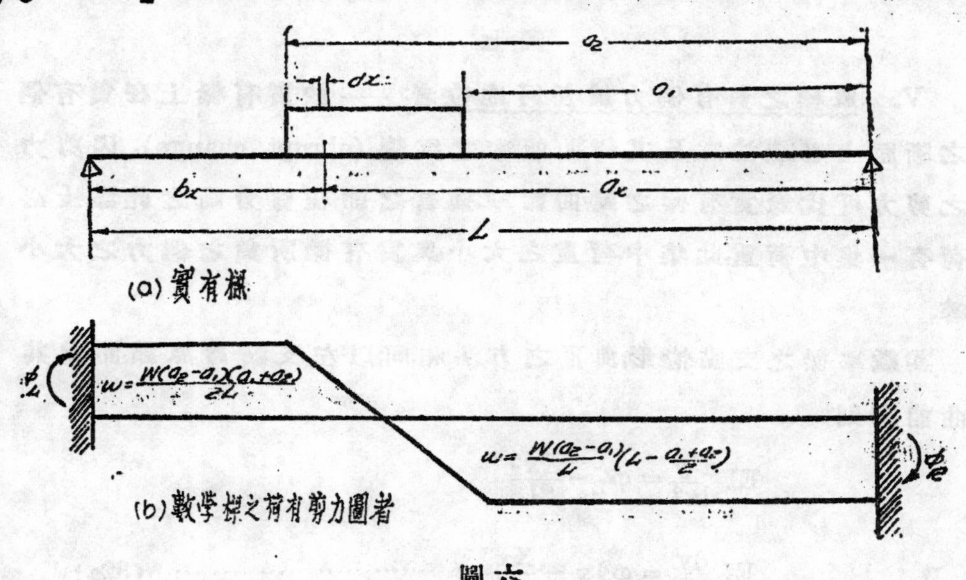

圖六

IV. 單樑之負有片段均布荷重於任何地位者:—— 在此情形下 (23) 式及 (24) 式可用以定數學樑之支點情形也. (圖 6)

由圖 6 (a);

$$\phi_L=\int_{a_1}^{a_2}\frac{wdX\times a_x(L-a_x)}{6L}(L+a_x)$$

$$=\frac{w}{6L}\left[\frac{L^2}{2}(a_2^2-a_1^2)-\frac{1}{4}(a_2^4-a_1^4)\right]\cdots\cdots\cdots\cdots(30)$$

其任何點之斜度,可由數學樑之彎曲能率方程式而得之;其中 x 之值則由零而至 $(L-a_2)$ (在原點至左支點內)

$$\phi_x=\phi_L-w(a_2-a_1)\left(\frac{a_1}{2}+\frac{a_2}{2}\right)\frac{x^2}{2L} \quad \cdots\cdots\cdots\cdots(31)$$

其任何點之撓屈,則可由(26)式中決定之也.

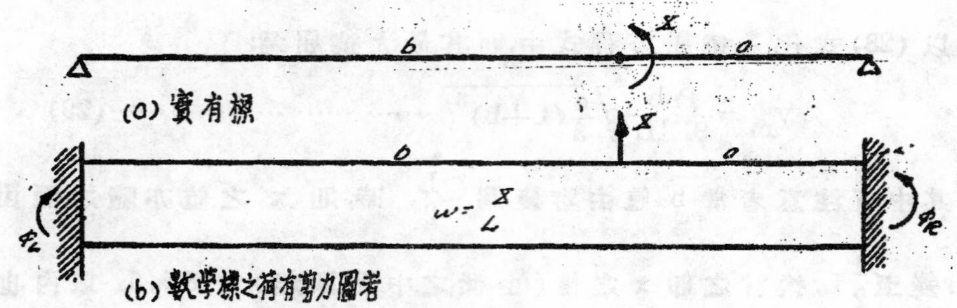

圖七

V. 單樑之負有偶力於任何地位者:——於實有樑上在負有偶力之斷面上必須注意及其彎曲能率之突變(abrupt change).因剪力圖之剪力可代表實有樑之彎曲能率.換言之即在剪力圖之此點上必須荷有一集中荷重,此集中荷重之大小與實有樑所負之偶力之大小相等.

其數學樑之支點情形,與Ⅲ之方法相同;以左支點爲原點,而求其彎曲能率則:

$$EI\frac{d^2y}{dx^2}=\phi_L-\frac{Xx^2}{2L}$$

及,
$$EI\frac{dy}{dx}=\phi_L x-\frac{Xx^3}{6L} \quad \cdots\cdots\cdots\cdots(32a)$$

以右支點爲原點而求其彎曲能率則:

$$EI\frac{d^2y}{dx^2}=\phi_R+\frac{Xx^2}{2L}$$

及,
$$EI\frac{dy}{dx}=\phi_R x+\frac{Xx^3}{6L} \quad \cdots\cdots\cdots\cdots(32b)$$

因兩反作用偶力總和必等於所加之偶力,故切線方程式(32a)中,當x=b時;必與切線方程式(32b)中,當x=a時;相等.

換言之:即 $\phi_L+\phi_R=\frac{X}{L}\times L\left(\frac{L}{2}-a\right)$;或 $\phi_L+\phi_R-\frac{XL^2}{2L}+Xa=o.$

于是:

於是; $$\phi_L=\left(\frac{Xb^3}{6L^2}+\frac{Xab^2}{2L^2}-\frac{Xa^3}{3L^2}\right)\frac{1}{EI} \cdots\cdots\cdots\cdots(33a)$$

及, $$\phi_R=\left(-\frac{Xa^3}{6L^2}-\frac{Xa^2b}{2L^2}+\frac{Xb^3}{3L^2}\right)\frac{1}{EI} \cdots\cdots\cdots\cdots(33b)$$

由是;則在 b 段內之任何點斜度及撓屈可由下式得之矣:

$$\phi_x=\phi_L-\frac{Xx^2}{2L} \cdots\cdots\cdots\cdots(34)$$

及, $$EIy=\phi_{L}x-\frac{I_x}{2} \cdots\cdots\cdots\cdots(35)$$

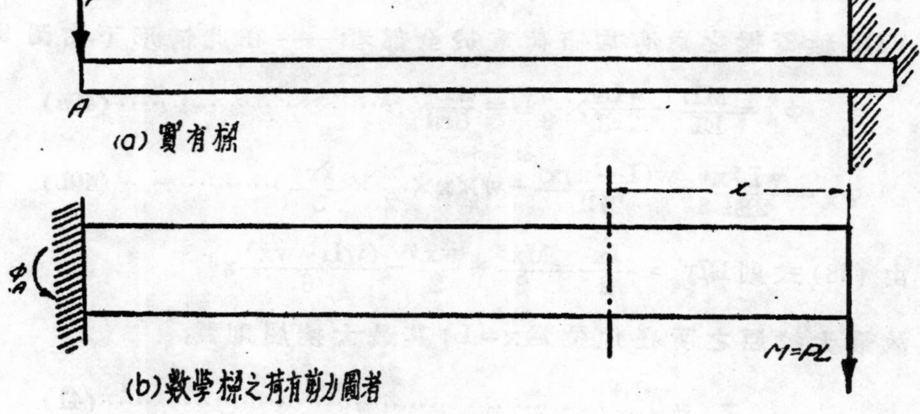

圖八

VI. 猿臂樑 (Cantilever) 之負有集中荷重於端點者: —— 在此情下由圖 8:

$$\phi_A=\frac{ML}{EI}-\frac{PL^2}{2EI}=\frac{PL^2}{2EI} \cdots\cdots\cdots\cdots(36)$$

$$\phi_y=\frac{Mx}{EI}-\frac{Px^2}{2EI} \cdots\cdots\cdots\cdots(37)$$

及, $$EIy=\frac{I_x}{2}=\frac{Mx^2}{2}-\frac{Px^3}{6} \cdots\cdots\cdots\cdots(38)$$

由上式則得其最大撓屈所在地位爲 x=L, 其最大撓屈爲:

$$y_m=\frac{PL^3}{3EI} \cdots\cdots\cdots\cdots(39)$$

29219

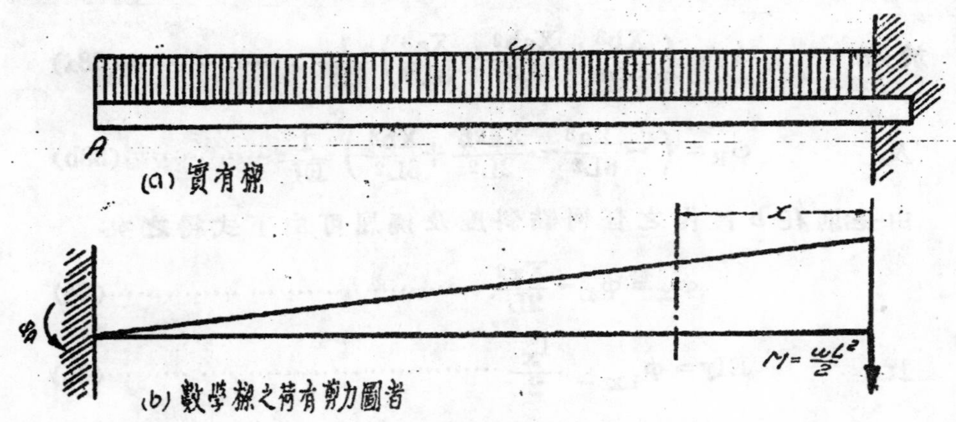

圖九

VII. 猿臂樑之負有均布荷重於全部者:——在此情形下,由圖 9

$$\phi_A=\frac{ML}{EI}-\frac{wL^2}{2EI}\times\frac{2}{3}L=\frac{wL^3}{6EI} \quad \cdots\cdots(40a)$$

$$\phi_x=\frac{wL^2x}{2EI}-\frac{w(L-x)x^2}{2EI}-w\times x\times\frac{x}{2}\times\frac{2x}{3} \quad \cdots\cdots(40b)$$

由 (38) 式則 $EIy=\frac{Ix}{2}=\frac{Mx^2}{2}-\frac{wx^4}{2}-\frac{(wL-wx)}{6}x^3$

故最大撓屈之所在地位為 $x=L$; 其最大撓屈則為;

$$y_m=\frac{wL^4}{8EI} \quad \cdots\cdots(41)$$

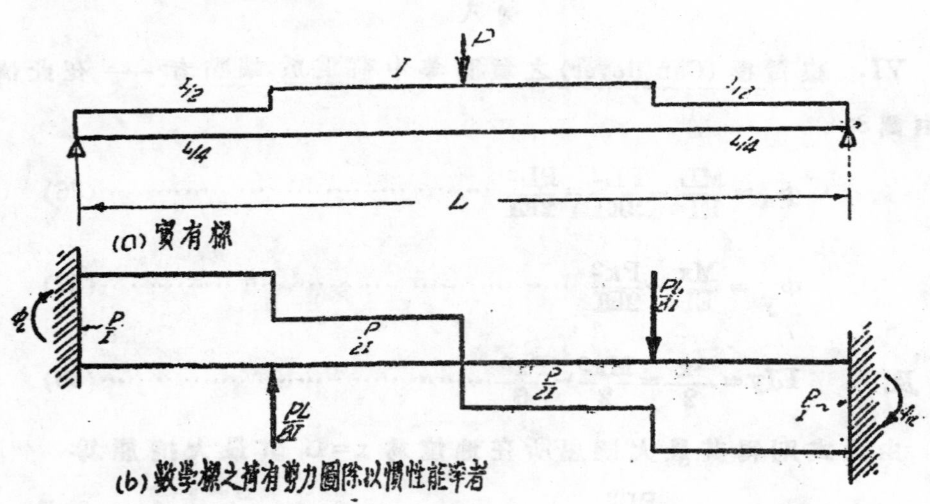

圖十

VIII. 單樑之慣性能率變換而負有集中荷重於中點者:——圖十(b)中之集中荷重,係由於慣性能率之突變而產生者也.蓋於數學樑上之剪力曲線於此處突然下降也.此集中荷重之值係由不同之I而發生之外加面積 (Extra area added) 而決定之.

因數學樑之荷重係與樑之中點對稱,故每端點之彎曲能率必為其總能率之半也,或;

$$\phi_L=\phi_R=\frac{P}{2}\times\frac{L}{2}\times\frac{L}{4}+\frac{P}{2}\times\frac{L}{4}\times\frac{3}{8}L-\left(=\frac{PL}{8}\right)\times\frac{L}{4}=\frac{5}{64}\frac{PL^2}{EI}\cdots(42)$$

故由 (35) 式之方法可求得其最大撓屈之所在地位為 $x=\frac{L}{2}$ 及其最大撓屈為;

$$y_m=\frac{3}{128}\frac{PL^3}{EI}\cdots\cdots(43)$$

丁. 實例

今特舉一例以示其如何用於實際計算上也:

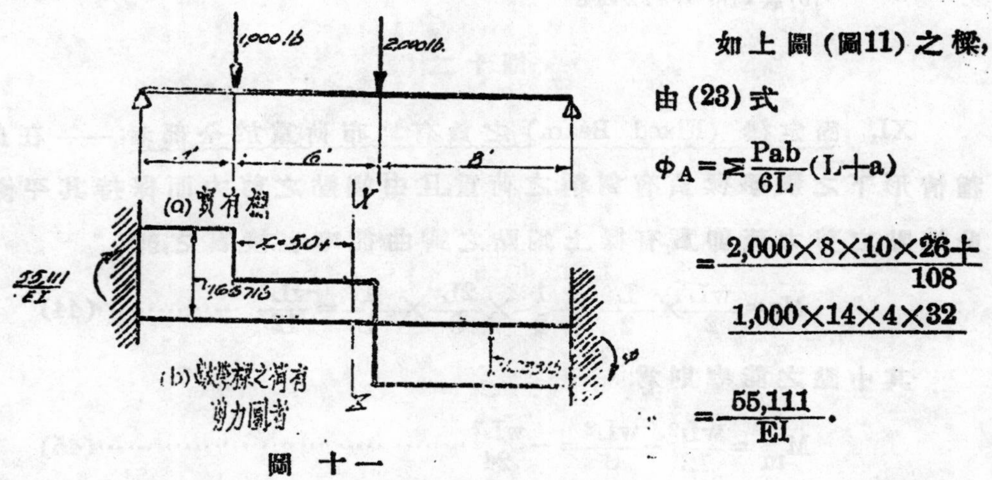

圖 十一

如上圖 (圖11) 之樑,由 (23) 式

$$\phi_A=\Sigma\frac{Pab}{6L}(L+a)$$

$$=\frac{\frac{2,000\times8\times10\times26+1,000\times14\times4\times32}{108}}{}$$

$$=\frac{55,111}{EI}.$$

因在最大撓屈處其數學樑之彎曲能率為零;即:

$$M=0=55,111-1,667\times4(2+x)-667\frac{x^2}{2}$$

解上方程式則得 x=5.0+ (用x=5).

由 (26) 式,

$$EIy=\phi_a x-\frac{1}{2}I_x$$

$$=55,111\times 9-\frac{1}{2}\left(1,667\times\frac{4^3}{12}+1,667\times 4\times 7.20+667\times\frac{5^3}{3}\right)$$

故; $y_m=\frac{314,300}{EI}$.

戌. 靜力學所不能解決之樑之分析

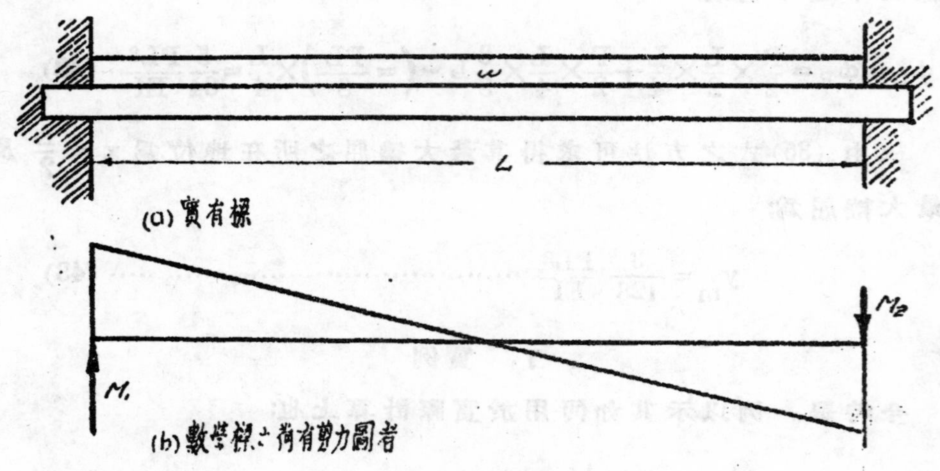

圖十二

XI. 固定樑 (Fixed Beam) 之負有均布荷重於全部者:——在此種情形下之數學樑負有對稱之荷重,且由端點之剪力而保持其平衡;此端點之剪力,蓋卽實有樑上端點之彎曲能率也;換言之,卽:

$$M_I=\frac{wL}{2}\times\frac{L}{2}\times\frac{1}{2}\times\frac{2L}{3}\times\frac{1}{L}=\frac{wL^2}{12}\cdots\cdots\cdots(44)$$

其中點之能率則爲:

$$M_m=\frac{wL^2}{12}-\frac{wL^2}{8}=-\frac{wL^2}{24}\cdots\cdots\cdots(45)$$

其斜度方程式爲:

$$\phi_x=\frac{wL^2}{12}x-\frac{wx^3}{3}-\left(\frac{wL}{2}-wx\right)\frac{x^2}{2}$$

$$=\frac{w}{12}(L^2x+2x^3-3Lx^2)\cdots\cdots\cdots(46)$$

及其撓屈之方程式爲：

$$Ey=\frac{Ix}{2} \quad\cdots\cdots(47)$$

由上式可求得其最大撓屈之所在地位爲 $x=\frac{L}{2}$ 及其最大撓屈爲：

$$y_m=\frac{1}{2}\left[\frac{wL^2}{12}\left(\frac{L}{2}\right)^2-\frac{wL}{2}\left(\frac{L^3}{2}\right)\frac{1}{4}\right]=\frac{wL^4}{384EI}\cdots\cdots(48)$$

其屈折點 (Point of Inflection) 可由使數學樑上之剪力等於零而求之也；即；

$$\frac{wL^2}{12}-\frac{wx^2}{2}-\frac{wLx}{2}+wx^2=0$$

解之則得：

$$x=0.211L \quad 或 \quad 0.789L$$

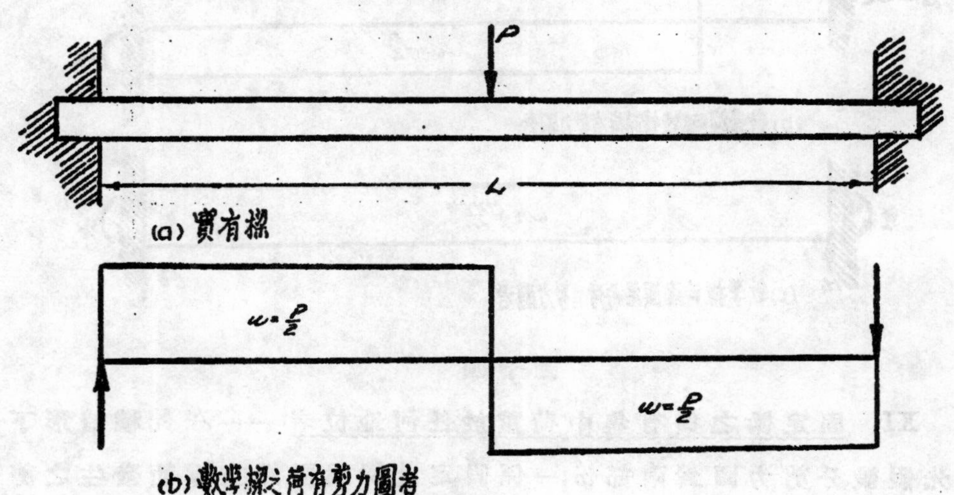

圖十三

X. 固定樑之負有集中荷重於中點者：——在此情形下，由圖(13)；其端點能率爲：

$$M_1=\frac{PL^2}{8L}=\frac{PL}{8}\cdots\cdots(49)$$

其斜度爲：　$\phi_x=\frac{PLx}{8}-\frac{Px^2}{4} \quad\cdots\cdots(50)$

29223

其撓屈為: $EIy=\frac{Ix}{2}$

其最大撓屈所在地位為 $x=\frac{L}{2}$; 其最大撓屈則為:

$$y_m=\frac{1}{2}\left[\frac{PL}{8}\left(\frac{L}{2}\right)^2-\frac{P}{2}\left(\frac{L}{2}\right)^3\frac{1}{3}\right]=\frac{PL^3}{192EI}\cdots(51)$$

其實有樑上之屈折點可由使數學樑之剪力等於零而求之;即:

$$\frac{PL}{8}-\frac{Px}{2}=0;\quad x=\frac{L}{4}$$

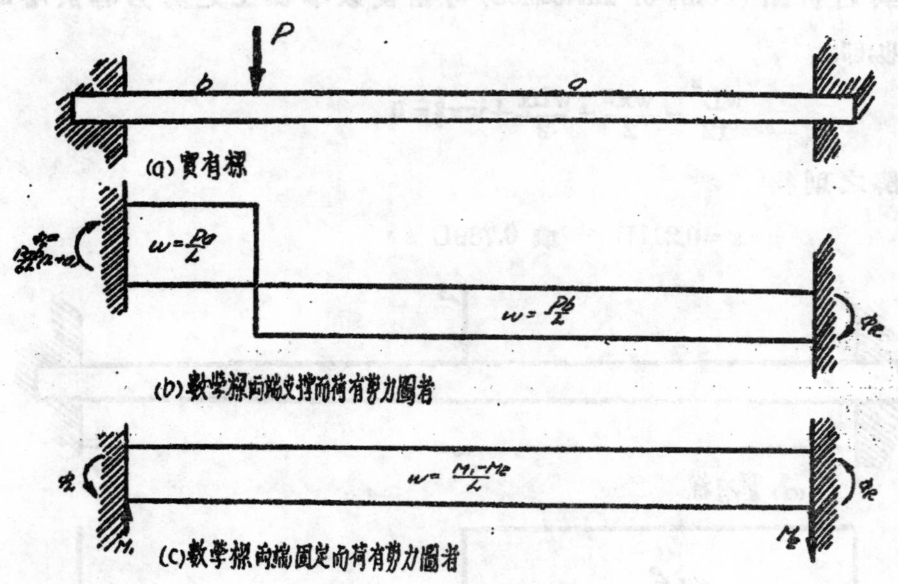

圖十四

XI. 固定樑之負有集中荷重於任何地位者:——在此種情形下必先假設分剪力圖為兩部份;一係假定此樑為兩端支撐而發生之剪力(圖14(b))一係由固定之彎曲能率而產生之不變剪力(圖14(c))也.因受力之混合作用,故樑每一端點上之斜度係等於零,此混合作用力,一則由普通樑(general bcam)之負有端點彎曲能率者而求其端點之斜度;一則可以同樣之樑負有集中荷重而兩端支撐者而求其端點之斜度.且此再所求得之斜度必相等也.由上法則可解決實有樑上之固定能率矣.

其數學樑之荷有不變動之端點能率可由上得之:

數學樑之能率方程式為:

$$M=\phi_L-M_1x+\left(\frac{M_1-M_2}{L}\right)\frac{x^2}{2} \cdots\cdots\cdots(52)$$

其切線方程式為:

$$\phi_x=\phi_L x-M_1\frac{x^2}{2}+\left(\frac{M_1-M_2}{L}\right)\frac{x^3}{3} \cdots\cdots\cdots(53)$$

當 $x=L$ 時;則 $\phi_x=0$;

故, $$\phi_L=\frac{M_1L}{3}+\frac{M_2L}{6} \cdots\cdots\cdots(54)$$

及, $$\phi_R=\frac{M_1L}{6}+\frac{M_2L}{3} \cdots\cdots\cdots(55)$$

同理;因實有樑之端點混合斜度等於零;故:

$$\frac{M_1L}{3}+\frac{M_2L}{6}=\frac{Pab}{6L}(L+a) \cdots\cdots\cdots(56)$$

$$\frac{M_1L}{6}+\frac{M_2L}{3}=\frac{Pab}{6L}(L+b) \cdots\cdots\cdots(57)$$

由此;則:

$$M_1=\frac{Pba^2}{L^2} \cdots\cdots\cdots(58)$$

$$M_2=\frac{Pab^2}{L^2} \cdots\cdots\cdots(59)$$

其最大撓屈所在地位;可令完全數學樑之能率方程式等於零而求 x 之值.

$$M_2x+\left(\frac{M_1-M_2}{L}\right)\frac{x^2}{2}-\left(\frac{Pb}{L}\right)\frac{x^2}{2}=0 \cdots\cdots\cdots(60)$$

$$\frac{Pab^2x}{L^2}+\left(\frac{Pa^2b}{L^3}-\frac{Pab^2}{L^3}\right)\frac{x^2}{2}-\frac{Pb}{L}\ \frac{x^2}{2}=0 \cdots\cdots(61)$$

或, $$x=\frac{2aL}{2a+L} \cdots\cdots\cdots(62)$$

由圖14(b)觀之則當 b 之值由零變至 $\frac{1}{2}L$ 時;x 之值隨之由 $\frac{2}{3}L$ 變

至$\frac{1}{2}$L；換言之卽當 b 值變換時,其最大撓屈所在地位（由樑之中點算起）總不出16.7%L也.

其屈折點之地位,可令完全數學樑之剪力等於零而求 x 之值,

$$\frac{Pab^2}{L^2}+\left(\frac{Pa^2b}{L^3}-\frac{Pab^2}{L^3}\right)x-\frac{Pbx}{L}=0 \quad\cdots\cdots\cdots\cdots(63)$$

或;

$$x=\frac{aL}{2a+L} \quad\cdots\cdots\cdots\cdots(64)$$

試將 (62) 式及 (64) 式比較之,則可知其最大撓屈所在之地位適爲屈折點之倍也.

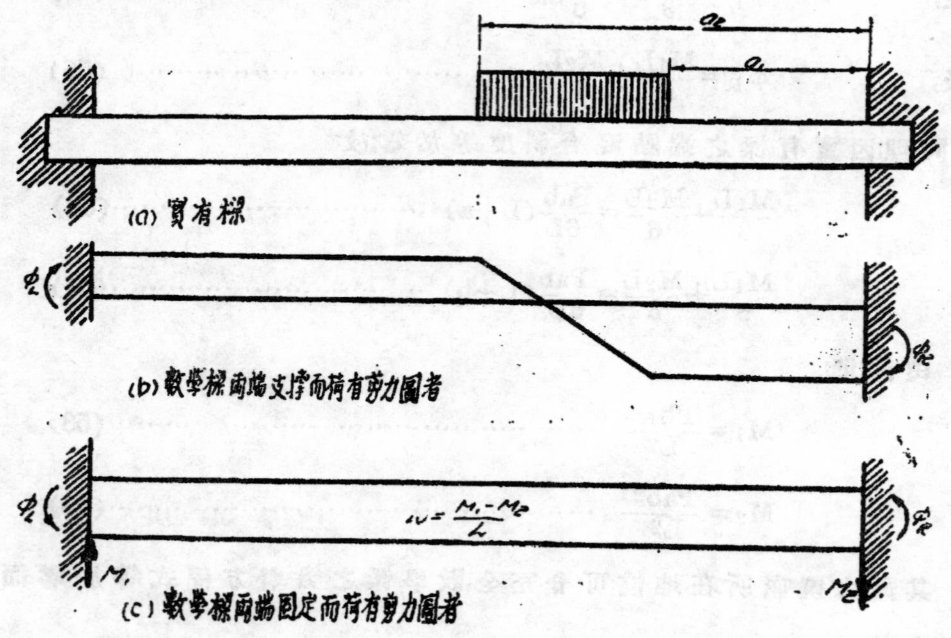

(a) 實有樑
(b) 數學樑兩端支撑而荷有剪力圖者
(c) 數學樑兩端固定而荷有剪力圖者

圖十五

XII. 固定樑之負有片段均布荷重於任何地位者: ——應用XI所用之方法,及應用 IV〔單樑之負有片段均布荷重者〕之解決斜度方法;可得下列關係:

$$\frac{M_1L}{3}+\frac{M_2L}{6}=\frac{w}{6L}\left[\frac{L^2}{2}(a_2^2-a_1^2)-\frac{1}{4}(a_2^4-a_1^4)\right] \quad\cdots\cdots(65)$$

及,

$$\frac{M_1L}{6}+\frac{M_2L}{3}=\frac{w}{6L}\left[\frac{L^2}{2}\left\{(L-a_1)^2-(L-a_2)^2\right\}\right.$$

$$-\frac{1}{4}\left\{(L-a_1)^4-(L-a_2)^4\right\}\Bigg]\cdots\cdots(66)$$

由上兩式中解M_1及M_2:

$$M_2=\frac{w}{3L^2}\left[\frac{L^2}{2}\left\{2(L-a_1)^2-2(L-a_2)^2-a_2^2+a_1^2\right\}\right.$$

$$\left.-\frac{1}{4}\left\{2(L-a_1)^4-2(L-a_2)^4-a_2^4+a_1^4\right\}\right]\cdots\cdots\cdots\cdots(67)$$

$$M_1=\frac{w}{3L^2}\left[\left(\frac{L^2}{2}\left\{2(a_2^2-a_1^2)-(L-a_1)^2+(L-a_2)^2\right\}\right.\right.$$

$$\left.\left.-\frac{1}{4}\left\{(2a_2^4-2a_1^4)-(L-a_1)^4+(L-a_2)^4\right\}\right)\right]\cdots\cdots\cdots\cdots(68)$$

及，$$M_1=\frac{w}{L^2}\left[\frac{L}{3}(a_2^3-a_1^3)-\frac{1}{4}(a_2^4-a_1^4)\right]\cdots\cdots\cdots\cdots(69)$$

圖十六

XIII. 固定樑之負有偶力於任何地位者:——應用XI所用之方法及應用V〔單樑之負有偶力於任何地位者〕之解決斜度之方法;由圖16:

$$\frac{M_1L}{3}+\frac{M_2L}{6}=\frac{Xb^3}{6L^2}+\frac{Xab^2}{2L^2}-\frac{Xa^3}{3L^2}\cdots\cdots\cdots\cdots(70)$$

及，$$\frac{M_1L}{6}+\frac{M_2L}{3}=-\frac{Xa^3}{6L^2}-\frac{Xba^2}{2L^2}+\frac{Xb^3}{3L^2}\cdots\cdots\cdots(71)$$

由上兩式,以解M_1及M_2:

$$M_2 = \frac{X}{L^3}(b^3 - 2ba^2 - ab^2) \cdots\cdots (72)$$

及，

$$M_1 = \frac{X}{L^3}(-a^3 + 2ab^2 + a^2b) \cdots\cdots (73)$$

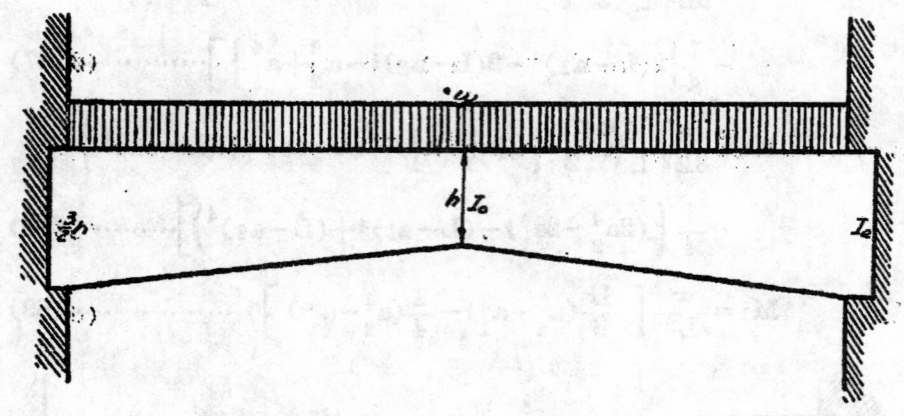

圖十七

XIV. 固定樑之慣性能率變換而負有均布荷重於全部者:——欲解決其固定能率,必先假定樑係由兩端支撐者而求其端點之斜度.由使其端點斜度等於零,則其端點能率(未知)可以應用矣:

其任何斷面(由樑中點算起)之慣性能率爲:

$$I_x = \frac{I_\circ (L+x)^3}{L^2} \cdots\cdots (74)$$

其荷重則可由下式中得之,

$$\frac{V}{I} - \frac{M}{I^2}\left(\frac{dI}{cx}\right) = -\frac{wxL^3}{I_\circ (L+x)^3} - \frac{3wL^5}{8I_\circ (L+x)^4} + \frac{3wL^3x^2}{2I_\circ (L+x)^4} \cdots (75)$$

其端點斜度爲,

$$\phi_L = -\frac{wL^3}{I_\circ}\int_\circ^{\frac{L}{2}} \frac{x^2dx}{(L+x)^3} - \frac{3wL^5}{8I_\circ}\int_\circ^{\frac{L}{2}} \frac{xdx}{(L+x)^4} + \frac{3wL^3}{2I_\circ}\int_\circ^{\frac{L}{2}} \frac{x^3dx}{(L+x)^4}$$

$$= -\frac{wL^3}{I_\circ}(-0.0167 - 0.0162 + 0.00645) = -0.0265\frac{wL^3}{I_\circ} \cdots\cdots (76)$$

如樑(圖17)之負有能率M于其端點者,則其荷重之大小爲

$\frac{M}{I^2}\left(\frac{dI}{dx}\right)$ 其端點之斜度則爲，

$$\phi_L=\frac{ML}{L_\circ^2}+\int_\circ^{\frac{L}{2}}\frac{M}{I^2}\frac{dI}{dx}xdx=\frac{4ML}{27I_\circ}+\int_\circ^{\frac{L}{2}}\frac{3MxdxL^3}{I_\circ(L+x)^4}\cdots\cdots(77)$$

及，$$I_\circ\phi_L=ML\left(\frac{4}{27}+\frac{7}{54}\right)=\frac{5}{18}ML\cdots\cdots(78)$$

命(76)式中之 ϕ_L 與 (78) 式中之 ϕ_L 相等，

$$\frac{5}{18}ML=-0.0265\,wL^3;$$

及，$$M=-0.0954\,wL^2\cdots\cdots(79)$$

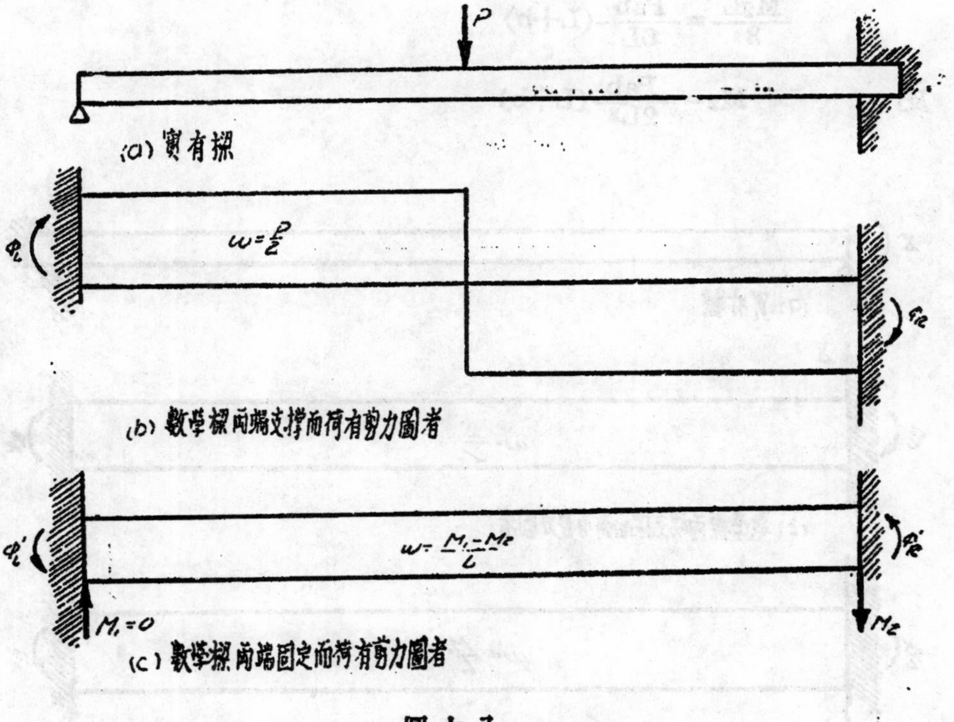

(a) 實有樑

(b) 數學樑兩端支撐而荷有剪力圖者

(c) 數學樑兩端固定而荷有剪力圖者

圖十八

XV. 樑之一端固定一端支撐(Propped Cantilever)而負有集中荷重於中點者：——應用 XI 之方法；在圖 18 中 $M_1=0$

而；$\frac{M_2L}{3}=\frac{PL^2}{16}$；　$M_2=\frac{3}{16}PL$

29229

故，$\phi_A=\frac{PL^2}{16}-\frac{M_2L}{6}=\frac{PL^2}{32EI}$ ……………………………(80)

XVI. 樑之一端固定一端支撑而負有均布荷重於全部者：——在此情形下，

$$\frac{M_2L}{3}=\frac{wL^3}{24},\quad M_2=\frac{1}{8}wL^2,$$

及，$\phi_A=\frac{wL^3}{24}-\frac{M_2L}{6}=\frac{wL^3}{48EI}$ ……………………………(81)

XVII. 樑之一端固定一端支撑而負有集中荷重於任何地位者，——可由圖(18)中爲集中荷重P不在中點而觀之；則：

$$\frac{M_2L}{3}=\frac{Pab}{6L}(L+b)$$

及，$M_2=\frac{Pab}{2L^2}(L+b)$

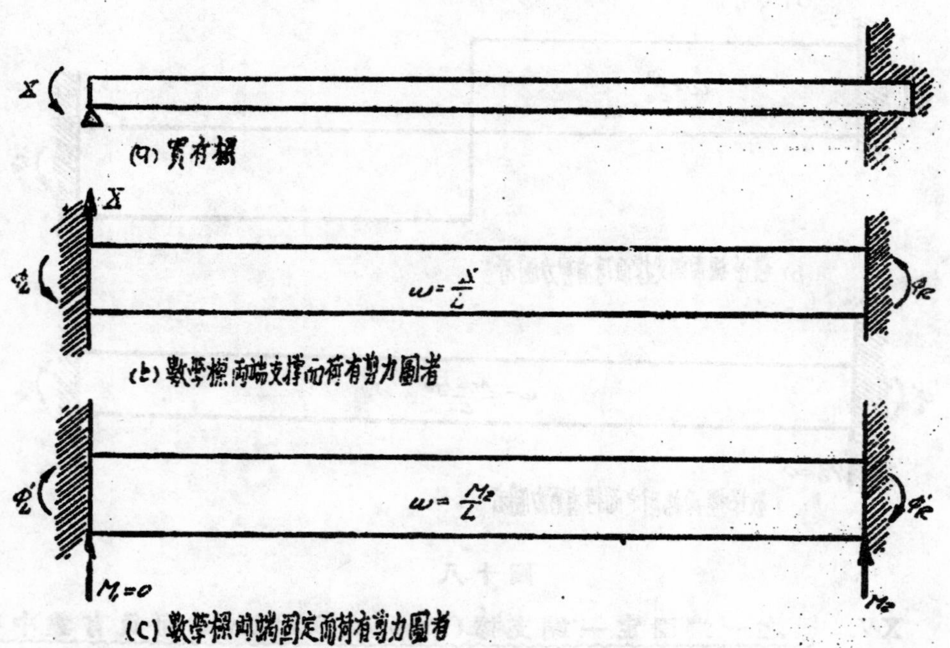

圖十九

XVIII. 樑之一端固定一端支撑而負有偶力於一端者，——由

圖19 用(33b)式及(55)式，當 $a=L$ 及 $b=0$ 時;則 $\frac{M_2L}{3}=-\frac{XL^3}{6L^2}$

於是; $$M_2=-\frac{x}{2}\cdots\cdots(82)$$

及. $$\phi_A=\frac{M_2L}{2}+\frac{XL}{2}=\frac{M_2L}{4EI}\cdots\cdots(83)$$

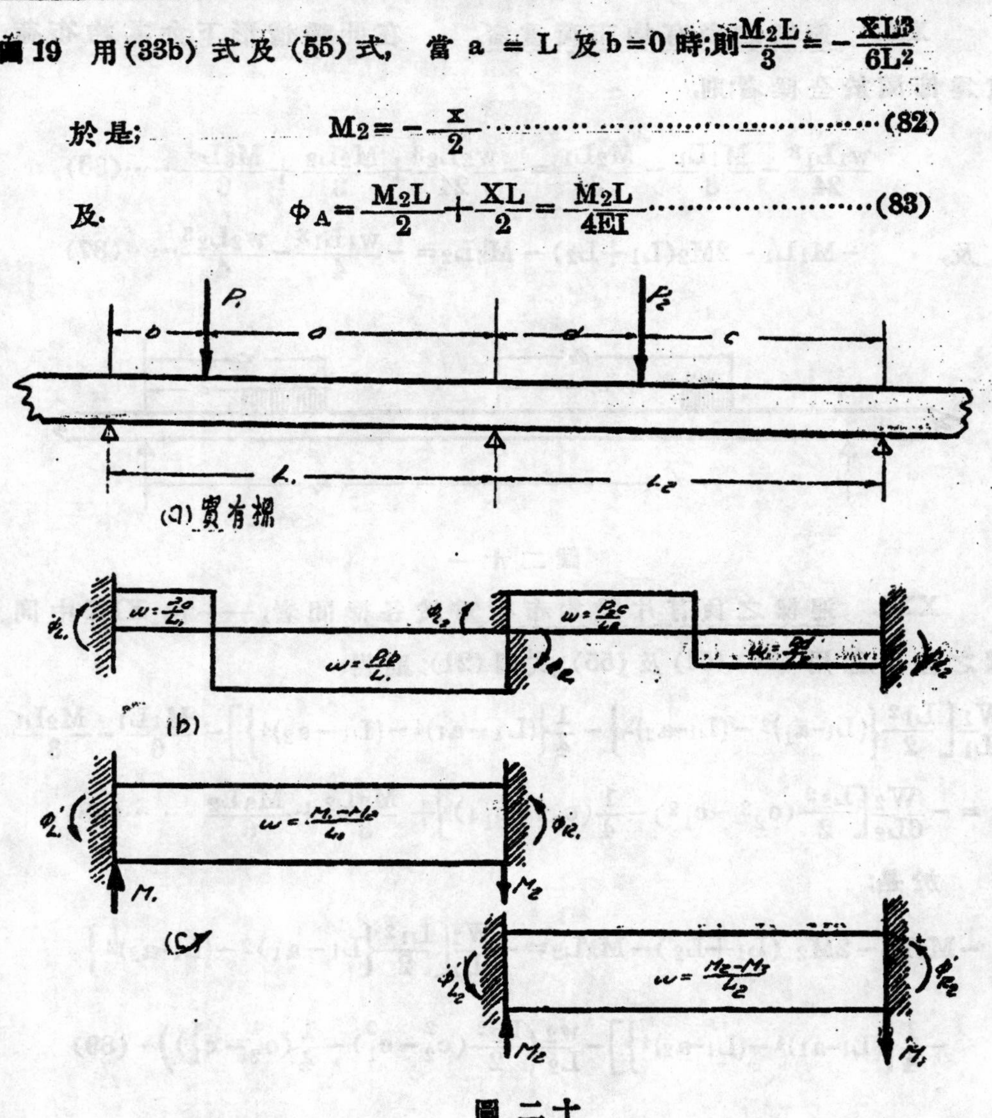

圖 二十

XIX. 連樑 (Continuous Beam) 之負有集中荷重於各樑間者，——應用 XI 中之(54)及(55)兩式而令其端點斜度之於兩相連樑間者相等,則可得下式,

$$\frac{P_1ab}{6L_1}(L_1+b)-\frac{M_1L_1}{6}-\frac{M_2L_1}{3}=-\frac{P_2cd}{6L_2}(L_2+c)+\frac{M_2L_2}{3}+\frac{M_3L_2}{6}\cdots(84)$$

及, $$-M_1L_1-2M_2(L_1+L_2)-M_3L_2=-\frac{P_1ab}{L_1}(L_1+b)-\frac{P_2cd}{L_2}(L_2+c)\cdots(85)$$

29231

XX. 連樑之負有均布荷重者, 在此種情形下,如其均布荷重爲佈滿於全樑者;則,

$$\frac{w_1L_1^3}{24}-\frac{M_1L_1}{6}-\frac{M_2L_1}{3}=-\frac{w_2L_2^3}{24}+\frac{M_2L_2}{3}+\frac{M_3L_2}{6}\cdots\cdots(86)$$

及,

$$-M_1L_1-2M_2(L_1+L_2)-M_3L_2=-\frac{w_1L_1^3}{4}-\frac{w_2L_2^3}{4}\cdots\cdots(87)$$

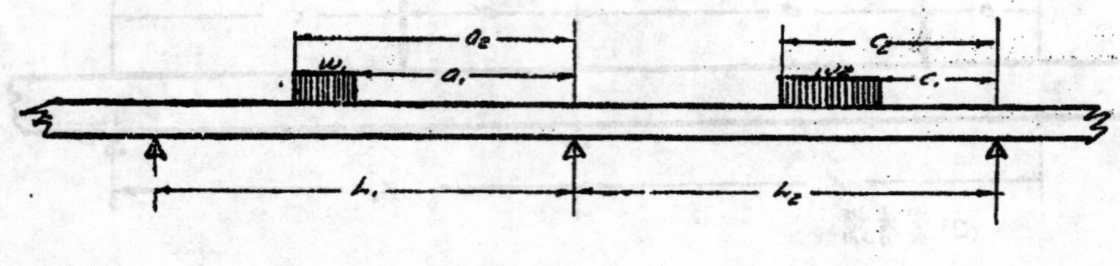

圖二十一

XXI. 連樑之負有片段均布荷重於各樑間者,——由 XIX 中同樣之理由,應用 (30) (54) 及 (55) 式,圖 (21);則得:

$$\frac{W_1}{6L_1}\left[\frac{L_1^2}{2}\left\{(L_1-a_1)^2-(L_1-a_2)^2\right\}-\frac{1}{4}\left\{(L_1-a_1)^4-(L_1-a_2)^4\right\}\right]-\frac{M_1L_1}{6}-\frac{M_2L_1}{3}$$

$$=-\frac{W_2}{6L_2}\left[\frac{L_2^2}{2}(c_2^2-c_1^2)-\frac{1}{4}(c_2^4-c_1^4)\right]+\frac{M_2L_2}{3}+\frac{M_3L_2}{6}\cdots\cdots(88)$$

於是;

$$-M_1L_1-2M_2(L_1+L_2)-M_3L_2=-\frac{W_1}{L_1}\left[\frac{L_1^2}{2}\left\{L_1-a_1)^2-(L_1-a_2)^2\right\}\right.$$

$$\left.-\frac{1}{4}\left\{(L_1-a_1)^4-(L_1-a_2)^4\right\}\right]-\frac{w_2}{L_2}\left(\frac{L_2^2}{2}(c_2^2-c_1^2)-\frac{1}{4}(c_2^4-c_1^4)\right)\cdots(89)$$

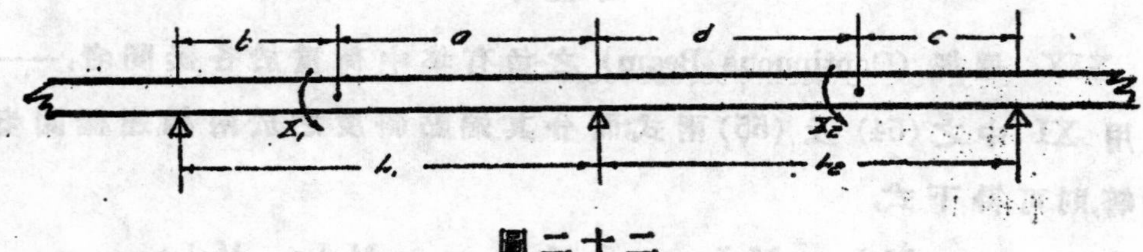

圖二十二

XXII. 連樑之負有偶力於各樑間者,——由 XIX 中同樣之理由,應用 (33a), (33b), (54), 及 (55) 式,圖 (22); 則得,

$$\frac{1}{6}\left(-\frac{Xa^3}{L_1^2}-\frac{3Xa^2b}{L_1^2}+\frac{2Xb^3}{L_1^2}\right)-\frac{M_1L_1}{6}-\frac{M_2L_1}{3}$$

$$=-\frac{1}{6}\left(\frac{Xd^3}{L_2^2}+\frac{3Xcd^2}{L_2^2}-\frac{2Xc^3}{L_2^2}\right)+\frac{M_2L_2}{3}+\frac{M_3L_2}{6} \quad \cdots\cdots(90)$$

於是,

$$-M_1L_1-2M_2(L_1+L_2)-M_3L_2$$

$$=+\frac{X_1}{L_1^2}(a^3+3a^2b-2b^3)-\frac{X_2}{L_2^2}(d^3+3cd^2-2c^3) \quad \cdots\cdots(91)$$

己. 結論

此剪力面積法之應用（用於彈性荷重（elasticload））不僅如前舉各種情形中之以求斜度及撓屈也,抑亦特別適合於另種情形之含有均布荷重者也.以後者而論之;則其靜力能率及剪力面積之慣性能率之牛之應用;實較用剪力及靜力能率（Static Moment）之於能率曲線面積（Curved moment area）者便利多矣.以集中荷重之情形而論之,則剪力面積之涵數之獲得亦較能率面積爲易也.但以樑之慣性能率爲變數時而論之,則剪力面積及能率面積之解决;可由 $\frac{V}{I}-\frac{M}{I}\left(\frac{dI}{dx}\right)$ 及 $\frac{M}{I}$ 而觀之,則前者實較後者爲麻煩也.

設有有志於研究簡單彈性荷重者,或欲將此法爲之擴大者;則可直接由荷重之情形而搜求之下列之斜度及撓屈之各方程式,蓋由此種情形而產生者也.

$$\phi_x EI=-\frac{1}{2}\int dAx^2+\frac{Rx^2}{2}+M_e x+\phi_e \quad \cdots\cdots(92)$$

及,

$$yEI=-\frac{1}{6}\int dAx^3+\frac{Rx^3}{6}+\frac{M_e x^2}{2}+\phi_e x+y_e \quad \cdots\cdots(93)$$

或:

$$\phi_x EI=-\frac{1}{2}I_x+M_e x+\phi_e \quad \cdots\cdots(94)$$

及,

$$yEI=-\frac{1}{6}Qx+\frac{M_e x^2}{2}+\phi_x x+y_e \quad \cdots\cdots(95)$$

在上列數式中之 $\int dA=\int wdx$ 或 P,

用三角級數求樑之撓屈法

謝仁德

Determining Beam Deflections by Trigonometric Series

凡求一樑上任何一點撓屈之法雖甚多.但欲求得一公式以表示之.則其方法不外二種,附圖所示為一樑載一三角形之重量,其彈性曲綫之公式,普通書本內皆係由下列之微分方程式解得之,

$$EI\frac{d^2y}{dx^2}=-M \qquad (1)$$

如圖所示之載重,其力矩M之值,可分三式,故彈性曲綫之公式,亦須分三段求之卽由A至B B至C及C至D,於解公式(1)時每段中可有二積分常數發生,共計三段有六常數,此種常數必須由末端情形及連續性情形定之,乃一極煩複之工作.

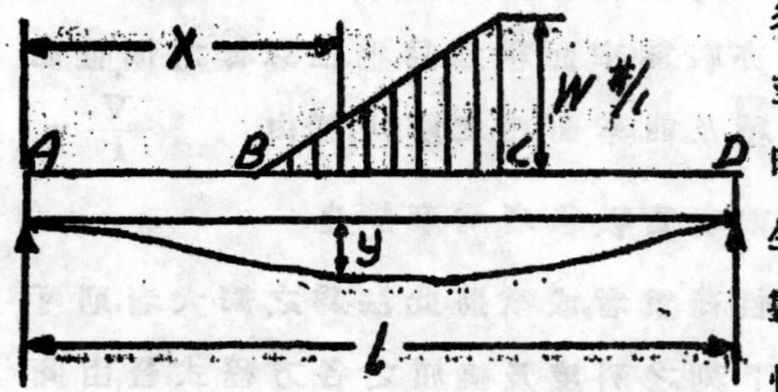

如y以一三角級數代表之,則上述不便之處皆可免除,所用級數之式為.

$$y=a_1\sin\frac{\pi x}{L}+a_2\sin\frac{2\pi x}{L}+a_3\sin\frac{3\pi x}{L}+\cdots\cdots \qquad (2)$$

此級數可用於任何x之值,而其係數亦極易計算,惟其缺點則為必須計算至若干項,始能得到準確之答數,由附表三,可知須至若干項始能得百分之一內之準確值,在普通實用之目的已足敷應用.

第一表 係數An之值

類號	載重形式	An
I	kl, l	$\frac{2PL^3}{EI\pi^4 n^4}\sin n\pi k$
II	$k_2 l$, $k_1 l$, l	$\frac{2WL^4}{EI\pi^5 n^5}(\cos n\pi k_1 - \cos n\pi k_2)$
III	$k_2 l$, $k_1 l$, l	$\frac{2WL^4}{EI\pi^5 n^5(k_2-k_1)}\left[\frac{1}{n\pi}(\sin n\pi k_2 - \sin n\pi k_1) - (k_2-k_1)\cos n\pi k_2\right]$
IV	M_A, M_B, l	$\frac{2(M_A \pm M_B)L^2}{EI\pi^3 n^3}$ n 雙數則用＋ n 單數則用－

附表一列示各種載重時係數a_n之普通形式,此種形式之係數可普遍應用,第三種形式中之k_1如大於k_2,亦無差誤,第四種形式中如M_A與M_B皆為正數,則y之值為負,實用上,任何種類之載重皆可由此四者相加而得其專屬之係數,第四種與他種相併,即可得連續樑之解法.

所有之係數,皆依據鐵摩新柯所著材料力學(S.Timoshenko, "Strength of Materials")中之方法計算,附表二乃由各種不同之x所得之$\sin\frac{\pi x}{L}$及$\sin\frac{2\pi x}{L}$之值,此表對於計算時助益不少.附表

第二表 $\sin\frac{n\pi x}{L}$之值

x	n 之值				
	1	2	3	4	5
.1L	.30902	.58779	.80902	.95106	1.00000
.2L	.58779	.95106	.95106	.58779	0
.25L	.70711	1.00000	.70711	0	— .70711
.3L	.80902	.95106	.30902	— .58779	— 1.00000
.33L	.86603	.86603	0	— .86603	— .86603
.4L	.95106	.58779	— .58779	— .95106	0
.5L	1.00000	0	— 1.00000	0	1.00000
.6L	.95106	— .58779	— .58779	.95106	0
.67L	.86603	— .86603	0	.86603	— .86603
.7L	.80902	— .95106	.30902	.58779	— 1.00000
.75L	.70711	— 1.00000	.70711	0	— .70711
.8L	.58779	— .95106	.95106	— .58779	0
.9L	.30920	— .58779	.80902	— .95106	1.00000

三列示在各種載重下樑上諸點級數之輳合,每一撓屈數值下並附有該值之百分差,除二者外,餘均能於三項內得有百分之

第三表 由三角級數求得之撓曲值

載重形式	載重點	X之值	撓曲之確值		由級數求得 $\frac{PL^3}{EI}$, $\frac{WL^4}{EI}$ 等之係數				
					一項	二項	三項	四項	五項
	K = .5	.51	.02083	$\frac{PL^3}{EI}$	.02053	.02053	.02079	.02073	.02082
					1.44	1.44	0.19	0.19	0.04
I	K = .5	.251	.01432	$\frac{PL^3}{EI}$	.01452	.01452	.01434	.01434	.01432
					1.39	1.39	0.14	0.14	0

	K= .25	.51	.01432	$\frac{PL^3}{EI}$	.01452	.01452	.01434	.01434	.01432
					1.39	1.39	0.14	0.14	0
	K= .25	.251	.01172	$\frac{PL^3}{EI}$	.01027	.01155	.01168	.01168	.01169
					12.4	1.45	0.34	0.34	0.26
	K_2= 1	.51	.01302	$\frac{WL^4}{EI}$	.01307	.01307	.01302	.01302	.01302
	K_1= 0				0.38	0.38	0	0	0
	K_2= 1	.251	.00928	$\frac{WL^4}{EI}$	.00924	.00924	.00928	.00928	.00928
	K_1= 0				0.43	0.43	0	0	0
	K_2= .67	.51	.00659	$\frac{WL^4}{EI}$	.00654	.00654	.00656	.00656	.00656
	K_1= .33				0.76	0.76	0.45	0.45	0.45
II	K_2= .67	.251	.00458	$\frac{WL^4}{EI}$	.00462	.00462	.00460	.00460	.00460
	K_1= .33				0.87	0.87	0.44	0.44	0.44
	K_2= .5	.51	.00651	$\frac{WL^4}{EI}$	.00654	.00651	.00651	.00651	.00651
	K_1= 0				0.46	0.46	0	0	0
	K_2= .5	.251	.00505	$\frac{WL^4}{EI}$	.00462	.00503	.00505	.00505	.00505
	K_1= 0				8.52	0.40	0	0	0
	K_2= 5	.751	.00423	$\frac{WL^4}{EI}$	.00462	.00421	.00423	.00423	.00423
	K_1= 0				8.44	0.43	0	0	0
	K_2= 1	.331	.00549	$\frac{WL^4}{EI}$	.00566	.00548	.00548	.00549	.00549
	K_1= 0				3.10	3.18	0.18	0	0
	K_2= 1	.51	.00651	$\frac{WL^4}{EI}$	.00654	.00651	.00651	.00651	.00651
	K_1= 0				0.46	0.46	0	0	0
III	K_2= 1	.671	.00583	$\frac{WL^4}{EI}$	.00566	.00584	.00584	.00583	.00583
	K_1= 0				2.91	0.17	0.17	0	0

	K_2 = 1	.51	.00234	$\frac{WL^4}{EI}$	.00237	.00237	.00234	.00234	.00234
	K_1 = .5				1.23	1.28	0	0	0
	K_2 = 1	.251	.00150	$\frac{WL^4}{EI}$	.00168	.00188	.0.150	.00150	.00150
	K_1 = .5				12.00	1.33	0	0	0
	K_2 = 1	.751	.00190	$\frac{WL^4}{EI}$	.00168	.00168	.00191	.00191	.00191
	K_1 = 5				11.58	1.05	0.53	0.53	0.53
Ⅳ	M_A與M_B	.51	-06250	$\frac{(M_A+M_B)L^2}{EI}$	-06450	-06150	-06211	-06211	-06263
	如第一表所示				3.20	3.20	0.62	0.62	0.21
	M_A如第一表	.251	-05469	$\frac{M_BL^2}{EI}$	-01561	-05367	-05536	-05536	-05500
	M_B = 0				16.66	1.87	1.23	1.23	0.57
	M_A = 0	.251	-03906	$\frac{M_BL^2}{EI}$	-04561	-03755	-03924	-03924	-03887
	M_B如第一表				16.76	3.87	0.46	0.46	.049
	M_A = 0	.331	-04938	$\frac{M_BL^2}{EI}$	-05586	-04888	-04888	-04975	-04930
	M_B如第一表				13.15	1.02	1.02	0.75	0.16

一內之準確值.

此法對於求支持樑(Simple supported beam)之撓屈,極爲簡便,應用於普通手冊中所不尋見之載重,尤爲適宜,惟對於猿臂樑(Cantilever beam)則不能合用,因欲求得百分之一內之準確值,必須有極多項之級數也.

半橢圓形溝渠之應力分析

C. D. Williams 原著

徐 慕 爾 譯

在一九三〇年二月十三日,工程新報發表 Herman 之半橢圓形溝渠應力分析法,該篇內容以Metcalf與Eddy之標準半橢圓形爲根據,求得在溝頂之初幾,剪刀與橫應力(Horizontal Thrust).此法頗爲便利,但其應用範圍,僅及於半橢圓形之溝渠.爲求分析各種斷面之普通方法,因得下法,此法所費之工作不多,且不須高深之數學爲工具,而能應用於各種形式之溝渠,但其直軸(Vertical Axis)兩邊之載重務須相稱.

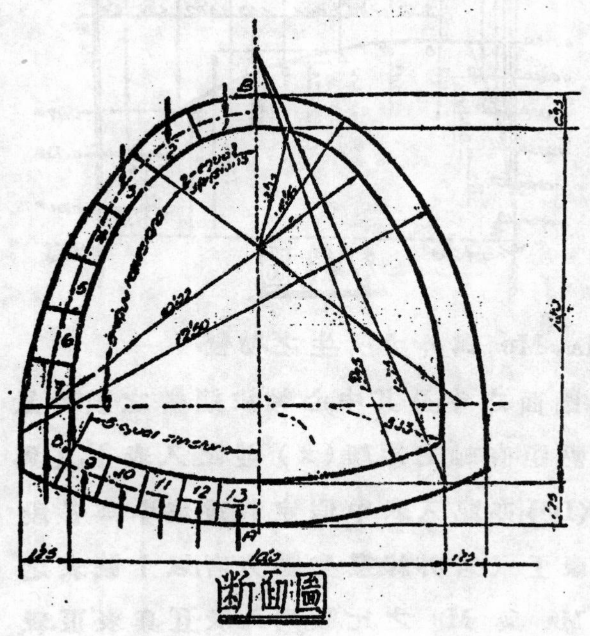

斷面圖

爲求此法與Herman公式有所比較起見,因亦選 Metcalf 與 Eddy 之標準半橢圓形,其內層(intrado) 之寬定爲 D=10 呎.溝渠所任之載重分佈於近溝頂之六切面,如圖.其分佈之大小與其外層(extrado)之垂直投影成正比.

因直軸兩邊之載重相稱,故在 A,B 兩點無剪力.載重後, A.B 兩點之切線仍爲平線,且此兩點在 X軸方向並無移動.因此該溝所任受者僅為（1）外力（exter-nal load）及（2）A,B兩點之未知與幾力（3）A,B 兩點之抗力(reaction).當 M_A 與 M_B 求得後,則任何一切面上之力幾,剪力與橫應力皆可求得.

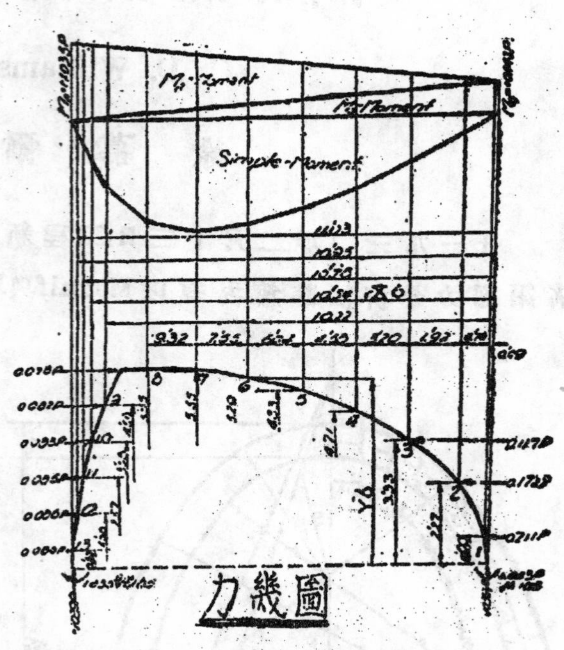

因（1）在B點之切線方向對於A點之切線無更動,故 $\int_B^A \frac{Mds}{EI}=0$. 又因（2）B點對於A點之撓曲為零（在Y軸方向）故 $\int_B^A \frac{Mxds}{EI}=0$. 此二公式足以解決 M_A 與 M_B 之值.公式中彈率為常數,複幾與溝之厚薄成立方比.故可寫作 $\int_B^A \frac{Mds}{D^3}=0$ 與 $\int_B^A \frac{Mxds}{D^3}=0$. M之值由於三種力幾組合而成, M_A, M_B 與外力所生之初幾.

以適當之縮呎畫成溝渠斷面之半,分其中心軸成適當之數段,量其長度(ds),與各切面之中心點距直軸之距離（x）.並記入表I,II與III中,量各切面之長並立方之(D^3),亦記入表中.假定載重集中與各段之中點,於是計其初幾而記入表I（若外線發生壓力者,以十號表之）.由圖（2）上量得各切面上 M_A 與 M_B 之比數,列入表II與表III.表如下:

表 I

初　幾

切面	力幾	$I=D^3$	$\frac{M}{I}$	ds	$\frac{Mds}{I}$	x	$\frac{Mxds}{I}$
1	+ .004P	.578	+ .0078P	1.623	+ .0126P	.09	+ .0011P
2	− .272P	.578	− .4715P	1·623	− .7665P	.76	− .5815P

3	−.620P	.616	−1.0100P	1.532	−1.5450P	1.92	−2.9650P
4	−.975P	.722	−1.3490P	1.532	−2.0650P	3.20	−6.6100P
5	−1.237P	.907	−1.3650P	1.532	−2.0850P	4.58	−9.5500P
6	−1.393P	1.158	−1.2030P	1.532	−1.8450P	6.04	−11.1300P
7	−1.448P	1.541	−.9385P	1.532	−1.4350P	7.55	−10.8800P
8	−1.358P	2.651	−.5125P	1.966	−1.0075P	9.32	−9.3950P
9	−.896P	1.953	−.4595P	1.034	−.4750P	10.22	−4.8650P
10	−.546P	1.953	−.2805P	1.034	−.2895P	10.54	−3.0650P
11	−.275P	1.953	−.1408P	1.034	−.1455P	10.78	−1.5650R
12	−.093P	1.953	−.0474P	1.034	−.0491P	10.95	−.5385P
13	0	1.953	0	1.034	0	11.03	0
Σ					−11.6955P		−61.0939P

表 II

M_A力幾

切面	力幾	$I=D^3$	$\frac{M}{I}$	ds	$\frac{Mds}{I}$	x	$\frac{Mxds}{I}$
1	$.0081M_A$	.578	$.0141M_A$	1.623	$.0229M_A$	.09	$.0021M_A$
2	$.0688M_A$	.578	$.1192M_A$	1.623	$.1935M_A$	.76	$.1468M_A$
3	$.1741M_A$	.616	$.2835M_A$	1.532	$.4335M_A$	1.92	$.8310M_A$
4	$.2895M_A$	.722	$.4010M_A$	1.532	$.6145M_A$	3.20	$1.9620M_A$
5	$.4145M_A$	.907	$.4575M_A$	1.532	$.7000M_A$	4.58	$3.2000M_A$
6	$.5475M_A$	1.158	$.4735M_A$	1.532	$.7245M_A$	6.04	$4.3800M_A$
7	$.6835M_A$	1.541	$.4435M_A$	1.532	$.6785M_A$	7.55	$5.1150M_A$
8	$.8440M_A$	2.651	$.3185M_A$	1.966	$.6265M_A$	9.32	$5.8350M_A$
9	$.9285M_A$	1.953	$.4745M_A$	1.034	$.4910M_A$	10.22	$5.0250M_A$
10	$.9530M_A$	1.953	$.4880M_A$	1.034	$.5045M_A$	10.54	$5.3250M_A$
11	$.9750M_A$	1.953	$.5000M_A$	1.034	$.5165M_A$	10.78	$5.5550M_A$

12	.9910M_A	1.953	.5075M_A	1.034	.5250M_A	10.95	5.7500M_A
13	1.0000M_A	1.953	.5115M_A	1.034	.5300M_A	11.03	5.8550M_A
Σ					6.5609MA		48.9819M_A

表 III

M_B力幾

切面	力幾	I=D³	$\frac{M}{I}$	ds	$\frac{Mds}{I}$	x	$\frac{Mxds}{I}$
1	.9919M_B	.578	1.7200M_B	1.623	2.7950M_B	.09	.2515M_B
2	.9312M_B	.578	1.6150M_B	1.623	2.6150M_B	.76	1.9900M_B
3	.8259M_B	.616	1.3400M_B	1.532	2.0550M_B	1.92	3.9400M_B
4	.7105M_B	.722	.9870M_B	1.532	1.5040M_B	3.20	4.8350M_B
5	.5855M_B	.907	.6480M_B	1.532	.9920M_B	4.58	4.5450M_B
6	.4525M_B	1.158	.3910M_B	1.532	.5980M_B	6.04	3.6100M_B
7	.3165M_B	1.541	.2055M_B	1.532	.3145M_B	7.55	2.3700M_B
8	.1560M_B	2.651	.0588M_B	1.966	.1155M_B	9.32	1.0390M_B
9	.0715M_B	1.953	.0366M_B	1.034	.0379M_B	10.22	.3880M_B
10	.0470M_B	1.953	.0241M_B	1.034	.0249M_B	10.54	.2625M_B
11	.0250M_B	1.953	.0128M_B	1.034	.0132M_B	10.78	.1421M_B
12	.0090M_B	1.953	.0046M_B	1.034	.0048M_B	10.95	.0522M_B
13	0	1.953	0	1.034	0	11.03	0
Σ					11.0698M_B		23.4253M_B

初幾之計算

繞B點之力幾			
13	.086P×+ .53=+.0456P	11	.085P×+2.57=+.2185P
12	.086P×+1.56=+.1342P	10	.083P×+3.58=+.2972P
8	.078P×+5.55=+.4325P	9	.082P×+4.56=+.3740P
1	.211P×−0.80=−.1688P	切面10	.262P
			.257P×1.01= .024P

29242

2 .172P×−2.27＝−.3910P

3 .117P×−3.33＝−.3900P

＋.5522P

B點之直應力

−.5522P÷11.03＝−.0502P

切面13之力幾＝0

切面12

.050P× .08＝ .004P

.086P×1.03＝ .089P

.093P

切面11

.089P

.172P×1.01＝ .174P

.050P× .25＝ .012P

.275P

切面 6

1.273P

.50P×−.26＝.130P

.05P×4.99＝ .250P

1.393P

切面 5

1.143P

.50P×−.46＝−.230P

.0502P×6.45＝.324P

1.237P

切面 4

.913P

.050P× .49＝ .024P

.546P

切面 9

.522P

.340P× .98＝ .333P

.050P× .81＝ .041P

.896P

切面 8

.422P× .99＝ .855P

.050P×1.71＝ .085P

1.358P

切面 7

1.273P

.50P×0 ＝ 0

.05P×3.48＝0.175P

1.448P

切面 3

.583P

.50P×−.84＝−.420P

.0502P×9.11＝ .457P

.620P

切面 2

.163P

.383P×−1.06＝−.406P

.0502P×10.27＝ .515P

.272P

切面 1

−.243P

$.50P \times -.66 = -.330P$	$.211P \times -.147 = -.310P$
$.0502P \times 7.83 = .392P$	$.0502P \times 10.94 = .549P$
$.975P$	$-.004P$

由表,得$\int_B^A \frac{M}{D^3} ds = 6.5609 M_A + 11.0698 M_B - 11.6955P = O$

與$\int_B^A \frac{Mx}{D^3} ds = 48.9819 M_A + 23.4253 M_B - 61.0939 = O$

解之卽得 $M_B = +0.443P$ 與 $M_A = +1.035P$. (在A,B兩點之外緣皆受壓力). 此二值與Mr. Dresser 以 Herman 公式所得之0.0444DP與 0.1039DP 頗爲接近.

在力幾圖,依初幾之縮呎,畫 M_A 與 M_B 之力幾圖.於是在任何切面上之力幾等於此三力幾之代數和.

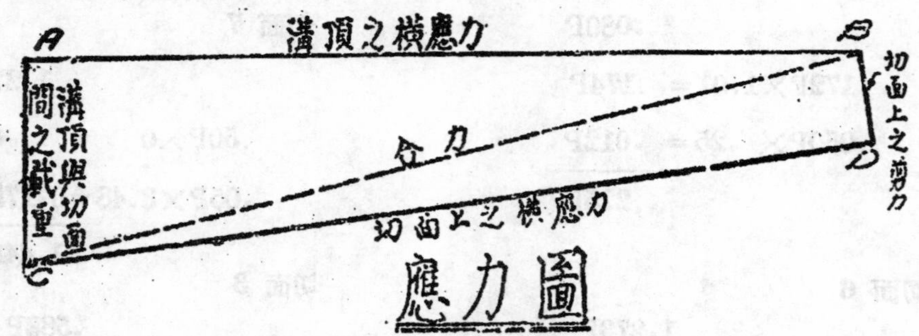

應力圖

在A,B兩點之橫應力等於該兩點之抗力與 M_A 及 M_B 所生之橫應力之代數和.以外力對於A或B之點初幾除以溝寬,卽得B點之抗力爲+0.0502P與A點之抗力爲-0.0502P.於是在B點之橫應力爲

$+0.0502P - \frac{.443P}{11.03} + \frac{1.035P}{11.03} = +0.1039P$. 在A點之橫應力爲

$-0.0502P + \frac{.443P}{11.03} - \frac{1.035P}{11.03} = -0.1039P$

當此橫應力求得後,在各切面上之橫應力與剪力可用Mr. Dresser之圖解法解之.在應力圖,畫平線AB等於B點之橫應力(.1039P).畫直線AC等於B點與所須計算之切面間之外力和.於是BC爲此切面之合力.畫CD線,平行於該切面上中心點之切綫.畫DB垂直於DC.於是DC爲此切面上之橫應力而DB爲剪力.

樑之撓曲影響線

王魯璠

Deflection Influence Lines for Beams.

樑之撓曲影響線乃用以表示樑上某點之撓曲,因所受單位動荷重位置之不同而發生之變化者也.綫上各點之縱坐標即代表單位動荷重在各該點時某定點所發生之撓曲之數値.

當任何外力加於任何性質之樑上時,則該樑必隨外力之方向而發生彎曲(Bending).彎曲之原因不外二種:(a)因力幾而生,(b)因剪力而生.通常除跨度極短及深度極大之樑外,受剪力而發生之彎曲常甚小,故可不必計入.當樑彎曲時,含有樑之縱軸而垂直於中性面(Neutral Surfoce)之平面,與中線面之交線,乃一曲線'此線即稱爲彈性曲線(Elastic Curve).彈性曲線之形式,因樑之種類及荷重之情形而異.本篇所述者,均指樑之垂直撓曲而言.即假定樑身水平而所加外力垂直於樑面.在未加外力前之中性面與加外力後而彎曲之中性面間之垂直距離即該樑之垂直撓屈(Vertical Deflection).垂直撓曲之彈性曲線方程式可根據下式求得之:

$$y=\iint\frac{M}{EI}dx.dx$$

M = 任意斷面 N 之彎曲力幾 (Bending Moment).

E = 該樑所用材料之彈性係數(Modulus of Elasticity).

I = 斷面 N 之慣性能率 (Moment of Inertia).

彈性曲線方程式乃表示在某種荷重情形之下,樑上某定點所生之撓曲,今假定某定點之位置不變,而以荷重之位置爲變數,則可得各種不同性質之樑之撓曲影響線如圖所示圖中各影響線之縱坐標均包含一常數,其值爲L^3/EI(假定樑之材料及各斷面之形式相同).

I. 簡單支持樑之撓曲影響線

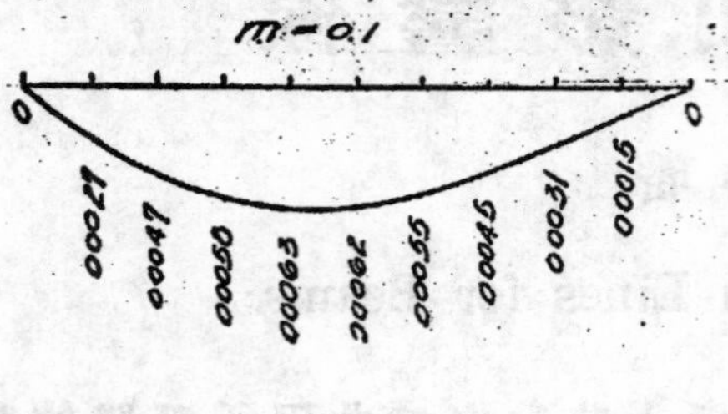

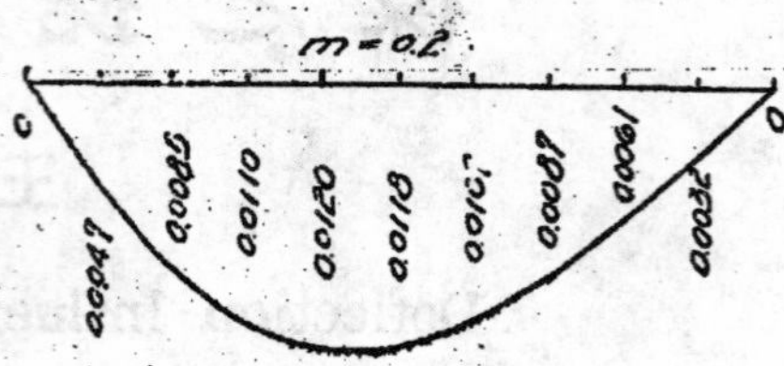

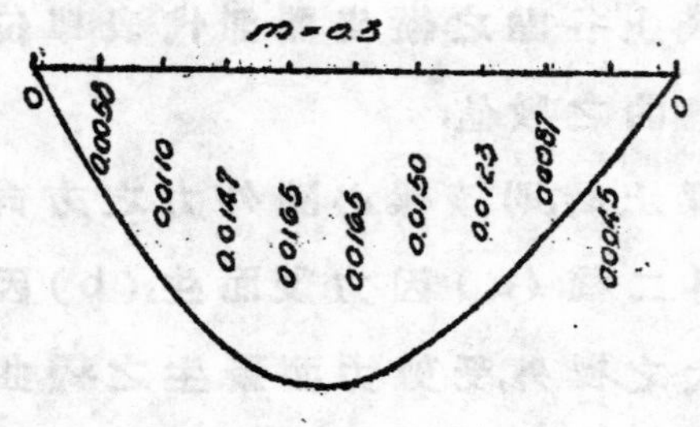

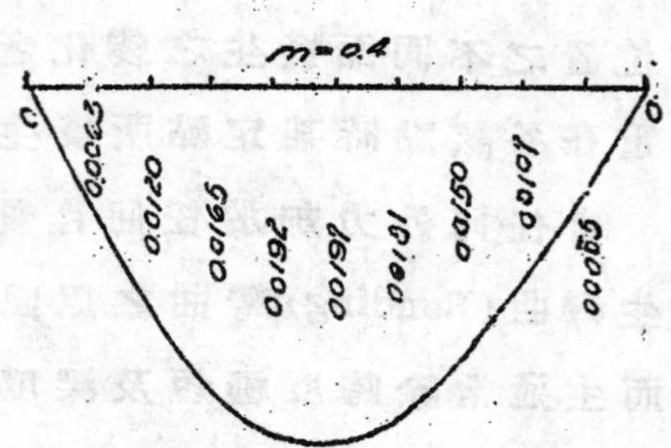

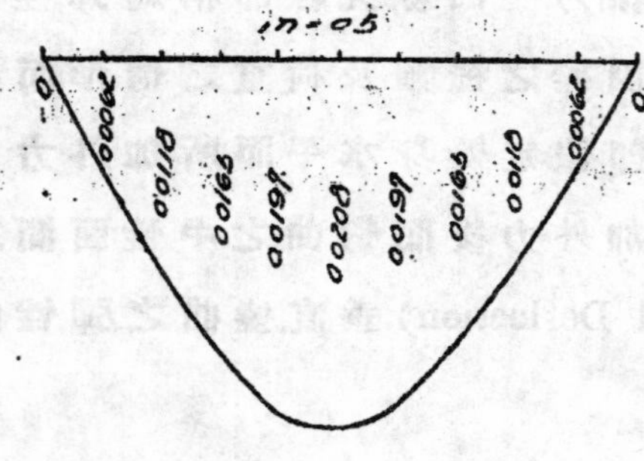

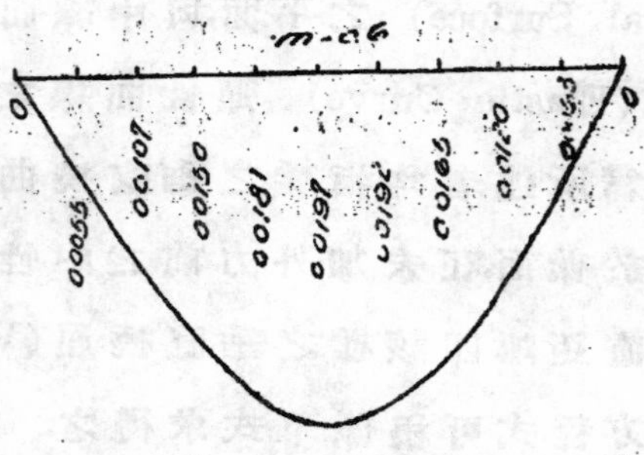

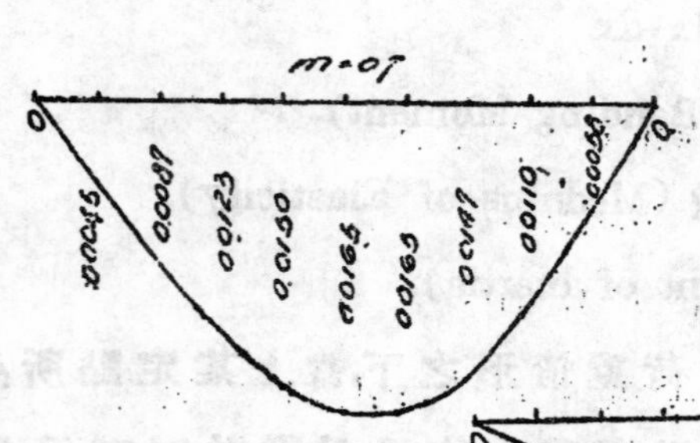

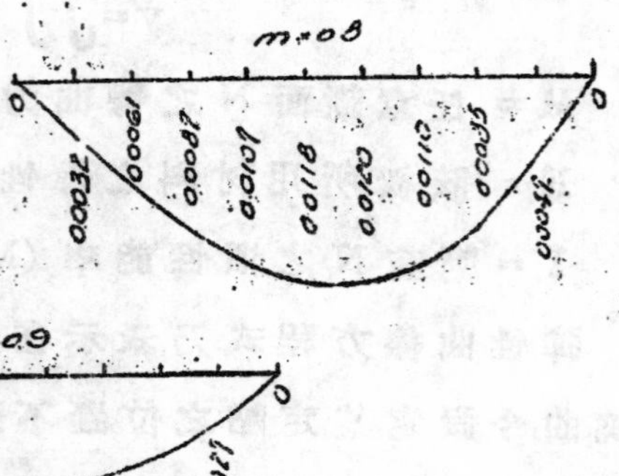

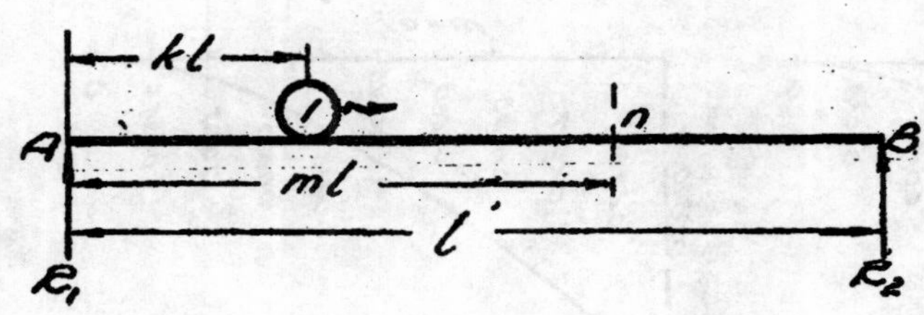

單位荷重在AB樑經過時,某定點n之撓曲變化如下:

荷重在定點左方時k＜m

$$y=-\frac{L^3}{EI}\times\frac{k(1-m)}{6}(2m-k^2-m^2)$$

荷重在定點右方時k＞m

$$y=-\frac{L^3}{EI}\times\frac{m(1-k)}{6}(2k-k^2-m^2)$$

上列各影響線之縱坐標縮尺為

$$1/4\ cm.=0.0010L^3/EI$$

Ⅱ. 猿臂樑(Canti-lever)之撓曲影響線

單位荷重由自由端向固着端進行時,某定點之撓曲變化如下:——

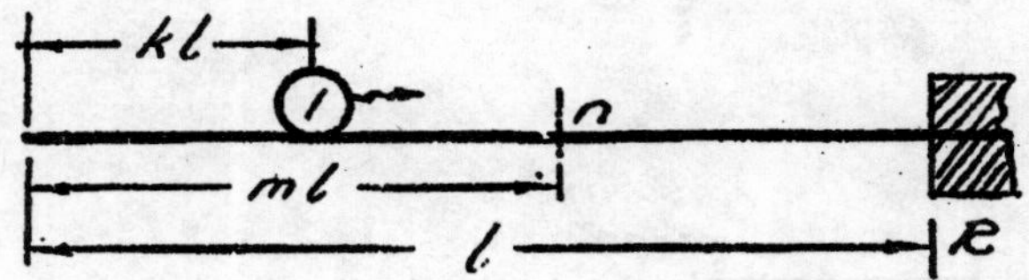

荷重在某定點左方時k＜m

$$y=-\frac{L^3}{EI}\times\frac{1}{6}(2-3k+6km-3km^2-3m+m^3$$

荷重在某定點右方時k＞m

$$y=-\frac{L^3}{EI}\times\frac{1}{6}[2+k-3m](1-k)^2$$

m=0時,後式改為

$$y=-\frac{L^3}{6EI}(2+k)(1-k)^2$$

上式即荷重在任意位置時之最大撓曲,因猿臂樑之最大撓曲必在自由端也.

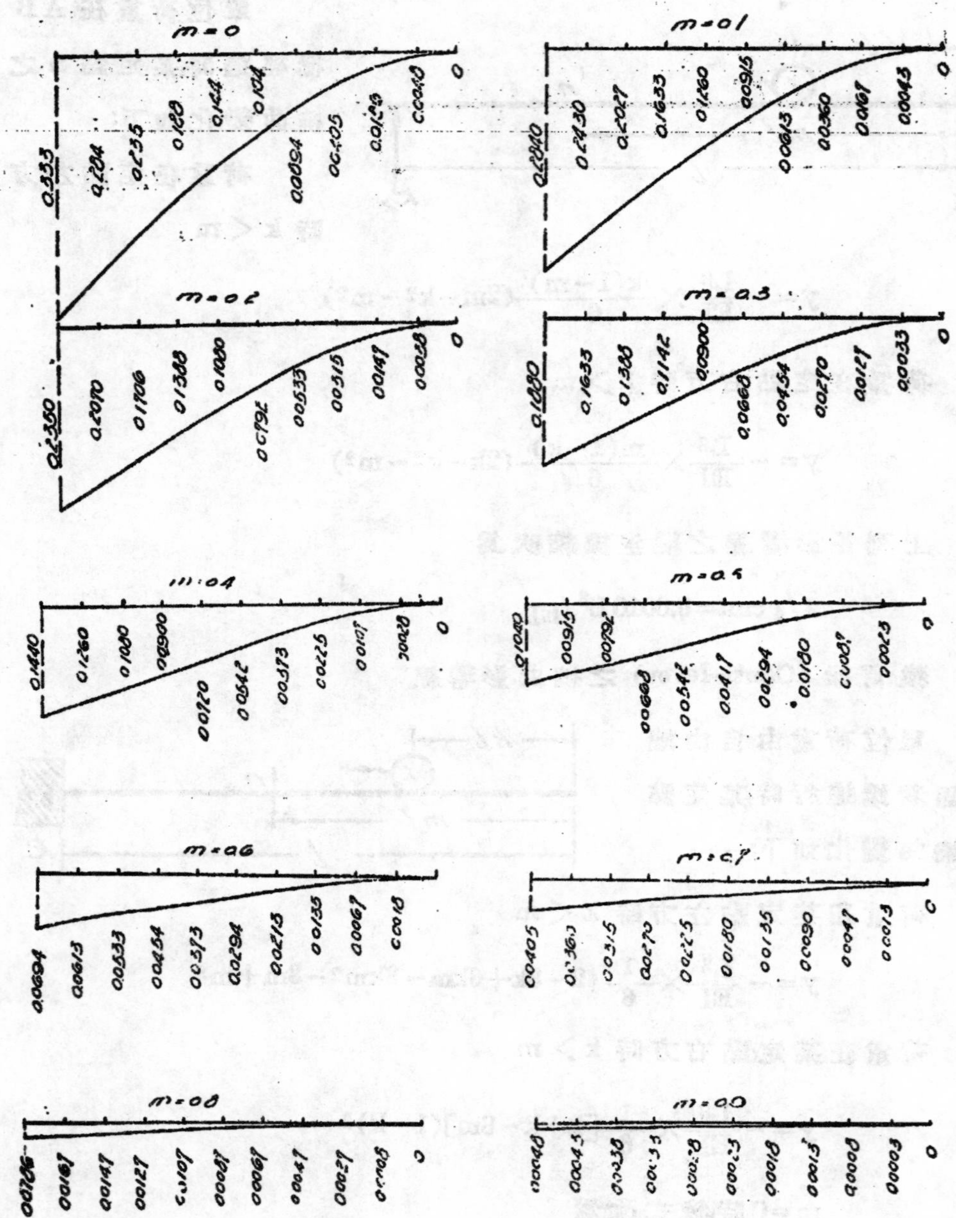

上列各影響線之縱坐標縮尺爲

$$^{1}/_{6}\ \text{cm}=0.0100\ L^{3}/EI.$$

Ⅱ. 一端固着而他端支持之樑之撓曲影響線

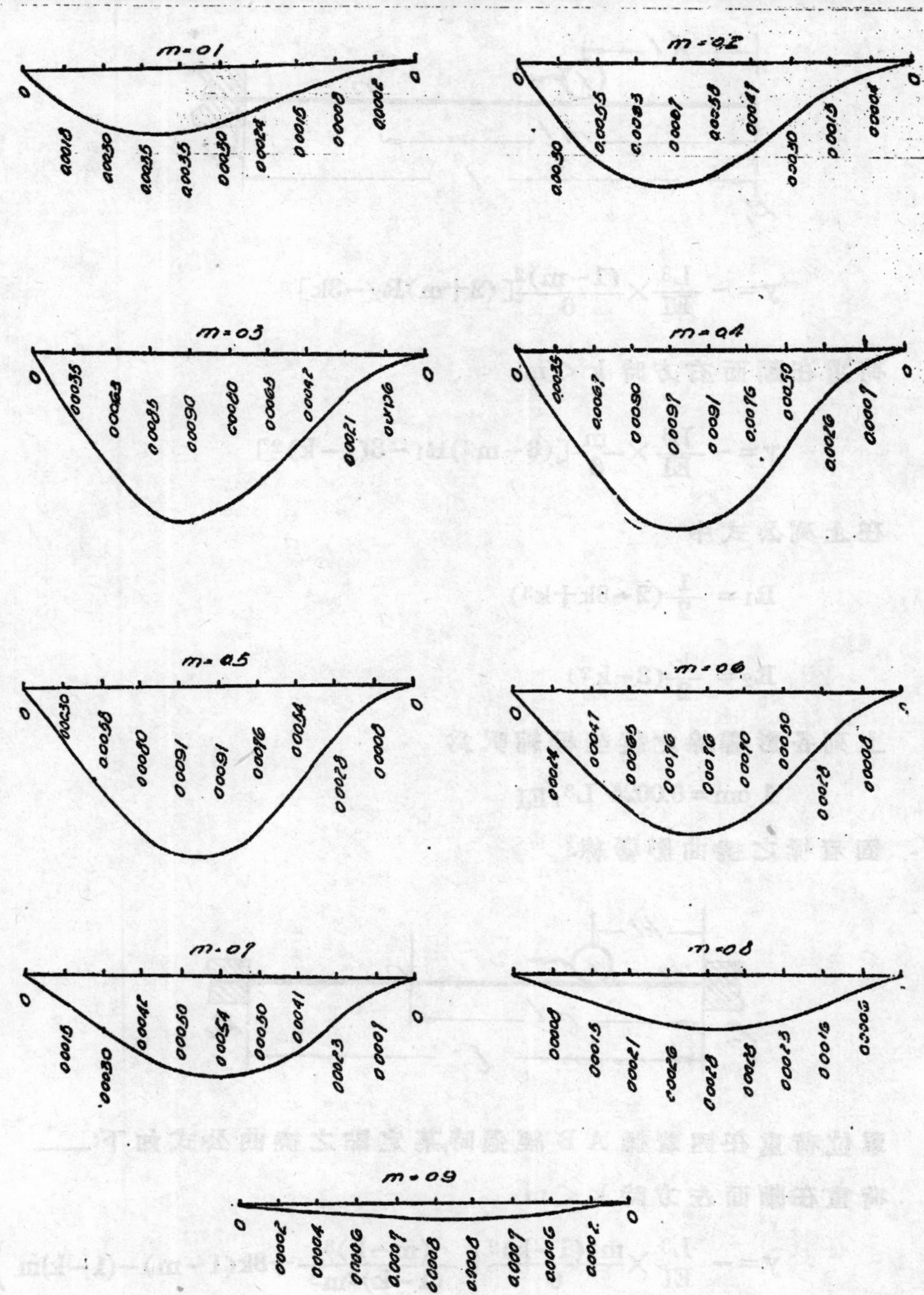

單位荷重自支持端向固着端移動時,某定點之撓曲公式爲

荷重在斷面左方時 k＜m

29249

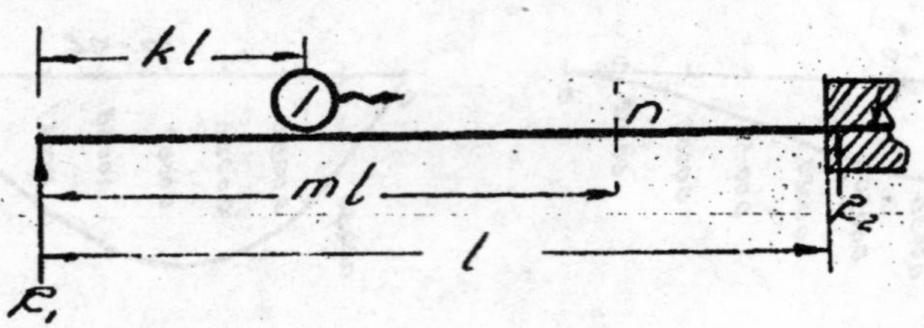

$$y=-\frac{L^3}{EI}\times\frac{(1-m)^2}{6}[(2+m)R_2-3k]$$

荷重在斷面右方時 k < m

$$y=-\frac{L^3}{EI}\times\frac{m}{6}[(3-m^2)R_1-3(1-k)^2]$$

在上列公式中

$$R_1=\frac{1}{2}(2-3k+k^3)$$

$$R_2=\frac{k}{2}(3-k^2)$$

上列各影響線之縱坐標縮呎爲

1 cm = 0.0025 L^3/EI

IV. 固着樑之撓曲影響線

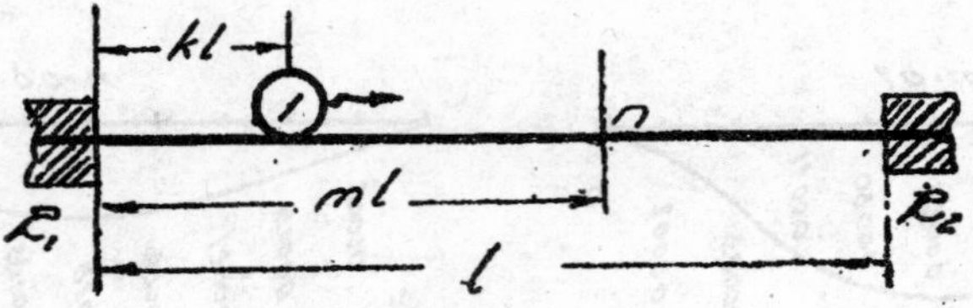

單位荷重在固着樑 A B 經過時,某定點之撓曲公式如下:——

荷重在斷面左方時 k < m

$$y=-\frac{L^3}{EI}\times\frac{m^2(1-k)^2}{6}\left(\frac{(m-k)^3}{(1-k)^2m^2}+3k(1-m)-(1-k)m\right)$$

荷重在斷面右方時 k > m

$$y=-\frac{L^3}{EI}\times\frac{m^2(1-k)^2}{6}[3k(1-m)-(1-k)m]$$

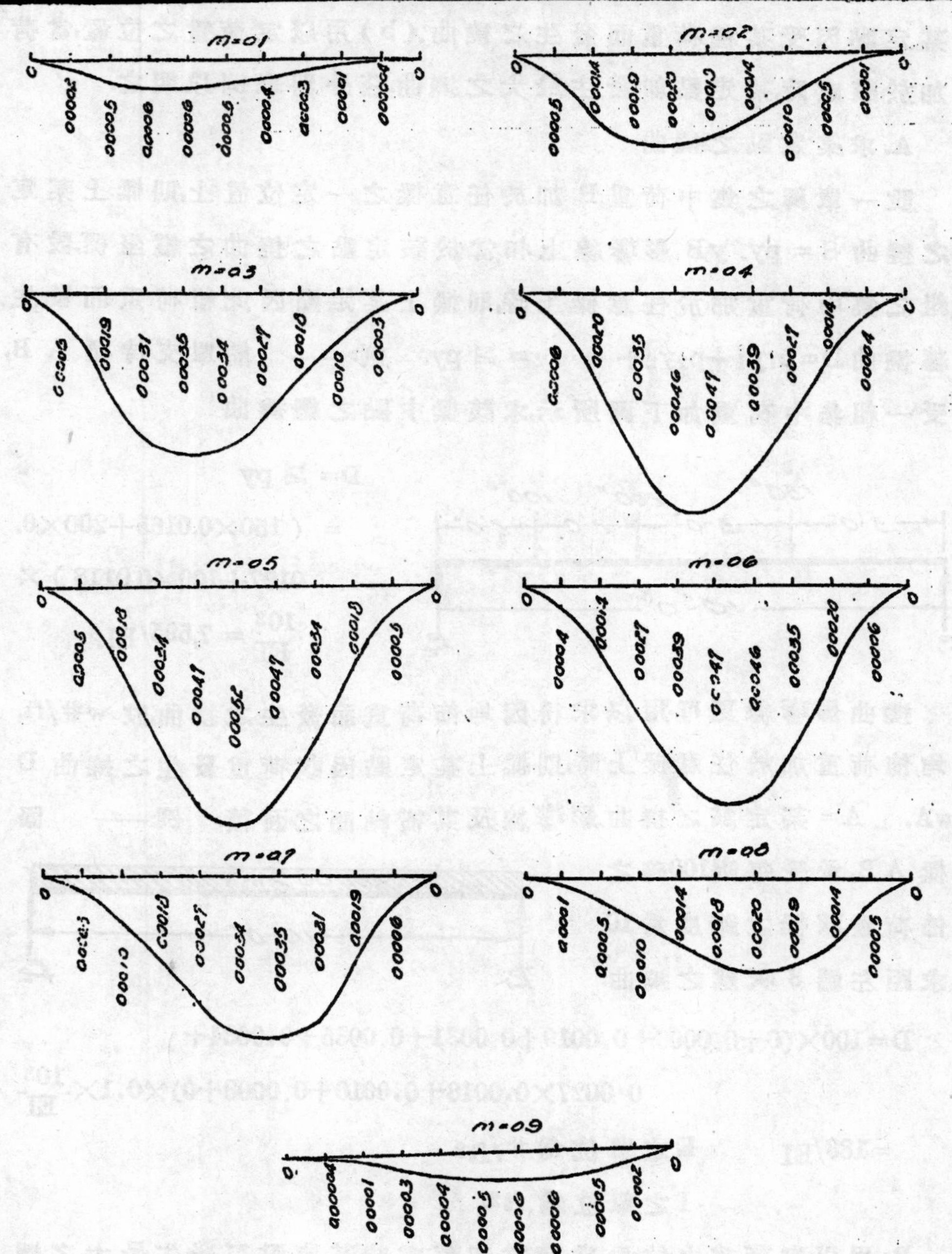

上列各影響線之縱坐標縮尺爲

1cm＝0.0010 L^3/EI

樑之撓曲影響線之主要用途不外下列二種:——(a)用以求樑

上某定點因受某種荷重而發生之撓曲(b)用以定荷重之位置,當荷重加於該處時,某定點即發生最大之撓曲.茲分別舉例以明之.

A.求某定點之撓曲

設一單獨之集中荷重P,加於任意樑之一定位置上,則樑上某定點之撓曲 S＝py. yB 影響線上相當於該定點之撓曲之縱坐標.設有一組之集中荷重加於任意樑上時,則樑上某定點因此組荷重而發生之總撓曲 $D=p_1y_1+p_2y_2+\cdots\cdots=\Sigma py$. 例:—— 簡單支持樑 A B,承受一組集中荷重如下圖所示,求該樑中點之總撓曲

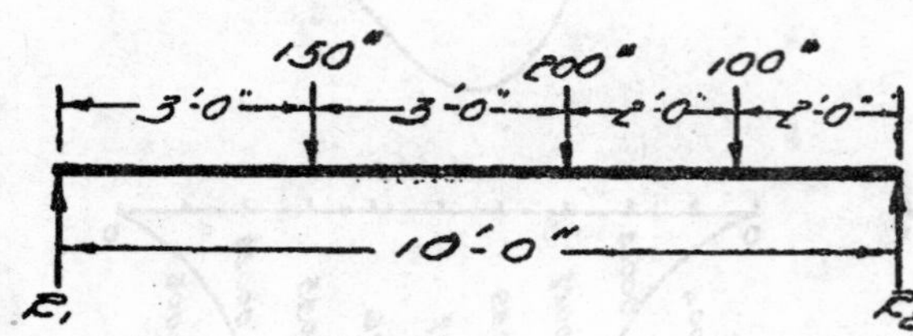

$D=\Sigma py$

$=(150\times0.0165+200\times0.0197+100\times0.0118)\times\frac{10^3}{EI}=7,595/EI.$

撓曲影響線更可用以求得因均佈荷重而發生之撓曲,設 w#/ft. 之均佈荷重加於任意樑上時,則樑上某定點因該荷重發生之撓曲 D＝wA. A＝某定點之撓曲影響線及其橫軸間之面積. 例:—— 固定樑 A B,承受每呎100磅之均佈荷重,該樑之跨度爲10呎,求距左端 3 呎處之撓曲.

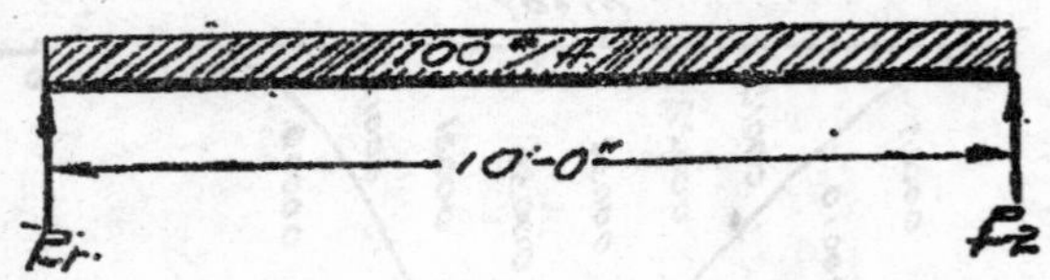

$$D=100\times(0+0.0006+0.0019+0.0031+0.0035+0.0034+0.0027\times0.0018+0.0010+0.0003+0)\times0.1\times\frac{10^3}{EI}$$

$=183/EI$　　E之單位爲 #/ft²

　　　　　　I之單位爲 ft².

B.用以定荷重之位置,當荷重在該處時,某定點可發生最大之撓曲.從各種樑之影響線中可以立即看出某定點發生最大撓曲時荷重之位置,如一單獨之集中荷重置於樑之中心時,則距左端 $\frac{4}{10}$ 跨度處,即發生最大撓曲.

撓曲影響線之用途除上列二種外,尙有其他者多種,例如用以定樑之某部份應承受何種荷重(如均布荷重,集中荷重,或一部份集中而一部份則爲均布荷重等)方能使某定點發生最大之向上或向下之撓曲.但此項用途,僅能用於連續樑或二端伸出支持點之外之樑,本篇所述之各種樑均不適用,故不多贅.

撓曲影響線之作法及用途既明,則吾人更可根據前述方法,以作其他不同性質之樑之撓曲影響線,以謀應用於一切計算工作上矣.

錢江橋工實習記

莊心丹

緒言

三角點之形勢及沉箱就位之關係

錢江橋工興建已有年餘，際此設計工作之雛形奠定，而人事工程之推進未竟之時，而得以置身其間，日聆諸工程司之耳提面命，所獲工程中之學識經驗，誠非校中所能臆測；茲就所悉，摺摭一二，以貢同好！

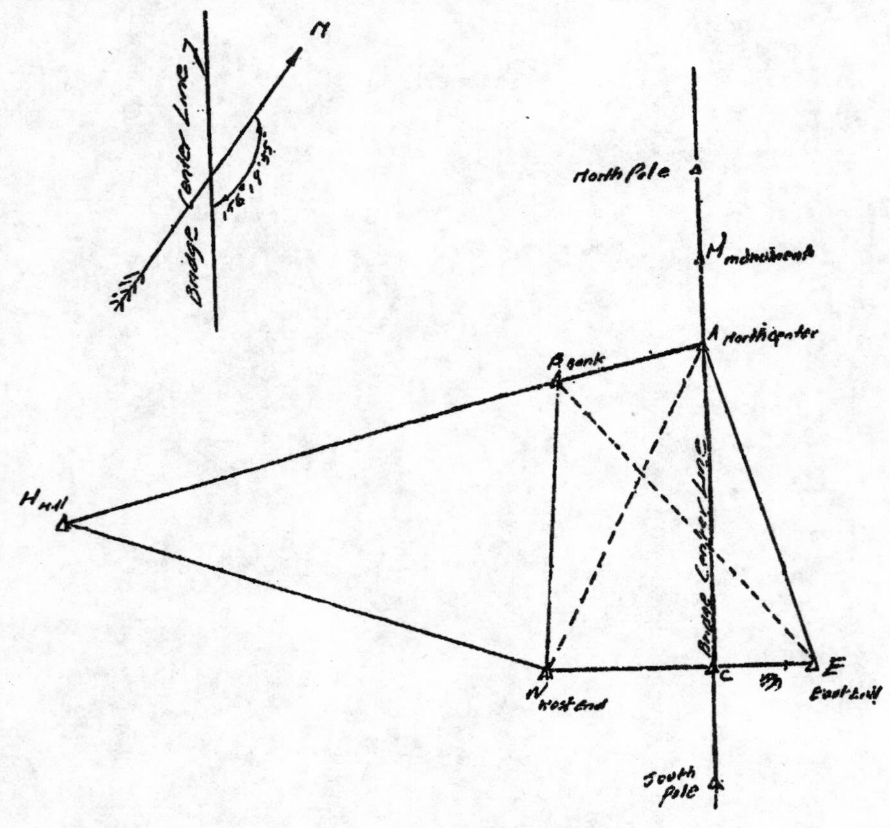

各三角點之相對位置

三角點之形勢及沉箱就位之關係

該橋測量基點共九點,以吳淞零點爲水平線標準基點,用混凝土築成,上建三足架,而中以標桿樹之,今各沉箱之就位,悉賴於此.下圖中,P 設爲沉箱之中心, P_s 及 P_n 爲沉箱之南北二極點(pole)其與P之距,可任意量得.惟 PP_s 必等於 PP_n.其他各基線之距離,皆爲已知者.自M至沉箱就位後之中心,亦可於事前算出(即MP),則 MP_s 及 NP^n 亦

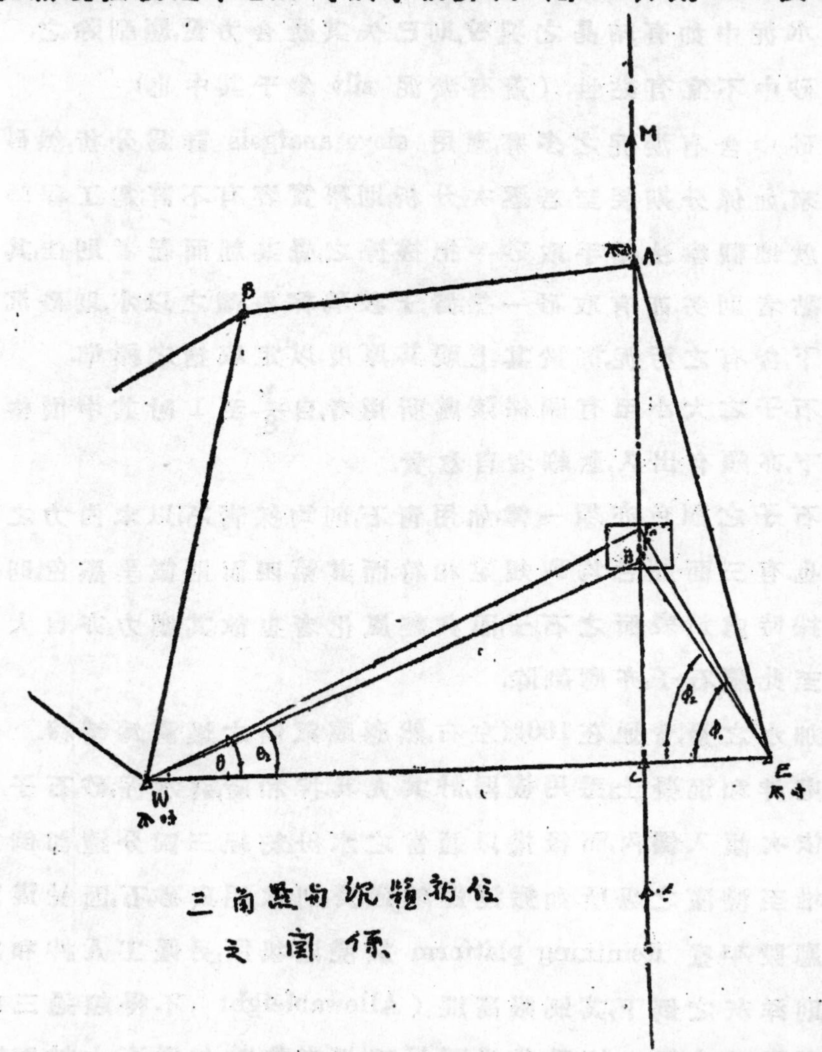

三角點與沉箱就位之關係

自知其長度.以AC之基線長減之.得自c點至二極點之距.連 P_nE, P^nW, P_sE, 及 $P_s W$ 諸線,與WC及CE二綫成 θ_1, θ_2, ϕ_1, ϕ_2 各角.乃於 P_nWC, P_sWC, P_sEC, S_nEC 四三角形中,用正弦定律求得各角之值.於此則各數

皆爲已知,乃於沉箱就位之先,置三經緯儀於E,W,及M各角點,依諸計得角之値放準.俟沉箱浮來,則漸次校正,使在沉箱上之P_s及P_n二點,諸在經緯儀之視綫內,卽告成矣.

混凝土拌和法

混凝土拌合之先其原料之選擇尤須注意.玆略述數則如后:

一. 水泥中如有結晶之塊粒,則已失其凝合力量,應剷除之.

一. 砂中不宜有黏性,(蓋有淤泥 silt 參于其中也).

一. 砂中含有淤泥之多寡,應用 sieve analgsis 詳爲分析,然砂之運來,如係分期裝至,若逐次分析,則事實容有不許;爲工程師者,應就地觀察法.用手取砂一把搓擦之,覺其粗而鬆者則佳,其細而黏者則劣.亦有取砂一撮,置于玻璃杯內,傾之以水,則砂沉于最下,含有之污泥,沉於其上,視其厚度,以定取捨之標準.

一. 石子之大小至有關係該處所用者,自$\frac{1}{8}$至1吋其中價格之高下,亦頗有出入,愈細者自愈貴.

一. 石子之顏色,亦須一律.如用青石,則均採青石.以求內力之均匀也.有三面顏色均與規定相符,而其第四面則微呈黑色,則爲開採時處於表面之石子,而久經風化者也故其應力,亦自大減,倫至此類石子,亦應剷除.

一. 加水之量,普通在100%左右,然應視氣候之燥濕爲轉移.

該處拌和混凝土,悉用機器,計共九具.拌和時,將水泥,砂,石子,按規定比例,依次傾入機內,而後攙以適當之水份,約經三四分鐘,卽倒於搬運車上.堆至澆灌之場所.如搬運距離過長,則水泥與砂,石,因受震動而分離,故應設平臺 Remixing platform 於澆灌場所,另僱工人拌和之.就高低言,則洋灰之倒下,其制限高度 (Allowableight),不得超過三或四呎,否則石子,砂,水泥因輕重各異,而呈離析之象.故如遇有大於四呎之高度時,則應另裝傾斜之漏斗,使其逐漸卸下爲佳.

氣壓沉箱

橋礅之深度達數十呎者,應即用氣壓沉箱.所謂氣壓沉箱者,乃爲一四周不透水之覆盆式結構物,利用氣壓,以抵禦江水及淤泥之湧入箱內.工人即在箱內挖掘泥土.使之徐徐下陷.其中最足引人注意者,莫若氣閘 Airlock. 氣閘爲一小室,內設二門:一通外界空氣,一接箱內工作室.如工人欲至工作室時,則先閉其內門,而開其外門.待其進入總氣閘後,乃閉其外門,而以高氣壓由小孔徐徐導入之,一俟室內氣壓與內部相等時,其內門自然啓放.而工人得以進入工作室.工人入室後,先用鏟掘挖泥土,然後用手運至通氣管 (Air shaft) 下,裝入吊桶中,盛滿後通知在氣閘之工人,使將吊桶提出.然箱內之泥土,並非純由挖運取出,亦有用氣壓使由吹管噴出;沉箱內之二吹泥管,即備此用,其一並設有保險門,則將來澆灌水泥時,兼供工人之出入焉!

氣　閘

沉箱之移動法

該處因工程期限甚促.非使打樁及澆築沉箱同時并進不可.故在南岸上游水深處,另擇作場,專製沉箱.故沉箱完成後,而欲運至基樁處,乃爲一重要之問題.茲將其移運之法.按諸方法之不同,分懸吊沉箱.浮運沉箱及就位沉箱三期述之.

一.懸吊沉箱　此期自沉箱作場內將沉箱承托起,至沉箱下水爲止爲沉箱移運之第一期.原在此時期中移動之法,可有三種不同之方

式:一爲瀉落法（spillway）乃設傾斜之便橋直達江心,使沉箱於循道瀉落時,能浮於水面爲度.二曰船塢法 Dock,乃依沉箱大小,掘一相當之深坑於江中.其外圍以堤岸.沉箱製就後,即移於其中,俟江水一漲,即浮於水面.三曰懸吊法,即今所採用者也.轉運時用吊車二具,其兩旁爲支柱,上爲頂梁.沉箱即繫於頂梁近柱處.支柱下爲鋼輪,於便橋上轉動.起運時,沉箱由吊車下工字樑承托而起,工字樑接於掛桿.各掛桿則分設於吊車之四角,其上則設電動機一具,用電力轉動,推桿即左右搖擺,螺絲因之旋轉,而沉箱亦徐徐上升.迨至適當之程度,乃以人力搖動鋼輪,吊車即徐徐前進,速度每小時約可行駛五十呎.及至木便橋盡頭時,即可下降入水.法與上升時同,三法相較:瀉落法則因便橋過長,所費至鉅;船塢法則因該江江底細沙淤泥甚夥,深坑易爲淤塞;故包工擇製鋼吊車以運輸之.

二.浮運沉箱　沉箱既入水,俟其能浮起時,即從吊車內拖出.於箱前錨定鐵駁船一艘,以鉛絲繩繫於沉箱中之絞車上,而拋錨A如圖,(見下頁)將絞車轉動,沉箱即徐徐拖出.沉箱由(一)而漸拉至(二),其時若遇左右偏斜,則用 B,C 二絞車左右維持之.以免與便橋撞擊.至(二)後,另拋錨于B,（如圖）,乃將沉箱後尾之繩繫于B錨上,絞緊(二)圖中沉箱內之絞車,乃成(三)之位置.於是用拖船拖至打就之基樁上,是爲沉箱之浮運時期.

(三)就位沉箱　沉箱浮運至橋墩地點後,即繫於特製之混凝土錨上,該項土錨,係預先埋伏橋墩地點之上下游.沉箱錨定後,即藉設於各三角站之經緯儀（見前）,以校正其位置.

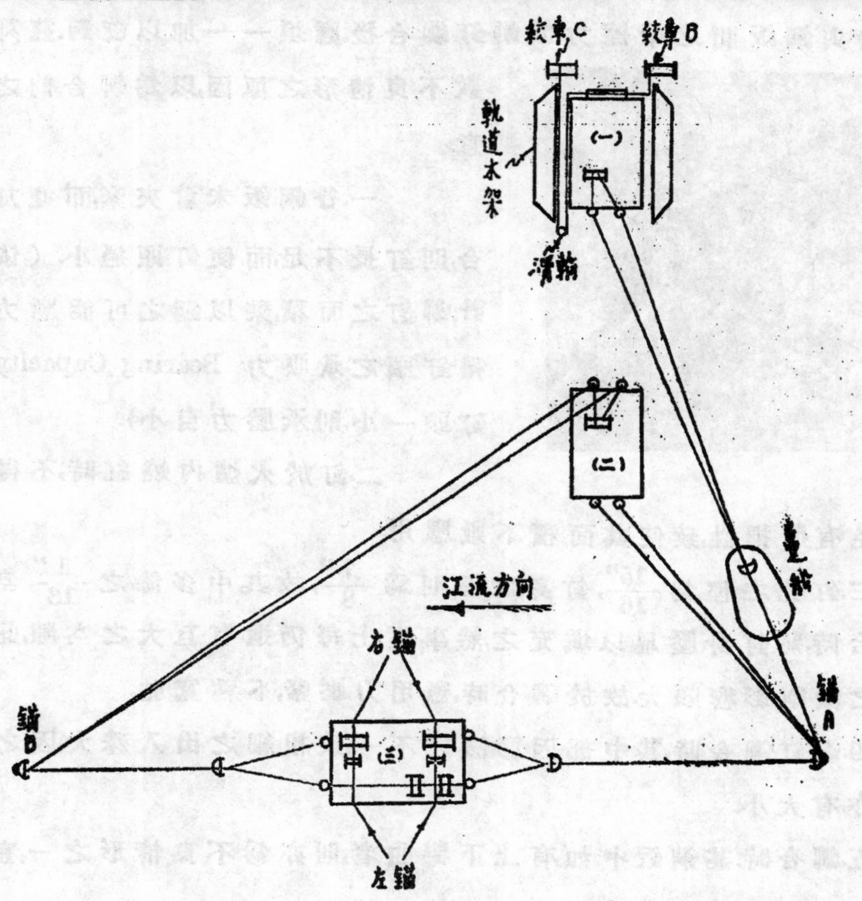

沉箱浮運之步驟

鉚釘之鉚合挖拆及計算法

鉚釘在未鉚合時,首宜加以選擇.茲舉二例,以見一般:

一.釘頭至釘身間非為直交,而為一平滑之曲線連接其間.此種鉚釘,應即除去;蓋將來鉚合時不能脗合也.

二.如釘身凹凸不齊,則有應力不均之病,故亦宜除去.

鉚釘既經選就,則從事鉚合.凡鉚釘工人,以六人為一組,內掌火一人,燒釘一人(釘以熱至淡黃色為度)鉗鉚釘者一人;一人承受之,且以幫助鉚釘.執氣壓機(pnumatic holder)者一人,另一人則將廠製釘頭shop rivets head 緊撐之.

鉚釘之能承受應力,一則在於其剪力(shearing stress),一則在

於釘身與鋼鈑間之摩擦力.故鉚釘鉚合後.應須一一加以校對.茲列舉

數不良情形之原因,以爲鉚合前之注意.

一.各鋼鈑未曾夾緊,而遽加鉚合,則釘長不足,而使釘頭過小.(依設計:鉚釘之面積,乘以鋼之可能應力,卽得釘頭之承壓力 Bearing Capacity 今釘頭一小,則承壓力自小).

二.釘於火爐內燒紅時,不得過久,以免有所損蝕,致使其面積不敷應用.

三.釘孔之徑爲$\frac{15''}{16}$,釘身之徑則爲$\frac{7''}{8}$,故其中多餘之$\frac{1''}{16}$空隙,於鉚合時,將釘身壓扁以填充之.然事實上每仍遺有巨大之空隙,此於剪力之減削,影響頗大.故於鉚合時,應用力壓緊,不得寬弛.

四.鉚釘鉚合時,其中部因澎漲之不一,致粗細之出入殊大,因之而應力亦有大小.

五.鉚合時.其鋼鈑中如有上下彎曲者,則亦爲不良情形之一,宜先使其平直緊貼,然後鉚之.

六.鉚合時,因用力之偏向,致使釘頭傾於一方,二邊之承壓量,以之亦大小各異.

七.下雨時切忌鉚釘,因釘頭受雨點後,立卽脫皮,有損承壓量.

八.鉚釘時因下部承托者之不力,致廠製釘頭 (Shop Rivets head) 不緊貼鋼鈑,則此釘有伸縮之虞.亦有一邊緊貼而另一邊脫空者.

上列各種情形,一經査出,則應立記以符號,以便劃去重鉚,校對鉚釘之法,不外有三:

一.如釘頭因手術之不佳,致偏向一隅,則此釘頭自必偏於各釘頭之中心綫外,驟視之,卽可鑒別.如圖.

二.視察釘頭與鋼鈑是否脗合,抑有空隙?釘頭是否完美,以定取捨之道.

三.如鉚合過鬆,則以鐵鎚重擊其一邊,而以手置於另一邊,必能覺有輕微之震動.此法非富有經驗者,甚難決其鬆緊也.

平面

立面

釘頭偏斜之審察

鉚釘之不良情形,既如上述,則一經檢出,不得不思其去除之法.茲將該處工場之三種方法,列述如下:

一.剪除 (Cut by shear)用鎚將釘頭橫擊之,使其脫離.惟此法進度遲慢,施工苦之.蓋該橋所用鋼料,有銃鋼者,應力幾大于炭鋼約一倍,剷之,一天僅四五枚而已,故後改用以下二法:

二.通過釘頭中心,打一槽.將釘頭隔分爲二,然後二邊施以鎚擊,如圖

立面

頂面

三.將釘分隔爲四,然後將各片逐一鎚擊之.如左圖

鉚釘之估價,一如其他鋼料,亦以重量計之.鉚釘大概均有二頭(Counter Sunk例外)其一爲廠家製就,另一則在工場壓製.故購來之鉚釘,其中一部分應預備壓成釘頭之長度.在此處計算時,用釘徑(該處皆用 $\frac{7''}{8}$)之1.2倍;一部分爲所夾鋼鈑之深度(Grip;)又釘孔之直徑比釘身大 $\frac{1''}{16}$,前已言及,故釘應略爲放長,以便於鉚合時壓扁而冀塡充此空隙,此段之需長,以該釘深度之十分之一計.故設鋼鈑之總長爲S,釘徑爲d,則釘身之總長爲

$$L = S + \frac{S}{10} + 1.2d.$$

因S之不同,L亦不一律.故有一種S,即應算一種L.買釘時向廠家議定;每一百隻,則加15隻(15%),蓋防其重鉚時之或闕也.然設於某一

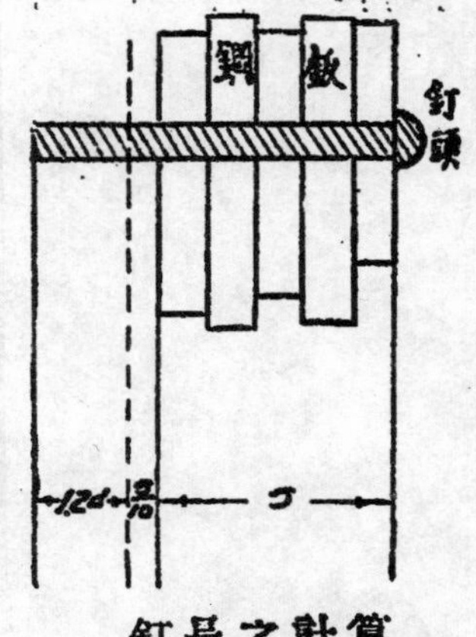

釘長之計算

S之厚度處,僅有釘一只,則卽加15%,僅增多0.15隻,然鉚合時難保此處不有重鉚之虞,故合同上訂就之釘數,除應加之15%外,另須再加十隻,以備不足,故如需釘n個,則實單釘數N爲

$$N = n + n \times \frac{15}{100} + 10$$

尾言

以上所述,偏於實用,而略於理論,良以橋工實習,命名固如此也,其

正橋鋼樑

他如正橋鋼樑之搭置及移運,鋼鈑樁之效用及安裝,引橋工程之概況等等,均因限于篇幅,不另贅述.

北岸引橋之雄姿

分割論

徐保

讀平面測量學及分割土地一節,用試湊之法.此法果甚便利,但應用於廣闊之邊幅昂貴之土地以及國際邊界,似有未盡善處.乃書本篇,以求其好,且問正焉

本篇分二部如下:——

一(a)平面上直線分割

(b)平面上曲線分割

二(c)曲面上直線分割

(d)曲面上曲線分割

❀ ❀ ❀ ❀ ❀

一(a)平面上直線分割

(1)分一地為二,P與Q,其分線須依照規定之方向

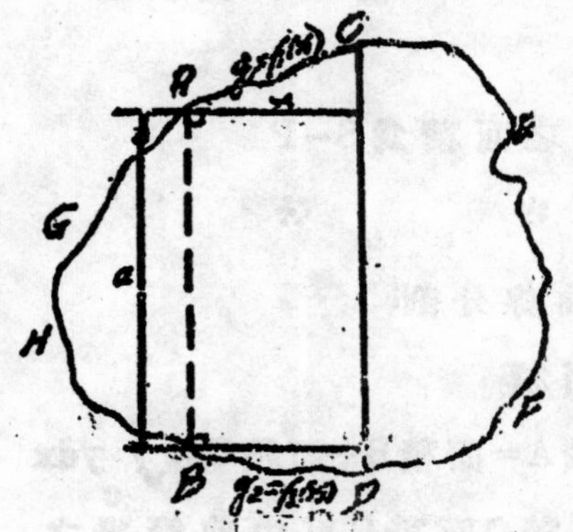

在圖中任意一點,+依規定之方向作一直線*如AB線.

求得ABGH之面積為S

假定CD為所需之分線

則ABCD之面積為P−S **(∵CDGH=P)

設CD與AB之距離為x

則ABCD之面積為

$$P-S=ax+\int_{0}^{x} y_1 dx+\int_{0}^{x} y_2 dx=ax+\int_{0}^{x} f_1(x)dx+\int_{0}^{x} f_2(x)dx$$

$$=ax+\int_0^x[f_1(x)+f_2(x)]dx.$$

如 $f_1(x)$ 與 $f_2(x)$ 爲已知，且（α）$f_1^1(x)\neq0$ 與 $f_2^1(x)\neq0$ (B) 係有理數或可展成有理數之函數；則 x 之值可求得

（2）分一地分二，P 與 Q，其分線須依照規定之一點出發

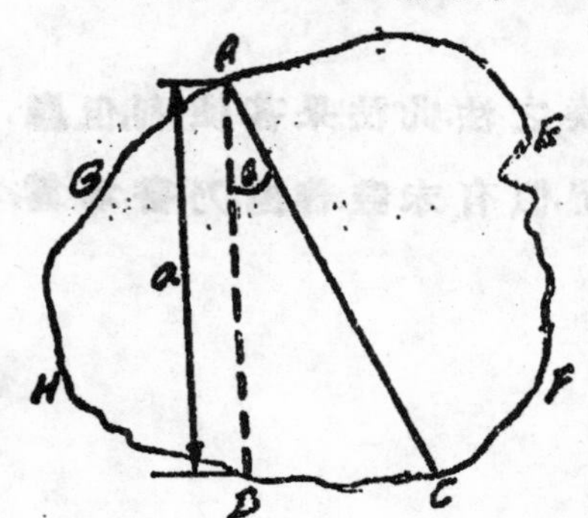

在 A 點(規定點)畫任意一直線＋如 AB

求得 ABGH 之面積爲 S

假定 AC 爲所需之線

則 ABCD 之面積爲 P－S✻✻（∵ACGH＝P）

設 ∠BAC 爲 θ

$$P=f(r_1\theta)$$

則 BAC 之面積爲 $P-S=\int_0^\theta\int_0 PdPd\theta=\frac{1}{2}\int_0^\theta[f(a_1\theta)_1]^2d\theta$

如 $f(a_1\theta)$ 爲已知，且（α）$f^1(a_1\theta)\neq0$ φ）係有理數或可展成有理數之函數，則 θ 之值可求得

〔附註〕"＋"當作 AB 線時，雖可任意，如能切近 CD(或AB)則較佳，以免 $f_1(x)$ 與 $f_2(x)$（或 $f(a_1\theta)$）有不連續性質發生.

"✻"注意此線係直線

"✻ ✻"如 S＞P 則 ABCD 或 ABC 之面積爲 S－P

✻　✻　✻　✻　✻

（b）平面上曲線分割.

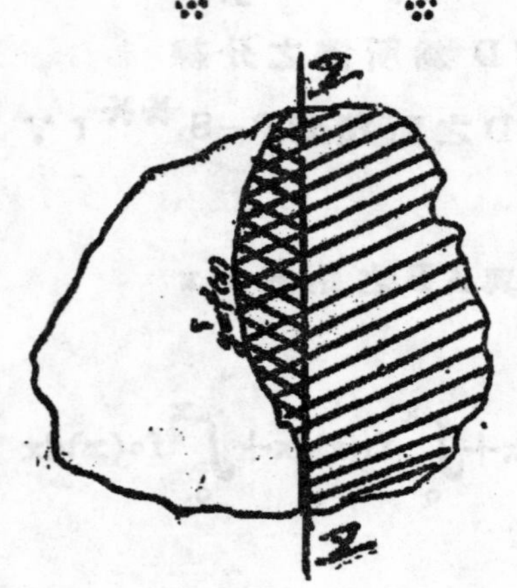

（1）求面積

面積A＝面積B＋面積C＝$\int_c ydx$

＋面積C面積C可由前節得之

（2）求分割線

面積A－面積C＝$\int_c f(x)dx$

$\therefore f(x)=\frac{d}{dx}$（面積A－面積C）

❁ ❁ ❁ ❁ ❁

二(c)曲面上直線分割

意義:——曲面上直線分割之意義為此分割線在一平面上例如一物體,以刀剖之,此物體表面上所成一線謂之直線分割線或可定其意義如下:——分割線之某一方向(至少一個方向)之投影為一直線者謂之直線分割

(1)此分割線既在一平面上,則其面積可計之如(b)

(2)直線分割所包圍之面積

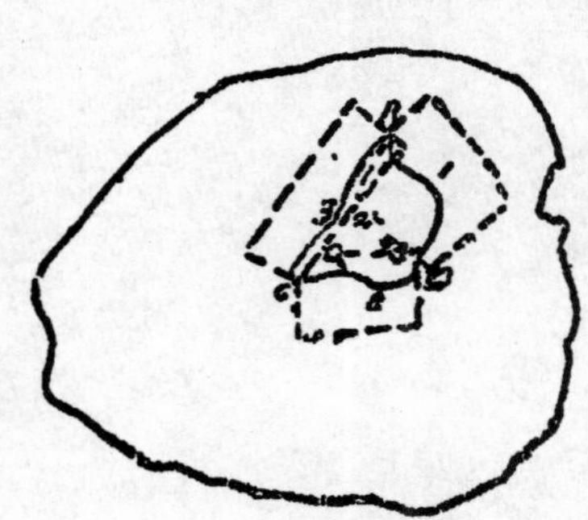

所包圍之體積為$V=f(x,y,z)$

$dv=f'(x,y,z)dx+f''(x,y,z)dy+f'''(x,y,z)dz$

(n) (n-1)

包圍此體積者為五旁面,其中四旁面在平面上,可用(b)法計之,所餘者為A1B2C3A.

因dv為此物體之總旁面積,故

(n-1)

A1B2C3之面積為dv-一旁面積

$=f'(x,y,z)dx+f''(x,yz)dy+f'''(x,y,z)dz-$(面積$A1BO_1A+A^3CO_1A+B2CO_2B+O_1O_2O_3$).

附註:—— $f'(x,y,z)f''(x,y,z),f'''(x,y,z)$不能皆為O.

❁ ❁ ❁ ❁ ❁

(d)曲面上曲線分割

所包圍之體積為$V=f(x,y,z)$

$dv=f'(x,y,z)dx+f''(x,y,z)dy+f'''(x,y,z)dz.$

設想△S為直線分割

則旁面積A為$y\triangle x$

當△x漸近為零,則$\lim_{\triangle x\to 0}y\triangle x=ydx$

則總旁面積為$\int_c ydx=\int_c f(x)dx.$

底面積B,不定在一平面上可求之

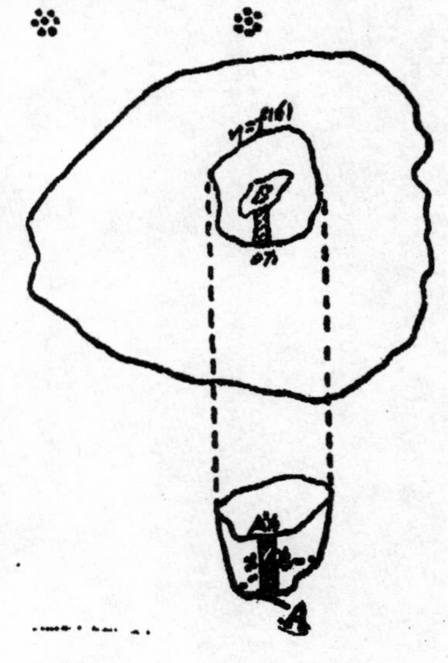

如(c)

29265

則此曲線所包圍之面積爲

dv－總旁面積－底面積

$$=f'(x,y,z)dx+f''(x,y,z)dy+f'''(x,y,z)dz-\int_c f(x)dx-\text{面積B.}$$

❀ ❀ ❀ ❀ ❀

大地測量邊長計算之討論

徐　保

一般應用之計算法有二,其一爲羅氏計算法,又其一爲等角計算法,本文所討論者爲第二法.

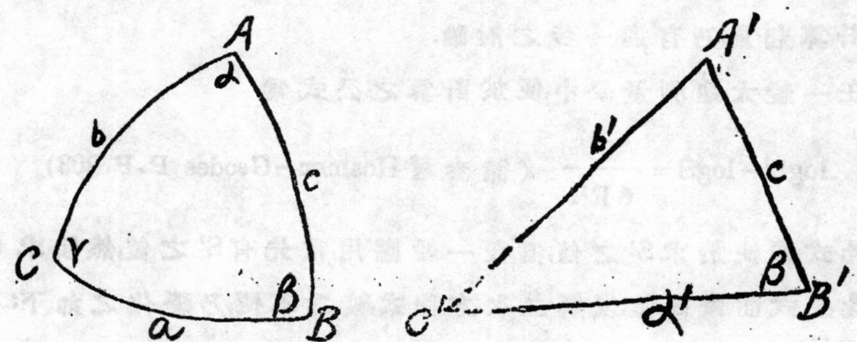

設有一弧三角,如圖,c邊,α B與r角爲已知,計算 a 與 b 邊之長度.

玆用一褏助平面三角形,其 c 邊之長與弧三角形之 c 邊相等,其 A' 角與 B' 角亦各相等於 A 角與 B 角.

a' 與 b' 之長可用平面三角計算之;使 a 與 a', 或 b 與 b' 之關係求得,則 a 與 b 邊之長較易求得.

在平面三角中,可得

$$\frac{\text{Sin}\alpha}{\text{Sin}\,\beta}=\frac{a'}{b'}$$

在弧三角中,可得

$$\frac{\text{Sin}\alpha}{\text{Sin}\,\beta}=\frac{\text{Sin}\,\frac{a}{R}}{\text{Sin}\,\frac{b}{R}}$$

由在上二式,得

$$\frac{\sin\frac{a}{R}}{\sin\frac{b}{R}}=\frac{a'}{b'}=\frac{\frac{a'}{R}}{\frac{b'}{R}}$$

或 $\sin\frac{a}{R}=\frac{a'}{R}$ 與 $\sin\frac{b}{R}=\frac{b'}{R}$

如以邊長代以 S 與 S',則

$$\sin\frac{S}{R}=\frac{S'}{R}$$

以上所述,可見於大地測量學中.S與S'之關係已能明示;但為求便於計算起見,乃有進一步之討論.

在一般大地測量學中,便於計算之公式為

$$\log S'-\log S=\frac{MS^2}{6R^2}$$ (請參看 Hosmer-Geodes P.P.203)

此式頗便於求S'之值,但在一般應用,常先有S'之值,然後求S之值,以此公式而求S值,須解二次方程式,較為不便,乃變化之如下:——

$$\sin\frac{S}{R}=\frac{S'}{R}$$

$$\frac{S}{R}=\sin^{-1}\frac{dS'}{R}=\int\frac{d\frac{S'}{R}}{\sqrt{1-\left(\frac{S'}{R}\right)^2}}$$

$$=\int\left[1+\frac{1}{2}\left(\frac{S'}{R}\right)^2+\frac{1\times3}{2\times4}\left(\frac{S'}{R}\right)^4+\frac{1\times3\times5}{2\times4\times6}\left(\frac{S'}{R}\right)^6+\cdots\cdots\right.$$

$$\left.+\frac{(n-1)(n-3)(n-5)(n-7)\cdots\cdots\cdots\cdots1}{n(n-2)(n-4)(n-6)(n-8)\cdots\cdots\cdots2}\left(\frac{S'}{R}\right)^n\cdots\cdots\right]d\left(\frac{S'}{R}\right)$$

$$=\frac{S'}{R}+\frac{1\times\left(\frac{S'}{R}\right)^3}{2\times3}+\frac{1\times3\left(\frac{S'}{R}\right)^5}{2\times4\times5}+\frac{1\times3\times5\left(\frac{S'}{R}\right)^7}{2\times4\times6\times7}+\cdots\cdots$$

$$+\frac{(n-1)(n-3)(n-5)\cdots1\left(\frac{S'}{R}\right)^{n+1}}{(n+1)(n)(n-2)(n-4)\cdots\cdots\cdots2}$$

$$\therefore S=S'+\frac{1}{2\times3}\frac{S'^3}{R^2}+\frac{1\times3}{2\times4\times5}\frac{S'^5}{R^4}+\cdots\cdots\cdots$$

$$+\frac{(n-1)(n-3)(n-5)\cdots\cdots1}{(n+1)(n)(n-2)(n-4)\cdots2}\frac{S'^{n+1}}{R^n}$$

為實用起見

$$S=S'+\frac{S'^3}{6R^2}\quad\left(\text{或}S=S'+\frac{S'^3}{6R^2}+\frac{3}{40}\frac{S'^5}{R^4}\right)$$

因於應用時恆用對數,可更化之為

$$S=S'+\log^{-1}\left[3\log S'-2\log R-\log 6\right]$$

此式似較複雜,但於計算實較便利,讀者諸君,曷一試之.

公路橋樑平板撓幾之簡便計算法

謝慎得

此篇係將普通設計公路橋樑在一定跨度內計算活載重撓幾(Live Load. Bending Moment)之法.化爲簡單之式.以便應用.所有各公式之演繹.皆根據美國省公路局協會標準規範書所定之載重 H－10 H－15及H－20.

據規範書所載.一車輪重之有效寬度(Effective Width)E.可劃分二類.即鋼筋與車輛平行者.及鋼筋與車輛垂直者是.第一類之有效寬度爲 $E=0.7S+W$.而最大不得過七呎.S爲跨度若干呎,W爲輪寬若干呎.隨車輛之重量而變.規範書規定每一後輪之寬W.爲車輛總載重十二分之一.(即每噸一吋).故前式可寫爲

$$E=0.7S+\frac{H}{12}$$

H 爲車輛之噸數.如 H－10 之車輛.則此數爲10.

車輛總重量P之分配.每前輪爲0.1P.每後輪爲0.4P.故計算時所用之單輪重.即 0.4P.或 0.4×2000 磅.(輪之中距六呎.軸中距十四呎.)

設計時所用之撓幾.依規範書所載.爲簡單樑撓幾百分之八十.故撓幾之公式(單輪重)爲

$$M=\left(\frac{0.4H\times2000}{0.7S+\frac{H}{12}}\right)\frac{S}{4}\cdot\frac{8}{10}\cdot12=23040\left(\frac{SH}{8.4S+H}\right) \quad (1)$$

此處之M爲每呎寬平板之撓幾若干吋磅.

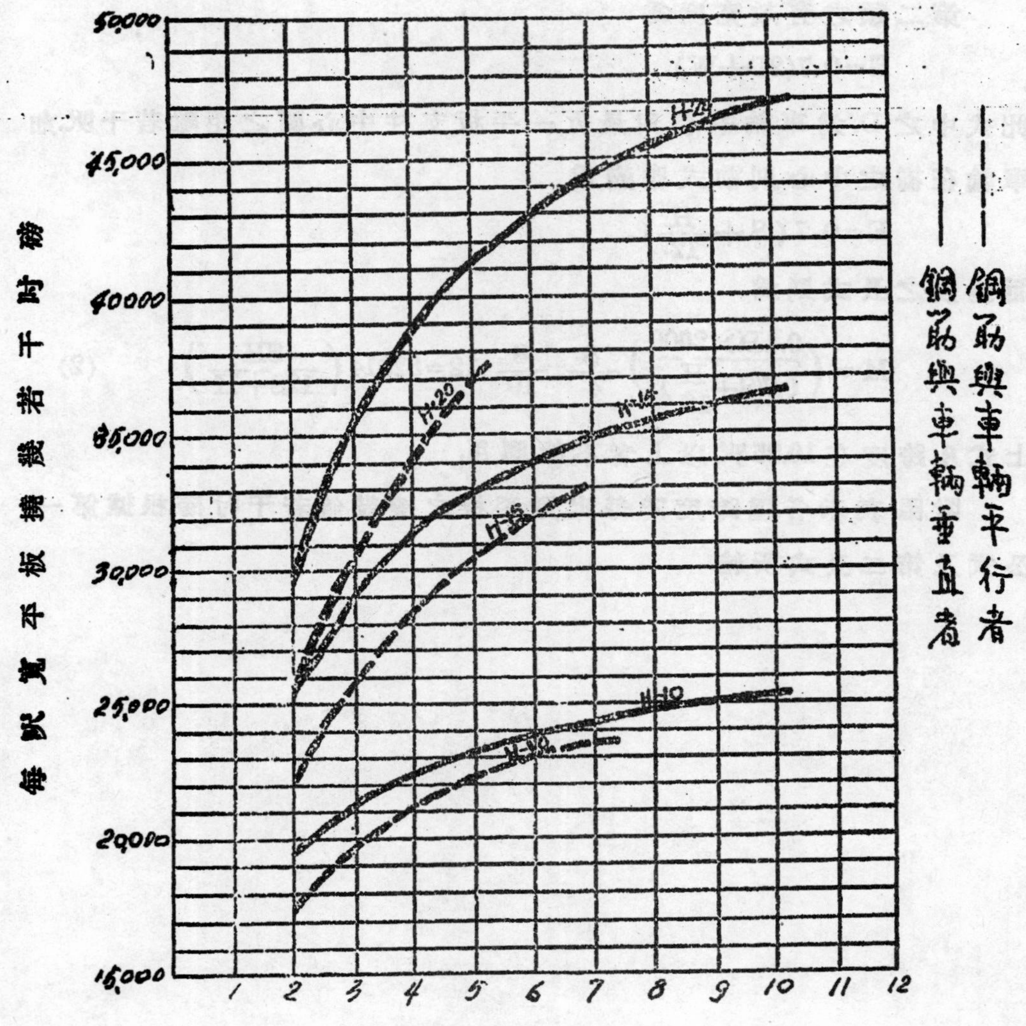

跨度(S),若干呎

各種載重二類鋼筋排置每呎寬平板之撓幾值

下表爲各種載重用第一公式時之最大跨度.

載　　重	平　板　跨　度　(呎)
H-10	S < 或 = 7.38
H-15	S < 或 = 6.78
H-20	S < 或 = 6.19

29271

第二類之有效寬度為

$$E=0.7(2D+W).$$

此式中之D.為車輪中心與最近一平板支柱中心間之距離若干呎.如車輪在橋之中心.則前式應變為

$$E=0.7\left(S+\frac{H}{12}\right).$$

而撓變之公式則為

$$M=\left(\frac{0.4H\times2000}{0.7(S+\frac{H}{12})}\right)\frac{S}{4}.\frac{8}{10}.12=32914\left(\frac{SH}{12S+H}\right). \qquad (2)$$

上式凡跨度在10.25呎以上者.不能應用.

附圖表示各種跨度時每呎寬平板之撓變值若干吋磅.根據第一公式及第二公式所繪.

靜力的不定支架設計簡法

周子敬譯

Indeterminate Truss Design Methods Simplified

By Albert Haertlein

任何連續支架(Continuous trusses)或拱架(arches)之反應力(reaction),我人咸知不能單獨用靜力學中之公式求之,普通須再加根據最小工(Least work)或虛工(virtual work)原理所得之公式,同時求其反應力,以補償靜力公式之不足,且根據此二不同原理所得之結果相同,但本篇所述卽欲應用近似法以求其反應力之分力,因在尋常之設計中,須先假定各肢桿(members)之長度及其斷面積,而後進行初設(Preliminary Design),今此簡法可免去初設之困難及節省設計者之時間.

未知數之最終公式

今假定一二孔之連續支架,其二支點爲絞式(hinged),另一支點爲滾滑式(roller),及一雙絞式拱架,以X代表連續支架中間之反應力或雙絞式拱架之反應力之橫分力(horizontal component),如圖一.

以S=結構肢桿因縱荷重(vertical load)及反應力而發生之應力,其因X力而發生之應力不在內.

t=各肢桿因與X力同方向之單位力(unit load)加於X力所放之一點而發生之應力除以單位力所得之比數.

A=各肢桿之斷面積.

L=各肢桿之長度.

E=各肢桿之彈性率.

則Xt=各肢桿因X力所生之應力.

依照最小工之原理其總內工作(internal work)必等於總外工作(external work)其總內工作以下式代表之.

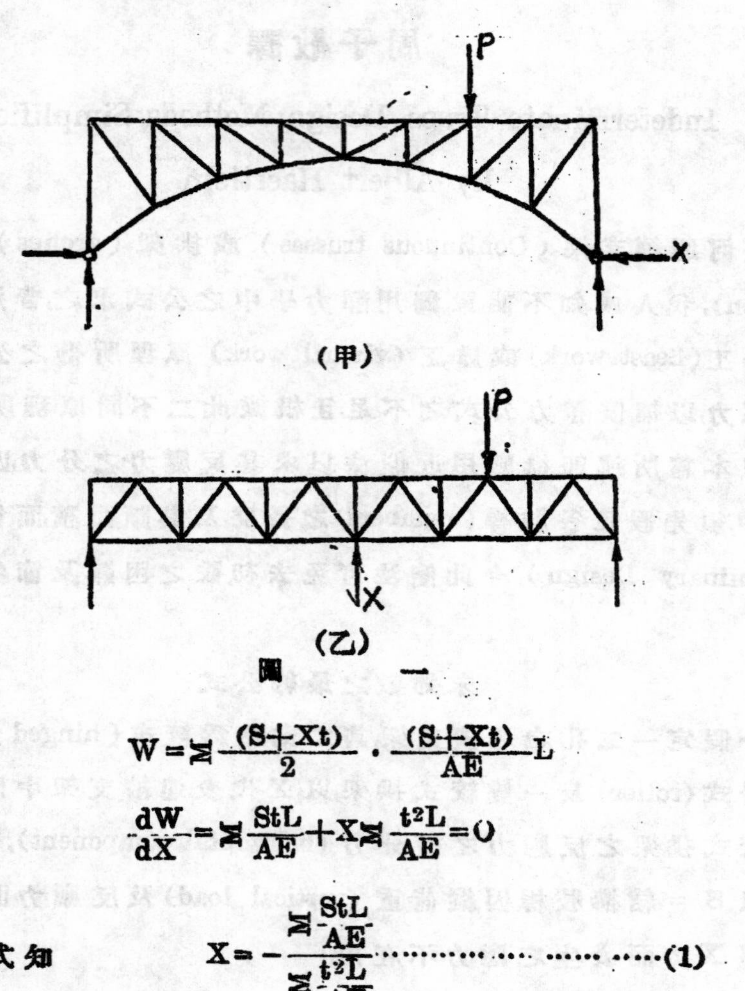

(甲)

(乙)

圖 一

$$W=\Sigma\frac{(S+Xt)}{2}\cdot\frac{(S+Xt)}{AE}L$$

則 $$\frac{dW}{dX}=\Sigma\frac{StL}{AE}+X\Sigma\frac{t^2L}{AE}=0$$

由上式知 $$X=-\frac{\Sigma\frac{StL}{AE}}{\Sigma\frac{t^2L}{AE}}\cdots\cdots\cdots\cdots\cdots(1)$$

再依照虛工法之原理,結構任何一點之移動(movement)皆可求得,若將二孔連續支架中間之支點去之,或將拱架右面之支點改成滾滑式,即變爲靜力的能定(statically determinate)結構,因此可以一公式代表此連續支架中間支點之縱向移動(vertical movement)或拱架之橫向移動(horizontal movement),又因其總移動必等於零,故得下面之公式,

29274

$$\sum\frac{StL}{AE}+X\sum\frac{t^2L}{AE}=0$$

由上式知 $$X=-\frac{\sum\frac{StL}{AE}}{\sum\frac{t^2L}{AE}}$$

以上二原理可參看普通靜力的不定結構之教科書,故不再詳述.

設計者須在任何情形下之荷重以求其X值,然後方能求各肢牌之最大應力,以定其斷面之大小及形狀,因此須先畫感應表(influence table)或感應圖(iufluence diagram)以備求使結構發生最大影響時之荷重地位,在感應表或感應圖內所代表之數值,即以單位力放於結構上而各肢桿所生之應力也,求各肢桿之應力時,應先想像此結構切成兩部,在此切斷之各肢桿,即包括我人欲求其應力之一根,倘外力加上結構後,即發生反應力及其肢桿之應力,而整個結構成平衡狀態,則結構任何一部必平衡,是以力加在結構之任何地位後,即可應用靜力學之方程式解之,因在切斷面之任何一邊之一個力或多個力中皆包含X力故以先須决定外力在各種不同地位所發生之X值,並須先預備求X之感應表或感應圖.

假定斷面積之困難.

從 $X=\dfrac{\sum\frac{StL}{AE}}{\sum\frac{t^2L}{A^2E}}$ 式中,我人咸知在X未求出之前,非但須先定支架之幾何形式而求各肢桿之長,度且須知各肢桿之斷面積,然肢桿之斷面積須於最後求得之,故上式中包括之A與L均須先行假定,以後再校正,此先行假定之方法,在一般教科書中均詳述之,對於連續支架則先假定其慣性力幾(moment of inertia)應用三力幾方程式(Three moment equations)或力幾分配法(method of moment distribution)以求其各反應力,若結構爲拱架則其反應力之橫分力,普通用近似公式以求立體拋物綫拱架(Solid flat parabolic arch)反應力之橫分力,然後可求其近似斷面積,再由公式(1)求X,既知X,則各肢桿之最大應力及新斷面積皆可求得,若此新斷面積與假定之近似斷面積相差太大,則須重新假定斷面積而計算之,至假定之斷面積與算出之斷面積相符爲止,由此可知假定斷面積爲一最困難之事對於計算甚爲繁複,有種設計者,假定各肢桿之斷面積相等,但此種假定對於實在情形相差太大,嘗有種肢桿之斷面積之相差,有十餘倍之多:

L與A之消去

此法爲 Mr.Lee H Johnson 研究所得,其目的卽求

$\frac{\Sigma \frac{StL}{AE}}{\Sigma \frac{t^2L}{AE}}$, $\frac{\Sigma StL}{\Sigma t^2L}$ 與 $\frac{\Sigma S}{\Sigma t}$ 之相差

同一材料之彈性率E皆等,故可括出,又因其除數及被除數皆爲許多項(terms)之總數故

$$\frac{\Sigma S}{\Sigma t}=\frac{S_1+S_2+S_3+\cdots\cdots\cdots\cdots S_n}{t_1+t_2+t_3+\cdots\cdots\cdots\cdots t_n}$$

再在上式 $\frac{\Sigma S}{\Sigma t}$ 之除數及被除數各乘以tL得 $\frac{\Sigma StL}{\Sigma t^2L}$ 故

$$\frac{\Sigma StL}{\Sigma t^2L}=\frac{S_1t_1L_1+S_2t_2L_2+S_3t_3L_3+\cdots\cdots\cdots\cdots S_nt_nL_n}{t_1^2L_1+t_2^2L_2+t_3^2L_3+\cdots\cdots\cdots\cdots t_n^2L_n}$$

同樣第一式 $\frac{\Sigma \frac{StL}{A}}{\Sigma \frac{t^2L}{A}}$ 卽 $\frac{\Sigma StL}{\Sigma t^2L}$ 式之除數及被除數各乘以 $\frac{1}{A}$ 之積,由此可知 $\frac{\Sigma Sk}{\Sigma tk}=\frac{\Sigma S}{\Sigma t}$, k可代表 t, L, A 或三者之混合數,若各肢桿之 k 相同,則 $k_1=k_2=k_3$,若 $\frac{S_1}{t_1}=\frac{S_2}{t_2}=\frac{S_3}{t_3}\cdots\cdots\frac{S_n}{t_n}$,則各肢桿之相差等於零,因各肢桿之斷面積不等,其長度與斷面積之比亦不定,故注意其 S/t 之比.

下面求X之各感應表,即根據已造成之結構之肢桿之大小

29276

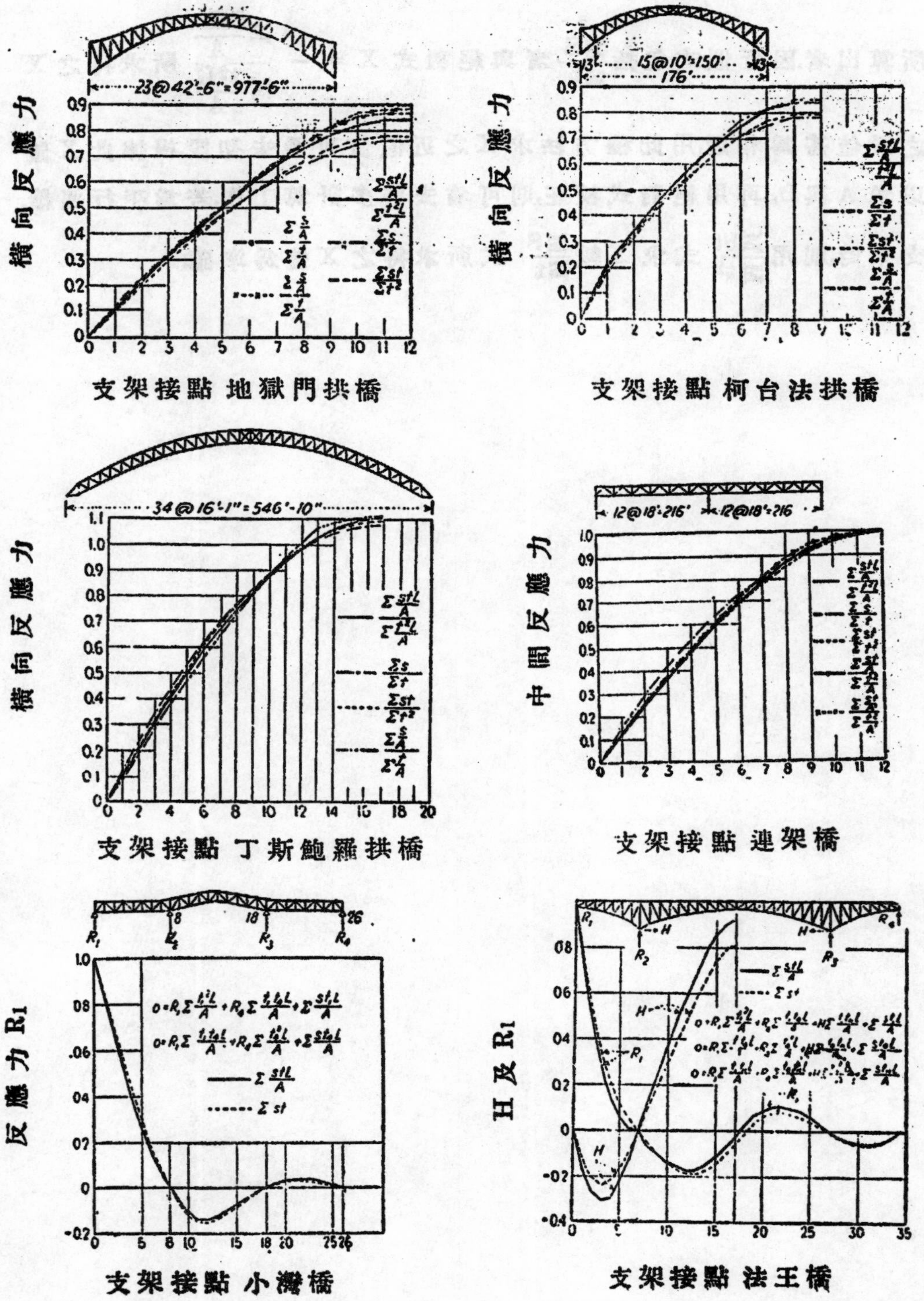
23@42'-6"=977'-6"
橫向反應力
支架接點 地獄門拱橋
15@10'=150'
176'
橫向反應力
支架接點 柯台法拱橋
34@16'-1"=546'-10"
橫向反應力
支架接點 丁斯鮑羅拱橋
12@18'=216'
12@18'=216
中間反應力
支架接點 連架橋
反應力 R1
支架接點 小灣橋
H及R1
支架接點 法王橋

29277

所算出者,因近似式包括$\frac{\Sigma MS}{\Sigma t}$者與絕對式$X=-\frac{\Sigma\frac{StL}{A}}{\Sigma\frac{t^2L}{A}}$所求得之X之數值甚爲相近,用此種方法求X之近似值,可免去初設,根據此X值以求A與L,再用絕對式校正,則可省去許多計算工作,若爲平行連續支架時,則用$\frac{\Sigma MSt}{\Sigma t^2}$式求X較$\frac{\Sigma MS}{\Sigma t}$式所求得之X值爲準確.

負高剪力之新式木料三和土合組樑

謝愼得

New Timber-Concrete Beam Develops High Shear Value

新式特別組成之木料三和土合組樑.能受高度之橫剪力.尤宜於構築橋樑,碼頭跳水板,及載重之面板等.樑之張力部份.以直立之木板.將其上沿高低相間約二吋.用螺絲釘釘住.壓力部份.用三和土澆於木板之上.設計之特殊點.爲用三角形之薄金屬片鑲於木槽中.(如圖)此種三角片稱爲『剪力助增片』.每隔若干距離裝置一片.固定於三點.較『剪力匙』之發生猿臂樑作用者.勝過多多

此式樑之優點約如下述:

(1)所用木材之等級及大小.其價値較普通擱柵所需者爲廉.

(2)所用薄木板.易於施用防腐劑.且效能較高.

(3)木料部份頗能担負施工時之載重.且能兼充三和土之木殼.

(4)此種設計頗適宜於連續樑.

根據試驗之結果.剪力助增片之失敗.往往因於撓曲所致.每片所受之力約爲四千磅.故可斷論此種木料三和土合組樑.可用剪力助增片增進其全樑之强度頗多.

剪力助增片裝置時須略傾斜成十度之角.以免木材與三和土脫離.其方向爲離支柱而向上.但如用於連續樑內.則其方向或須改變.因其支點反作用力有時係朝下者.

因載重分佈之有效者皆在三和土.故木板之連接.不須十分注意.惟所有之裸絲釘.皆須裝於中心綫之下.

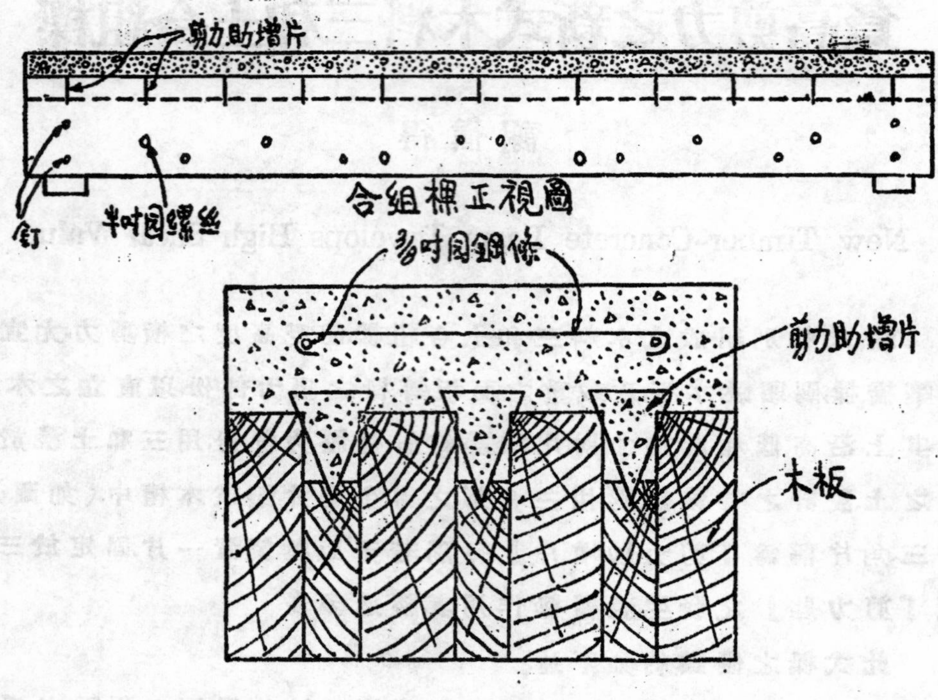

29280

螺旋式鋼筋三和土柱之慣性動率計算法

謝秋白

通常在實用上.計算螺旋式鋼筋三和土柱(Spirally Reinforced-Concrete Columns)之慣性動率(Moment of Inertia)時.大都僅求其近似值.而此近似值.乃係假定柱內之縱鋼條爲一等量面積而與螺旋形鋼條具同樣直徑之圓筒.此種方法.欲得一準確值.須決定二稍異之直徑四次乘積以上之差.計算極冗長煩複.必須應用計算機.非普通計算尺所能勝任.

本篇所述.乃一應用計算尺之準確解法.最煩複之處.亦僅求一項之二次乘積.故頗合一般之用.

螺旋式鋼筋三和土柱之慣性動率之通式.可列示如下.

$$I = I_c + (n-1)I_s \qquad (1)$$

上式中I_c之計算極爲簡便.故此問題之全部.幾儘屬I_s之解求.下列爲計算時所用之符號.

- d　螺旋圈之外徑.
- t_1　螺旋鋼條之直徑.
- t　縱鋼條之直徑.
- D　柱之淨餘直徑.
- m　縱鋼條總數.
- β　縱鋼條間之中心夾角,
- α　最小慣性動率之中心夾角.

I　全斷面之慣性動率.

I_c　三和土之慣性動率.

I_s　鋼條之慣性動率.

n　二材料彈性係數之比率.

A_c　三和土面積

A_s　鋼條面積,

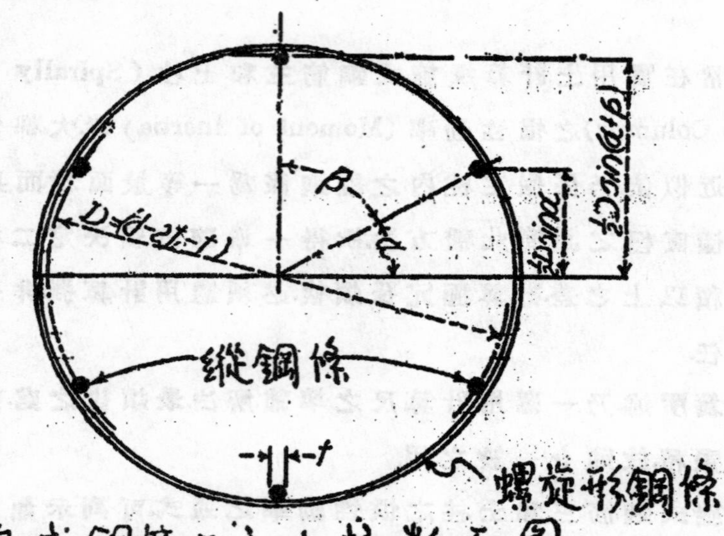

螺旋式鋼筋三和土柱斷面圖

根據附圖,如將各鋼條斷面繞總斷面中心軸之慣性動率相加.即可得一式如下.

$$I=\left(\frac{m\pi}{64}\right)t^4+\frac{\pi}{16}D^2\cdot t^2\Big(\sin^2\alpha+\sin^2(\alpha+\beta)+\sin^2(\alpha+2\beta)$$

$$\cdots\cdots+\sin^2[\alpha+(m-1)\beta]\Big)\qquad(2)$$

應用最大值及最小值之基本原理於上式.即可得 I_s 之最小值.將 β 代以 $\left(\frac{2\pi}{m}\right)$. 求公式(2)關於 α 之第一次微分.並將其結果等於零.則 α 不論鋼條之多寡.必皆等於零.於是第二公式可變爲.

$$I_s=\left(\frac{m\pi}{64}\right)\cdot t^4+\frac{\pi}{16}D^2\cdot t^2\Big[\sin^2\left(\frac{2\pi}{m}\right)+\sin^2\left(\frac{4\pi}{m}\right)+\sin^2\left(\frac{6\pi}{m}\right)$$

$$\cdots\cdots\cdots+\mathrm{Sin}^2(m-1)\left(\frac{2\pi}{m}\right)\Bigg] \quad (3)$$

上式第二項括弧內之長係數.經詳細之研究.可斷爲一極簡單之算學級數.其和爲 $\left(\frac{m}{2}\right)$.將此數與另一因數 $\left(\frac{\pi}{16}\right)$ 合併之.卽成 $\left(\frac{m\pi}{32}\right)$.公式(3)卽可化爲簡式如下.

$$I_s=\left(\frac{\pi m}{64}\right)t^2[t^2+2\cdot D^2] \quad (4)$$

總斷面之慣性動率（用圓鋼條者）公式則爲

$$I=\frac{\pi}{64}d^4+(n-1)\left(\frac{\pi m t^2}{64}\right)\left[t^2+2D^2\right] \quad (5)$$

上式中之d.爲三和土柱心之直徑.

如改用方形鋼條.則係數稍有變更.可用其寬 b 代其直徑.

$$I_s=\left(\frac{mb^2}{4}\right)\left[\frac{b^2}{3}+\frac{D^2}{4}\right] \quad (6)$$

總斷面之慣性動率（用方鋼條者）公式則爲

$$I=\frac{\pi}{64}d^4+(n-1)\left(\frac{mb^2}{4}\right)\left[\frac{b^2}{3}+\frac{D^2}{4}\right] \quad (7)$$

29283

鋼筋混凝土軸擠力之設計

Taking Account of Axial Coinpression In Concrete Beam

莊心丹意譯

多數之鋼筋混凝土結構,除產生撓曲力(Bending stress)之載重外,更有發生混合力(Combined Stress)之軸擠力,如房屋之圍牆,橋座之胸牆及鋼節結架(Rigid Frame)等皆是.設計此類構材(members)之方法,按諸鋼骨混凝土學中,均之明確之指示,致使一般設計者,各憑己意,而混淆益甚矣!通常求樑中(無軸載重 axial loading)擠壓面深度之公式,乃假定在混凝土中所有之擠力,皆爲拉伸鋼筋(tensile reinforcement)誘導而出,故該項公式,自必不能應用於由軸載重而生之擠力情況下也明甚.後者 k 之值較大,且不專賴乎 f_c, f_s, 及 n 諸值,而更與樑之斷面積及軸載重有關焉.

凡樑彎曲後,其任一斷面之總擠力,必在該樑之擠壓面(Compression side),且等於: A_sf_s+W. W 爲軸載重(磅)A_sf_s 則爲拉伸鋼筋所生之擠力.故如無擠壓鋼筋,則:

$$A_s f_s + W = 0.5bdk_1 f_c \quad \cdots\cdots (1)$$

dk_1 表自樑之中性軸(neutural axis)至擠壓面之距.從(1)式得:

$$bdf_sP = 0.5\, bdf_ck_1 - W \quad \cdots\cdots (2)$$

普通方程式中 f_s 及 P 之值,不含有 b 及 d, 僅有 f_c, f_s, k, 及 n. 設 k_1 能如 k 者之決定,則 f_s 及 P 之值,可以標準方程式代入(2)式:

$$f_s = nf_c\left(\frac{1-k_1}{k_1}\right) \quad \cdots\cdots (3)$$

及 $P = \frac{k_1^2}{2n(1-k_1)}$ ……………………………………(4)

(2)式應變爲:

$0.5\,bdf_c k_1 = 0.5\,bdf_c k_1 - W$ ……………………………(5)

然式(5)只適合於W=0,故式(3)及式(4)不能應用於任何軸載重之鋼筋混凝土樑.惟(3)及(4)式純爲以數學爲出發點而得,故知 k_1 不可僅由假定 f_c, f_s, 及n而能定其值也.

式(2)式(3)之由來,基於橫斷面當彎曲後,仍保持平面之假設.亦卽爲其不能應用於軸載重樑之惟一原因,蓋其他均爲簡單的純數學之演變,固無庸嘗議爲也.在具有軸擠力之樑內,上述之假定,只能適用於拉伸鋼筋.蓋其最終影響,由軸載重使每一斷面在中性軸處成一角度.換言之,卽軸載重所產生之擠力,在樑之擠壓面,故在中性軸之平面,因之變更方向.而於鋼筋之單位應力,絕無變易也.

玆更以簡圖闡明之.圖示混凝土樑中相鄰之二段(無鋼筋),載重P加於其上,W爲軸載重,作用於二端之中處.載重P所欲使樑彎曲者,爲oc處之混凝土擠力所阻,其總量爲W.混凝土旣命其不受拉伸抗阻(tensile resistance),故當拉伸歪(tensile strain)存在於a及a'之間時,aoc及a'oc將產生於0處.此二角純爲aa'間缺乏拉伸力之故,此種拉伸力,乃使aa'二點仍能處於oc之直線上,一如普通鋼筋混凝土樑者.

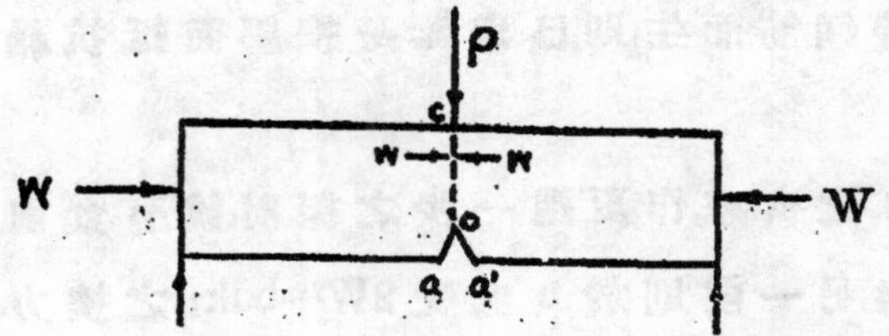

如樑中加以鋼筋,則0爲中性軸之終位,而 k_1 則等於oc,設載重之情形與前相同,其所加之拉伸鋼筋,不足以消除0角,僅在P增加時,增加樑身中之抗阻能率(resisting moment)及其擠壓力而已.其在混凝土中所增加之擠力總量,與鋼筋中之拉力總量相等,則與(1)式無背違之處.

至中性軸上角度之存在,非爲拉伸面較無軸載重者爲長之啓示,乃由于擠壓面之總長,突然減削,此蓋樑之擠壓面,既已承載重,而軸載重之加入,足使沿樑之端長突生巨大之擠力故也.

故知總擠力由二部所成,欲求 d 及 k_1 之公式,亦必分別從事研究,而後總合得之.　如 $W=0.5\,bdf_c'k_1$ 因拉伸鋼筋而生之擠力爲 f_c-f_c'. 即

$$f_c-f_c'=f_c-\frac{2W}{bdk_1}\cdots\cdots(6)$$

設 s 爲軸載重W而在拉伸面所生之歪,則在擠壓面爲:

$$\frac{s}{E_s}=\frac{2W}{bbk_1}\left(\frac{1-k_1}{k_1}\right)2\cdots\cdots(7)$$

設 s' 爲樑內其他應力在拉伸面所生之歪,則在擠壓面爲

$$\frac{s'}{E_s}=\left(f_c-\frac{2W}{bdk_1}\right)\left(\frac{1-k_1}{k_1}\right)\cdots\cdots(8)$$

混合式(7)及式(8),得:

$$\frac{S+s'}{E_s}=\left(f_c+\frac{2W}{bdk_1}\right)\left(\frac{1-k_1}{k_1}\right)=\frac{f_s}{n}\cdots\cdots(9)$$

設上式中 $W=0$, 即成普通無軸載重之公式

在(7)式中之第二係數 2,乃由於 aoc 及 a'oc 中,欲求擠壓面中擠力增加之諸角.設此係數爲 1 時,則式(9)中之含有W之一項,勢歸烏有.此蓋表明軸載重之與決定 k_1 無關,且在中性軸之斷面中,亦無角度之存在.即所有擠力,均由拉伸鋼筋而生,則已與樑身擠壓面抵抗軸載重之原意剌謬矣.

茲將(7)式中第二係數 2 之由來,作更進一步之探討.設有如前圖之樑一,其二段交具有純鋼性,另一段則於 c 處受 $2W\div bdk_1$ 之擠力.每邊各生 aa' 一半之歪,2 之所來,即由于此.

(8)式之正誤,可以 $s'=0$ 及 $k_1=1$ 證之.此時式(8)已成　$f_c=2W\div bd$,蓋即吾人所深知求長方斷面樑受軸載重後所生之最大擠力,適

29286

爲撓曲力于該斷面之反方向將其抵消之方程式也.若設其受軸載重于先,而以充量之撓曲力加之于後,使$f_s=0$,則更易于明瞭.此時撓曲力若繼續增加,將使k_1漸次小於一,至f_c達最大之值而止.0點則由拉伸面移至最終位,其中諸角,亦隨之移動.在$f_s=0$之後,撓曲力若繼續增加,則軸載重幾完全控制k_1之值.乃知(9)式中含有W之一項,爲定k_1之值.所不可少者.

然與k_1有關之因子(factors)過多,故實用上將(9)式移項整理之如次:

$$\left[\frac{\frac{f_s}{n}+f_c}{f_c}\right]k_1^2-\left(1-\frac{2W}{bdf_c}\right)k_1=\frac{2W}{bdf_c}\cdots\cdots\cdots\cdots(10)$$

上式k_1^2之係數,適爲k之倒數(reciprocal),乃以k代入10式,得:

$$k_1^2-k_1\left(k-\frac{2kW}{bdf_c}\right)=\frac{2kW}{bdf_c}\cdots\cdots\cdots\cdots(11)$$

至d之值,可由抗阻能率中得之.又在d之中部之總抗阻能率M(吋磅)爲:

$$M=A_s f_s d(1-0.33k_1)+Wd(0.5-0.33k_1)\cdots\cdots\cdots(12)$$

抗阻能力之所以取於d之中部者,蓋因外載重所生之能率,亦以此爲軸故也.(12)式中之$A_s f_s$,代以式(1)中之值而整理之如次:

$$d^2-d\left(\frac{W}{bfcj_1k_1}\right)=\frac{2M}{bfcj_1k_1}\cdots\cdots\cdots\cdots(13)$$

應用此式時,其j_1設k_1之值,可於(11)式中得之.

若計算拉伸鋼筋之數量時,其總能率應減去在擠壓面處由軸載重所生之抗阻能率.其方程式如下:

$$A_s=\frac{M-Wd(j_1-0.5)}{df_sj_1}\cdots\cdots\cdots\cdots(14)$$

鋼鈑樁圍堰之設計

章撑亞譯

單板圍堰爲一種打入土中或石上之鋼鈑樁圍圈.在此圈圍中,卽可去水挖土,以爲建造建築物之用.因此種圍堰,須抵抗圍外水及土之壓力,故在圍內必須設以由橫條直撑組成之支撑.

設計此種圍堰之程序,可分爲兩步:卽鋼鈑樁之研究;及支撑之研究.此種鋼鈑樁在兩橫條間,必須有相當之强度,如桁樑之作用者.並須有相當之堅實,能穿入泥土以防範樁下過甚之漏水,及保持堰底,以免頂起.

橫條及直撑之大小,必須足以抵抗所有建造時之重力,及由鋼鈑樁傳入之外力.而在鋪設橫條時,須注意,勿使鋼鈑樁超過其樑之强度.此種圍堰,亦須用拉桿,短柱,及斜桿組成桁架及支撑,以抵禦橫側之搖動.

所有外力,皆假定爲流體壓力,卽其大小皆與堰之深度成比例者.泥土之重量,則視作一種等量之流體壓力,如庫倫氏(Coulomb)之公式所示者.假使泥土乃浸於水下者,則其每深一呎所增加之壓力,爲每一立方尺水之重量,加以該泥土壓力之根據傾斜角求得之水平分壓力,設此種傾斜角,可以庫倫氏公式決定者.

通常設計之第一步,先決定堰頂橫條最低之地位,此地位足以使頂段之鋼鈑盡量發揮其樑之强度以抵禦外力.圖一卽例示此種情形.有兩種通常之情形解決此頂段圍堰橫條之地位.第一,以一橫條置於堰之頂端.第二,頂端成一猿臂樑作用者.設橫條置於頂端,則鋼鈑樁中之力成爲一雙支樑承以均勻漸增重力者.如此鋼鈑樁所需之斷面係

第一圖 等力幾橫條間距之決定

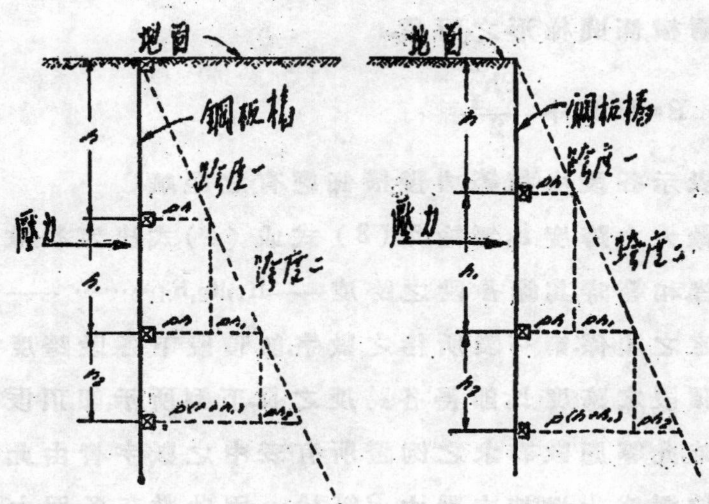

(甲)橫條置於圍頂時 (乙)頂端如猿臂樑時

數當爲

$$S=\frac{Ph^3\times 12}{9\sqrt{3}f}=\frac{Ph^3}{1.30f}\cdots\cdots\cdots\cdots(1)$$

設爲一猿臂樑,則

$$S=\frac{\frac{Ph^2}{2}\times h\times 12}{3f}=\frac{2Ph^3}{f}\cdots\cdots\cdots\cdots(2)$$

實際工作時,吾人必先知其斷面係數.然後求其相當之頂段高度h.此卽可由第一式,第二式反求之.設橫條置於頂端者,其最大之跨度

$$h=\sqrt[3]{\frac{1.30fS}{P}}\cdots\cdots\cdots\cdots(3)$$

設爲一猿臂樑,則

$$h=\sqrt[3]{\frac{fS}{2P}}\cdots\cdots\cdots\cdots(4)$$

安全可用之鋼料應力 f 之選擇,全視工程師之判斷而定.若僅以

水壓力計,則加於椿上之外力甚爲確定,故其應力可擇頗近於鋼料之彈性限者.如有泥土之壓力,則不能.因其不能精確,即增加其安全也.

除頂段外,其餘各段之力幾,大概皆等於半聯樑之均勻外力,即 $M={}^{Phx}/10$. 此處之P,等於在此一段中每呎闊上總壓力之磅數.即如圖一所示,兩橫條間梯形之面積.

$$P=Phh_1+\frac{Ph_1^2}{2}$$

此式表示各段中相等力幾橫條應有之距離.

頂段最大之跨度 h,無論用(3)式或(4)式決定後,設各鋼鈑椿中之應力皆相等時,其餘各段之跨度——h_1,h_2,h_3……… ——皆與 h 之值成一固定之關係.第一表所給之數字,即頂段下各段跨度之應數,以此數乘此頂段之跨度 h,即得各跨度之長.下例所示,即頂段橫條置於頂端情形時,此等應數尋求之例證.所有表中之數字皆由此法求得之.設每一單位深度上增加之壓力 P等於--,因此數在各段中皆相等也.

$$M(\text{頂段})=0.1283\,\frac{h^3}{8}\text{—呎磅}$$

$$M(\text{跨度爲}h_1)=\frac{\left[hh_1+\left(\frac{h_1}{2}\right)^2\right]h_1}{10}\text{呎磅}$$

此兩力幾相等,則

$$2hh_1^2+h_1^2=1.283h^2$$

試解之,得 $h_1=0.691h$

第一表 橫條間距之關係

鋼鈑椿內之力幾相等者

橫條置於圖頂時	頂段如猿臂樑時
見第一圖(甲)	見第一圖(乙)
$h_1=0.691h$	$h_1=1.046h$
$h_2=0.570h$	$h_2=0.828h$

29290

$h_3=0.505h$	$h_3=0.718h$
$h_4=0.463h$	$h_4=0.653h$
$h_5=0.432h$	$h_5=0.606h$
$h_6=0.408h$	$h_6=0.570h$
$h_7=0.388h$	$h_7=0.541h$
$h_8=0.372h$	$h_8=0.518h$
$h_9=0.358h$	$h_9=0.498h$
$h_0=0.346h$	$h_0=0.481h$

第一表之製成.乃假定每一單位深度之增加外力 P, 在所有各段中皆相等者.但實際工事上,此力不能相等.譬如建於水中之圍堰,須挖去圍內泥土.則此外力初僅爲水壓力,每方呎62.4磅,後遂須增加土壓力每立方呎75磅或竟有過之者.若鋼鈑樁中之最大力幾爲已知者,則最大安全跨度在此高度處以下者,可試以 $M_{max.}=\frac{Pxhx}{10}$ 解得之.

另一方法,爲在於(或近於)此增加之壓力高度以下 h 呎處之橫條上之應力.除以新增加之壓力 P'. 如此則得一理論上之深度h',此值能得一因新增壓力P'之相相等之壓力.然後即可以公式(3)或(4)求一新之基本深度 h,復可應用表(一)求得其他在此段以下各段之橫條間距.因欲使在實際地面 h 呎以下深度處之橫條與在理想地面 h¹ 呎以下深度處之橫條,能有一近似之相等位壓力;故粗略言之.此兩橫條之地位必甚相近.

排置橫條.而以完全發展每段鋼鈑樁樑之强度爲目標者,其結果則在一規定深度中,可得一最小之橫條及最小之鋼鈑樁斷面.但即使爲低弱之樑强度之鋼鈑樁,其下面之横條,因需力增大,而無此相當大小之木材者.或雖有而頗不經濟者,或因材料太大而佔據地位過大,在實際工作不便者.在此種情況時.則須以鋼工字樑代之.且有雖用此等鋼樑,亦因鋼鈑樁過長過强而需甚重大者.是以鋼鈑樁具有高深之拱形腹鈑者,不能視爲良好之圍堰材料.

橫條重力之計算

橫條上之重力可以近似值方法計算之.依據圖一,在頂段橫條上每一呎長度上之磅數,若橫條在頂端者,爲$\frac{Ph^2}{6}$若爲猿臂樑作用者,則

$$\frac{Ph^2}{2}+\frac{Phh_1}{2}+\frac{Ph_1^2}{6}.$$

在第二橫條上之重力,依上述兩種情形其結果爲

$$\frac{Ph^2}{3}+\frac{Phh_1}{2}+\frac{Ph_1^2}{6}$$

及
$$\frac{Phh_1}{2}+\frac{Ph_1^2}{3}+10\left(\frac{h+h_1}{2}\right)h_2+\frac{Ph_2^2}{6}$$

以同樣之方法求之,則無論何根橫條上之近似重力,皆可求得之.即在此橫條上下兩長方面積之半,橫條上三角形三分之二,及橫條下三角形三分之一之和.但在猿臂樑情形時之第一段,則頂段之橫條負所有在第一段上之重力,即頂上三角形之面積.

相等重力之橫條間距

爲便利計,吾人常常按排橫條之間距,使每根橫條(頂根橫條除外)之水平重力相等.如此則同樣大小之橫條及直柱,可用於全圍堰中.若鋼鈑樁在第一段中使之發生應力至其極限,此高度 h 可用第(3)或第(4)公式計算之.特殊情形之最大橫條重力限制者,下述之方法可以應用.其餘各段之跨度,可從一固定比例中計算之.如此則除一頂條外,其餘皆能同樣大小.此法與計算鋼鈑樁之相等應力者在原理上甚相似.

證明此種橫條上相等水平重力比例數之求法,可以第二圖例證.之現試以頂段橫條說明之.假定壓力P爲一計算第一個 x,此三角形之高爲在第一橫條與第二橫條間之大三角形之三分之一,小三角形表示在此頂橫條上之重力.

如此,從第二圖得 $\frac{x^2}{2}=\frac{h^2}{6}$,解得 $x=0.5774h$, 此使 $x_1=0.4226h$.

第二根橫條置於梯形(A)之中心,高於梯形之底y呎,則

$$y=\frac{(y+0.4226h)(h+y+1.1548h)}{3(h+y+0.5774h)},$$

解之,得 $y=0.3247h$, 及 $h+y=1.3247h$. 以梯形(B)觀之,則

$$\left(\frac{1.3247h+1.3247h+z}{2}\right)Z=\frac{0.5744h+1.3247h}{2}$$

$$(0.4226+0.3247)$$

$$2.6494hZ+Z^2=1.4214h^2$$

$$Z=0.4575h$$

如此則 $\frac{y_1}{Z}=\frac{x_1}{x_1+y}=\frac{0.4226h}{(0.4226+0.3247)h}=0.5655$

所以得 $y_1=0.4575h\times0.5655=0.2587h$

$h_1=0.3247h+0.2587h=0.5834h$

第二表卽以同樣方法求得之.

第二表

頂段除外之等重力橫條之間距因素

橫條置於圍頂時 見第一圖(甲)	頂段如猿臂樑時 見第一圖(乙)
$h_1=0.583h$	$h_1=0.828h$
$h_2=0.404h$	$h_2=0.539h$
$h_3=0.334h$	$h_3=0.476h$
$h_4=0.291h$	$h_4=0.372h$
$h_5=0.261h$	$h_5=0.336h$
$h_6=0.230h$	$h_6=0.307h$
$h_7=0.222h$	$h_7=0.284h$
$h_8=0.208h$	$h_8=0.265h$
$h_9=0.196h$	$h_9=0.250h$
$h_0=0.186h$	$h_0=0.237h$

當其增力變更時,則以下之橫條跨度可試得之,或以同樣處理相等力幾之橫條間距之方法求得之.

有時若僅有一種大小之橫條可以應用,此種橫條具有其最大之安全承重爲每呎 L磅,則最大之安全跨度計算時,亦不能超過此橫條最大承重,而跨度 h,當然亦不能超過此最大負重之鋼鈑樁,如以公式(3)及(4)所求得者.

若橫條在頂端者,則第二橫條之負重當爲

$$\frac{Ph^2}{3}+\frac{Phh_1}{2}+\frac{Ph_1^2}{6}=L$$

從第二表,得 $h_1=0.583$. 代入之,並解得

$$h=\sqrt{\frac{L}{0.722P}} \quad \cdots\cdots(5)$$

若頂段樁爲猿臂樑作用者,

$$\frac{Ph^2}{2}+\frac{Phh_1}{2}+\frac{Ph_1^2}{6}=L \quad 及 \quad h_1=0.828h$$

$$h=\sqrt{\frac{L}{1.028P}} \quad \cdots\cdots(6)$$

當所求其餘之跨度從第二表求得時,除頂段外,所有各段橫條上之重力,大約皆相等,而橫條之安全負重量,亦不至超過.

必需穿透力之決定

多數圍堰之失敗,皆因鋼鈑樁太短,不能打至圍底以下足夠之深度,以至非因泥土支持力不足而在圍底處向內倒壞,即圍底因地下水流之故而被頂上.即其最小之困難,吾人可不計算者,如因鋼鈑樁穿入泥土中之深度不夠,以至過甚之漏水,須抽水機之抽打,則亦頗費款.此實甚明,吾人須要鋼鈑樁穿入土中足夠之深度,一則以支持圍底橫條以下之重力,一則以防制圍下過甚之漏水.

關於此須重大注意者,即在圍中水未抽乾前之圍底之情況.失敗之事,常發生於工作進行之程序中.尤其在沙及淤泥之情形時,特別危

險,即一細孔,水即逐漸沖刷,將細小之泥沙帶入圍內,而流入之水量及流速,亦逐漸增加,即重大之泥土亦能被帶入,漏口遂積聚而擴大矣.

欲使圍堰在土中完全能抑制水流之漏入,其必需之穿透深度,可以下式計算之:

$$x=k\left(y+\sqrt{\frac{6P_o}{2Pp}}\right) \quad \cdots\cdots\cdots\cdots\cdots (7)$$

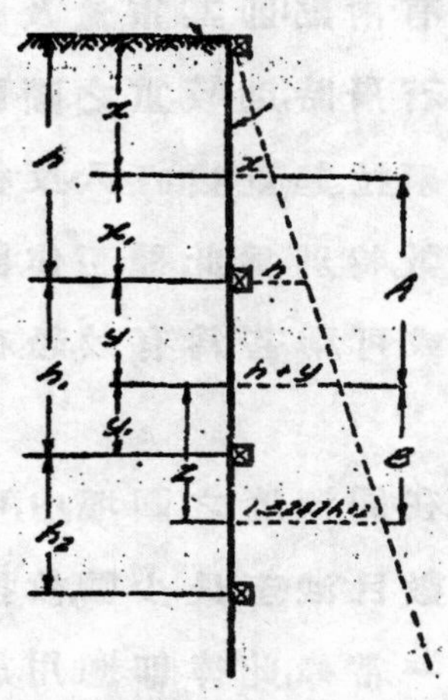

等荷量重時橫條之間距

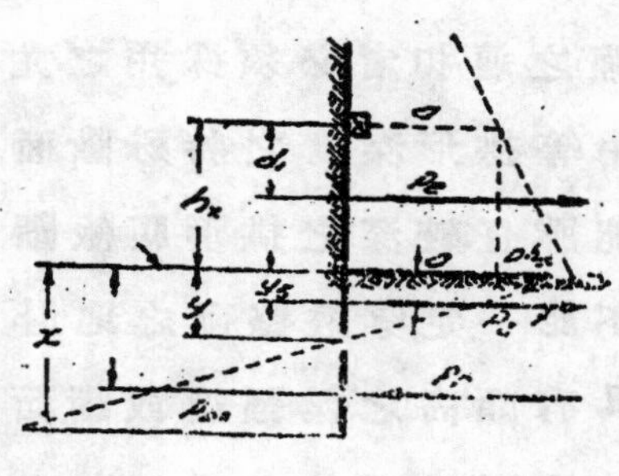

鋼鈑樁圍堰之底面受力圖

此處 k 之值在 1.1 與 1.2 之間.若抑制之作用不需要時,則此最小之穿透深度,可以圍底橫條上力幾相等法計算之,如圖(三)所示.每一面積之總壓力,假定其穿過此面積之中心者,在 Pc 作用線之橫條下之距離 d_1,當為

$$d_1=\frac{39hx+2Ph_x^2}{6a+Phx}$$

a 為 P 乘以地面下至圍底橫條之距離,即在此深度之單位壓力.

此乃顯然者,有足夠之穿透深度,方能防禦水流自圍底之侵入,或頂上.每一單位體體之圍內,泥土重量必須大於水之上浮力,亦即指浸於水中之泥土重量為決定圍堰透水與否之關鍵問題.作者並不企圖在此作透水率與所需鋼鈑樁穿透深度關係之種種公式上之探討.適當穿透深度之決定,尚為經驗與判斷之事,在不能透水之硬黏土言,所需穿透深度,可低至圍堰全深之百分之十五,或未平衡水壓力之百分之五十.若爲帶水之沙,通常當須有百分之三十至四十之深度.若爲泥沙,當須百分之五十至百分之六十之深度.若爲卵石,則須百分之八十至百分之一百之深度.

鋼鈑樁斷面之選擇

在選擇鋼鈑樁之斷面時,吾人須注意者有兩點:卽其重量及斷面係數(Z).若打樁因須穿透硬卵石,漂石或軟石層時,則較重之斷面具有堅强之連扣者必須採用之.尤其在鋼鈑樁須拉起重復打入反復數次者.中等拱形深度之特殊斷面及其斷面係數,特別爲此種工作設計者,方能勝任.較深之拱形腹鈑斷面在理論上或可稱甚爲有效,恐在實際上不能一定穿透堅硬之地層.

具有頗高之樑强度或斷面係數之板樁,在同深度之圍堰中,可減少橫條之數目.雖然其重量甚大,然使橫條之數目減至最少數,故採用一種樑强度甚高之板樁,頗爲經濟,此幾成爲一常律,此律卽應用於鋼質橫條時,仍甚可靠.因支撐之應用,費用甚大,且使工作滯緩,並拘束工作之地位.但若樑强度甚高之鈑樁,採用後仍不能減少支撐者,則正確之選擇,當以較輕之斷面爲宜.然此樁之强度必須足以打入土中,且無其他情形限制者.

通常有一限制之跨度,必須保持者;此跨度使支撐間之距離具有最大之轉側地位.在此種情形時,具有可用之最高樑强度之鋼鈑樁爲必需,則不能顧及其重量矣.普通若泥土之自支力不能確定時;鋼鈑樁打於岩石上,底端無支持時;或須築一規定深度之基脚,使所有支撐除去時,則此限制之距離,當在圍堰之底段,在此種種情況時,實際上其餘各段之跨度,不使此鈑圍發生最大之樑强度.

第四圖所示,卽典型之圍堰支撐,重要部分直撐之間距當然需注意勿使橫條超過其圍堰之强度.實際上最小之淨空,爲中心至中心八呎,尋常之跨度自八呎至十二呎.所有之支撐當須以斜條,拉桿,短柱組

成之桁架支撐之並使鈑樁之地位不至變動.

於二十呎或呎過二十呎之水中工作時,須用三組橫條,並製成桁架及橫支,將此桁架浮出於所定地位,然後將鈑樁圍繞此架,打入土中.在未將水吸出前,須挖土六呎至八呎深.然後在此桁架上,將另一組橫條築成,並將鋼鈑樁全體打入所定之地位.若在打樁時,鈑樁向外傾倒,則此圍堰必須挖土五呎至六呎後,將水吸出,在此桁架下,按入一組橫條.在此種情形時,如建築各種圍堰之支撐時,在吸水之時,必須備有艮木,鋼頂及尖劈頂,且所有支撐,必須緊軋按置於鈑樁上.鈑樁之移動,必須防止之,因若圍外泥土之軋壓,使之傾側,或竟沿裂開面破壞其附着力,則側壓力卽能增大.故須將支撐緊軋.或頂實,使圍外泥土之巨大壓力,得以發展.

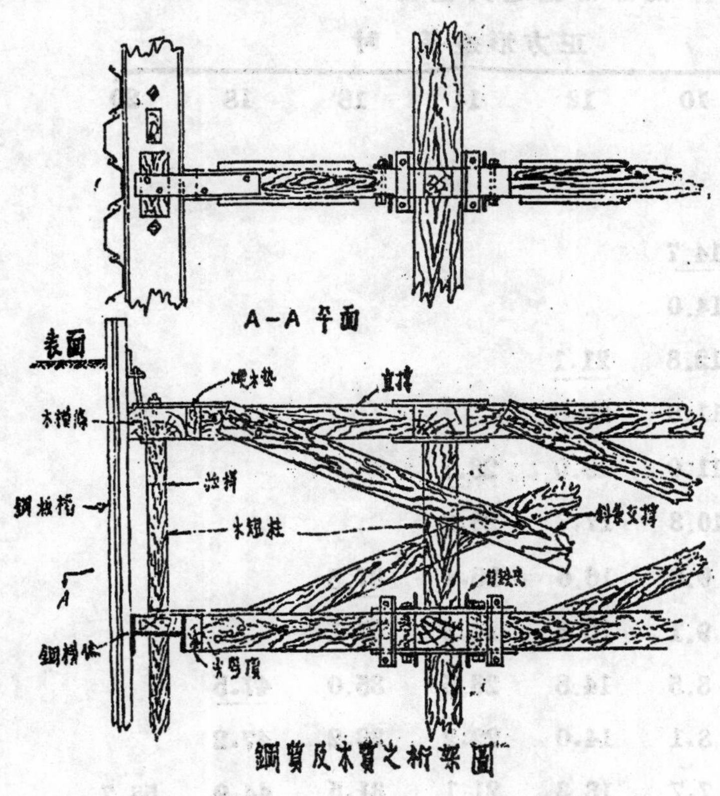

鋼質及木質之桁架圖

橫條之作用如一樑,兩直撐間負以均勻之重力,在此跨度中之總重力等於每呎上之重力乘兩直撐間之距離.直撐之作用如一柱,所負之重力,爲其兩旁橫條上之總重力.

計算木材安全承重力之公式,爲美國森林局之木材試驗所所推行,第三表與第四表卽係根據此等公式製成者.如椆或潮濕,曾經選擇之南部黃松之安全重力,此表係樑之應用.已將橫條之大小及直撐之間距列入.應用於直撐時,須依據柱表.吾人須注意此種短柱或許須受到因吊桶上下意外之碰擊,及挖土時材料下降時之打擊,或被因水泥木壳敷設及工具藏置之損壞,因此直撐之大小須較大於僅為支持橫條木上負重者.

第三表

表三. 正方木質樑上之安全荷重(千磅)

平均荷重

南部帶濕之黃色松

跨度呎	正方形邊長. 吋						
	8	10	12	14	16	18	20
	9.4						
9	8.8						
10	7.9	14.7					
11	7.2	14.0					
12	6.6	12.8	21.1				
13	6.1	11.8	20.5				
14	5.6	11.0	19.0	28.7			
15	5.3	10.3	17.7	28.2			
16		9.6	16.6	26.4	37.5		
17		9.1	15.6	24.8	37.1		
18		8.5	14.8	23.5	35.0	47.5	
19		8.1	14.0	22.2	33.2	47.2	
20		7.7	13.3	21.1	31.5	44.9	58.7
21		7.3	12.7	20.1	30.0	42.7	58.6
22		7.0	12.1	19.2	28.6	40.8	56.0
23		6.7	11.6	18.4	27.4	39.0	53.5
24		6.4	11.1	17.6	26.3	37.4	51.3
25		6.2	10.6	16.9	25.2	35.9	49.2

最大可容應力：在撓曲力時，每平方吋，爲1,385磅.

在剪力時每平方吋爲110磅.

最大安全荷重爲$^4/_3$之斷面積乘以最大單位剪力.

表四. 正方木質柱上之安全荷重(千磅)

南部帶濕之黃色松.

長呎	正方形每邊之長 吋						
	8	10	12	14	16	18	20
	68.2						
7	67.8						
8	66.9	106.5					
9	66.0	105.7	153.4				
10	65.0	104.5	153.4				
11	63.6	103.5	151.9	208.7			
12	62.0	102.3	150.5	208.2	272.6		
14	56.3	98.9	148.0	204.8	271.4	345.1	
16	48.6	93.6	144.4	202.1	267.5	342.8	426.0
18	38.7	86.2	139.4	198.2	264.2	338.6	422.8
20	31.2	75.9	131.8	192.9	259.8	335.0	418.0
22	25.9	63.1	122.3	185.0	254.5	330.2	414.0
24	21.6	53.1	109.3	175.4	247.8	325.0	409.2

平行木紋之最大可容擠力爲每平方吋1,065磅.

表中所示之安全負重爲甚隱健者，故有時僅爲圍堰臨時性質之應用，可兩倍此種負重.毋指定律或爲應用，惟須使直撑與橫條相接處之壓力不超過每平方英吋 500 磅，超過此數時短柱卽將沒入蓋中，是以具有硬性木塡板之雙料木材蓋常被採用.

相似之鋼鐵樑及柱之安全負重力，在各種工程手冊中亦能覓得，用爲橫條時則須擇其與邊緣闊度較比淺之樑,因其增加之阻力使其發生旋轉或側撓屈.

混合之鋼橫條及木直撐常爲最經濟最實用者.抽吸圍堰中水量之抽水機之容量之大小之決定僅憑經驗,須考慮者祗爲水之高度,板樁之穿透度,及圍底之形式.通常最好用一容量甚大之抽水機,或需要許多較小之抽水機以抽打相當之水量.若自開始直至圍外壓力解除時皆須抽水者,以使樁之接頭緊密,得完全防水侵入時,則須用大容量之抽水機將圍內蓄水抽盡後,則有一小量之抽機繼續工作,已足夠矣.若圍堰挖土至岩石時,則樁頭不能整齊排列岩上,漏水遂難免矣.在此種情形時則宜速爲抽水並須按妥鈑樁,塡塞漏隙,待塡塞物凝結四五日後,漏水遂不至發生矣.

至打樁之前,妥當之工作次序,爲先將所有板樁圍住桁架按妥,然後將各樁開始插入一段約六呎深者.所有板樁均須測其垂直否,並在打入土中時須非常注意,若板樁打入時遇見阻碍,則銜接卽有碎裂之狀,如此則宜先在內挖除去此障礙,若有外力可使圍堰傾斜者,如疾流之水或偏面之高塡土,則必在圍外支撐以良好之樁或用其他方法.

特別設計之良好抽拔鈑樁機,市場上已有購買,抽拔板樁亦可利用汽錘之轉動及上下左右之擺動以達目的,如遇特別困難之抽拔時可用一架十二至十五組吊重器,若板樁上之孔損壞時則可用板樁拉夾器.卽有廿呎深之混凝土時板樁亦甚易拔出,於此種情形時在混凝土永久凝結前須先稍鬆鈑樁以破壞鋼鈑樁與混凝土間之附着力.

設計圍堰須非常小心,並須謹愼,保守.建築圍堰偶然因一處失敗所遺之損失常較所有可懷疑之建築上之減省爲多,故切不可因小失大也.

本篇中符號之說明

pe = 每深一呎之泥土內,活動流體之增加壓力;磅/平方呎.

p_w = 同上,惟僅限於水.

p = 同上,惟僅限于水土混合者.

p_p = 不同情况下之各種增加活動壓力.

$h_1h_1,h_2,h_3,\cdots hx$ = 高低之呎數.

S = 每呎鋼鈑樁之斷面係數,立方吋

f = 鋼之安全應力,每平方吋之磅數.

M = 每呎關力幾之呎磅數.

P = 在一段中之總壓力,每呎濶上之磅數.

x = 在圍底下之鋼鈑樁穿透深度之呎數.

y = 在等值雙支樑圍底之距離呎數.

P_o = 在圍底 y 呎下之抵抗力鈑樁每呎闊上之磅數.

29301

鋼筋磚柱

謝秋白

(Reinforced-Brick Columns)

近年來鋼筋磚柱之試驗頗盛,此種磚柱之强度,乃磚塊之强度及縱鋼條在降服點(Yeild Point)時强度之和,故設計鋼筋磚柱之公式可列爲,

$$S=KA_bF_b'+A_sF_s$$

如鋼筋成份較少,則此式可變爲

$$S=A(K_bF_b'+PF_s)$$

式中之S= 柱之最大强度,A= 柱之斷面積,A_b = 磚塊之斷面積,A_s= 縱鋼條之斷面積,F_b'= 磚之破壞强度,F_s= 縱鋼條之降服點强度,K= 磚塊之有效率(Effectiveness Ratio).. P = 縱鋼條與磚柱斷面積之比,

如再加一安全率F,則其安全應力爲

$$F_b = \frac{1}{F}(KF_b'+PF_s)$$

普通所用之安全率約爲5.

有效率K與磚之强度,灰沙之强度,黏性,柱之成份,施工之手術,灰縫之厚度,磚之除淨與否,皆有密切之關係.其值須由試驗得之.

根據試驗之結果.可作成磚柱,鋼筋磚柱,及鋼條之載重變形圖(Load-Deformation Diagram)如下.如圖所示.可見鋼筋磚柱之强度,約略卽等於磚柱强度及鋼條强度之和.

柱上總載重,（千磅）

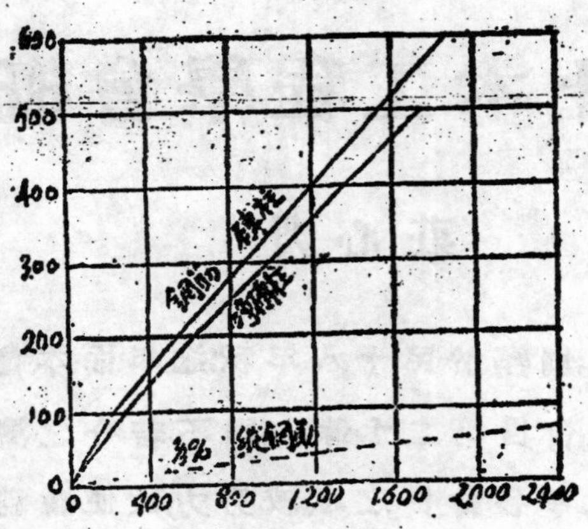

變形,（兆分吋）

試驗所得特殊之結果可歸納如下.

（1）水泥灰沙中如含百分之十五之普通磚泥,則可得較高之黏性及强度.

（2）縱鋼條如有相當之橫鋼條加入,可使磚牆增加鋼條之降狀點强度.

（3）橫鋼條之多寡對於磚柱之强度無大影響,僅關係柱破壞時形狀之不同.普通每間四橫灰縫用一直徑四分之一吋之鋼條已足.

（4）凡製造適當之鋼筋磚牆柱,皆可用下式約略計算之,

$$S=A(KF_b'+PF_s)$$

29303

之江土木工程學會概況

莊心丹

之江土木工程系，創辦於民十八年秋，逾年而本會成立，彼時草創伊始，未爲外界所重視，會員第二十餘人，固不若今之濟濟多士也！卒以諸師長之慘淡經營，與乎各會員之忠誠努力，致使會務日形發達，信譽遍傳海內，至本年秋而會員達二百餘人者，非偶然也

民二四年秋，材料試驗所落成，乃將圖畫室及模型室暫設於其上樓，其下則專作材料試驗之用，於是諸會員除作學理上之探求外，兼獲實際上之知識焉．迄今畢業同學，已達六屆，爲數約五十餘人，均服務於各地之工程機關，以工作之勤勞，服務之眞誠，深得當局者之贊許，爭得本會光榮爲不少也！追憶往年春間，以畢業同學日夥，深感校友間及與母校聯絡之缺乏，爰有鎮江之江土木工程系校友會發起與母校合辦之工友聲之刊物，於學識上之觀摩外，藉

29304

收聯絡之效,用意良深,惜乎一二期後,因故中輟;本年春,又由校友朱君墉莊之敦促,乃由本會專組之工友聲社以應需要,自後內外團結,更形一致,而本會前途,亦有賴之發展也.此外更有購書委員會之組織,則專司會員之購書事宜,其能造福於會員者,豈僅價廉而已哉!

至若內部組織,除主席外,原有體育,研究,考查,文書,出版,庶務,會計七股,今則體育,考查,俱已廢除,研究則改為學術,餘則一如其舊,計所存者,僅五股而已.出版一股,除已出創刊號外,迄未見續刊者,良以經濟文章,兩相缺乏,延遲至今,始克付梓,舛錯之處,勢難避免,尚祈海內賢達,有以校正,則幸甚焉!

本會第十三屆職員表:

幹事會:	主席兼會計:	謝培元	文書:	丁士豪
	學術:	章擇亞	庶務:	李國良
	出版:	莊心丹		
之工友聲社:	卞成孫	駱柳庵		黃寶華
購書委員會:	主席:	謝培元		
	大四級:	章擇亞		曾忠彥
	大三級:	丁江		吳和俊
	大二級:	丁士豪		薛攀星
	大一級:	向志南		沈運梅

學會消息彙誌

編者

本系之材料試驗所,自去秋落成後,所定購之各種儀器,亦陸續運到,裝配完竣,今秋起已開始試驗.各種試驗標準及程序,大都按照美國材料試驗協會(American Society of Testing Materials)所厘訂者.茲將本學期已經使用儀器之一部,略述如後.

(1)通用試驗機(Universal Testing Machine):——按此種試驗機,通常所用者,計有二種.一爲螺旋式,(Screw Power Type),亦稱利爾或奥爾生式(Riehle or Olsen Type),一爲水力式(Hydraulic Power Type),亦稱哀姆斯勒或伊摩雷式(Amsler or Emery Type),螺旋式又分手搖及電動二種,本系所購備者,爲電動螺旋式試驗機,容量爲20噸或50,000磅,(圖一)可供試驗材料引力,壓力,剪力等强度之用.如加以特種附件,則更可作硬度,韌性,及灣曲等試驗.

圖一 通用試驗機

(2)引力試驗機(Tension Test Machine):——圖二爲一利爾式彈子機(Shot Machine of Riehle Type),專供試驗水泥及灰沙引力之用.

圖二 彈子式引力試驗機

(3) 流板器(Flow Table):——此器專供試驗三和土之適度含水量(Normal Consistency),其上為一圓形刻度銅板,旁有一搖柄,搖之則銅板逐漸上升,並驟然下降,如銅板上堆有規定形式之三和土,則經此驟然下降之一震,必四散分開,吾人觀其分佈面積之大小,即可斷定其含水量是否適度.(圖三)

(4) 蒸氣箱 (Boiling Apparatus):——此箱為銅質所製,內有金屬網二層,一近箱底,一在水面之上,一切試驗材料,均可在此箱內蒸之.(圖四)

圖三 流板器

圖四 蒸氣箱

(5) 濕氣箱 (Moist Closet):——木料及金屬所製,封固嚴密,箱內保持一定濕度.

(6) 維卡特試驗器 (Vicat Apparatus):——維卡特試驗器為一金屬之架,中有一重三百克可移動之銅桿,一端之直徑為一公分,另一端則有一活動針,直徑為一公厘,在桿之中部,有一標度尺附於架上.此外尚有一金屬環,高四公分,底徑七公分.此器可試驗水泥之適度含水量及水泥之凝固時間 (Time of Setting).

(7) 却特萊瓶 (Le Chatelier Flask): 此器為一玻璃製之葫蘆形瓶,專供試驗水泥,沙,等類材料比重之用.

(8) 分析篩 (Sieves) (6,7,8等均見圖五)

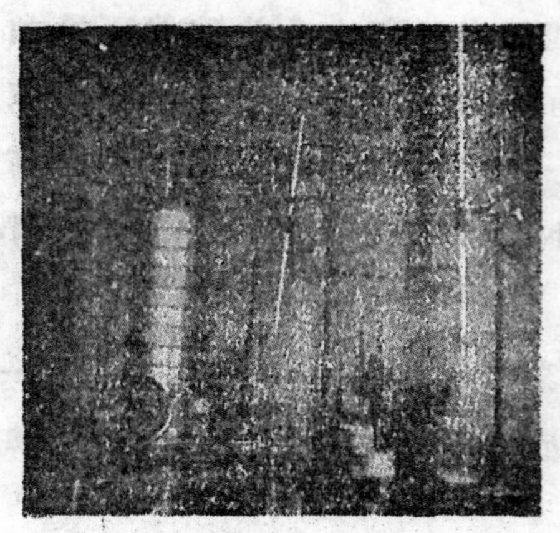

圖五 維卡特試驗器等

圖六 鏇床

除上述外,其他尚有本學期未經裝就或啓用之儀器多種,均未列入.圖六為試驗所中之鏇床,可製造各種鋼鐵之試驗模型.

× × × × ×

本系畢業同學中,近頗多以製作模型代替論文者,如馮錦泉君之鋼筋混凝土三孔聯拱橋模型(圖七),歸善繼君之木屋架及各種接筍

圖七 三孔混凝土拱橋模型

圖八 擋土牆模型

模型,徐芝壽君之擋土牆模型(圖八),傅作霖君之橋墩鋼筋結構模型

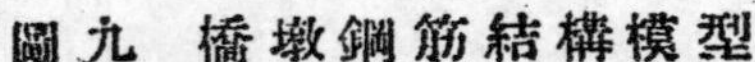

圖九　橋墩鋼筋結構模型　　　圖十　製造中之二十二孔木橋模型

(圖九),陳邦傑陳世昌二君之木架橋(Trestle)模型(圖十示進行中之二十二孔木架橋模型)陸晉秩君之柏氏式鋼架樑橋模型,卞威孫曾忠彥二君之房屋模型,陳志遠君之各種公路斷面模型,周其恭君之堅架橋模型,陳華樑君之鋼板樑橋模型,劉維正孫樹陸二君之鋼筋混凝土水櫃模型等.由系中製造者,亦有豪式木架樑橋一座.各模型分列於本系之陳列室及模型室中,供補助教材之用.

×　×　×　×　×

廖慰慈先生,今秋因患盲腸症赴醫院割治,所授各課,暫由其他各教授代庖.現廖先生已恢復健康,照常上課矣.

會員林宣豪君,今春因肺臟發炎,輟學返故鄉休養.玆噩耗傳來.林君已於本年十一月中旬物故矣.按林君,浙之樂清人,初肄業於溫州中學,畢業後因病家居三載,廿一年夏來杭投考入本校土木系.為人沉默寡言,好學不倦,偶有疑難,必推本窮源,雖三四覆不憚煩,尤樂於助人,人之有求於君者,常捨己以助之,故同學多樂與之交.君本應於本年夏季畢業,乃因病返家,未竟所學,今且以病沒聞,亡年僅二十八歲,惜哉.

會員徐芝壽小姐,今秋與李為坤君訂婚.李君畢業唐山交大,現在粵漢鐵路任事.二人志同道合,嘉偶天成,洵可賀也.

會員王魯璠君,與青田名媛葉瑩珠小姐訂婚已有數年,茲亦定於明春一月二十八日在原籍舉行婚禮.屆時當大備喜筵,會員中有欲赴青田乞喜酒者,王君當竭誠招待云.

本系系主任徐毓圖先生哲嗣徐功懋君,亦為本會會員之一,茲已定於明春二月十三日與沈天容小姐結婚.沈小姐肄業本校教育學系,今冬即可卒業.聞二君於結婚後將偕同赴美,再求深造云.

× × × × ×

本會歷屆畢業會員近況

姓名	服務機關	通訊處
嚴志影 沙日昌	南京航空委員會	南京鼓樓三條巷十四號
金述賢	導淮委員會	安徽正陽關三元街三十三號
王祖烈	導淮委員會	南京東廠街導淮委員會
徐澤南	同濟職工學校	江灣同濟職工學校
吳　琳	江北運河工程局	清江浦江北運河工程局
鮑光同	練河工程事務所	丹陽板橋南河沿六號
趙家豫	紹興縣政府	紹興縣政府
朱埔莊	江南水利工程處	鎮江江南水利工程處
潘開邦	丹句路工程事務所	丹陽丹句路工程事務所
邢定氛	青島市工務局	青島市工務局
馮法坤	滬杭甬鐵路杭曹段工程處	蕭山杭曹段工程處
邵二南	湘黔鐵路工程局	湘潭湘黔鐵路工程局
施成熙	江南水利工程處	鎮江江南水利工程處
孔繁清	赤山湖工賑處	江蘇句容赤山湖工賑處
陳爾濟	南京兵工署	南京兵工署
程昌國	天津市工務局	天津市工務局
李夢生	淮坯段工程事務所	宿遷淮坯段工程事務所

林世讓	南通鹽務測量隊	南通鹽務測量隊
覃炳蘭	廣西武宣中學	廣西武宣中學
蔣啓仁	甘肅省建設廳	甘肅蘭州建設廳
沈昌煜	江甯縣政府設計科	江甯縣政府
鄭家圻	杭曹段工程處	蕭山杭曹段工程處
徐功懋	湘黔鐵路工程局	湘潭湘黔鐵路工程局
馮錦泉	湘黔鐵路工程局	湘潭湘黔鐵路工程局
卓觀培	湘黔鐵路工程局	湘潭湘黔鐵路工程局
祝定一	湘黔鐵路工程局	湘潭湘黔鐵路工程局
蔡懷欽	浙江省建設廳水利工程處	杭州建設廳水利工程處
歸善機	湘黔鐵路工程局	湘潭湘黔鐵路工程局
夏寶圻	浙江省建設廳水利工程處	杭州南星橋郵局轉阮家埠整理東泌湖工程事務所
趙　桀	江蘇省審計處	鎮江正東路江蘇省審計處

× × × × ×

編者之言

本刊創始於民二三年夏,迄今已逾二載,原擬年出一期,惟以經費不充,故自第一期出版後,即改由本會學術股出版「學術研究」,之工友聲通訊社出版「之工友聲」,分載會員研究及消息二種文字,前者已出有十數期,後者僅出二期,內容均尚可觀.

本學期以經費已籌有相當成數,爰有第二期之刊行,然以實際編輯時間,未滿三月,內容之草率,自屬難免.惟文字方面,除首一篇爲本系前任水利教授王壽寶先生之大作外,其他皆爲同學之著述及譯作,頗足以見本會會員研究精神之一斑.

本期稿件,注重短篇,對於設計工作之簡便方法,凡普通課本所未有者,介紹特多.初習工程者,得此不無助益.

本期封面,由錢江大橋工程處處長茅以昇先生題字,並由本校何鳴岐先生代爲設計,刊內照片,大都由徐躬培徐芝壽二君供給,幷爲聲明,兼致謝忱.　　　　二十五年十二月謝仁德記

29312

之江土木工程學會

出版委員會

主席	莊心丹		
祕書	尤大年		
總編輯	謝仁德	總幹事	章撐亞
編輯	王魯璠	財務	謝培元
	孫賢頤	印刷	吳志悠
	陳志遠		卞咸孫
校對	陸紹銘	美術	徐躬培
	丁江	推銷	丁士豪
	駱柳庵	廣告	傅作霖
	周其恭		張鍾傑
	郁鍾燿		黃寶華

民國二十五年十二月

之江土木工程學會會刊

第二期

每冊定價洋三角

杭州之江文理學院

土木工程學會

出版委員會

之江土木工程學會會刊

創刊號 要目

民國二十三年五月出版

每册定價洋三角

之江期刊 新一卷第七號 目錄 二十六年一月十五日

29315

之江經濟期刊

第六期要目

民國二十五年八月 之江文理學院經濟學會出版

29316

杭州唯一西裝專家

泰西服裝公司

專製

男女大衣

西裝時服

結婚禮服

團體製服

地址羊壩頭

電話二九九六

29317

CHIEN TANG RIVER BRIDGE.

A. CORRIT.

SHANGHAI

CIVIL ENGINEERS AND CONTRACTORS

OXECUTING:

FOUNDATION: 15 MAIN PIERS

ERECTION : 16 STEEL SPANS

CHIEN TANG RIVER BRIDGE

北號 南京路日昇樓

上海

南號 南市裏鹹瓜街

泰昌參號

但憑忠實態度●取信社會

不以虛偽號召●欺騙主顧

歡迎郵購

正能克邪！

本號向設南市鹹瓜街，有數十年之歷史，前年爲便利北市顧客起見，特分設北號，抱定忠實服務，正直犧牲之宗旨，辦理各種名貴補品及

銀耳大王 揀選嚴格，售價特別低廉。

爲此忠告主顧，凡在滑頭商店，購買銀耳而上當者，請到泰昌，保證滿意，本號敢以大同行之信用，擔保絕對可靠。銀耳以天然產品爲佳，「自有山場」之人工種植者，絕難有效。

大同行，老牌子，

腳踏實地，絲毫不苟。

華成煙公司出品
度最珍貴之甜蜜光陰
吸最珍貴之美麗香煙
有美皆備
無麗不臻
美麗牌
My Dear
CIGARETTES
HWA CHING TOBACCO CO. LTD.
My Dear
CIGARETTES
HWA CHING TOBACCO CO. LTD.

29323

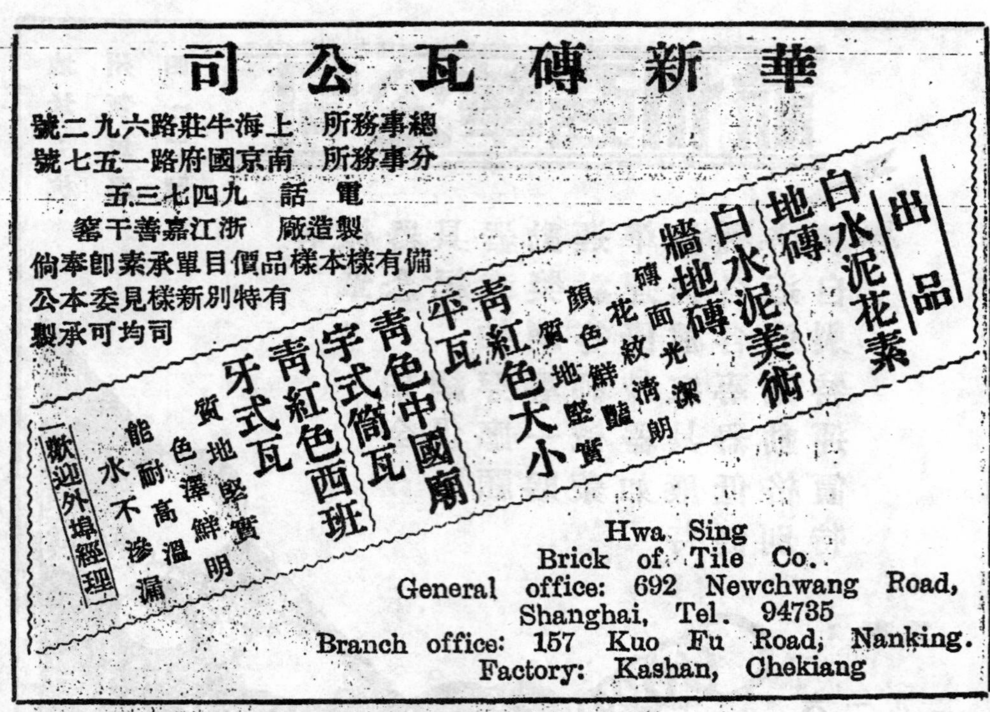
華新磚瓦公司
總事務所 上海牛莊路六九二號
分事務所 南京國府路一五七號
電話 九四七三五
製造廠 浙江嘉善干窰
備有樣本樣品價目單承索即奉倘
有特別新樣見委本公
司均可承製
出品
白水泥花素地磚
白水泥美術牆地磚
磚面光深
花紋清朗
顏色鮮豔
質地堅實
青紅色大小平瓦
青色中國廟宇式筒瓦
青紅色西班牙式瓦
質地堅實
色澤鮮明
能耐高溫
水不滲漏
歡迎外埠經理
Hwa Sing
Brick of Tile Co.
General office: 692 Newchwang Road,
Shanghai, Tel. 94735
Branch office: 157 Kuo Fu Road, Nanking.
Factory: Kashan, Chekiang

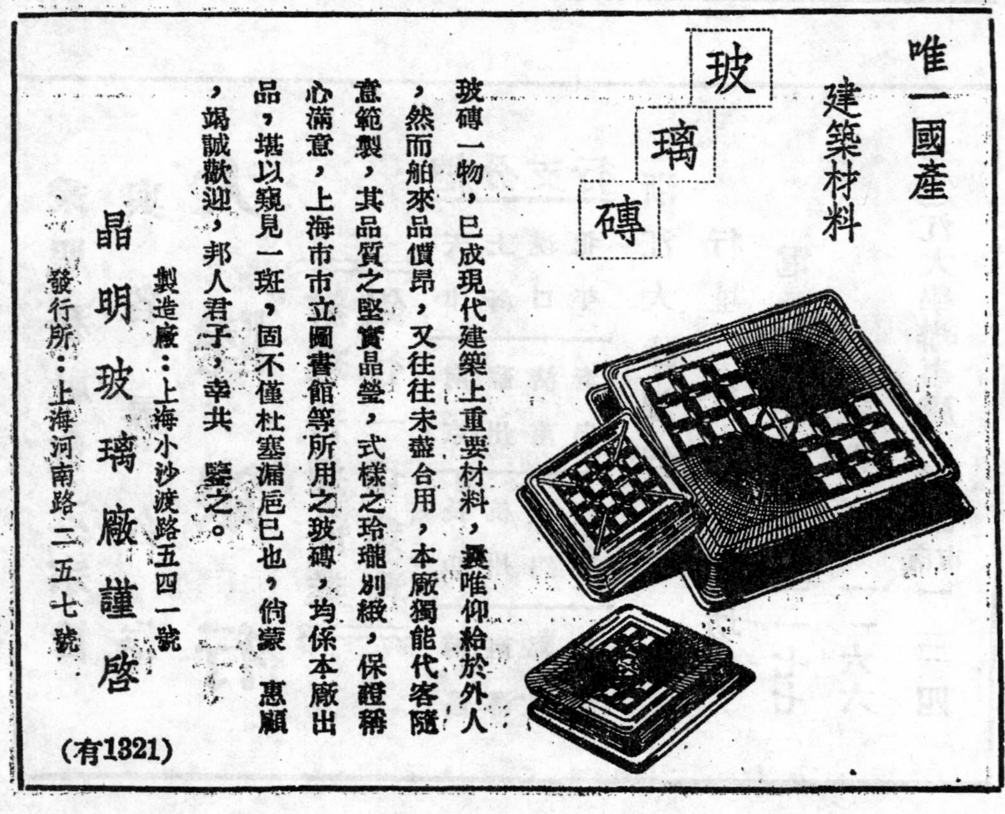
唯一國產
建築材料
玻璃磚
玻磚一物，已成現代建築上重要材料，襲唯仰給於外人，然而舶來品價昂，又往往未盡合用，本廠獨能代客隨意範製，其品質之堅實晶瑩，式樣之玲瓏別緻，保證稱心滿意，上海市市立圖書館等所用之玻磚，均係本廠出品，堪以窺見一斑，固不僅杜塞漏巵已也，倘蒙 惠顧，竭誠歡迎，邦人君子，幸共 鑒之。
製造廠：上海小沙渡路五四一號
晶明玻璃廠謹啓
發行所：上海河南路二五七號
(有1321)

中國工程師學會會務特刊

中國工程師學會

會務特刊

中華民國29年4月1日　7卷1期

（暫代工程週刊，由香港分會出版）

香港必打街畢打行三樓七號

電話27068　郵政信箱　184

發刊通啓

本會自八一三以後，『工程』兩月刊及『工程週刊』即告停頓，自總會遷渝以來，『工程』雜誌幸能恢復，惟因排印及經費諸多困難，迄今祇出版三期，對于會員消息，互感隔膜，會務進行，亦受阻遲，爰擬恢復以前『會務特刊』辦法，以代『工程週刊』，每月至少發行一次，每次排印二頁或四頁，以本會通告及會員事業爲主材，如有重要事項，得隨時增多發行次數，或擴充篇幅，以維繫各地聯絡。特刊每次印刷一千份，整包郵寄各分會，請代爲分發當地各會員，並爲迅速起見，每期由航空郵信先寄二份至各分會，以便傳觀，或可摘要油印分發。此項辦法，經商得香港分會同意，一切編輯印刷發行事項，及全部經費，暫由香港分會負擔，惟稿件來源，希望總會執行部各項委員會，及各地分會儘量供給，互通聲氣，實深盼荷。

3 油印分 編輯印 擔 惟 各地分

二九，三，十九。

擔

⊙香港分會三月份常會

香港分會於三月十五日，下午七時，假溫莎餐室，舉行常會到會員43人，由副會長霍寶樹先生主席，先歡迎新到港之會員沈銘盤，楊簡初，周樂熙諸位，次由會計吳達模報告一年來之收支帳目。後主席提議，本會已經成立一年，照章請推舉司選委員，辦理下屆新職員選舉事宜。當即推定沈怡，霍寶樹，尹國墉三位爲司選委員。後夏光宇先生提議，本分會過去一年收支不敷約港幣二百元，今年會務更將推進，擬依去年臨時捐之例，請各位多多樂助，當時一致贊成，即席由各會員認捐港幣五百十元。隨即聚餐，餐後，請總會副會長沈君怡先生講昆明年會情形，又請沈銘盤先生講海防運輸情形，至十時散會。

⊙新董事會第一次會議

本會新董事會，於三月二十五日在重慶舉行第一次會議，詳細紀錄，在本刊下期公佈。

⊙香港分會選出新職員

香港分會本年份新職員，已由司選委員發選舉票，請各會員通訊選舉，至三月二十三日截止，計收到選舉票34張，結果當選之新職員如后：

會長　黃伯樵　　　副會長　利銘澤

書記　張延祥　　　會　計　李果能

⊙第八屆年會會務討論

第一次會議紀錄

時　　間　二十八年十二月二十日下午二時

地　　點　昆明雲南大學至公堂

出席會員　姓名繁多從略

主　　席　曾養甫　沈　怡　　記　　錄　方　剛

開會如儀

（甲）報告事項

(一)主席（沈副會長）報告總會會務，繼宣讀重慶分會，及香港分會會務報告。

(二)桂林分會會長惲震，報告該分會會務。

(三)會員莊前鼎，沈怡，惲震，汪劍等，分別非正式代表中國機械工程學會，中國土木工程學會，中國電機工程學會，中國化學會，報告各該學會工作。

（乙）討論事項

(一)組織康藏考察團案。　　　重慶分會提

議決：由本會組織康藏考察團籌備委員會，仿照以前考察川桂兩省先例，籌備進行。

(二)函請中英庚款董事會，以後招考留學，應請擴充各項工程學額案。　　　桂林分會提

議決：通過

(三)請政府以後派遣製造方面留學生之資格，規定以學校畢業後，在工廠服務滿三年者爲限案。

桂林分會提

會員惲震說明，提案之意義，重在「製造」二字。會員褚鳳章提：請政府規定派遣工程方面學生之資格，半數以上須在畢業後服務於工廠或工程機關滿三年者爲合格。會員徐佩璜提：以學校畢業後在工程機關或工程服務三年者爲限。會員莊前鼎提：請政府以後派遣留學生應

採選派及考試兩種方式，選派者應以學校畢業後在工廠服務三年者爲限。會員蔡大鈞提：「工廠」改爲「是項工程」字樣。

議決：通過，原案「工廠」改爲「是項工程」字樣。

(四)建議政府，特設專門機關，指導公私各事業新建築之僞裝，改善防空保護色案。

會員王季同提

議決：建議政府，特設或指定專門機關辦理之

(五)擬由本會向國防最高委員會建議，今後各種國營及民營之工業建設，應配有防空建築設案。

會員孫保基提

議決：交董事會核議

(六)擬由本會協助經濟部工業標準委員會，研究並譯編工業標準草案案。 會員歐陽崙鄭禮明提、

議決：通過。

(七)擬請本會會員，儘量試用工業標準草案，以資倡導案。 會員歐陽崙鄭禮明提

議決：通過。

第二次會議紀錄

時　間　二十八年十二月二十五日下午五時

地　點　昆明雲南大學至公堂

出席會員　（姓名繁多從略）

主　席　曾養甫　紀　錄　歐陽藻

(八)本會與各種專門工程學會，應如何取得密切聯繫案。 董事會提

議決：通過。

附補充意見六點：

(1)由本會函請各專門學會，各選代表二人（以各該會董事任之），組織一工程團體聯合委員會。此項委員會以本會會長爲主席，討論並決定與各專門學會有關之共同問題。

(2)凡關於整個中國工程師集團之發言，由本會徵得聯合委員會之意見，以本會及各學會聯合發佈之。

(3)凡關於與工程團體有共同關係之問題，由聯合委員會主持推進，各工程學會協助。

(4)凡關於各專門學術之研討，各項工程事業之發展，應由聯合委員會督促各專門學會推進之。

(5)聯合委員會之議決案，各學會有執行之義務。

(6)在本會及各學會之章程中，應將組織聯合委員會問題列入，並規定其職權。

(九)請總會促成組織貴陽，成都，及蘭州分會案。

昆明分會提

議決：通過。

(十)請總會督促各地分會舉行定期公開學術演講案。

昆明分會提

議決：通過。

(十一)請大會致電 蔣總裁致敬案。 主席交議

議決：通過。

(十二)請聯合委員會通知各專門工程學會，於每年本會開年會時，提出書面詳細報告，其範圍應包括會務情形，會員人數，及一般技術上事業上之進步發展，並在會刊內發表，以資觀摩案。 會員李吟秋，惲 震提

議決：通過，并請聯合委員會向各專門學會提議，聯合舉行年會，以資便利。

(十三)擬請編輯軍事工程叢刊案。 刊物委員會提

議決：通過，由該委員會徵求，各會員參加抗戰之實際資料。

(十四)下屆年會地點案。 主席交議

本案據重慶分會提請在重慶舉行，同時接重慶市政府吳市長國楨來電邀請。又蘭州分會籌備會電請在蘭州舉行。又會員毛毅可提議在成都舉行。

議決：下屆年會在成都舉行，其時間由執行會與成都分會商定。

(十五)推定下屆司選委員案。 主席交議

本案據會員翁爲等十人聯名建議，推選沈怡，薛次莘，林繼庸，黃修青，莊前鼎等五人，爲下屆司選委員。

議決：通過。

◎介紹工程叢書

本會會員汪胡楨，顧世楫兩君，最近爲中國科學社主編工程叢書『實用土木工程學』十二冊，係採用美國技術學會（American Technical Society）土木工程叢書爲藍本，避免高深理論，以實用爲主，極合我國初學及自修之用，故樂爲介紹。發行所上海福煦路649號中國科學公司。

◎介紹職業

貴州某公司，託本會代爲物色，有經驗及能吃苦之煤礦工程師一位，月薪國幣二百至三百元，本會會員中願就者，或有熟友可介紹者，請致函香港分會接洽爲荷。

29328

⊙討論會務方針談話會紀錄

日　期：民國二十九年三月十一日下午五時

地　點：香港畢打行三樓七號香港分會會所

出席者：沈　怡　何致虔　尹國墉　吳達模　李果能　沈嗣芳　周公樸　秦　瑜　張延祥　曹銘先　黃伯樵　潘銘新　利銘澤　鍾秉鋒　陳維霖

主　席：沈　怡

主　席：本會去年昆明年會成績美滿，影響良好，亟宜乘茲良機，羣策羣力，急起策動會務，鞏固基礎，以慰全體會員之厚望，而副抗戰建國之重任，今日特邀旅港之本會歷屆曾任董事，或執行部，或各地分會之新舊職員，以及對于會務特別熱心者，共同商討，交換意見，以便集思廣益，彙成提案，貢獻新董事會考慮採行，承各位撥冗惠臨，實深感幸，今日係談話會性質，請各位自由發表意見。

主　席：本會總會自遷至重慶後，因總幹事裘燮鈞先生不在重慶，請顧毓琭先生暫代，工程雜誌亦在重慶繼續出版，已出三期，重慶會所，亦籌備建築，已得陶桂林先生捐助基地一方，並在會員中募捐，已得五千餘元。惟檢討已往工作，多倚重少數熱心職員，展望前途，似須設法鞏固，及健全內部組織，俾得充分發展，茲就感想所及，提出會務方針若干則，分（甲）（乙）兩項：

（甲）　關於一般會務者

一、籌集本會基金

二、健全本會執行部組織

三、大規模徵求新會員以固團結

四、繼續出版工程雜誌

（乙）　關於重要會務者

一、研究總理實業計劃擬訂實施方案

二、編製各種工業教育推廣計劃（工業教育地域合理化）各級工業學校課程

三、擬訂派遣留學生方案

四、合理支配工程人員工作

五、大批訓練技工辦法

六、協助軍事工程技術

黃伯樵：主席所提出之一般會務方針，均係切中時要。本會如能蒐集基金數十萬元，能多更好，以便建築一所形式簡單而切合實用之會所，充實幹部，其中大部份職員，宜定為有給職，從而逐漸舉辦本日所提出諸種重要會務，於國家，於本會，於同人，均有莫大利益。現在本會會長陳立夫先生對於本會有相當悠久歷史，且同時為中央黨部執行委員，教育部部長，必更能予本會以莫大之助力，本人曾於兩個月前，向陳先生建議數事：（一）由本會遴選知能經驗相當人士，由政府予以相當名義，會同中央主管機關人員，將總理實業計劃，按現在時代與事實之需要，分別補充，並提出實施步驟。（二）由本會推選專家，由教育部予以臨時名義，會同編製各種工業教育推廣計劃，與各級工業學校課程。（三）由教育部邀約本會及其他學術團體中對於留學問題有閱歷有興趣之會員，會同擬訂一種今後派遣留學生合理之方案。（四）由本會徵選相當會員，會同富有作戰經驗之軍事人員，組織實行參戰之軍事工程團，積極訓練軍事工程上所需之中初級人才。當時陳先生曾復函，謂當即提出本會討論。本人之意，凡此諸項重要會務，本會能做得一分成績，即為對於一般會務增加一分貢獻，本日所提會務方針甲乙兩項，實係互相表裏，有聯帶關係，如經各地分會聯合促成一種『政府與學術團體之合作』，一致努力，必有成功之一日。

吳達模：各項問題衆多，關係重大，最好先由會員認定題目，每星期開會，分組討論。又對于本會會員參加偽組織者，自應開除會籍，但本會還應于事前做些工作，即如何使其不去參加偽組織，方為正辦。

主　席：總理實業計劃之發表，尚在蘇聯第一次五年計劃之前。不意二十年來蹉跎蹉跎，一事無成，實堪惋惜。實業計劃，不過一大綱，實施方案，有待吾工程界之設計。猶憶某次全國代表大會中，曾有擬訂實施方案之決定，並在中央黨部內特設委員會，而本會以往亦有研究計劃之決議案，可惜均決而不行，迄無成就。鄙意本會自成立以迄「八一三」可謂在準備時期中，現在則已超過準備時期，須以行動，表示實力實學，貢獻國家。

潘銘新：問題多，而本會現在之實力有限，似應集中力量于第一問題（按即研究總理實業計劃），即可包括其餘在內。總理實業計劃，係二十年前工作，在最近之二十年內，我國已實現之建設，究竟何者係在實業計劃之內，何者雖在實業計劃之內，而其性質已有變更者，可否先搜集調查資料，觀其推演歷史，以作研討比較。

黃伯樵：本人回想在民國十六年時，上海分會曾提出同樣問題。惟彼時政府當局及社會人士，對于工程師缺少認識，不予注意，現在趨勢已經轉變，對于工程師信仰日增，由於十年來國內工程師之努力，已取得相當地位。今又逢陳會長為現任教育行政最高長官，為本會空前之良好機會，希望即速推進此項運動，不宜再遲。

利銘澤：贊成促請陳會長向財政部或庚款委員會，指撥基金，會員等亦可預先分向各方作私人接洽，以期順利進行。又徵求新會員時，須特別注重對于國家民族之意識，破除入會爲進身之階的觀念。

吳蘊璞：繼續出版工程雜誌一案，可在香港擴充出版部，招登廣告，本人當可盡一分之力。

主　席：目前重慶出版工程雜誌，每期需賠補國幣一千餘元，實非久遠之計，如在香港出版，招登廣告，捐注印刷，有賴現在任職各購料機關之會員，多多努力。

曹銘先：乙項一，二，三，三項乃政府行政範圍之事，本會今日討論，是否一種座談研究性質，抑係乃政府所委託？

黃伯樵：研究計劃，草擬方案，非一二人之義務工作，必須先有經費，聘任專家，縝密調查組織，設備研究工具，應由政府撥付經費，由本會協助進行。

曹銘先，技工及中級工程人員，如工廠之 Foremen 等，關係建設及製造工作確甚鉅大，希望政府注意及之，如由工廠出資訓練，恐不易辦到也。

利銘澤：聞政府設立戰時人才調整委員會，在香港方面，本會應取得聯絡。

李果能：工程雜誌繼續出版一案，似最簡單，即可由香港分會負責進行。徵求新會員，則爲增加生力軍，亦無何困難。

張延祥：徵求新會員一節，希望各地分會同時舉行，依據調查統計，國內各大學工科畢業生共有一萬二千餘人，而本會會員僅三千餘人，抗戰以來，最近三年亦有三千餘人畢業，而本會則未正式通過一新會員加入，此節不容忽視。

曹銘先：請問主席，以前國民大會選舉代表時，本會會否取得推選代表之資格。

主　席：本會參加國民大會選舉事，當時雖經各方多予本會贊助，終因學術團體與職業團體之歧異，未能作爲完全解決。

尹國墉：每次開會，決而不行，希望以後無論年會，或董事會，或執行部會議，開會時先報告以往歷屆議決案之辦理狀況，以作檢討，爲作新決定之根據。

主　席：上屆昆明年會中曾議決一案，每年年會中由各專門學會，提出該門工程建設，在國內一年來之發展報告，若能辦到，亦可以作爲檢討以往成績之極好根據。

秦　瑜：在十年前，南京中央各機關，均有黨義研究會之設立，每週演講，並出版刊物，迴想彼時工作，不啻閉門造車，各不相謀，用力多，成功少，今須免蹈覆轍。且現在戰時情形，又與平時不同，以前總理實業計劃，現祗可作爲大綱，還須斟酌戰時需要，擬成方案，始有實用價值，若本會担負此項責任，草作計劃，必須同時能施諸實行，不僅是充實印刷品或雜誌之篇幅而已。戰時之恢復計劃，與戰後之建設計劃，又必異其步驟，目前各方雖有注意及此者，仍感各自爲政，缺少聯絡，若本會能總其成，功不在小，惟各機關資料均爲密件，不能發表，此爲困難之點。

主　席：本會今後工作，在貢獻工程師之力量，以幫忙解決一切國防民生之重大問題，以完成建國之大業。今日談話，承各位指教，獲益匪淺，以後擬常開此種談話會，作進一步之討論，同時並擬將本日談話會紀錄，分寄各地分會，促請注意，交換意見。有勞各位參觀，謝謝。

六時半散會

（上文已經各發言人閱過修正，即作爲正式紀錄，惟請各會員勿對會外，公開發表）。

⊙司選委員會啓事

司選委員會爲準備提出下屆新董事及新會長之候選人起見，擬先徵求各會員之提名，以作測驗。請就下列兩題，各舉一人，或剪下此紙，或用另紙填寫，寄交香港郵箱 184 號，或交各地分會書記彙寄均可。此項測驗，毋須具名，亦不因之而限制本司選委員之職權，幷此聲明。

司選委員　沈　怡，薛次莘，林繼庸，黃修青，裘維裕全啓　民國二十九年三月十九日

（一）我心目中最敬仰在工程界最有貢獻之中國工程師

（二）我心目中本會下屆之新會長

…………（請在此線剪下）…………

（一）我心目中最敬仰在工程界最有貢獻之中國工程師…………

（二）我心目中本會下屆之新會長…………

⊙編輯『中國工程人名錄』

資源委員會技術室，根據以前該會調查處，所徵集之全國專門人才調查表，先出版『中國工程人名錄』一種，內容一萬五千餘人，詳載資歷，尤爲我國工程人才調查之巨著，委託本會，代爲徵求各會員自八一三以後之近況，以資補充。印有樣本及調查表，可函香港分會索取云。

中國工程師學會

會務特刊

中華民國29年5月1日　7卷2期

（暫代工程週刊，由香港分會出版）

香港必打街畢打行三樓七號

電話：27068　電報：1597

總會職員董監名單

⊙年會論文頒獎

第八屆年會論文，共收到七十篇，經董事會推舉論文審查委員施嘉煬，蔡方蔭，許應期，任之恭，劉仙洲，馮桂連，張大煜，七位，組織審查委員會，結果選取四篇，頒給獎金，以誌嘉勉。名次如下：

第一名　陳廣沅　雙缸機車衡重之研究

第二名　王龍甫　長方薄板樑皺（Buckling）之研究及其應用於鋼板梁設計

章名濤　稅格電動機中之互感電抗

梁　楷　汞弧整流器

以上第二名共三篇，均係精彩之作，因科目不同，難以評定甲乙，故審查委員會議決均列為第二名，惟不另頒第三名獎云。

⊙年會特刊付印

第八屆昆明年會特刊，由演講編輯委員會主任委員沈君怡先生主編，已在港排印，六月底可以出版，要目列下：

第八屆年會籌備經過

第八屆年會開會概況

專題討論報告

公開演講：

陳立夫　中國工程教育問題

繆雲台　雲南經濟建設問題

施嘉煬　雲南之水力開發問題

論文：

土木組：

王龍甫　長方薄板樑皺(Buckling)之研究及其應用於鋼板梁設計

王之卓　航空測量製圖儀有系統誤差之影響於大空三角鎖

張有齡　地基沉陷與動荷載之關係

機械組：

陳廣沅　雙缸機車衡重之研究

莊前鼎，王守融　連桿與活塞之運動及其惰性效應

計晉仁　模子工具淬火時最易發生的病象

電機工程電力組：

章名濤　稅格電動機中之互感電抗

鍾士模　鼠籠式旋轉子磁動力之分析

李　荽　多相交流發電機之瞬間短路電流

電機工程電訊組：

梁　楷　汞弧整流器

徐均立　新倒音法

陳嘉祺　畢德顯　長波無線電定向器

化工組：

戈福祥　徐宗涑　四川耐火材料之研究

徐冠英　顧毓珍　土法榨油改良之研究

航空組：

呂鳳章　計算環流沿翼展分佈之另一方法

⊙昆明分會選出新職員

昆明分會本年份新職員，已於二月份全體會議時選出，如后：

會長　惲　震　　副會長　金龍章

書記　莊前鼎　　會　計　周玉坤

⊙香港分會本年各委員會

計劃委員會：夏光宇（主任）　沈　怡　黃伯樵　吳蘊初　徐寶樹

出版委員會：吳達模（主任）　盧祖詒　蔣易均　倪松壽　陳　器　袁渭清　周公樸

圖書委員會：夏安世（主任）　沈嗣芳　陳俊述

會員徵求委員會：林逸民（主任）　何致虔　李開第

職業介紹委員會：陳策霖（主任）　司徒錫　尹國墉　陳福海

社會服務委員會：徐嘉元（主任）　曹省之　陳應乾

工程教育委員會：周修齊（主任）　余瑞朝　張藕舫

◉ 香港分會會員通訊錄 （第三次編印）

姓名(字)	辦公地址	電話	住宅地址	電話	專長
方季良	香港灣仔駱克道361號廣亞行	22790			土木
方崇森 ○			香港跑馬地山村道38號		工業
尹國墉(仲容)	香港荷蘭行505號	32278	香港羅便臣道28號二樓	33247	電機
王聖揚(仰姜)○	香港畢打行七樓5號	27418	香港跑馬地毓秀街27號二樓		
王元均	香港畢打行四樓3號	25012			電機
文樹聲	香港渣華道香港製釘廠	20686			電機
司徒錫(鏗東)	香港告羅士打行332號遠東企業公司	27677	九龍施他佛道19號	57240	機械
呂持平 ○	香港公主行四樓大陸商行	24614			機械
何致虔	香港國民銀行207號實業工程事務所	32375	九龍城獅子石道9號二樓		礦冶
江叔仁 ○	香港皇后道11號三樓新通公司	33573	香港灣仔道230號二樓		電機
吳達模	香港雪廠街10號合中企業公司	32581	九龍太子道277A號樓下	56448	電機
吳蘊初	九龍馬頭角天廚味精廠	57427			化工
吳新炳(煥其)	香港永安銀行二樓華運行	32404	九龍金巴利道69號四樓	56680	機械
吳錦慶	香港東亞銀行809號啓昌公司		九龍界限街166號	50837	土木
李果能	香港畢打街14號怡和機器公司	30319	香港玻璃街11號四樓		電機
李開第	香港雪廠街荷蘭行安利洋行	32247	香港山村道28號樓下		電機
李瑞琦	香港畢打行七樓5號	28851			土木
李啓熙(叔莊)	香港大學工學院	28056	香港卑路乍街28號B		機械
李耀煌	香港匯豐銀行二樓中央信託局	31273			機械
沈　怡(君怡)	香港畢打行三樓7號	27068	九龍太子道333號三樓	59006	土木
沈嗣芳(馥蓀)	香港畢打行三樓7號	27068	九龍太子道聯合道12號二樓		電機
沈鎮南	香港匯豐銀行七樓607號	25449	九龍金巴利道69號二樓		化工
沈其勇 ○	香港畢打行七樓5號	27418	九龍福佬村道37號三樓		化工
利銘澤	香港亞力山打行利希慎置業公司	34002	香港堅尼地道74號二樓	22455	土木
余昌菊(繼陶)	香港皇后道11號新通公司	33573	香港灣仔道230號二樓		電機
余　琪	香港文咸西街52號	23059			土木
余瑞朗	香港東亞銀行404A號	22129	九龍深水埗福榮街31號二樓		土木
余子明 ○			九龍北帝街38號三樓		化工
杜光祖	九龍荃灣南華鐵工廠	51931	九龍樂道15號三樓		機械
周公樸	香港雪廠街交通銀行事務處	34101			電機
周象賢(企虞)	香港廣東銀行四樓中國物產公司	21989			電機
周樂熙	香港皇后道1號巴廠丹拿則師	20176			土木
周修齊 ○	香港畢打行四樓4號	28540	九龍樂道9號四樓		機械
林逸民			九龍深水埗大埔道32號三樓	59624	土木
林景帆	香港雪廠街10號六樓合中企業公司	32581	九龍金巴倫道41號	56914	電機
林國棟	香港工務司署	39			土木
林舉鈞	九龍廣九鐵路英段機務課	58071—526			土木
祁玉麟(祓卿)	九龍馬頭角天廚味精廠	57427			電機
邱宗羲(宜公)○	香港告羅士打行中國電氣公司	25437	香港希雲街25號三樓		電機
俞汝鑫(恕庭)	香港永安銀行二樓國民汽車用品公司	32404	九龍金巴利道69號四樓	56680	電機
俞伯康 ○	九龍馬頭角天廚味精廠	57427			化工
胡嗣鴻	九龍荃灣南華鐵工廠	51931			礦冶
胡英才 ○	九龍彌敦道567號二樓	59534	九龍花園街191號三樓	59301	土木
夏光宇			九龍太子道363號樓下	58379	土木

姓名(字)	辦公地址	電話	住宅地址	電話	專長
夏安世	香港畢打行四樓4號	21109	香港駱克道83號四樓		機械
蔡元澄	香港聖佐治行47號				土木
袁潤清(鏡如)	香港德輔道中天行301號	32547	九龍衙前圍道5號三樓		機械
孫家謙	香港永安銀行二樓華運行	32404			機械
徐志方	香港告羅士打行中國電器公司	25437	香港灣仔石水渠街82號四樓		電機
徐嘉元(平八)	香港廣東銀行51號	24113			電機
高大綱	香港皇后道14號美國金山鑛廠	31794			鑛冶
蔡　瑜(瑟伽)			香港堅道英輝台5號A三樓	26715	鑛冶
崔敬承(吉如)			九龍彌敦道786號四樓		土木
張延祚	香港畢打行三樓7號	27068	香港禮頓山道113號樓下	30794	電機
張鶴舫	香港東亞銀行809號啓昌公司		九龍界限街166號	50837	機械
張德慶	九龍荃灣南華鐵工廠	51931			機械
張啓明 ○	香港雪廠街10號72號	23164			電機
張懇山 ○	香港東亞銀行809號啓昌公司		九龍界限街166號	50837	土木
梁仍楷	香港國民銀行207號	32375	九龍深水埗汝州街219號三樓		土木
許國亮	九龍廣九鐵路英段工務課	58071			土木
許厚鈺	香港畢打街14號怡和機器公司	33704	香港銅鑼灣灣景樓10號	20271	電機
許乃波(聽濤) ○	香港大學工學院	28056	香港大學伊律宿舍		電機
曹銘先	香港永安銀行二樓華運行	32404	香港灣仔高士打道59號四樓		化工
曹省之	香港畢打行七樓5號	32857			土木
章煥祉(顯榮)	香港皇后行英國通用電器公司	30427	香港山村道6號三樓	30958	電機
陳良士	九龍長安街29號陳氏補習學院	50282			土木
陳錦松			九龍西洋菜街8號二樓		土木
陳　器(仲韓)	香港皇后行308號	30686	九龍金巴利道69號四樓	56680	化工
陳秉霖	香港皇后行308號	22953	香港香島道388號	33976	化工
陳祖光	香港皇后道10號中國建設工程公司	23833	九龍太子道296號		電機
陳應乾(迺強)	香港皇后道10號東方貿易工程公司	23833	香港薄扶林道47號二樓		電機
陳榮貴			九龍深水埗白楊街30號三樓		機械
陳文燦 ○			香港堅道45號四樓		土木
陳俊述 ○	香港廣東銀行51號	24113			電機
陳伯權 ○	香港廣東銀行33A號信昌洋行	31325	香港羅便臣道69號	20183	土木
陳有恆	九龍荃灣南華鐵工廠	51931			機械
陶　鈞(勝百)	香港交易行322號中華無線電社	32644	九龍碼頭圍道中華無線電社	50846	電機
傅道仲	香港廣東銀行二樓中國銀行	32282	九龍荔枝角道145號三樓		紡織
馮志雲	香港畢打街14號怡和機器公司	30319	香港堅道太子台12號		機械
馮汝臻	香港畢打行三樓7號	27068	九龍漢口道8號四樓		機械
黃伯樵	香港畢打行三樓7號	27068	九龍太子道283號二樓	59373	機械
黃五如	香港文咸東街45號寶豐銀業公司	28395			土木
黃公淳	香港告羅士打行中國電氣公司	25437			電機
黃炳芳 ○			九龍旺角通菜街220號三樓		化工
黃謙益			九龍花園街221號二樓		土木
楊仁傑(季方)	九龍紅磡黃埔船廠繪圖室	56822			機械
葉紹蔭 ○	香港皇后道10號東方貿易工程公司	23833	香港利園街33號樓下		電機
廖觀亞	香港皇后大道33二樓6號	33001			電機
歐陽藻(覺青)	香港畢打行四樓4號	28540	九龍西洋菜街155樓下		電機
潘銘新(聲吾)	香港法國銀行75號	22529	香港跑馬地黃泥涌道33號B	22582	電機

29333

姓名(字)	辦公地址	電話	住宅地址	電話	專長
蔣易均(平伯)	香港畢打行七樓5號	32857	九龍太子道福佬村道5號二樓		土木
鄭寧遠	九龍北京道45A號六河溝製鐵公司		九龍碼頭圍道272號二樓		機械
蔡東培			香港灣仔乍非道243號四樓		土木
盧祖詒(纘培)	香港畢打行四樓3號	25012			電機
霍寶樹(亞民)	香港廣東銀行二樓中國銀行	32282			工業
鮑汝林 ○	香港大學工程系	28056			土木
薛炳蔚	香港畢打行四樓4號	28540	九龍樂道15號三樓		電機
鍾　鍔(秉鋒)	香港東亞銀行二樓中央銀行	32072	香港銅鑼灣灣景樓10號	32212	電機
簡鑒清			香港黃泥涌道21號		土木
歸達觀	香港畢打行四樓4號	21109	香港永和街8號		機械
羅英俊(籲門)			香港維便臣道22號三樓	25080	土木
蘇榮貞	香港皇后行308號	22953	九龍金巴利道69號四樓	56680	化工

○係新會員，已經香港分會介紹入會，惟尚未經總會董事會雜布通過。

孫家謙 原係中國機械工程學會會員　陳有恆 原係中國自動機工程學會會員

黃益謙 原係中國水利工程學會會員

⊙會員通信新址

盛紹章　成都上華興街43號蜀華實業公司
吳清泉　成都慈惠堂31號
顧惟精　成都華西後壩牛奶廠對過
鮑國寶　四川五通橋楊子壩岷江電廠
支秉淵　湖南祁陽寶塔街6號新中工程公司
魏　如　湖南祁陽寶塔街6號新中工程公司
朱樹怡　上海西摩路476號亞洲合記機器公司
薛次莘　貴陽禹門路133號西南公路管理局
淩鴻勛　成都天成鐵路工程局
湯天棟　重慶上清寺街孝友村交通部材料司
朱其清　重慶郵政信箱172號
沈觀宜　昆明小吉坡1號無逸林場(郵箱1600)
張善揚　四川五通橋川嘉造紙廠
趙曾珏　浙江金華交通部電政第三區特派員辦事處
李法端　重慶上清寺交通部材料司
馬軼群　昆明環城東路36號交通部川滇公路管理處
莫　衡　貴陽禹門路133號西南公路運輸管理局
楊　毅　重慶交通部路政司
趙祖康　重慶交通部公路管理處
何墨林　重慶交通部航政司
杜鎮遠　昆明府道街西捲簾巷2號滇緬鐵路工程局
章以黻　重慶交通部技監室
楊承訓　重慶交通部路政司
王樹芳　重慶中國運輸公司
胡瑞祥　桂林拉薩路電政特派員辦事處
邵禹襄　貴陽禹門路133號
吳益銘　昆明敘昆鐵路局
沈鎮南　重慶中國銀行總管理處
鄭葆成　重慶上清寺街資委會工業處
林繼庸　重慶經濟部工礦調整處
徐名材　重慶牛角沱26號
李熙謀　廣西遵義浙江大學工學院
周維幹　桂林郵箱1500號
任國常　重慶郵箱307號中央電瓷製造廠
胡博淵　西康西昌經濟部西昌辦公處
楊公兆　重慶資源委員會礦業處
程義法　湖南零陵郵箱4號
朱玉崙　昆明雲南礦務研究所
魏元光　重慶中央工業職業學校

⊙電工雜誌復刊

本會與中國電機工程師學會之合作刊物『電工』雜誌，自八一三停刊，已越兩載，至去年九月，即行復刊，暫定爲半年刊。其復刊號爲第9卷第1號。發行所：上海靜安寺路411弄8號

⊙介紹『新工程』雜誌

本會會員沈丹(立孫)及翁爲(存齋)諸先生，在昆明青門巷20號創設新工程雜誌社，其創刊號已於本年一月出版，特以介紹，定價每冊五角。

⊙代定外國工程雜誌

各會員如委託香港分會，向英國或美國直接訂定工程雜誌，可得特別減價權利。如 Engineering News-Record 或 Electrical World 原價每年美金五元，特價四元六角半，詳請函洽。

各分會會員通信錄，將陸續在本刊刊出。

中國工程師學會

會務特刊

中華民國29年6月1日 7卷3期

（暫代工程週刊，由香港分會出版）

香港必打街畢打行三樓七號

電話：27068 電報：1597 郵箱：184

中國經濟建設問題

翁部長在昆明分會演講

三年前本人曾去歐洲各國考察，看到他們對經濟建設的提倡，和經營的辦法，得到許多我們中國經濟建設上的借鏡。到英國的時候，正是一九三七年，我和他們談到中國經濟建設問題，我說中國已經是眞正統一的國家，不是常常內戰的時候了，我們的政府已經得到全國國民的信任擁護，我們的財政也有辦法，法幣制度已經成功，報紙上載的日本人，在華北走私，並不至於減少我們的海關收入，反因爲金融活動，生產增加，而國家收入也增多了。新的經濟建設已經感非常必要，希望友邦不斷加以援助，並且歡迎參加投資。英國人回答我說：中國經濟建設上有許多環境都是老的，許多人思想都是舊的，在這種情形下建設，好像是做試驗工作；同時一個國家的資金是有一定限度的，而且國家的收入不能超過國民收入的百分之四十，如果超過這限制去建設，那反而是有害的。還有一點，充實軍備固然非常需要，因爲眞正有實力，才能維持和平；但是不能因爲戰備而就破壞國家的預算。一切都要適可而止，不能用過量的財力，來從事初步建設，因而動搖了國家經濟基礎。

到了德國，參觀他們工業中心區域，他們說中國人不必怕日本攻打，以中國之大，雖然放棄一些地方，如果守着必須守的地方，終究是可以守得住的。第一次世界大戰，德國四面被包圍了，德國的汽油、鋼鐵、生膠產地都不多，主要的煤鐵區也被法國佔據了。現在德國不同了，德國戰時資源有了辦法，即使四面封鎖，也可以長期抵抗，來爭取勝利，所以爲了打定國家經濟建設基礎，不必怕花錢，超過國民收入也可以。這個勸告似乎也有道理。

以後又到了蘇聯，和他們許多重要的人談話，在他們沒革命以前，帝俄時代的工業基礎，不客氣說，實和我們差不多。可是十年功夫，到了一九三七年，第二個五年計劃的末一年，就成功世界大工業國。這眞給了我們一個好榜樣，凡是經濟建設最早的國家，她的成功一定最慢。英國一百五十年，法國五十年，德國三十年，蘇聯十年，中國說不定十年也用不上。所以除非中國不去建設，中國要建設，可以借鏡的實在很多。蘇俄的經濟建設中，吃虧了工作能力的低弱，比美國大致低到十幾倍，可是她用什麽克服呢？她把美國工作能力高的請了來，請他們執行一切工務人事的管理，等他們把蘇聯工人工作效率管理得高了，就不再請他們管理了，請他們專做設計委員會的事情。同時第一個時期的經濟建設，所用的機器是從外國買來的，以後他們就仿造，我看幾個地方譬如德尼拍九個發動機，四個是美國的，五個是蘇聯自製的，我看了非常感動，這種決心，眞是有出息的決心。到了1937年，他們全國機器，十分之三的精密機器，還是從外國買來；可是已經有十分之七的機器賣到比他們工業更落後一點的國家去了。這種精神也是值得佩服的。

以上這三個國家，由於她們的立場環境不同，對我們經濟建設的勸告也不一樣。我們按照我們的情形一看，不能不覺得慚愧，到了今天，我們的經濟建設還沒有走上通盤計劃的道路。每一個經濟部門，廣義的說，不論交通、銀行、金融、工業都應當在有系統有聯繫的發展之中。眞正建立國家經濟基礎，是非常重大的事，第一就要有整個的計劃，計劃既定，修正是可以的，不能隨便推翻的。領導的人，雖然是少數人，全國的人也都要互相瞭解，共同覺悟，吃苦努力，才可以得到成功。

過去我國幾十年來的建設，雖然都失敗了，可是提倡的人，今日想起來都比我們要强些。太平天國之所以失敗，曾國藩的所以成功，原因就在眼光的遠近，曾氏充分採取西洋的軍實，太平天國則看不起西洋人的一切。左宗棠之設造船廠，李鴻章的設兵工廠，以及左宗棠之設織呢煉銅等廠，張之洞的設立漢陽鋼鐵廠，所有基本工業，都成立起來，但是他們失敗了，他們失敗在手下人的不學無術，所以要想建立國家經濟基礎，必須全國的人明白。立國於世，非有整個的健全的經濟建設不可。每一個人都有他的責任，在這個偉大建設當中，工程師更是主要份子，負有設計領導之責。德國克魯伯鋼鐵廠的成功，全靠亞夫勒得來克魯伯的力量。他沒有受過很高級的教育，但他有成功的決心，和工作的能力，努力進行，奠定了德國全部工業基礎！更舉一個例：法國人特勒伯思，開鑿蘇彝士運河，反對的人說：地中海比紅海的水高二百公尺，但他終於組織公司把牠打通了！到後來美國巴拿馬運河的開鑿，又把特勒伯思請去，但這次他失敗了！原因是那地方瘴氣很厲害。他辭職了憂鬱而死。他成功於工程，也死於工程，這才是工程師中英雄好漢，後來終於被美國人克服了瘴疫，完成了巴拿馬運河

凡是一件事，初做起來都有困難，不能要求一切順利，奮鬥之後，一定會有成功。在我們建設經濟基礎的現在，我們工程師是要以身作則，在苦幹中找經驗，在奮鬥中找成功。

⊙年會決議各案分別推進

本會昆明年會決議各案，已經新董事會第一次會議決定推進辦法如下：

(1)組織康藏考察團案，先組織籌備委員會，推定歐陽崙、孫越崎、章以黻三先生，先行研究進行計劃，由孫越崎先生召集。

(2)建議工業建築防空保護案，請關頌聲、盧毓駿、孫保基、盧孝侯、李承幹諸先生研究辦法。

(3)組織成都分會案，請淩鴻勛先生，在蓉就近會同王助，王士倬，朱霖，諸先生籌商進行，應於五月十五日以前籌備完成。

(4)本年年會地點日期案，決定在成都，日期約定在十二月十五日左右。

(5)年會六大專題繼續研究案，推定葉秀峯、黃典華、歐陽崙、許應期、楊繼曾、杜殿英、諸先生先加整理，於二十日內整理就緒後，送黃伯樵、沈怡、兩先生補充。

⊙各專門學會聯絡辦法

本會於民國二十五年，在杭州舉行『五工程學術團體聯合年會』，此五工程學術團體，即本會，中國電機工程師學會，中華化學工業會，中國自動機工程學會，及中國化學工程學會。在杭州年會時，又加入中國土木工程師學會，中國鑛冶工程學會，中國機械工程學會，中國水利工程學會，中國紡織學會，舉行九工程團體執行部第一次聯席會議，後在上海又舉行聯席會議三次。在民國廿六年十一月十四日之第四次聯席會議時，即議決本會與各專門學會聯絡辦法草案十一條。當時以所定辦法，與各會現行章程，不無牴觸之處，故仍稱為草案，在各會章程尚未修改之前，並不發生效力。茲將此項聯絡辦法十一條，重刊於下，以備各會修改章程之準繩：—

中國工程師學會與各專門學會聯絡辦法草案

(甲)會員資格

1. 各專門學會正會員資格，概參照中國工程師學會規定辦理，以歸一律。

(乙)入會

2. 中國工程師學會正會員所研究之學科，凡已設有專門學會者，應一律加入各該專門學會為會員，正會員以下之各級會員，得自由加入，均免收入會費。

3. 各專門學會之正會員，應一律加入中國工程師學會為會員，正會員以下之各級會員，得自由加入，均免收入會費。

(丙)入會費及會費

4. 各學會入會費概參照下列規定辦法：—會員五元，仲會員三元，學生會員一元。

5. 各學會正會員之會費，概由中國工程師學會統一徵收之，每一中國工程師學會之正會員，至少須加入一個專門學會，應繳常年會費九元，以三元歸中國工程師學會，三元歸當地聯合分會，三元歸專門學會，倘加入專門學會在一個以上者，每多加入一個專門學會，即增繳會費三元，此增繳之會費，即歸該專門學會所得。

6. 中國工程師學會永久會員，同時為專門學會之普通會員者，每人應另繳該專門學會常年會費三元。專門學會永久會員，同時為中國工程師學會之普通會員者，每人應繳常年會費六元，以三元歸中國工程師學會，三元歸當地聯合分會。

7. 各專門學會之各級會員，合於中國工程師學會仲會員或學生會員之資格，而加入中國工程師學會者，其會費亦由中國工程師學會統一征收之，每一仲會員如同時為其他專門學會之各級會員，應繳常年會費六元，每一學生會員繳常年會費三元，均按三股分派。

8. 各專門學會之仲會員或初級會員，並未加入中國工程師學會者，其會費仍由各會自行徵收之。

9. 中國工程師學會之仲會員及學生會員，並未加入其他專門學會者，其常年會費仍照四元(仲會員)及二元(學生會員)之規定征收之。

(丁)各地分會及各會名稱

10. 各地祇設聯合分會，各學會不另設分會，以示團結，而節開支。

11. 假定中國工程師學會將來改組為中國工程師公會(即全國工程師公會)，則各地聯合分會，即可稱某地工程師公會，至於各專門學會，則概稱某某(例如土木、機械等)工程學會。

民國二十八年十二月，本會在昆明舉行年會，曾通過董事會所擬之一案，即本會與各種專門工程學會，應如何取得密切聯繫，議決補充意見六點，即組織『工程團體聯合委員會』。全文已見四月份本刊第2頁，茲不贅。(如需要，請函索，即寄)

檢查已往四次各工程團體聯席會議紀錄，其討論事項中，有決議編印聯合會員錄一案，該書已於廿六年四月出版，迄今仍沿用稱便。又有分配各學會刊物之性質一案，錄以備忘：——

中國工程師學會之刊物，注重國內外實際建設報告（特別注重國內），各會會刊論文提要，普通工程論文（不妨略趨通俗）。各專科學會之刊物，注重理論及試驗，愈專愈佳。請各位總編輯隨時取得密切聯絡。

各專門團體之最近會務消息，本刊亦甚願代為發表，以廣週知。本會各地分會，請分別登記各專門學會之會員，開會時亦請通知參加，以示團結。如此，則本會與各專門學會可謀打成一片，而取得密切之聯繫矣。

⊙水工學會開董事會

中國水利工程學會於五月二十日下午三時，在重慶導淮委員會辦事處，開董事會，玆將該會董執名單列下：

董事會：董事　張含英　沈　怡　茅以昇　許心武
孫紹宗　張自立　李書田　彭濟羣
孫輔世　須　愷　林平一　宋　浵

執行部：會　長　沈百先　　副會長　汪胡楨
總幹事　徐世大

⊙中國機械工程學會消息

中國機械工程學會，自去年董事會議決遷入內地，再度努力推進工作後，遞上會中經費已於本年初匯到二千三百八十七元，除將二千元保管暫不動用外，以餘數作為經常用費。教育部補助本會廿八年度經費七百五十元，已于本月全數匯到，故本會經費異常充足，可以推進下列各項工作。（甲）協助國立編譯館審查「機械工程名詞」，已往復函商，增聘審查委員，採取各地委員分別研究集中討論之方式，名詞普通部初稿，已分發各委員。（乙）調查及徵求會員，（地址及工作狀況等）。（丙）編印會員錄。（丁）續印「機工通訊」。（戊）協助教育部訂定「各校機械工程系各科目教材綱要」。（已）協助經濟部審定有關機械工程之「工業標準」草案。（庚）與當地工程師學會合作編輯「工程副刊」，舉行「座談會」，「學術演講會」，「考察團」等工作。（四）盼各會員介紹同人入會，並將個人近況，及同人行止等，儘量供給，以便互通消息。

⊙中國紡織學會董事名單

張文潛　聶光堉　傅銘九　錢貫一　汪孚禮
沈哲民　王子宿　王一鳴　藏文伯　黃雲騤
劉益遠　朱仙舫　陸紹雲　鄭彥之　毛翼豐

⊙本會董事會第二次會議

本會董事會，於五月十六日在重慶國府路外賓招待所，舉行第二次董事執行聯席會議。

⊙總會執行部職員名單

會　　長：陳立夫　　副會長：沈　怡
總幹事：顧毓瑔　　文書幹事：歐陽崙
事務幹事：黃典華　　會計幹事：徐名材

⊙桂林分會常會

桂林分會于五月六日在良豐開會，到五十餘人，選舉馬君武為會長，馮家錚為副會長，會後參觀廣西大學之植藉場及科學館。

⊙昆明分會郊遊聯誼大會

昆明分會為聯絡會員眷屬感情起見，于四月廿一日舉行春季郊遊聯誼大會，上午九時在小西門外大觀路碼塘集合，乘會中預定小船，遊覽大觀園及附近各園莊。參加者共四十人，頗極一時之盛。

⊙昆明分會公開演講會

昆明分會於五月二日下午五時，在會所請經濟部翁部長詠霓，作公開演講，到會員暨各界六百餘人，主席金龍章，翁部長演詞全文另錄。

⊙香港分會四月份參觀

香港分會于四月十三日星期六，下午二時半，參觀九龍荃灣南華鐵工廠，共到會員三十餘人，承該廠派公共汽車接送，茶點歡迎，並由廠長陳有恆，工程師杜光祖，張德慶，孫家謙各位先生，親自指示各部，設備新穎，莫不嘉許，至六時始回。

⊙香港分會五月份聚餐

香港分會於五月十七日下午七時，假灣仔六國飯店二樓中菜部，舉行五月份聚餐，請香港大學教授R. C. Robertson博士，演講滇緬公路情形，並映演其沿途所攝之幻燈片。到會員三十人，並特賓英國來華參加萬國紅十字會之工程師 L. Evans, O. Evans, W. Jenkins 等四位，至十時半散會。

⊙會員通訊新址

張廷金　上海愛麥虞限路45號交通大學
徐世大　重慶南岸放牛坪顧廬
趙世昌　昆明西倉坡5號清華大學辦事處
婁燮鈞　四川長壽丁家渡袁家祠龍溪河水力發電廠
李熙謀　貴州遵義浙江大學工學院
趙曾珏　浙江麗水交通部電政第三區特派員辦事處
徐承燨　香港畢打行四樓3號
陳鵬海　九龍北京道45號A六河溝製鐵公司

中國工程師學會總會資產負債表（民國28年8月31日止）

資產	科	目	負債
$ 2,000.00	材料試驗所基地	材料試驗所捐款	$ 36,867.66
35,352.93	材料試驗所建築費	圖書館捐款	11.45
48.45	材料試驗所器具費	捐款利息	10,805.93
115.00	材料試驗所水電表押櫃	永久會費	25,490.49
2,134.00	聯合會所建築費	政府撥助試驗費	10,000.00
50.00	濟南分會借款	暫記	104.50
32.00	前中國工程學會應收而未收之賬	前中國工程學會應付未付之賬	358.90
1,000.00	新中工程公司股份	朱母獎學基金	1,000.00
2,000.00	中國科學公司股份	未用保險賠款餘款	3,079.50
1,000.00	中國科學公司預支印刷費	朱母獎學基金利息	300.00
5,000.00	救國公債	24—25年度經常盈餘	1,158.13
400.00	武漢會所經費	25—26年度經常盈餘	309.96
500.00	重慶大會經費	26—27年度經常盈餘	222.83
475.00	重慶總會經費	本屆(27—28年度)經常盈餘	411.56
29,194.21	銀行定期存款		
10,819.32	銀行活期存款及現款		
$90,120.91			$90,120.91

中國工程師學會總會收支總賬（民國27年9月1日至28年8月31日止）

收	入	支	出
(1)上屆結存：		(1)上屆結轉：	
材料試驗所捐款	$ 36,867.66	材料試驗所基地	$ 2,000.00
圖書館捐款	11.45	材料試驗所建築費	35,352.93
捐款利息	9,396.32	材料試驗所器具費	48.45
永久會費	25,490.49	材料試驗所水電表押櫃	115.00
政府撥助試驗費	10,000.00	聯合會所建築費	2,134.00
暫記	104.50	濟南分會借款	50.00
前中國工程學會應付而未付之賬	358.90	前中國工程學會應收而未收之賬	32.00
朱母獎學基金	1,000.00	試驗所電燈押櫃	33.44
未用保險賠款餘款	3,079.50	會所電燈押櫃	9.00
朱母獎學基金利息	150.00	會所電話押櫃	25.00
24—25年度經常費盈餘	1,158.13	中國科學公司股份	2,000.00
25—26年度經常費盈餘	309.96	新中工程公司股份	1,000.00
26—27年度經常費盈餘	222.83	中國科學公司預支印刷費	1,000.00
	$ 88,149.74	救國公債	5,000.00
(2)本年度收入：			$48,799.82
捐款利息	1,409.61	(2)本年度支出：—	
朱母獎學基金利息	150.00	武漢會所經費	400.00
常年會費	9.00	重慶大會經費	500.00
發行賬	34.91	重慶總會經費	475.00
存款利息	2,397.66	試驗所開支	388.04
救國公債利息	190.00	補收會費	3.00
會所電話押櫃	25.00	薪津	1,243.00
會所電燈押櫃	9.00	房租	390.00
試驗所電燈押櫃	33.44	圖書費	69.52
		郵電費	14.75
		雜項	111.70
		結存：	
		銀行定期存款 $ 29,194.21	
		銀行活期存款及現款 10,819.32	40,013.53
	$ 92,408.36		$ 92,408.36

總會會計：張孝基 （簽印）

中國工程師學會

會務特刊

中華民國29年7月1日　7.4 卷期
（暫代工程週刊，由香港分會出版）
香港必打街畢打行三樓七號
電話：27068　電報：1597　郵箱：184

工程雜誌徵稿啓事

敬啓者，本會工程雜誌，出版發行事項，頃已與香港商務印書館訂立合作契約，第一期（卷號仍與以前銜接爲第十三卷第四號）將于七月中出版，玆將該契約要點及投稿簡章，公布於后。請各會員多惠宏文，以光篇幅。因工程雜誌實係代表本會之信譽與地位，爲國內唯一之工程界刊物，本會會員均有踴躍投稿，全力維護之責任，以期達到與先進各國工程團體刊物相媲美之地步。此次得商務印書館之合作，担任發行，得以恢復抗戰前之舊觀，諒我同人，必樂於奮起贊助，爲本會增光也。暫定稿費，每頁酌酬現金港幣弍元，諸希各會員源源賜稿，幸甚。此致

各會員。

副會長兼總編輯　沈　怡　敬啓

（稿請寄香港畢打行三樓七號，或香港郵箱184號，或寄各地分會轉寄）。

⊙合印工程雜誌契約

（1）著作人中國工程師學會（下稱甲方），發行人商務印書館（下稱乙方）。

（2）編輯事務，由甲方任之。印刷發行事務，由乙方任之。

（3）編輯及發行人用甲方名義，總經售處用乙方香港分館名義。

（4）本雜誌版式照東方雜誌，即橫七英寸半，高十英寸半（19×27公分），用五號字排，報紙印，每期以五十頁爲度。

（5）本雜誌每兩月出一期，所有文稿，應於出版前一個月交付乙方。

（6）本雜誌每本定價，暫定港幣四毫，甲方允每期定印一千本，分送會員，定印費共計港幣叁百五十元。此項定印費，由甲方于每期發稿時，一次付淸。所有甲方定印之雜誌，不付版稅。雜誌銷數滿三千本時，前項定印費改爲港幣叁百元，乙方應退還之定印費，每半年結算一次。

（7）乙方允于雜誌出版後，自銷售第壹千零壹部起，按定價每本百分之十計算之版稅，報酬甲方。遇售特價時，應照特價計算版稅。

（8）招登廣告，由甲方辦理，廣告費亦歸甲方收入，但乙方之廣告不計費。所有甲方招登之廣告，另付乙方每期每頁排版費港幣八元，紙張印刷費在五頁以內者，不論印數多少，每頁港幣弍元，在五頁以外者，每頁每印壹千張，港幣四元。

（9）本雜誌向港政府註冊，由乙方代甲方辦理，各期送審手續，亦由乙方代辦。

（10）本合同有效期間，暫定一年，期滿雙方同意，得續訂之。

中華民國廿九年五月廿九日

立契約　中國工程師學會　沈　怡
　　　　商務印書館　王雲五

⊙工程雜誌投稿簡章

（1）本刊登載之稿，槪以中文爲限。原稿如係西文，應請譯成中文投寄。

（2）投寄之稿，或自撰，或翻譯，其文體，文言白話不拘。

（3）投寄之稿，望繕寫淸楚，並加新式標點符號，能依本刊行格（每行19字，橫寫，標點佔一字地位）繕寫者尤佳。如有附圖，必須用黑墨水繪在白紙上。

（4）投寄譯稿，並請附寄原本。如原本不便附寄，請將原文題目，原著者姓名，出版日期及地點，詳細叙明。

（5）度量衡請盡量用萬國公制，如遇英美制，請加括弧，而以折合之萬國公制記于其前。

（6）專門名詞，請儘量用國立編譯館審定之工程及科學名詞，如遇困難，請以原文名詞，加括弧註于該譯名後。

（7）稿末請註明姓名，字，住址，學歷，經歷，現任職務，以便通信。如願以筆名發表者，仍請註明眞姓名。

（8）投寄之稿，不論揭載與否，原稿槪不檢還。惟長篇在五千字以上者，如未揭載，得因預先聲明，寄還原稿。

（9）投寄之稿，俟揭載後，酌酬現金，每頁文圖

以港幣二元爲標準，其尤有價值之稿，從優議酬。

（10）投寄之稿經揭載後，其著作權爲本刊所有，惟文責概由投稿人自負。在投寄之後，請勿投寄他處，以免重複刊出。

（11）投寄之稿，編輯部得酌量增删之。但投稿人不願他人增删者，可於投稿時預先聲明。

（12）投寄之稿，請掛號寄重慶郵政信箱268號，或香港郵政信箱184號，中國工程師學會轉工程編輯部。

⊙工程雜誌廣告價目

底頁外面全面每期港幣二百元全年六期港幣一千元
普通地位全面每期港幣一百元全年六期港幣五百元
普通地位半面每期港幣六十元全年六期港幣三百元
繪圖製版費另加
每面尺寸18.7×26公分（$7\frac{3}{8}'' \times 10\frac{1}{4}''$）
（與此紙同樣大小）

⊙工程雜誌寄贈會員辦法

本會『工程』雜誌，改在香港出版，由商務印書館代爲發行，因印刷紙張及郵費昂貴，港幣匯率復高，故不能無限制寄贈各會員，特訂暫行辦法三條如下：

（1）凡已付清永久會費全數一百元者，由本會按期免費寄贈，（未付清永久會費者，不能援例）。

（2）凡已付清民國廿八年及廿九年之會費者，由本會免費寄贈，至廿九年底止，以後每年繼續付清會費者，每年繼續寄贈。

（3）繳付會費，以總會會計收到者爲準，如繳付分會會計，則以分會將半數會費解付總會者爲準。寄贈雜誌由總會會計，通知香港分會，代爲辦理。

⊙推定工程雜誌編輯

本會第二次董事會，議決推沈君怡先生爲工程雜誌總編輯，張延祥先生爲副總編輯。

⊙年會論文給獎

本會去年昆明年會，宣讀論文，由審查委員會選取四篇，評定甲乙，茲經第二次董事會議決，第一名陳國沅君給獎一百元，第二名三人，王龍甫君，章名濤君，葉楷君，每人給獎五十元。

⊙本會董監任期延長一年

本會董事及基金監，以抗戰關係，廿八年重慶臨時大會前，未曾辦理選舉手續，故中間脫去一年。茲經董事會議決，在抗戰前選出之現任各董事及基金監之任期，各延長一年，以資蟬聯，而免空缺，于本年年會中，提請追認云。

⊙成都年會籌備訊

本屆年會在四川成都舉行，日期約定在十二月十五日左右，已由董事會推定凌竹銘先生爲籌備委員會主任委員，並請其提出委員名單，由總會分函聘請。

⊙西康考察團籌備情形

本會前決議組織康藏考察團，茲已由第二次董事會決定，先行組織西康考察團，分交通，水電，地質，鑛冶，紡織工業，化學工業，木材，七組，並分康定及西昌兩隊，分頭考察。經費預定二萬元至二萬五千元元，出發時間定民國三十年春，樂西公路通車後。當推定董執數人，向各關係方面接洽進行。

⊙浙大工程獎學金得獎者

本會民國廿五年杭州年會時，曾提撥國幣三千元，捐贈浙江大學爲「工程獎學金」，每年以土木系、機械系、或電機系、化工系，三年級學年終了時成績最優之學生各一人，領受基金利息之半數，即一百五十元，按年由四學系輪流承領。茲悉最近兩年得獎者，爲電機系馮紹昌，化工系張勝游，土木系周存國，機械系史汝楫，共四人。領受上項獎學金之學生，由浙江大學准予免收學宿等費一年（大學四年級），以示獎勵。

⊙編印各分會會員錄

本會于民國二十六年，編印工程團體聯合會員錄後，迄已三年，因抗戰關係，各會員地址變遷甚多，目前若重印全體會員錄，甚爲困難，故本刊決陸續先發表各分會之會員錄，以資補救。第二期中已發表香港分會之部，本期又發表昆明分會之部，其他各地，請各分會書記趕行編製，寄本刊發表，藉以靈通消息。在此抗戰時期，若會員服務處所，不願寫明機關名稱者，當予略去，祇寫路名門牌，或祇寫郵政信箱號數。再有應予注意三點：（1）各專門工程學會會員，雖尚未正式加入本會爲會員者，亦應編列，惟標明某會字樣。（2）凡分會已通過之新會員，尚未經總會董事會正式通過者，亦應編入，惟在姓名後加圈爲記。（3）會員更改地址，請每月報告本刊更正。

此外，凡未成立或未籌備分會之處，如有會員最近通信地址，亦請通知本刊，當於每期『會員通信新址』欄內發表。

⊙昆明分會會員通訊錄

姓名	通訊處	專長
丁嗣賢	郵箱777號昆明化學公司	化工
丁宣楠○	金碧路三益里敘昆鐵路局	土木
方　剛(錫新)	東寺街敬德巷6號雲南鋼鐵廠	土木
方以矩○	郵箱69號號化工材料廠	化工
王　琭(正恆)	報國寺街建設廳	土木
王　濤(松波)	護國路昆明水泥廠	化工
王　度(君度)	郵箱92號交通部橋樑設計處	土木
王季同(小徐)	拓東路玉川巷2號	電機
王魯新(醒庵)	護國路啓文街10號新通公司	電機
王裕光	拓東路西南聯合大學	土木
王敬立(孝章)	青雲街雲南大學	土木
王鴻斌○	郵箱21號	航空
王之璽(藍田)	東寺街敬德巷6號雲南鋼鐵廠	礦冶
王節堯(琢珉)	甬道街西捲洞巷滇緬鐵路局	土木
王德滋(潤琴)	興仁街42號明良煤礦	礦冶
王傻琛○	東寺街敬德巷6號雲南鋼鐵廠	礦冶
王兆嵋○	金碧路三益里敘昆鐵路局	土木
王溢中○	金碧路三益里敘昆鐵路局	土木
王仍之○	小吉坡1號	
王守融○	北門街71號清華大學研究所	航空
支少炎○	郵箱1000號電工器材廠	機械
毛毅可	小吉坡1號	機械
毛克生	郵箱123號	航空
毛鶴年○	郵箱1000號電工器材廠	電機
孔祥勉(士勤)	愉園南樓中央信託局	土木
石代卓(仰尼)	甬道街西捲洞巷滇緬鐵路局	土木
丘勤寶(天巍)	青雲街雲南大學	土木
江元仁	護國路昆明建築公司	土木
江知權○	郵箱69號化工材料廠	化工
任鴻雋(叔永)	青雲街137號中央研究院	化工
任之恭	北門街71號清華大學研究所	電機
伍正誠○	拓東路西南聯合大學	水利
朱　樾(君林)	金碧路三益里敘昆鐵路局	土木
朱大鈞○	郵箱120號西南運輸處	機械
朱健飛	玉皇閣雲南紡織廠	紡織
朱物華	拓東路西南聯合大學	電機
朱光彩(華紡)	報國寺街建設廳農林局	農業
朱蔭桐	金碧路三益里敘昆鐵路局	土木
光德坤○	護國路268號國際電台	電機
何元良	小東城脚雲南五金工廠	機械
何尙平○	慶雲街28號雲南礦業公司	
何君超	郵箱21號	航空
余昌菊(繼陶)	護國路啓文街10號新通公司	電機
安文瀾(晴波)	金碧路三益里敘昆鐵路局	土木
吳　鵬(次風)	甬道街西捲洞巷滇緬鐵路局	土木
吳世鶴	同仁街1號大昌建築公司	機械
吳益銘(西箴)	金碧路三益里敘昆鐵路局	土木
吳琢之	郵箱120號西南運輸處	機械
吳錦安	郵箱18號	
吳慶衍	崇仁街43號怡和機器公司	機械
吳志超○	郵箱69號化工材料廠	化工
吳祥騏○	金碧路三益里敘昆鐵路局	土木
吳繼軌○	金鳳花園7號	建築
吳融清○	甬道街西捲洞巷滇緬鐵路局	
李吟秋	金碧路三益里敘昆鐵路局	土木
李謨熾(滇正)	拓東路西南聯合大學	土木
李輯祥(筱韓)	拓東路西南聯合大學	機械
李熾昌	青雲街雲南大學	土木
李鴻儒(石林)	蒲草田1號南華營造廠	土木
李文東○	郵箱18號	物理
李宗海(匯川)	拓東路西南聯合大學	機械
李樹棠○	郵箱18號	化工
李爲駿(伯良)	甬道街西捲洞巷滇緬鐵路局	土木
李右圖○	玉皇閣雲南紡織廠	紡織
李牧九○	玉皇閣雲南紡織廠	紡織
利家和○	金碧路三益里敘昆鐵路局	土木
貝季瑤○	郵箱56號中央機器廠	機械
杜鎮遠(建勛)	甬道街西捲洞巷滇緬鐵路局	土木
汪　申○	青雲街270號中法大學理學院	建築
汪　瀏(君亮)	中和巷40號	化工
汪家瑞○	金碧路三益里敘昆鐵路局	建築
汪一彪	巡津街9號美國通用公司	機械
汪泰經	維新街23號工礦調整處	化工
汪菊潛	甬道街西捲洞巷滇緬鐵路局	土木
汪楚寶	同仁街1號大昌建築公司	建築
沈　昌(立孫)	青門巷20號川滇鐵路公司	土木
沈覲宜(來秋)	小吉坡1號	機械
沈從龍○	郵箱1000號電工器材廠	電機
沈秉魯	報國街26號雲南電政管理局	電機
沈祖墩(逸广)	崇仁街鹽務管理局	化工
呂鳳章○	北門街71號清華大學研究所	航空
邢契莘	小東城脚10號	航空
周　仁(子競)	大西門外棕樹營中央研究院工程研究所	機械
周　文○	甬道街西捲洞巷滇緬鐵路局	土木
周玉坤(晴嵐)	大柳樹巷4號甲通用電器公司	電機
周承佑	蒙自郵箱5號箇舊錫礦公司	機械
周鼎唐○	小東城脚36號中華營造廠	土木
周惠久○	拓東路西南聯合大學	航空
周自新○	郵箱18號	土木

⊙昆明分會會員通訊錄(二)

姓名	通訊處	專長
周典禮。	小吉坡1號	機械
周家模。	翠湖北路3號同濟大學	
周繼健。	翠湖北路3號同濟大學	航空
周贊邦(維萬)	金碧路三益里敍昆鐵路局	土木
周延鼎(君梅)	富滇新銀行雲南蠶絲公司	土木
周德鴻	郵箱35號	航空
孟廣喆	拓東路西南聯大學院	機械
金士奇(慈琦)	金碧路三益里敍昆鐵路局	土木
金襄七。	綏靖路488號中華柴油機工程服務社	機械
金恆敦。	金碧路三益里敍昆鐵路局	土木
金龍章	華山西路耀龍電力公司	電機
范式正(心安)	郵箱120號西南運輸處	電機
范崇武	拓東路西南聯合大學	電機
范緒筠	拓東路西南聯合大學	電機
林同棪	府道街西捲洞巷滇緬鐵路局	土木
林榮向(壬向)	武成路266號	土木
林華資。	金碧路三益里敍昆鐵路局	土木
邱式淦。	金碧路三益里敍昆鐵路局	建築
俞同奎(星樞)	鼎新街青年會	化工
俞日尹	華山西路中央廣播電台	電機
姚鎮堯(晉生)	府道街西捲洞巷滇緬鐵路局	土木
茅文思。	太和街326號川滇公路管理處	建築
施洪熙	郵箱82號昆湖電廠	電機
施嘉幹(衍林)	同仁街1號大昌建築公司	建築
施嘉煬。	拓東路西南聯合大學	土木
施子京。	護國寺啓文街10號新通公司	
施　彬。	金碧路三益里敍昆鐵路局	土木
姒南笙	郵箱1000號電工器材廠	電機
段　緯(辭堂)	黃公東街雲南公路局	土木
胡命緹。	護國路268號國際電台	電機
胡博同(倬三)	東寺街滇北礦務公司	礦冶
胡鵬飛。	敬節堂巷九號	航空
柳希權	金碧路三益里敍昆鐵路局	機械
倪　俊	拓東路西南聯合大學	電機
倪　超。	翠湖北路3號同濟大學	土木
倪松壽(崇文)	愉園南樓中央信託局	機械
唐　英(雄伯)	翠湖北路3號同濟大學	機械
唐�派華(伯誠)	府道街西南洞巷路局	土木
唐文傑。	金碧路三益里敍昆鐵路局	土木
唐子澂	金碧路三益里敍昆鐵路局	土木
馬軼羣	太和街326號川滇公路管理處	土木
馬希融。	富滇新銀行雲南經濟委員會	
馬崇周	黃公東街雲南公路局	土木
夏彥儒	郵箱60號中央機器廠	土木
夏功模。	華山南路224號西南建築公司	土木
夏堅白	翠湖北路3號同濟大學	土木
夏行時	同仁街1號大昌建築公司	建築
孫振英(燮才)	郵箱18號	電機
孫洪鈞。	護國路268號國際電台	電機
孫祥鵬。	郵箱69號化工材料廠	化工
孫瑞珩(葱甫)	郵箱1000號電工器材廠	電機
孫瑞璋	府道街西捲洞巷滇緬鐵路局	電機
孫鹿宜	東市街昆福巷2號湘桂鐵路	土木
孫嘉祿。	青門巷20號川滇鐵路公司	機械
徐燮奎	小吉坡1號	
徐佩璜(君陶)	郵箱69號號化工材料廠	化工
徐寬年	金碧路三益里敍昆鐵路局	土木
徐紹年。	金碧路三益里敍昆鐵路局	土木
殷源之(伯泉)	大西門外棕樹營中央研究院工程研究所	機械
殷祖瀾	拓東路西南聯合大學	機械
殷文友	拓東路西南聯合大學	機械
袁鴻壽。	東寺街敬德巷6號雲南鋼鐵廠	礦冶
秦大鈞	北門街71號清華大學研究所	航空
秦鏡南。	小吉坡1號	
秦紹甚。	金碧路三益里敍昆鐵路局	土木
秦鴻鈴(仲方)	市政府工務局	水利
畢近斗(仲垣)	大西門外西南聯合大學	電機
高　鑑(觀四)	太和街揚子建築公司	土木
高長庚(少白)	拓東路西南聯合大學	化工
高憲英(偉霖)	石橋鋪82號	機械
翁　為(存齋)	青門巷20號川滇鐵路公司	土木
翁心源。	金碧路三益里敍昆鐵路局	土木
曹　燮。	太和街326號川滇公路管理處	建築
崔華東	華山西路耀龍電力公司	電機
康泰洪。	郵箱60號中央機器廠	機械
莊前鼎	北門街71號清華大學研究所	機化
梅貽琦(月涵)	西倉坡5號清華大學	電機
許應期	郵箱1000號電工器材廠	電機
章名濤	拓東路西南聯合大學	電機
郭克悌	華山西路耀龍電力公司	電機
郭則溉(鐵梅)	金碧路三益里敍昆鐵路局	土木
郭彝剛(民原)	昆安巷4號成渝鐵路運輸處	土木
陸獻琪	金碧路三益里敍昆鐵路局	土木
陶逸鍾。	一平浪雲南大學礦冶系	礦冶
陶葆楷	拓東路西南聯合大學	土木
陶鴻燾(魯織)	開遠開遠礦務公司	礦冶
陳良輔(伯洪)	郵箱1000號電工器材廠	電機
陳昌賢	萬鍾街105號資委會技術室	土木

29342

⊙昆明分會會員通訊錄(三)

姓名	通訊處	專長
陳青濂	廨道街西捲洞巷滇緬鐵路局	土木
陳德芬(彥林)	金碧路三益里敍昆鐵路局	土木
陳鳳儀(虞賓)	小東城脚雲南五金工廠	機械
陳鴻振○	郵箱1000號化工材料廠	電機
陳蔚觀(達夫)	石橋舖41號轉中國製鋼公司	
陳國强○	郵箱21號	航空
陳永齡	拓東路西南聯合大學	土木
陳鐵祥○	太和街326號川滇公路管理處	土木
陳訓煊○	太和街326號川滇公路管理處	土木
陳元齡○	青雲街雲南大學	土木
陳俊雷○	郵箱1000號電工器材廠	電機
陳廣沅(覺淸)	廨道街西捲洞巷滇緬鐵路局	機械
張西林	報國寺街建設廳	電機
張正平	一平浪礦務局	礦冶
張青森(竹庵)	金碧路三益里敍昆鐵路局	土木
張承祜(孟菱)	郵箱1000號電工器材廠	電機
張承緒(懷柳)	護國路268號國際電台	電機
張家瑞○	金碧路三益里敍昆鐵路局	土木
張惟和(季平)	郵箱120號西南運輸處	土木
張紹鎬○	正義路華山南路口華林轉	機械
張澤熙(豫生)	拓東路西南聯合大學	土木
張　偉○	大興街38號	土木
張家寧○	青雲街雲南大學	土木
張安令○	金碧路三益里敍昆鐵路局	土木
張捷遷(徑南)	北門街71號淸華大學研究所	機械
張壽昌○	報國寺街建設廳	土木
張聞駿○	拓東路西南聯合大學	機械
張海平	廨道街西捲洞巷滇緬鐵路局	土木
張有齡	拓東路西南聯合大學	土木
張伯明○	報國街26號雲南電政管理局	電機
張大煜○	大西門外棕樹營中央研究院化學研究所	化工
張學會○	北門街71號淸華大學研究所	航空
張總聰○	北門街71號淸華大學研究所	航空
張稼益	翠湖北路3號同濟大學	
張九垣○	滇越鐵路鳳鳴車站郵箱1號	航空
張謙農	青雲街石印巷4號	
惲　震(蔭棠)	郵箱1000號電工器材廠	電機
曾　桐	圓通街176號	航空
曾昭掄(叔偉)	大西門外西南聯合大學	化工
曾廣樑○	翠湖北路3號同濟大學	
曾抑豐(景南)	崇仁街鹽務管理局	土木
湯瑞鈞○	一坵田10號滇緬公路局	土木
費　鐸○	金碧路三益里敍昆鐵路局	土木
鈕因楚○	寶善街中國航空公司	航空
覃修典	拓東路西南聯合大學	土木
富良澤○	郵箱69號化工材料廠	化工
彭祿炳○	太和街太和巷3號	建築
華　怡○	郵箱1000號號電工器材廠	土木
華國英○	金碧路三益里敍昆鐵路局	航空
馮桂連	北門街71號淸華大學研究所	航空
程文熙(侯度)	青門巷20號川滇鐵路公司	土木
程本厚	青門巷20號川滇鐵路公司	機械
程孝剛(叔時)	安寧溫泉曹溪寺交通部	機械
程達雲○	郵箱1000號電工器材廠	電機
黃　宏(萬耕)	郵箱1000號電工器材廠	電機
黃雪琴	郵箱第55號	
黃修青(君可)	郵箱1000號電工器材廠	電機
黃子焜	環城東路326號裕滇紡織公司	機械
黃金濤(淸溪)	玉龍堆9號	礦冶
楊克嶸(季巖)	青雲街雲南大學	機械
楊永泉(竟成)	萬鍾街105號惠德建築公司	建築
楊増馥(宜之)	華山西路耀龍電力公司	電機
楊醒鐘	郵箱21號	航空
楊石先	拓東路西南聯合大學	化工
褚鳳章(漢雛)	青雲街竹安巷5號民豐紙廠	化工
葉　楷	北門街71號淸華大學研究所	電機
葉　鼎(扛九)	金碧路三益里敍昆鐵路局	土木
葛敬中○	慶雲街28號雲南蠶業公司	
葛益熾	崇仁街43號怡和機器公司	機械
鄒恩泳	青雲街雲南大學	土木
鄒　越○	廨道街西捲洞巷滇緬鐵路局	土木
董樊川○	青雲街雲南大學	土木
董樹屏(邱行)	拓東路西南聯合大學	機械
雷　煥	郵箱92號大東工廠	礦冶
雷炳猷○	玉皇閣雲南紡織廠	紡織
雷兆鴻○	富春街19號	航空
趙　深○	一坵田10號華蓋建築公司	建築
趙松彥○	太和街326號川滇公路管理處	土木
趙世昌(泗蒼)	西倉坡5號淸華大學辦事處	電機
趙富鑫○	廨道街西捲洞巷滇緬鐵路局	土木
趙述完	近日公園電話局	電機
趙友民○	拓東路西南聯合大學	電機
趙稚鴻	金碧路三益里敍昆鐵路局	土木
劉仙洲	拓東路西南聯合大學	機械
劉振淸	華山西路中央廣播電台	電機
劉晉鈺(祖榮)	郵箱82號昆湖電廠	電機
劉峻峯	南强街履善巷餐園	
劉同聲○	北門街71號淸華大學研究所	航空
劉恢光	金昆路三益里敍昆鐵路局	土木

29343

⊙昆明分會會員通訊錄（四）

姓名	通訊處	專長
劉雲浦	大西門外西南聯合大學	化工
劉興亞	萬鍾街105號資委會	礦冶
劉　鈞。	拓東路西南聯合大學	化工
蔡方蔭	拓東路西南聯合大學	土木
蔡名芳	青雲街187號銅鑛公司	機械
魯承楓。	金碧路三益里敍昆鐵路局	土木
潘履潔	大西門外棕樹營中央研究院化學研究所	化工
鄭　華	富滇新銀行雲南經濟委員會	土木
鄭瀚西（藹如）	臨江里77號人華營造廠	土木
鄭大同。	肅道街西捲洞巷滇緬鐵路局	土木
鄭拔元。	郵箱120號西南運輸處	機械
應家豪。	護國路268號國際電台	電機
齊耐寒。	巡津街9號美國通用公司	電機
盧炳玉	護國路炳聰工程公司	建築
賴其芳	石橋舖41號中央研究院	
穆偉潤（芝房）	郵箱69號化工材料廠	機械
龍自一	金路碧三益里敍昆鐵路局	土木
閻增松	翠湖北路3號同濟大學	機械
錢昌淦（少平）	郵箱92號交通部橋樑設計處	土木
繆雲台。	富滇新銀行雲南經濟委員會	礦冶
薩本遠（銘蓀）	金碧路三益里敍昆鐵路局	土木
薩福均（少銘）	金碧路三益里敍昆鐵路局	土木
戴爾賓	一平浪滇緬鐵路局第三總段	土木
聶肇靈（欽明）	金碧路三益里敍昆鐵路局	土木
蕭揚勛（敬業）	報國街26號雲南電政管理局	電機
羅　訓（季驤）	金碧路三益里敍昆鐵路局	土木
羅為垣（紫台）	肅道街西捲洞巷滇緬鐵路局	土木
譚　議。	金碧路三益里敍昆鐵路局	土木
譚溫良	金碧路三益里敍昆鐵路局	土木
譚振華	北門街71號清華大學研究所	航空
譚友岑（質維）	武成路上馬巷4號	電機
譚錫疇（壽田）	武成路22號易門鐵礦局	礦冶
蘇國楨	大西門外西南聯合大學	化工
蘇延賓。	大西門外棕樹營中央研究院化學研究所	
嚴　愷	建設廳農田水利貸款委員會	
嚴鐵生。	金碧路三益里敍昆鐵路局	土木
顧毅成	安寧溫泉曹溪寺交通部	機械
顧光復	郵箱56號中央機器廠	機械
顧敬心。	翠湖北路3號同濟大學	化工
顧繼成	肅道街西捲洞巷滇緬鐵路局	土木
顧懋勛（績成）	金碧路三益里敍昆鐵路局	土木
龔學遂（伯循）	郵箱120號西南運輸處	鑛冶
龔祖同	郵箱18號	應用科學
實　儁。	一坵田10號華蓋建築公司	建築

（註：有。記號者為新會員，尚未經董事會正式通過。）

王德滋，劉興亞，羅為垣，龔學遂，原為中國鑛冶工程學會會員。石代卓，丘勤寶，朱光彩，安文瀾，陸歡祺，原為中國土木工程師學會會員。何君超，高長庚，劉雲浦，蘇國楨，嚴愷，李東海，張捷遷，原為中國機械工程學會會員。沈秉魯，范崇武，原為中國電機工程師學會會員。唐炳燕，馬崇周，原為中國水利工程學會會員。

⊙澂江分會會員通訊

雲南澂江現有本會會員17人，目前暫未成立分會，由昆明分會兼顧，玆將該地會員姓字及專長科別錄下，通信處均為雲南澂江中山大學。

姓名（字）	專長	姓名（字）	專長
王之卓	土木	黃秉哲。	土木
古文捷。	電機	劉均衡。	化工
李鏖馥。	電機	劉俊郊。	電機
李敦化。	化工	漆相器。	電機
沈熊慶（夢占）	化工	蕭冠英	建築
胡兆輝	建築	黃　適。	建築
胡德元。	建築	黃寶勛。	建築
康辛元	化工	虞炳烈。	建築
俞廣鍔。	化工		

（註：有。記號者為新會員，尚未經董事會正式通過）

⊙介紹翻版西書

查各工廠機關自內遷以來，對於訂購西文工程技術書籍雜誌，常感困難，玆特調查上海各翻版西書出版處所，及訂購英美德各國雜誌經理行家列表如下，以備參攷。

中國圖書服務社	上海福州路281號
中外圖書公司	上海九江路113號
萬鋁書局（德文書）	上海成都路7弄9號
東亞書社	上海四川路中央大廈104號
龍門聯合書局	上海河南路210號

外國雜誌經理行家：——

大華雜誌公司	上海四川路417號
璧恆公司（德文書）	上海廣東路20號
環球書報雜誌社	上海博物院路131號

⊙總會職員更調

本會會計幹事徐名材（伯鴈）先生辭職，經董事會議決，改推黃典華先生爲會計幹事，徐名材先生爲事務幹事。

⊙重慶分會新職員

會長：徐恩曾（可均）　副會長：徐名材（伯鴈）
書記：歐陽崙（峻峯）　會計：楊簡初

⊙成都分會新職員

會長：盛紹章（允丞）　副會長：劉宗濤
書記：張沅　會計：邵吉安

⊙桂林分會新職員

會長：馬君武　副會長：馮家錚（鐵錚）
書記：汪德官　會計：譚頌獻

⊙香港分會參觀遊覽

香港分會于六月十六日（星期日），參觀九龍青山建生磚廠。上午九點半，在九龍尖沙咀碼頭集合，共到五十餘人，乘預定之香港酒店大汽車二輛，行駛一小時，到該廠參觀。午刻，建生廠在容龍酒店招待午餐，午後分兩隊，一隊至青山寺遊覽，一隊至青山灣海灘游泳，承李應生先生惠借泳棚一座應用，下午五時半復乘預定之大汽車回尖沙咀。是日會員眷屬參加亦有十餘人，興致甚濃云。

⊙水工學會調查華北水災

中國水利工程學會，以上年冀省及津市水災，災情之重，遠過民國六年，茲擬徵集下列各項資料：（一）水災成因。（二）水勢最大者淹浸區域及面積。（三）河堤潰決情形，如日期，地點，寬深，及奪流成數等。（四）堤工損壞情形。（五）宣洩情形，如水之去路及涸出時期等。（六）河湖變遷情形。（七）損失估計。（八）善後意見。（九）其他。凡有關于上列各項調查報告或私人紀錄，均所歡迎，希即寄交香港郵政信箱184號轉交，其有願得酬報者，亦請一併聲明，以便酌量致送。

⊙介紹『電機工程名詞』

國立編譯館編訂之『電機工程名詞』普通部，經教育部於民國廿六年三月公佈，茲已由商務印書館印刷出版，實價每冊國幣二元五角。此書之審查委員，共二十三人，其中二十二人係本會之會員，由惲震君爲主任。計共包羅名詞六千餘則，依西文名詞之字母編列，又附以中西文對照表，依中文筆數編列，故檢查極爲便利。

⊙會員通訊新址

施恩湛　上海大西路964A逸海工程公司
鄧思永　星加坡吧山埠馮强膠廠
張偉如　香港堅尼地城33號
趙煦雍　香港公主行308號（化工會員）
高露德　香港大道西578號天生味源廠（化工會員）
梁孟齊　香港渣華道國光製漆公司（化工會員）
薛迪彝　香港公主行西南運輸處
莊秉權　上海法租界外灘9號華業公司
李書田　西康西昌國立西康技藝專科學校

⊙新會員名單

本會在民國26年四月編刊工程團體聯合會員錄以後，經董事會正式通過入會之新會員，計有八十九人，特將姓名列下，請各分會注意爲荷。

郭勝特（笑予）　陳祖德（樹滋）　曹　强（汰存）
曹　瑛　李聯英（瑞庭）　鄧武封（東西）
龔景綸　朱錦康（子安）　梁上桐（琴堂）
鄭　炳（及稚）　王志强（新吾）　曹鳳藻（芹波）
葉文龍　王紹祖（繩武）　龐豐兆（瑞卿）
單喆端（懋如）　陳志定（子廷）　王榮庭
趙爾誠　韓森第　彭祿炳
陳裕堅　粟培英（菊植）　楊幹邦（梓堅）
蘇學維　汪超中　鍾伯元
苗天寶　王思濂　金祥鳳（丹儀）
張　安（綏方）　張樹栻（小南）　項任瀾
王南原　李郁華　汪溥會
周自新　侯書田（子耕）　胡秉信
常錫厚（叔寬）　張善成　張孝庭
曾廣樑　華國英（儉安）　黃　超（濬如）
遜　銅（鏡海）　蔡之榮　譚伯强（介夫）
嚴　時（礎貞）　孔憲彝（季皋）　王世熊（夢周）
侯家煦　馬地泰　鄭大强
鍾幼棠　林爲裕（一森）　鄧思永
袁家翊（遜雒）　皮名振　傅爾卓（立吾）
顏丹輕（喆民）　伍朝卓（自覺）　林師藻（潔仙）
張國治（琴君）　凌雲鳳（楚明）　韓德舉（鵬飛）
汪道源（發生）　周玉虹（霽明）　張聯五
孫松年（少秋）　陳　佗（雲標）　劉仰舒
潘紹憲（筱軒）　黃驥翔　黃玉瑜
黃謙益（君懋）　伍夢衡　陳孝慈（慶萱）
曹朝敬　郭秉琦　陳文旺
凌　炎（劍存）　鄭校之　伍澤元（兌初）
林華煜（君曄）　何海濤　黃耀年
蔡杰林　胡德元

29345

⊙國內各工科大學地址

自抗戰以來，國內各工科大學，多數遷至後方，茲經調查各校最近地址列下：

國立中央大學	重慶
國立西南聯合大學	昆明
國立清華大學	昆明
國立中山大學	雲南澂江
國立交通大學	上海愛麥虞限路45號
國立交通大學唐山工程學院	貴州平越
國立同濟大學	昆明
國立武漢大學	四川嘉定
國立浙江大學	貴州遵義
國立湖南大學	湖南辰谿
國立雲南大學	昆明
國立廣西大學	桂林
國立廈門大學	福建長汀
國立西北工學院	陝西城固
中法國立工學院	上海辣斐德路1195號
國立重慶商船專科學校	重慶
國立中央技藝專科學校	四川嘉定
國立西北技藝專科學校	甘肅蘭州
國立西康技藝專科學校	西康西昌
浙江省立英士大學	浙江麗水
四川省立重慶大學	重慶
山西省立山西大學	陝西三原
河南省立水利工程專科學校	河南鎮平
江西省立工業專門學校	江西萍鄉
南開大學	昆明
大同大學	上海貝勒路572號
復旦大學	重慶，又上海赫德路574號
光華大學	成都，又上海漢口路422號
大夏大學	貴陽，又上海靜安寺路1081號
嶺南大學	香港薄扶林道
廣東國民大學	廣東開平，九龍新塡地街470號
齊魯大學	成都
震旦大學	上海呂班路223號
南通學院	上海江西路451號
之江文理學院	上海南京路353弄1號
天津工商學院	天津
廣州大學	廣東中山，九龍元洲街165號
金陵大學	成都
聖約翰大學	上海極司非而路188號
雷士德工學院	上海東熙華德路505號

此外，國立北平大學工學院，及北洋工學院，東北大學工學院，焦作工學院，均已併入西北工學院。又勷勤大學工學院，已併入中山大學。又國立山東大學，河北省立工業學院等數校，則已停辦。

⊙各專門工程團體地址表

中國鑛冶工程學會	四川北碚郵箱7號孫越崎
中國化學工程學會	四川峨嵋四川大學張洪沅
中國水利工程學會	重慶南岸放牛坪廟嘴徐世大
中國電機工程學會	上海靜安寺路411弄8號張惠康
中國自動機工程學會	上海愛麥虞限路45號胡嵩嵒
中國機械工程學會	昆明北門街71號莊前鼎
中國土木工程師學會	香港郵箱184號夏光宇
中國紡織學會	重慶豫豐紗廠轉朱仙舫
中華化學工業會	上海環龍路315號曹惠群

⊙本會及各分會地址表

分會	地址
重慶總會	重慶上南區馬路194號之四
重慶分會	重慶川鹽銀行一樓
昆明分會	昆明北門街71號
香港分會	香港畢打行三樓7號
桂林分會	桂林郵箱1026號
上海分會	
梧州分會	廣西梧州市電力廠龍純如轉
成都分會	成都慈惠堂31號盛紹章轉
貴陽分會	貴陽禹門路西南公路管理處薛次莘轉
蘭州分會	
西安分會	
海防分會	海防劉晉珏轉（Mr. C. Y. Liu, 28 Avenue Clemenceau, Haiphong.）
平越分會	貴州平越交大唐山工程學院茅唐臣轉
遵義分會	貴州遵義浙江大學工學院李振吾轉
麗水分會	浙江麗水電政特派員辦事處趙曾珏轉
宜賓分會	四川宜賓郵箱3000號施國寶轉
嘉定分會	四川嘉定武漢大學工學院邵逸周轉
瀘縣分會	四川瀘縣吳欽烈轉
城固分會	陝西城固賴景瑚轉
西昌分會	西康西昌 經濟部西昌辦事處胡博淵轉

⊙本刊之經費

本刊小小四頁，全部印刷費及郵費，暫由香港分會負担，每月出一期，全年預算約六百元，希望能由此小小刊物，傳達本會消息，聯絡會員工作，推進工程事業，協助復興建設，則本刊發行爲不虛矣。每期出版後，先由航空寄各分會一份，餘由印刷品寄，請代分送各會員。各會員如未收到者，請與當地或就近各分會接洽爲盼。

中國工程師學會

會務特刊

中華民國29年8月1日　7.5 卷期

（暫代工程週刊，由香港分會出版）

香港皇后大道中4號三樓38號

電話：20786　電報：1597　郵箱：184

工程獎學金

本會於民國二十四年，由會員朱其清君，捐國幣一千元，設置『朱母獎學金』。民國二十五年杭州年會，復捐國幣三千元，為浙江大學工程獎學金，又一千元為之江文理學院工程獎學金。民國廿八年昆明年會，節餘經費一千餘元，原擬為刊印論文專號之需，茲以年會論文已編入『工程雜誌』，由商務印書館發行，故擬將此款設置工程獎學金，分土木，機械，航空，電機，礦冶，五科，每科每年一名，獎額每人一百元，在滇各工學院三年級學生可以請求，由審查委員會憑學業成績，課外作業，體育及品行，選定之。詳細辦法，刻尚在昆明分會與各大學接洽中，不久即可確定公布。此項工程獎學金運動，實有提倡擴大之需要，深盼各分會奮起廣募基金。茲將本會與浙江大學所訂之辦法，刊布於下，以備參考。惟最近幣值不定，生活日昂，基金不宜作為永久存款；一方面獎勵名額逾多逾好，科目及學校分配又求普遍，故所募基金，若分二三年或三四年用去，收效較速，以後陸續添募，亦非難事也。

⊙浙大『工程獎學金』施行辦法

1.本獎學金係紀念民國二十五年中國工程師學會，中國電機工程師學會，中華化學工業會，中國化學工程學會，及中國自動機工程學會，五工程學術團體，在杭州舉行之聯合年會，及在杭州舉行聯合年會時成立之中國機械工程學會，及中國土木工程師學會，而設，定名為『工程獎學金』。

2.聯合年會提撥國幣三千元為基金，以每年所得之利息充作獎學金。

3.工程獎學金由聯合年會指定捐贈國立浙江大學工學院，土木，機械，電機，化工，四學系。

4.工程獎學金規定，每年由上述四學系中之兩系學承領，翌年即由其餘兩學系承領，按年輪流，其順序如次：

第一年：	土木系	機械系
第二年：	電機系	化工系

5.每屆學年終了時，承領工程獎學金之兩學系，各就該三年級學生中，擇其成績最優者一名，領受本獎學金之半數。

6.工程獎學金特設立保管委員會，由浙大校長，工學院院長，及聯合年會主席，中國工程師學會會長，分任委員組織之，並指定浙大校長為主任委員。

7.工程獎學金保管委員會，負責保管本獎學金基金本息，審查得獎學生成績，並辦理一切有關事項。

8.工程獎學金保管委員會，每年開會一次，由主任委員負責召集之。遇有特殊事故，得召開臨時會議。

9.工程獎學金得獎學生之揭曉期間，規定為每年七月，除在浙大校刊公佈外，並應由保管委員會將得獎學生姓名成績，通知七工程學術團體備查。

10. 領受工程獎學金之學生，由浙大准予免收學宿等費一年，（大學四年級），以示獎勵。

11. 領受工程獎學金之學生，加入任何有關之七工程學術團體時，免收入會費。

12. 本辦法經浙大及七工程學術團體之同意，得修改之。

⊙淩竹銘董事對司選委員會之意見

敬啓者，貴委員會舉行下屆候選職員之測驗，茲謹貢鄙見如后：

一•世界各大學會慣例，會長多由上屆副會長或董事升選，蓋以會務較熟悉之故。且其人對於會務是否熱心，是否能孚衆望，可於其任董事或副會長時測知，如選一未任職員之人為會長，最大缺點為於會務隔膜。

二•已退職之會長，宜為當然之司選委員。此層擬於下屆大會時提出，請求對會章加以修正。

司選委員會公鑒　　淩鴻勛謹啓　29年5月22日

本年年會於十二月中在成都舉行，請各會員早行準備論文及出席

29347

⊙起草辦事細則

本會以前全賴熱心會員，義務担任工作，在滬各項紀錄，相當完全，呼應便利。自遷渝以來，一時無舊規可循，而各地分會及各委員會，亦不知應如何推動工作，故本會辦事細則，實有起草之必要。刻正着手擬編各項『須知』，已有『司選委員會須知』一份，先予發表，徵求各方意見，再予討論修正。

⊙司選委員會須知(草案)

1. 司選委員會之産生，職權，及工作，係根據本會章程第四章第21條之規定，原文如下：

「本會設會長一人，副會長一人，董事二十七人，基金監二人，董事每年改選三分之一，基金監每年改選一人，其餘均任期一年。每屆出席會員推定司選委員五人，再由司選委員會提出各職員三倍人數，用通信法由全體會員選舉，於次屆年會前公布之。前任職員連舉得連任一次。」

2. 會員選舉權，依本會章程第二章第十二條之規定如下：—

「會員有選舉權及被選舉權；
仲會員有選舉權，無被選舉權；
初級會員，團體會員，及名譽會員，無選舉權及被選舉權。」

3. 司選委員會每年提出各職員三倍人數如下：—
候選會長三人，
候選副會長三人，
候選董事二十七人，
候選基金監二人。

4. 司選委員會擬定候選董事標準，應參考民國23年本會第二屆天津年會議决案，計五條如下：

（1）地點散佈：有分會地點，至少有董事候選人一人，全國無分會地點，至少總共有董事候選人二人。

（2）專科分別：土木，電機，化工，機械，礦冶，造船，航空，各科，至少每科有董事候選人二人。

（3）工商界及機關支配：在工商實業界服務者，至少須佔董事候選人三分之一人數以上；在政府機關服務者，至多不過二分之一；餘爲學校教授。

（4）學歷出身：凡國內大學出身者，至少佔三分之一人數。

（5）對于本會關係：董事候選人至少須入會三年以上，並確曾對于本會服務，有功績並有歷史者。

5. 司選委員會應明瞭其責任之重大，對于提出候選人名單，不可憑個人之主觀，應從我國工程事業及工程學術之前途爲出發點，以發展學會之工作爲目標，愼重考慮。如有必要，可用測驗方法，徵集各方意見，庶無負全體會員付託之重。

6. 司選委員會應向總會執行部取閱下列各項紀錄，以備參考。

（一）本會歷屆會長，副會長，董事及基金監之名單。
（二）本會最近會員通訊錄，及會員登記片。
（三）本會各地分會歷屆職員名單。
（四）各專門工程學會歷屆職員名單。

7. 前一任會長及副會長，如不提連任，而無特種原因者，應提出爲董事候選人。

8. 會長及副會長候選人，亦可同時提出爲董事候選人，惟同一人不宜兼提出爲會長及副會長之候選人。

9. 總幹事最好亦爲董事候選人。

10. 在選舉票上排列之次序，頗有關係，應以最有希望之候選人，列在最前。

11. 擬定名單後，應請總會會計查核帳冊，如候選人非永久會員而在最近三年內未繳會費者，應刪去之(1937—1939年三年情形特殊不計在內)

12. 選舉票於候選人名字下，應註明該人專長，及服務地點，(附選舉票式樣)（略）。

13. 選舉票內應註明本屆滿任，及未滿任各董事之姓名。

14. 選舉票應附回信信封，以寄至某地某號郵政信箱爲便。寄發手續應交總會書記辦理之。

15. 選舉票應規定截止收票日期，大概在年會開會前一個月，惟不能少過距寄發選舉票後二個月，亦不能多過四個月。

16. 開票手續應由司選委員親自辦理。如因故不能出席，須推定負責代表，(以會員爲限)。

17. 會員若不依司選委員之提名而選舉他人者，亦可，故於選舉票內應留空白地位，並加註明。

18. 開票結果，應即分別報告各當選人，及年會，總會與各分會。報告中應註明總共收到之票數，廢票數，及各候選人所得之票數。報告由司選委員全體具名蓋章。

19. 已開之選舉票應逐張蓋印點封，交總會書記存查。

⊙桂林分會會員通訊錄

姓名(字)	通訊處	專長
方希武(君毅)	廣西省政府	電機
支秉淵	湖南祁陽寶塔街新中公司	機械
尹　政(治元)	五美路42號 駐城辦事處	土木
王祖烈(煊庭)	榕城路9號湘桂鐵路理事會	土木
石志中(敬之)○	北門外廣西紡織機械工廠	機械
石志仁	湖南衡陽湘桂鐵路局	機械
朱尚華○	榕蔭路36號電工器材廠	化學
朱譜康○	榕蔭路36號電工器材廠	化學
朱　坦(履庭)○	北門外虞山路2號工礦調整處	化工
任繼光○	北門外虞山路2號工礦調整處	化工
何玉昆	良豐廣西大學	化工
佘耀南○	將軍橋電工器材廠	電機
李至庸○	北門外廣西紡織機械工廠	土木
李慶善(子餘)○	北門外廣西紡織機械工廠良	機械
李運華	豐廣西大學	化工
汪德官(稻雲)	銅鼓山1號交通部電政特派員辦事處	電信
沈樹仁	銅鼓山1號交通部電政特派員辦事處	無線電
周世勳○	榴江黃冕第九重傷醫院	
周　禮(致平)	桂林圖書館內農田水利貸款委員會	土木
周維幹	將軍橋中央無線電機製造廠	電氣
孟　侃(慕陶)○	傳字郵箱79號附之7陸軍通信兵第二團	電信
邱應傳(吉爾)○	傳字郵箱79號附之7陸軍修理工廠	電信
姚文琳(南枝)	北門外廣西紡織機械工廠中	化學
封祝宗	北路電力廠辦事處	電機
茅以新	榕城街9號湘桂鐵路理事會	機械
洪　紳(稽行)	榕城街9號湘桂鐵路理事會	土木
胡瑞祥	銅鼓山1號交通部電政特派員辦事處	電機
侯濟吉○	北門外廣西紡織機械工廠	機械
馬君武	良豐廣西大學	
時昭涵	良豐廣西大學	化學
高遠春	榕蔭路36電工器材廠	電機
高則同	融縣小峒	
凌兆輝○	廣西省政府	
唐慕堯	廣西建設廳	
唐江濤○	良豐中國汽車公司	機械
蔡忠欽(公誠)	廣西省政府	電機
徐承祜	北門外甘棠園35號中國興業鋼鐵廠	
徐韋曼(寬甫)	環湖北路26號錫業管理處	地質
夏憲講(心言)	榕蔭路34號湘錫聯合運輸處	鐵路
郭習之	東巷路57號廣西大學	土木
陳　熙(鏡寰)○	臨桂路36號電工器材廠	電信
陳俊雷○	將軍橋電工器材廠	電機
陳佐鈞(紀橋)	廣西省政府	電機
張朝漢○	將軍橋電工器材廠	電機
梅暘春	正陽路西巷3號桂穗公路處	建築
單宗肅○	將軍橋電工器材廠	電機
馮　介(介民)	榕城街9號湘桂鐵路理事會	土木
馮家錚(鐵錚)	榕蔭路36號電工器材廠	電機
楊存緒○	定桂路16號新中興業公司	
裘獻尊○	良豐廣西大學	電機
鄒舜徒○	將軍橋電工器材廠	化學
蒙新機(克漢)	廣西建設廳	土木
劉卓鈞	將軍橋電工器材廠	
劉建功(士明)○	廣西省政府	電訊
劉澤霖(若雨)○	北門外廣西紡織機械工廠	
劉光文(博如)	良豐廣西大學	土木
蔣葆增(南光)	中央研究院	電信
潘福瑩(馥穎)	將軍橋電工器材廠	化工
潘翰輝(耀森)	廣西建設廳	電工
盧翰光○	廣西建設廳	土木
蕭　津(季和)	良豐廣西大學	鐵路
蕭心餘○	北門外廣西紡織機械工廠	
韓士元(秋巖)	柳州郵箱101號第五軍修造工廠	航空
謝　達○	北門外廣西紡織機械工廠	機械
魏　如(子拔)	湖南祁陽寶塔街新中公司	機械
譚頌獻	中北路電力廠辦事處	電機
譚世藩(少藩)	良豐廣西大學化學系	化工
譚約翰○	將軍橋中央無線電機製造廠	電信
羅　英(懷伯)	正陽路西巷3號桂穗公路處	土木
羅孝鍠(瑟希)	正陽路西巷3號桂穗公路處	土木
龔華棟○	將軍橋電工器材廠	電機

(註)有○者為新會員

石志仁　原為中國機械工程學會會員
汪德官　原為中國電機工程師學會會員
徐韋曼　原為中國鑛冶工程學會會員
劉光文　郭習之　原為中國水利工程學會會員
潘福瑩　原為中國化學工程學會會員

⊙中美工程師協會消息

中美工程師協會會刊，現仍繼續維持出版。名譽書記爲美人 Mr. Samuel M. Dean，最近通訊處爲『北京鼓樓西大石碑胡同乙14號長老會建築事務所』。英文信地址如下：

Mr. Samuel M. Dean,
Associatian of Chinese
and American Engineers,
Presbyterian Building Bureau,
14-B, Ta Shih Pei Hutung, Ku Low Hsi,
Peking, China.

⊙會員通信新址

徐安琳　重慶中國興業公司
李春明　香港郵政信箱635號
舒麗東　四川瀘縣小市交通部修造廠
吳欽烈　四川瀘縣兵工署第廿三廠
杜光祖　上海西愛威斯路485弄5號
施孔懷　重慶生生花園復興公司
周愼倫　澳門新馬路23號2樓滋汎工程事務所

⊙介紹黃海化工社分析化驗

黃海化學工業研究社，爲本會會員侯德榜君等所主辦，自去歲遷川以來，公私機關多以樣品委託化驗，該社爲服務社會起見，在可能範圍內，均予接受，茲將化驗收費規則錄下，以作介紹。

(1)煤：水份　5元
揮發質　5元
灰份　6元
固定炭及熱量計算　15元
全項化驗（包括上列各項）　25元
總硫量　10元
(2)鑛物，岩石：第一種主要元素　20元
其他成份每種　10元
(3)金屬及合金：含四種元素以下者　40元
其他成份每種　10元
(4)工業用水：硬度　8元
鑛物成份每種　10元
(5)其他化驗價格臨時規定，包括：鹽類，鹼類，酸類，土壤肥料，耐火材料，以及耐酸器材等。上項分析，倘需用特種藥品時，價格得以增改。

社址：四川犍爲五通橋　電報掛號：4354

⊙香港分會會員特別捐鳴謝

香港分會爲維持會務推進起見，於民國28年及29年，兩次募集特別捐，總共收到港幣832元之巨，特將台銜列后，以鳴謝意，並揚仁風。

廿八年三月一日特別捐

姓名	港幣	姓名	港幣	姓名	港幣
吳達模	10元	張延祥	5元	李果能	5元
沈嗣芳	10元	崔敬承	5元	陳　器	5元
周迪評	10元	馬開衍	5元	潘銘新	5元
郭守先	10元	何致虔	5元	李開第	5元
夏安世	10元	梁仍楷	5元	張藕舫	5元
吳　健	10元	方季良	5元	傅道伸	5元
沈　怡	10元	歐陽藻	5元	徐志方	5元
霍寶樹	10元	羅英俊	5元	陳祖光	5元
夏光宇	10元	沈鎮南	5元	吳　卓	5元
黃伯樵	10元	馮志雲	5元	鄧思永	5元
李法端	10元	雷　煥	5元		
盧祖詒	10元	黃公淳	5元	合計	230元

廿九年三月十五日特別捐

姓名	港幣	姓名	港幣	姓名	港幣
吳蘊初	100元	曹省之	5元	蔣易均	5元
霍寶樹	100元	張藕舫	5元	陳應乾	5元
陳篤霖	100元	張聯山	5元	祁玉麟	3元
吳達模	50元	楊仁傑	5元	俞伯康	3元
黃伯樵	30元	傅道伸	5元	秦元澄	3元
沈君怡	20元	葉紹蔭	5元	邱宗義	3元
利銘澤	20元	沈嗣芳	5元	徐志方	3元
夏光宇	20元	余昌菊	5元	周樂熙	2元
周象賢	20元	李啓颺	5元	周修齊	2元
張延祥	10元	馮志雲	5元	鈕甸夏	2元
尹國墉	10元	方季良	5元	徐平八	2元
林逸民	10元	王元均	5元	陳俊域	2元
李果能	10元	鄭荫遠	5元	王聖揚	2元
				合計港幣	602元

此外香港分會於民國28年七七募捐，由袁渭淸先生經募者，共計港幣2810元，國幣160元，國幣重慶支票120元。由黃伯樵先生經募者，共港幣17元，國幣138元。由張延祥先生經募者，共港幣50元，國幣2.50元。各會員捐款，由本會辦事員吳慶塘君經手募集，共港幣195元，國幣145元，粵幣5元。前已另刊徵信錄，並將捐款全數匯交重慶總會，轉解中央銀行國庫。

又本年『工程雜誌』廣告，亦由香港分會熱心會員分頭接洽，蔚成巨數，足敷補償印刷費用，各人成績，列表於下，併此誌謝。

盧祖詒先生	港幣	1370元
袁渭淸先生	„	740元
蔣易均先生	„	580元
吳達模先生	„	60元
曹省之先生	„	60元
陳　器先生	„	60元

總共港幣2870元

中國工程師學會

會務特刊

中華民國29年9月1日　7.6 卷期

（暫代工程週刊，由香港分會出版）

香港皇后大道中4號三樓38號

電話：20786　電報：1597　郵箱：184

⊙馬君武先生逝世

本會董事兼廣西分會會長馬君武先生，近來主持國立廣西大學，經營擘劃，校務蒸蒸日上，詎以操勞過度，致宿患之胃病劇發，不幸於八月一日下午六時在桂林與世長辭。本年為　先生六秩初度，本會工程雜誌正擬發行慶祝先生六秩壽辰紀念專號，噩耗傳來，舉國同悲。現工程雜誌已決定改出先生紀念專號以誌哀悼。先生本年五月二日在西大演講時（演詞載后）曾言：

『人家說我年紀已經六十多歲，應該告老退休了，可是我的筋骨還很健，能够勞動幾年，能够多貢獻幾年老氣力給國家，那是一件最痛快的事。

今先生逝矣，苟我工程界同人均能以先生此種精神為精神，則先生誠不死矣。

⊙馬故董事在桂林講演「西大之回顧與前瞻」

我們從歷代的歷史上看，廣西沒有出過一個大人物不單是地方民衆就連有作為忠臣義士也貧乏得一個也沒有。直到唐朝才邀天之幸出了一個張九齡，最不幸的是宋朝了，自宋室南遷後，南朝的漢奸何止雨後春筍？而其中大部的漢奸，福建占了百分之六十，其餘差不多就給兩廣人包辦了。

王安石變法的失敗，不得不歸罪於曾固，蔡京等南人，直到後來理學家朱熹，王守仁就在江南講學，最奇怪的，在他們那些門生弟子之間，竟找不到一個廣西人，那時的北人看游江南人是「外江人」，這稱號就等於現在廣東人說外省人是外江佬，四川人說外省人是下江人一樣的意味！

這是有原因的，因為江南人口稀少（隋時江南人口才二百萬）還有一個最大的原因是封建太甚，前者是因為人少，天才的發現也自然會少，後者則家天下的風氣，實在不容「外江人」插足，其他則和改土歸流與土客之爭很有關係。洪秀全的失敗，土客之爭占了很重要的一頁。

我在民國十七年那時才四十多歲曾在「西大」當過一任校長，不想隔了十幾年，又來當了這個校長。「西大」最初辦的目的，自然是想培養較好的有志能的廣西青年，來為廣西做事，因為當局的口號一向是「建設廣西，復興中國」而那時的「西大」，外省人却也少得很，為了適應地方民衆的需要，所以「西大」首先辦了一個理學院和工農兩學院，到二十五年，才添辦了一個文法學院，勉强開了三班，是政治系，經濟系，法律系。當時因陋就簡，在文法學院內辦了一個文學專修班，而理學院中的設備，因為辦得較早，省府可以集中全力辦理，要什麼就去買什麼，所以器械和儀器，都很完備。在中國大學中，關於土木工程系的設備，比較完善的是交通大學，清華大學和廣西大學，現在，清大和交大都受日人的炮火摧殘的無法收拾了，所存者祇有西大。雖然，理工學院（後來理學院和工學院合併）曾挨過日機六次的狂炸，徼倖地竟沒有炸去什麼重要的東西，最好的測量儀器和製圖器，都是現在出了錢亦買不到的名貴的機械。最可惜的是生物學系，曾有人譽為全國最完備的生物學系標本器械而開了幾年，終因沒有一個學生有興趣學習而關了門。所以，現在的理工學院沒有添置東西，却仍敷用，乃是以前遺留下來的遺產呢！

理工學院中的機械系和電機系是新近才設立的，機械系中，有關於水利和熱力的沒有成立，因為這兩種機械現在買不到，最可憐的是電機系，設備因為限於傾積，沒法去購置添辦，有一項電表，因為理工學院從梧州搬家搬到桂林，竟致弄壞，這實在是很大的損失，現在想法修理中。在現在抗戰建國困苦的過程中，就連一個最小的螺絲釘，都應該加以珍惜的。

理工學院的鑛學專修班，將改成地學系，和化學工程系，各系的設備和教材參考資料，都是能互用的，所以教室，就相當的減少，不是每一系有一個教室，而是一個輪流的共同教室。

理工學院是西大唯一的財產，所以在梧州時，我們都很担心，有些藥品儀器長久不用或潮溼了，會生銹和起別的化學作用，我們就决意在二十七年冬季把它搬到桂林來，我們又忍痛蓋了幾所房子，來安放這些東西，說也好笑，我們的物理實驗室，和製圖室，是以走廊改築的，但我們决不諱言，我們的搬家給我們的損失，有許多玻璃器震碎了，最痛心還是精良的電表也損壞了。搬一個學校决非學校當局和學生之福，所以我們要儘量避免搬，儘量減少搬！

農學院本來祇有兩系，是農學系和農林系，下年度决計要添一班農業經濟系和園藝系至農業化學系，病蟲害系和植物系暫緩添設，因爲一方面固然限于經費，但也有限于師資的地方。

校方已經在興築着八九座房子，是化學館，物理館，圖書館，機械室，和化學工程館的五棟房子，這些都預定在九月底以前落成。這是一面抗戰，一面建國，我們所以要這樣不怕花大錢的建築，因爲我們要適應現實的環境，時代需要，不容我們懈怠。

廣西的高中教育委實太可憐了，在全省祇有三所——梧州，南寧，桂林，——高中，和廣東梅縣一縣有八個高中一比，眞是㝵當霄壤。現我們要求本省中等教育負責人，要對中等教育的量，儘量擴充，質，儘力改善，對私人辦理的中學限制，稍能寬一點，一千三百多萬的民衆，那能只有三個高中？

現在廣西大學的本省籍學生，亦有全校的一半，我想到下年度一定要銳減，原因是廣西的中學實是都比外省的差，這，無庸諱言，這問題實在太嚴重了，實在值得我們辦教育的人員猛省和思考！

廣西大學改了好久，但中央助款因爲手續的不便，到今天還未領到，所以我們還拼命掙扎，拼命幹去，任何勞苦，我們都不怕。

人家說我年紀已經六十多歲，應該告老退休了可是我的筋骨還很健，能够勞動幾年能够多貢獻幾年老力氣給國家，那是一件最痛快的事。

⊙歷屆正副會長及董監名單

二十年至二十一年度

會長　韋以黻　副會長　胡庶華

董事　淩鴻勛　顏德慶　徐佩璜　薩福均
陳立夫　華南圭　夏光宇　吳承洛
黃伯樵　薛次莘　茅以昇　惲震
李屋身　李書田　王龍佑

基金監　李儼　朱樹怡

二十一年至二十二年度

會長　顏德慶　副會長　支秉淵

董事　胡庶華　韋以黻　周琦　楊毅
任鴻雋　夏光宇　陳立夫　徐佩璜
李屋身　茅以昇　淩鴻勛　惲震
顏德慶　吳承洛　薛次莘

基金監　黃炎　朱樹怡

二十二年至二十三年度

會長　薩福均　副會長　黃伯樵

董事　胡庶華　韋以黻　周琦　楊毅
任鴻雋　夏光宇　陳立夫　徐佩璜
李屋身　茅以昇　淩鴻勛　胡博淵
支秉淵　張延祥　曾養甫

基金監　黃炎　莫衡

二十三年至二十四年度

會長　徐佩璜　副會長　惲震

董事　薩福均　黃伯樵　顧毓琇　錢昌祚
王星拱　淩鴻勛　胡博淵　支秉淵
張延祥　曾養甫　胡庶華　韋以黻
周琦　楊毅　任鴻雋

基金監　徐善祥　莫衡

二十四年至二十五年度

會長　顏德慶　副會長　黃伯樵

董事　胡庶華　韋以黻　華南圭　任鴻雋
陳廣沅　薩福均　黃伯樵　顧毓琇
錢昌祚　王星拱　淩鴻勛　胡博淵
支秉淵　張延祥　曾養甫

基金監　徐善祥　朱樹怡

二十五年至二十八年度

會長　曾養甫　副會長　沈怡

董事　馬君武　顏德慶　徐佩璜　薛次莘
李協　李書田　裘燮均　夏光宇
王龍佑　陳體誠　梅貽琦　胡博淵
侯德榜　沈百先　趙祖康　李熙謀
淩鴻勛　胡庶華　薩福均　韋以黻
黃伯樵　顧毓琇　華南圭　錢昌祚
陳廣沅　王星拱　任鴻雋

基金監　徐善祥　黃炎

二十八年至二十九年度

會長　陳立夫　副會長　沈怡

董事　吳承洛　惲震　薩福均　侯家源

29352

趙祖康　裘維裕　周象賢　杜鎮遠
鮑國寶　淩鴻勛　顏德慶　馬君武
徐佩璜　薛次莘　李書田　夏光宇
裘燮鈞　胡博淵　侯德榜　黃伯樵
顧毓瑔　莊前鼎　任鴻雋　許應期
基金監　韋以黻　孫越崎

⊙九屆年會籌備聲中淩董事之兩封書

一　致沈副會長函

(一)成都分會，自聞悉年會在成都召集之訊，頗形活躍，七月廿七日召開常會，並舉行分會改選，結果推定弟担任分會會長，盛紹章副之，(蜀華實業公司總經理)洪孟孚爲會計，(啓明電力公司總工程師)劉澄厚爲書記，(天成鐵路正工程師)此後會務當望順利推進，(二)第九屆年會決定本年十二月在成都舉行，現正在積極籌備，屆時如時局好轉，交通無阻，深盼各方會員踴躍蒞臨參加，尤盼吾　兄及港中會員到臨，共襄盛舉，(三)聞第八屆年會指南，係由港分會接洽在港印刷，並招登廣告，本年指南亦擬在港托分會交印，並倣照去年成例，招登廣告，略爲收費，以資彌補，惟港中局面將來有無變化，寄遞有無困難，頗不可知，務乞代爲參酌港方情形示知爲感。(四)在港印刷之會務特刊，弟處已收到至三期爲止，如繼續出版盼按期檢寄伍拾份，以便分贈此間各會員，以上關於年會籌備各事暇乞惠示周行，是所至盼。

廿九，八，六

二　致香港分會書

逕啓者，本會第九屆年會定十二月在成都舉行，鴻勛奉總會委托，負責籌備年會，日程經擬定爲十二月十一日至十四日，請總會核定即可公佈，成都爲歷史上有名都會，風景清美，古蹟頗多，又爲後方抗建重心，近來川康新建設，突飛猛進，足供吾人研討與觀摩者更屬不少，灌縣都江堰爲歷史上有名工程，附近山川又爲川中名勝之所萃，將來會畢前往參觀，遊覽，尤感興趣，所盼港中各會員踴躍蒞臨，共襄盛舉、而爲年會生色。現年會籌備處在成都總府街卅二號，此後如有關於年會應辦各事，深望隨時惠以南針，以便率循，並盼將此間情形登於會刊，爲感。此致

中國工程師學會香港分會　　淩鴻勛謹啓

八，十四，

⊙平越分會通訊

貴州平越現有本會會員十一人。已於八月四日成立分會，並選舉茅以昇爲會長，顧宜孫爲副會長，黃壽恆爲書記，伍鏡湖爲會計，玆將該地會員姓字，及專長，科別，錄下，通訊處均爲唐山工程學院。

羅忠忱	(建侯)	朱泰信	(皆平)
伍鏡湖	(澄波)	許元啓	
陳茂康		黃壽恆	(鏡堂)
何杰	(孟綽)	茅以昇	(唐臣)
顧宜孫	(晴洲)	李汶	(一之)
林炳賢			

⊙天廚味精港廠酸碱工場開始生產

天廚味精廠，於抗戰期內，爲適應環境及便利海外市場起見，在九龍宋皇台旁購地十六萬餘方尺，創設香港工廠，自二十八年一月一日成立以來，因設備新穎，出品優良，深受中外各界之讚許；唯製造原料中，鹽酸乃爲主要者之一，雖曾於廣州淪陷之前，向廣東省政府梳打廠購存大批，暫資應用。創辦人本會會員吳蘊初先生，爲未雨綢繆起見，味精工場成立後，即進行酸碱工場之設計，實行自給主義，經數月之籌備，乃於去秋在原有廠址內，開始建築工場、房屋、裝置機件，其時適歐戰爆發，市場混亂，不無於進行上受其影響，然全部工程，仍能於預定期限內完成，於八月八日開始工作，出品爲鹽酸、液碱、固碱、及漂白粉四種，鹽酸之製造，用電解及合成方法，所以不含硫酸及砒等雜質，適合於製造食品之用，液碱，固碱用蒸汽在眞空之中，蒸發至適當濃度之液碱後，再熬成固體碱，供外埠之需要，若當地使用，則液碱較爲便利，漂粉爲染織廠之一重要原料，且際此戰雲瀰佈之秋，爲防毒之重要藥品，以上出品，除大部份之酸碱爲味精部自用外，尚餘大量以供市場上需要，若漂粉則全數可以公諸大衆，本刊因限於篇幅，所有該廠工作詳細詳形，以及攝影等，當登載於第十三卷第五期工程雜誌，同時悉吳藴初先生在重慶復興之

天原電化廠，規模較港地者爲更鉅，已於七月初旬日遭空襲之下，開始工作，其不避艱辛，埋頭苦幹之精神，創此國防重工業，足稱抗戰期內工業之一重要貢獻也。

⊙昆明分會設立工程獎學金啓事

敬啓者中國工程師學會昆明分會爲獎勵工程教育起見將上屆年會餘款及本年團體贊助會費內提出一部份款項設立工程獎學金名額五名每名每年獎金國幣一百元凡在滇各大學工學院土木機械電機航空礦冶化工造船等工程系三年級修業完畢學生均可向該會申請申請時應呈交在校三年學業成績單學校推薦文件工程論文一篇課外作業操行證明以及體育成績等由本會獎學金審查委員會審查決定後再行通告給獎所有申請書成績單及論文等統限於本年十月底以前掛號寄交或逕送昆明北門街七十一號中國工程師學會收除函各大學工學院公佈外特登報通告

⊙工程獎學金審查委員名單

土木	蔡橋均	方剛
機械	周子競	吳琢之
電機	劉晉鈺	蕭揚勛
航空	李柏齡	鈕因楚
礦冶	胡博淵	王之璽
化工	徐佩璜	褚鳳章

⊙「工程」十三卷四號出版

本期目錄摘要如下

中國工程教育問題	陳立夫
雲南經濟建設問題	繆雲台
雲南之水力開發問題	施嘉煬
模子工具鋼淬火時最易發生之病象	計晉仁
感應電動機中之瓦感電抗	章名濤
汞弧整流器	葉楷
四川耐火材料之研究	戈福祥等
第八屆年會經過概况及專題討論報告	

⊙馬君武先生紀念專號徵稿

工程雜誌第十三卷第六號，現決定爲本會故董事馬君武先生紀念專號，本會會員及工程界同志凡與馬先生有舊者，請各就所感懷或撰譯專著，以爲馬先生紀念。投稿者請於本年十月卅一日以前寄香港郵箱184號工程雜誌編輯部收。

⊙土木學會會務近訊

中國土木工程師學會最近於八月廿二日，由會長夏光宇君召集在港董事周象賢，沈怡等舉行臨時談話會，議決各項如下：

一、本會第二屆年會按照本會成立大會所決定與中國工程師學會同時同地於本年十二月中旬在成都舉行

二、第二屆職員之司選委員按照本會章程第廿一條之規定及本會成立大會之決議案爲夏會長光宇及侯董事家源華董事南圭三人惟華君現已出國其次應爲李董事儀祉又已逝世依次應以淩董事鴻勛遞補爲合法

三、按照本會章程第二十條之規定董事應每年改選三分之一而本會年會已有三屆未能舉行是全體董事均已屆改選之期惟按之該條文之原意在使新董事逐年均有選出而仍有若干熟悉會務之舊董事繼續共同負責以免隔閡根據此項理由本屆年會改選董事擬將上屆任期三年之董事延長任期一年至下屆年會再行改選其任期二年及一年之董事則統於本屆年會改選之又李董事儀祉爲三年任期董事中之一現已逝世應另選一人補其遺缺故本屆共應選出十一人仍用抽籤法抽定任期三年及二年者各五人補李董事任期一年者一人此項變通辦法應提交本屆年會追認後方始發生效力

四、關於設各地通訊處事，另見啓事，從略

五、推淩竹銘先生爲本屆年會籌備委員會委員長主持籌備年會一切事宜並請其提出委員名單由本會分函聘請

六、上列五項辦法分函各董事經多數贊同後即作爲第六次董事會議決議案

⊙中國土木工程師學會啓事

查本會會員地址自抗戰以來各有變更本會茲擬於本年十二月中旬在成都與中國工程師學會同時同地舉行年會並改選職員用特登報通告請各會員即將現時通訊地址先行通知下列之最近通訊處爲荷

香港九龍：郵政信箱一六四三號夏光宇先生
重　慶：交通部公路總管理處趙祖康(靜俠)先生
四川成都：天成鐵路工程局淩鴻勛(竹銘)先生
貴州貴陽：湘黔鐵路工程局侯家源(蘧民)先生
廣西桂林：湘桂鐵路桂柳段辦事處羅英(懷伯)先生
雲南昆明：滇緬鐵路工程局杜鎮遠(建勛)先生

29354

中國工程師學會

會務特刊

中華民國29年10月1日 7卷 7期
（暫代工程週刊，由香港分會出版）
香港皇后大道中4號三樓38號
電話：20786 電報：1597 郵箱：184

⊙中國工程師在抗戰期內的責任

惲震

二十九年八月十五日在昆明播講

什麽是工程？「工程是以經濟的方法利用自然界的法則，能力，材料以供人類利用厚生的科學與技藝之配合物。

工程師是何等樣人？工程師乃是有知識而又能實行的人，他們必須一面做工，一面能研究。工程師的使命，是解決民生問題和民族國防問題。

工程師若以學科分類則可分爲（1）土木（2）機械（3）電機（4）化學（5）鑛冶五大門類。若以工作性質分類，則可分爲（1）研究（2）設計(3)製造（4）管理（5）裝置（6）運用（7）業務七類。

工程師與純粹科學家不同，必須講求經濟與效率，不能脫離社會去研究不切實用的理論。他又和商人不同，商人將本求利，注重個人的利益，工程師目的正大，利在羣衆，不肯投機不做虛僞的宣傳。

中國工程師學會立有六項信條，我現在把他歸納成爲下列四點，實在是一般工程師必具的條件。

（一）不避艱難，埋頭苦幹，以身作則。

（二）知人善任，支配得當。

（三）重視責任及職業的尊嚴。

（四）學無止境不斷研究改進。

抗戰三年以來，中國工程師的服務成績已頗不少，散佈各地，人數亦在四千以上，但我們仍不能自滿。我們今日的責任，可以簡述如下：

（一）軍事第一，勝利第一，故工程師必須各就自己的崗位，盡力企圖促成軍事的勝利。

（二）在經濟封鎖的環境內，開發資源，創製代用品，以打破敵人的封鎖。

（三）拿出良心，掃除私慾，消滅個人主義與自由主義，不去發國難財。

（四）訓練大量的青年工程人才和技工，做各種的準備工作，以爲他日戰後建設的基礎。

⊙九屆年會籌備訊

（一）本會九屆年會，定於十二月十一日至十四日在成都舉行，業誌上期本刊，月來關於籌備各事，已積極進行，四川省政府對此事甚爲注意，經年會籌備主任凌董事數度接洽，結果照去年雲南省政府例補助五千元。經濟方面，裨益非鮮。

（二）年會指南由香港分會負責付印，本月十五日前可出版。

（三）年會期近，新職員之選舉，照章須於期前辦竣，現司選委員會已將新職員候選人名單提出，選舉票不日印就，分發各會員，唯因年來會員地址變動太甚，寄遞困難，會員諸君如在年會舉行前尚未接到此項選舉票者，可向當地分會或向重慶總會顧總幹事索取。

⊙本會又成立兩個分會

【井】貴陽分會

地點：馬門路西南公路第一職員宿舍
時間：二十九年八月三十日下午七時
出席會員：二十二人

推舉薛次莘爲臨時主席

(甲)報告事項

主席報告(略)

(乙)討論簡章

主席提出簡章草案經修正通過

(丙)選舉職員

票選職員開票結果各當選人如下：

會長 薛次莘(十八票)
副會長 姚世濂(八票)
書記 黃文治(十票)
會計 張丹如(四票)

(丁)討論提案

一、組織各種委員會推進本會會務案

決議

(一)先成立下列三種委員會

(1)會員徵求委員會

(2)職業介紹委員會

(3)工程教育委員會

29355

（二）每委員會推舉主任委員一人委員四人
（三）各委員會人選經推定如下：
會員徵求委員會主任委員 夏憲講
委員 聶光堺 錢豫格 沈濟安 陳會植
職業介紹委員會主任委員 莫衡
委員 靳範隅 薛大中 薛次莘 姚世濂
工程教育委員會主任委員 邵禹襄
委員 錢豫格 高祺瑞 夏憲講 黃文治

二、如何參加第九屆年會案
決議願意參加各會員及可以提出論文各會員隨時向本會書記登記辦理

三、成立各項建設問題座談會案
決議由工程教育委員會籌備召集

【二】嘉定分會

地點 大佛寺藏經樓
時間 廿九年八月廿五日午時
出席者 二十二人
報告事項 邵逸周先生報告籌備經過
決議事項
（一）公推邵逸周先生為臨時主席郭霖先生為臨時記錄
（二）裴芳哲先生提議今日正式成立嘉定分會並選舉分會職員
（三）邵逸周先生提議本屆選出職員任期以三個月為限
（四）選舉結果
會長 邵逸周 副會長 傅爾攽 總幹事 郭霖 文書幹事 楊先乾 會計幹事 繆恩釗

第一次月會

地點 時間 出席人 （如前）
主席 邵逸周 記錄 楊先乾
報告事項
主席報告第九屆年會籌備委員會主任委員淩鴻勛先生日前來嘉面交該會致本分會函一件云本屆年會訂於十二月十一日至十四日在成都舉行論文請於十月底交齊並希望各位會員踴躍參加
議決事項
（一）會址 議決暫設武漢大學工學院
（二）月會 議決每四十五日舉行一次
（三）第二次月會 議決於九月廿九日在武大工學院舉行並推孫發端先生演講樂西公路建築情形及參觀武大工學院實驗室
二時聚餐後散會

⊙成都分會會員錄

廿九年九月五日止

（甲）舊會員

盛紹章 走馬街四十九號蜀華公司（永久）
淩鴻勛 廳署街三十二號天成鐵路工程局（永久）
倪尚達 成都武字信箱九十八號（永久）
劉澄厚 天成鐵路工程局
張沅 建設廳
唐堯衡 玉石街三十六號
顧維精 華西壩金陵大學
宗之發 國際電台
洪孟孚 啓明電力公司
程廣淵 市政府工務科
吳文華 王家塘街公路第一督察區
曾憲武 啓明電力公司
余翔九 犀浦四川公路局
曹煥文 東新街二十五號
李鑑民 啓明電力公司
周持津 市政府工務科
會宗鞏 市政府工務科
王泰明 市政府工務科
王助 航空研究所
朱霖 航空研究所
王叔培 建設廳
張競成 犀浦四川公路局
劉宗濤 建設廳
洪文璧 甘川公路工程處
呂季方 綿陽川陝公路改善工程處
劉寶善 廣元天成鐵路測量隊（郵局第七號信箱）
劉良湛 同上
鄭祿 同上
霍慕蘭 同上
彭守信 同上
李賦都 灌縣水利局
邵從燊 同上
熊哲帆 省政府技術室
竇瑞芝 天成鐵路局轉
李廷魁 金堂銘賢學校
張志男 成都信箱武字87號
林啓庸 建設廳
鄭經亞 省政府技術室

（乙）新請入會會員（續下期）

⊙中國工程師學會章程

民國二十四年八月十五日南京年會通過

本會章程自民國二十四年南京年會通過後迄未重印，會員手頭因越時已久，或已缺少此項重要資料，現屆年會期近，特借本刊地位登出，以備參攷。

第一章　總綱

第一條　本會定名為中國工程師學會。

第二條　本會聯絡工程界同志，協力發展中國工程事業，並研究促進各項工程學術為宗旨。

第三條　本會設總會於首都。（在總會會所未建成以前，暫設於上海。）

第四條　本會會員有十人以上住同一地點者，得設立分會，其章程由各分會擬訂，由總會董事會核定。

第二章　會員

第五條　本會會員分為（一）會員（二）仲會員（三）初級會員（四）團體會員（五）名譽會員。

第六條　凡具有專門技能之工程師，已有八年之工程經驗，內有三年係負責辦理工程事務者，由會員三人之證明，經董事會審查合格，得為本會會員。

第七條　凡具有專門技能之工程師，已有五年之工程經驗，內有一年係負責辦理工程事務者，由會員或仲會員三人之證明，經董事會審查合格，得為本會仲會員。

第八條　凡有二年之工程經驗者，由會員或仲會員三人之證明，經董事會審查合格，得為本會初級會員。

第九條　凡在工科大學或同等程度之專科學校畢業，作為三年工程經驗，三年修業期滿，作為二年經驗。

凡在大學工科或同等程度之專科學校教授工科課程，或入工科研究院修業者，以工程經驗論。

第十條　凡與工程界有關係之機關學校，或其他學術團體，由會員五人之介紹，經董事會通過，得為本會團體會員。

第十一條　凡對於工程事業，或學術，有特殊供獻而能贊助本會進行者，由會員五人之介紹，經董事會全體通過，得為本會名譽會員。

第十二條　會員有選舉權及被選舉權，

仲會員有選舉權，無被選舉權。

初級會員，團體會員，及名譽會員，無選舉權及被選舉權。

第十三條　凡仲會員或初級會員經驗資格已及升級之時，得由本人具函聲請升級，並由會員或仲會員三人之證明，經董事會審查合格，即許其升級。

第十四條　凡本會會員有自願出會者，應具函聲明理由，經董事會認可，方得出會。

第十五條　凡本會會員有行為損及本會名譽者，經會員或仲會員五人以上署名報告，由董事會查明除名。

第三章　會務

第十六條　本會發行會刊，及定期會務報告，經董事會之決議，得編印發行其他刊物。

第十七條　本會經董事會之決議，得設立各種委員會，分掌各項特殊會務。

第十八條　本會每年春季開年會一次，其時間及地點，由上屆年會會員議定，但有必要時，得由執行部更改之。

第十九條　執行部每年應造具全年收支報告，財產目錄，及會務總報告，於年會時提出報告之。

第四章　職員

第二十條　本會總會設董事會及執行部。

第二十一條　本會設會長一人，副會長一人，董事二十七人，基金監二人，董事每年改選三分之一，基金監每年改選一人，其餘均任期一年。每屆選舉由上屆年會出席會員推定司選委員五人，再由司選委員會提出各職員三倍人數，用通信法由全體會員選舉，於次屆年會前公布之。前任職員連舉得連任一次

第二十二條　本會設總幹事，文書幹事，會計幹事，事務幹事，總編輯，各一人，均由董事會於年會閉會後二星期內選舉之，任期一年，連舉得連任。

前項職員亦得由董事兼任。

第二十三條　董事會由董事，及會長，副會長，組織之，其開會法定人數定為十五人。

董事會開會時，以會長為主席，執行部其他職員均得列席，但無表決權。

會長，副會長，不能出席時，得自行委託另一董事為代表，董事不能出席時，每次應書面委託另一董事或會員為代表，但以代表一人為限。

第二十四條　董事會遇必要時，得邀請歷屆前任會長副會長列席會議。

第二十五條 董事會之職權如下：

（一）決議本會進行方針，

（二）審核執行部之預算決算，

（三）審查會員資格，

（四）決議執行部所不能解決之重大事務。

（五）其他本章程所規定之職務。

第二十六條 執行部由會長，副會長，總幹事，會計幹事，文書幹事，事務幹事，及總編輯組織之，執行部職員除會長副會長外，為辦事便利起見，均須為總會所在地之會員。

第二十七條 董事會開會無定期，但每年至少須四次，由會長召集之。

執行部每月開會一次，由總幹事承會長之命召集之。

第二十八條 會長總理本會事務，並得為本會對外代表。

第二十九條 副會長輔助會長辦理會務，會長不能到會時，其職務由副會長代行之。

第三十條 總幹事承會長之命，綜理本會執行部日常事務。

第三十一條 文書幹事掌管本會一切文書事務。

第三十二條 會計幹事掌管本會一切會計事務。

第三十三條 事務幹事掌管本會會計文書以外之一切事務。

第三十四條 總編輯主持本會會刊及叢書編輯事宜。

第三十五條 基金監保管本會基金及其他特種捐款，但不得兼任本會其他職員。

第三十六條 本會各委員會人選，由董事會選定之，任期一年，連選得連任，各委員會委員長得出席執行部會議。

第三十七條 本會職員皆名譽職，但經董事會之議決，執行部得聘有薪給之職員及助理員。

第三十八條 新舊職員之交代，應於年會閉會後一個月內辦理完畢。

第五章 會費

第三十九條 本會會員之會費規定如下：

（名稱）	（入會費）	（常年會費）
會員	十五元	六元
仲會員	十元	四元
初級會員	五元	二元
團體會員	無	二十元
名譽會員	無	無

凡會員升級時，須補足入會費。

第四十條 凡團體會員一次繳足永久會費叁百元，會員或仲會員，除繳入會費外，一次繳足永久會費一百元，或先繳五十元，餘數於五年內繳足者，以後得免繳常年會費。前項會費應由基金監保存，非經董事會議決，不得動用。

第四十一條 每年常年會費，應於該年六月底前繳齊之。

第四十二條 各項會費由各地分會憑總會所發正式收條收取，入會費全數及常年會費半數，應於每月月終解繳總會，常年會費之其餘半數，留存各該分會應用。凡會員所在地未成立分會者，由總會直接收取會費。

第四十三條 凡會員逾期三個月不繳會費，經兩次函催不復者，停寄其各種應得之印刷品，經三次函催不復，而復經證明所寄地址不誤者，由總會執行部通告，停止其會員資格，非經董事會復審特許，不得恢復。

第六章 附則

第四十四條 本章程如有應行增修之處，經會員十人以上之提議，於年會時以出席三分之二以上人數通過，交由執行部用通訊法交付全體會員公決，以復到會員三分之二以上之決定修正之。但會員在通訊發出後三個月不復者，作默認論。（完）

⊙中國土木工程師學會啓事

在本會會員地址自抗戰以來各有變更本會茲擬於本年十二月中旬在成都與中國工程師學會同時同地舉行年會並改選職員用特登報通告請各會員即將現時通訊地址先行通知下列之最近通訊處為荷 香港九龍：郵政信箱一六四三號夏光宇先生 重慶：交通部公路總管理處趙祖康（靜侯）先生 四川成都：天成鐵路工程局淩鴻勛（竹銘）先生 貴州貴陽：黔桂鐵路工程局侯家源（蘧民）先生 廣西桂林：交通部桂䜣公路工程處羅英（懷伯）先生 雲南祿豐：滇緬鐵路工程局杜鎮遠（建勛）先生

⊙會員通訊新址

柴志明	浙江龍泉浙贛鐵路工廠管理局
張名藝	廣西全縣交通部全州機廠
鄭家騏	同上
施成楷	同上
邢傳東	同上
陸景雲	湖南邵陽新中工程公司

中國工程師學會

會務特刊

中華民國29年11月1日　7.8 卷期

（暫代工程週刊，由香港分會出版）

香港皇后大道中4號三樓38號

電話：20786　電報：1597　郵箱：184

⊙悼錢昌淦先生

本會會員錢昌淦先生，係我國橋樑設計專家，此次因公乘重慶號飛機由渝飛昆，中途遇難，噩耗傳來，全國痛悼，按先生係江蘇崇明人，美國紐約省壬色列大學土木工程科學畢業後，在沙羅門凱司顧問工程公司，及戴維司橋梁工程公司充技師，回國後歷任交通大學講師，東亞建築公司經理，交通部技正兼橋梁設計處處長，我國橋梁設計載重，從前採用古柏式由先生提倡比較各式優劣，改用中華式載重，並據以設計標準圖樣，爲人爽直幹練，富有熱忱，妻美人，現攜三子居美。

⊙年會期近籌備忙

九屆年會定期十二月十一日至十五日在成都舉行；籌備種種，叠誌本刊前兩期，及本期年會籌委會啓事，祈各會員注意。籌備主任凌竹銘董事，對於各界接洽，會程佈置，招待講演等事，均已部辯妥當，與各地分會接洽亦甚頻繁，即以香港分會論，間日必有籌委會來函，其冗忙可想。屆時開會，盛況定必空前，尚盼各地會員，踴躍參加，勿失交臂！

⊙九屆年會籌委會啓事

㊀ 九屆年會已定十二月十一日至十五日在成都舉行盼各地會員踴躍參加就近向各分會登記並接洽乘車之事以便各分會早爲組織準備

㊁ 會員到成都一切住宿膳食均由會招待

㊂ 十二月十五日赴灌縣參觀都江堰工程一切交通游覽到灌食宿均無須另納費四川水利局定在灌縣公宴

㊃ 開會地點及住宿地點俟完全確定當通知各分會

㊄ 年會指南託港會代印並逕寄各地分會（桂林80冊昆明250冊貴陽40冊上海100冊重慶200冊香港150冊宜山20冊梧州20冊平越20冊遵義20冊衡陽30冊麗水30冊其餘嘉定宜賓瀘縣西昌城固等處由成都轉寄）

㊅ 土木工程師學會電機工程師學會皆與本會同時舉行年會如有其他專門學會擬同時舉行者盼早與本籌委會接洽

㊆ 籌委會在成都鹽署街32號電話1110電報掛號6024

主　　任凌鴻勛
籌委會：副主任盛紹章
　　　　副主任王叔培

勘誤：第七期特刊所載本會章程係在南寧年會時通過，誤作南京應更正。

⊙凌董事致沈副會長函

君怡我兄大鑒頃由天水返蓉得讀

惠書藉悉年會指南稿業經收到交商承印並代招登廣告抵補印刷費諸費

精神無任心感未悉何時可以印出印出後務祈先予航寄一份爲幸頃接總會來函關於本屆年會之日程、委員名單、名譽副會長、均照原單核定惟名譽副會長加聘潘文華、康綏靖副主任郭有守教育廳長二先生即希代爲列入年會指南交印至排列次序擬爲鄧錫侯　劉國光、潘文華、陳筑山、郭有守，至希

惠予辦理爲禱耑此祇頌

大綏　　　　弟凌鴻勛拜啓十，四，

再弟接電機工程學會函請同時舉行年會弟已函總會普遍通知各專門學會，如有同時舉行者早與總會接洽，以免臨時倉卒又及

⊙香港分會啓事

本分會接中國國貨實業服務社代表林康侯，張禹九，潘仰堯，阮維揚，張肖梅，等來函，希望本分會社會服務委員會，對於港九國貨工廠發生技術上困難及應加改進之處，予以指導，經提出十月十二日本分會執行部與各委員會主任委員第三次聯席會議，議決三點：（一）覆函表示當盡力合作，（二）充實服務委員會後，即推出全權代表與該社接洽，（三）通告本分會會員提出可以擔任指導工作之範圍，（即何部門之工程）茲擬請

執事查照議決案第三點，就本人所擅長及時間所許可，將附箋

迅賜填示，倘別有

卓見，亦乞附列後幅，以備商洽進行之參攷，該社

29359

所商關係發展國貨製造事業，確爲本分會同人所應協助，務乞
慨允担任，至以後實行代爲研究設計，擬向委托廠家略收費用，由本人與本分會及社會服務部（即擬將社會服務委員會擴大改組）比例分派，其詳細辦法，尙待與該社磋商，併先奉
聞。 中國工程師學會香港分會啓
廿九，十，廿。

⊙中國工程師學會留港會員談話會紀錄(一)

日期：二十九年十月十七日下午四時半

出席會員：周象賢，夏光宇，黃伯樵，沈怡，盧祖詒，吳達模，李果能，沈嗣芳，尹國墉

主席：沈　怡　　紀錄：沈嗣芳

主席報告：略謂本人不日赴渝，十二月初當轉往成都出席本屆年會，在港之前，深願對於今後會務之進行，多多聽取旅港同人之高見。今日邀請諸位談話之最大目的爲建議修改本會章程，查本會現行章程係經民國二十四年南甯年會一度修改，惟其中仍發現有許多不妥之處，故擬於本屆年會提請修正，爲鄭重起見先請尹仲容先生起草希望加以討論俾成一完美之草案。旋由主席將尹案與原章程對照逐條宣讀 。同時由出席會員參加意見，茲將各人發表之意見略記如次：

尹國墉：本人在起草時所最注意者，爲司選委員資格之規定，因其關於本會組織之健全者甚大，其他不過爲條文之調整與字句之修正而已。再草案第八條規定會員入會須向本會請求係採用淩竹銘先生之意見，因本會係有地位的，與別種團體廣事招徠會員者不同。其次則保管基金似可列爲董事會職權之一，故草案第二十條加此一項，只須就董事中推出二人爲基金監，如草案第二十三條所規定。

夏光宇：有等人並無學歷，但有發明，如何使他能取得會員資格，此層應於章程中有所補救。

討論結果將尹案參酌各人意見修正通過。

黃伯樵：本會係學術團體性質故稱學會應否乘此次修改章程之際，將其改組爲協會或公會？

經各人熱烈討論結果，認爲仍維持學會組織，但一方面不妨另行發起組織而由本會加以推動，當決定起草中國工程師公會章程草案，並促各會員從速向主管機關登記取得技師資格。

夏光宇：欲健全本會組織首須有專任之總幹事並須爲有給職，欲辦到此點，首須有相當之基金，本會應乘此全國上下重視建設之時，作大規模籌集基金之舉。討論結果擬請中央政府至少補助十萬元。向地方政府捐十萬元，各會員至少認捐十萬元合計至少籌募三十萬元。

最後決定向九屆年會提出三提案；（一）修改會章（二）推動組織工程師公會（三）籌募基金三十萬元。

下次談話會定本月廿四日下午四時半舉行

⊙中國工程師學會新職員選舉票

民國二十九年至三十年度

會　長	淩鴻勛	王龍佑	侯德榜	

請於上列三人中，圈出一人爲民國二十九年至三十年度之會長，如選上列候選人三人以外者，請填入空格內。

副會長	惲　震	侯家源	李熙謀	

請於上列三人中，圈出一人爲民國二十九年至三十年度之副會長，如選上列候選人三人以外者，請填入空格內。

董　事	吳蘊初	陳立夫	茅以昇	尹國墉
	王龍佑	李熙謀	張延祥	周　仁
	支秉淵	顏德慶	淩鴻勛	金龍章
	裘燮鈞	韋以黻	顧毓琇	歐陽崙
	楊　毅	曾養甫	方　剛	翟貞樹
	徐佩璜	徐善祥	趙曾珏	金開英

請於上列二十四人中，圈出八人爲民國二十九年至三十年度之董事，如選上列候選人二十四人以外者，請填入空格內。

基金監	裘燮鈞	徐名材	施孔懷	

請於上列三人中，圈出一人爲民國二十九年至三十年度之基金監，如選上列候選人三人以外者，請填入空格內。

選舉人
通信處

（請在此線截去）

29360

敬啓者，本委員會對於民國二十九年至三十年度各職員人選，根據會章第二十一條，並參攷本屆第二次董事會決議，提出上列候選人，即請本會會員分別圈定，填寫封同後，寄至成都廳署街三十二號，其到達時期，務須預計在本年十一月三十日前，無任企幸。

第九屆職員司選委員沈　怡 薛次莘 林繼庸 莊前鼎 黃修青 同啓

廿九年十月十日

附本屆未任滿董事名單：

吳承洛　惲　震　薩福均　侯家源　趙祖康
任鴻雋　許應期　裘維裕　周象賢　杜鎮遠
鮑國寶　胡博淵　侯德榜　黃伯樵　顧毓瑔
梅貽琦　胡庶華　陳體誠　莊前鼎

附註：此項選舉票已由香港分會印就，寄由各地分會分發，會員中如尚未收到，請即剪下從速圈選寄出。

◎修正中國工程師學會章程草案

第一章　總綱

第一條　本會定名為中國工程師學會。

第二條　本會以聯絡工程同志，研究工程學術，協力發展中國工程建設為宗旨。

第三條　本會設總會於首都。

第四條　本會會員有十人以上在同一地點者，經該地會員過半數之同意，得請求董事會核准設立分會。

第五條　本會之會務如左：

（甲）編印與發行刊物。

（乙）接受公私機關之委託研究及解決關於各項工程上問題。

（丙）舉行講學會及設立分類研究組

（丁）徵集圖書調查國內外工程事業

（戊）協助會員介紹職業。

（己）其他關於工程事項。

第六條　本會每年舉行年會一次，其時期及地點，由上屆年會決定，遇必要時，得由董事會更改之。

第二章　會員

第七條　本會會員分為（一）正會員（二）仲會員（三）初級會員（四）團體會員（五）名譽會員。

第八條　凡工程師，有八年以上工程經驗，內并有三年以上係負責辦理工程事務者，由正會員三人之證明，得請求入會，經董事會審查合格，照章繳費後，得為本會正會員。

第九條　凡工程師，有五年以上之工程經驗，內有一年係負責辦理工程事務者，由正會員或仲會員三人之證明，得請求入會，經董事會審查合格，照章繳費後，得為本會仲會員。

第十條　凡有二年之工程經驗者，由正會員或仲會員三人之證明，得請求入會，經當地分會審查合格，報告董事會備案並照章繳費後，得為本會初級會員。

第十一條　凡在國內外大學工學院或獨立工學院或同等之工程專科學校畢業，作為三年工程經驗，三年修業期滿作為二年經驗。凡在國內大學工學院，獨立工學院或工程專科學校教授工程課程，或在工科研究所研究者，以工程經驗論。

第十二條　凡與工程有關之機關學校或其他學術團體，由正會員五人以上之介紹，經董事會通過，得為本會團體會員

第十三條　凡對於工程事業有特殊之贊助，或對於工程學術有特殊之貢獻者，由正會員十人以上之連署請求，經董事會通過，得選為本會名譽會員。

第十四條　正會員有選舉權及被選舉權。仲會員有選舉權無被選舉權。初級會員，團體會員及名譽會員，無選舉權及被選舉權。

第十五條　凡仲會員或初級會員經驗資格已及升級之時，得由本人具函請求升級，但須由正會員或仲會員三人之證明，經董事會審查合格，方得升級。

第十六條　凡本會會員有自願出會者，應具函聲明理由，並經董事會認可，方得出會。

第十七條　凡會員不繳會費，逾第三十五條之規定者，停止其會員資格，非經董事會通過，不得恢復。

第十八條　凡本會會員言行有損及本會名譽者，經會員十人以上署名報告，由董事會查明

29361

屬實應將其除名。

第三章 職員

第十九條 本會設會長一人，綜理會務，並爲本會對外代表，副會長一人，協助會長處理會務，會長不能到會時，其職務由副會長代理之。會長副會長任期各一年，連選得連任。

第二十條 本會設董事會，其職權如左：

（一）決議本會進行方針。

（二）審核執行部之預算決算。

（三）保管本會基金。

（四）審查會員資格。

（五）其他本會重大事務。

第廿一條 董事會除本屆會長副會長爲當然董事外，設董事二十七人，每年改選三分之一連選得連任。

第廿二條 每屆會長副會長及董事之選舉，由上屆年會出席會員在退職之歷屆會長副會長及董事中推定司選委員五人，再由司選委員提出會長副會長及董事三倍人數之名單，用通信方法由全體會員於次屆年會前選舉之。

第廿三條 董事會設基金監二人，保管本會基金及其他特種捐款，由董事互推之不得兼任本會其他職員每年改推一人，不得連任。

第廿四條 董事會開會無定期，但每年至少須四次，由會長召集之。開會時之法定人數爲十五人，以會長爲主席，執行部職員均得列席，但無表決權。董事不能出席時，應書面委托他董事或正會員爲代表，但每人以代表一人爲限。

第廿五條 本會設執行部，由會長副會長總幹事總會計及總編輯各一人組織之。執行本會會務。每年應造具會務總報告及全年收支報告財產目錄，於年會時提出報告之

第廿六條 總幹事承會長副會長之命辦理會務，總會計掌理本會會計事宜，總編輯掌理本會刊物編輯事宜，均由董事會於年會閉幕後二星期內選任之，任期一年，連選得連任，並得由董事兼任。

第廿七條 本會經董事會之議決，得設立各項委員會，分掌各項特種會務。其人選由董事會選任之，任期一年連選得連任，各委員會委員長得出席執行部會議。

第廿八條 本會職員皆爲無給職，但經董事會之議決，執行部得聘請有給之職員及助理員。

第廿九條 新舊職員之交代，應於年會閉幕後一個月內辦理完畢。

第四章 經費

第三十條 本會經費由會員會費支給之，其有特別捐款經董事會通過接受者，應由董事會決定其用途。

第卅一條 本會會員之會費規定如下：

（名稱）	（入會費）	（常年會費）
正會員	十五元	六元
仲會員	十元	四元
初級會員	五元	二元
團體會員	無	一百元
名譽會員	無	無

凡會員升級時，須補足入會費之差額。

第卅二條 凡團體會員一次繳足永久會費一千元，正會員或仲會員，除繳入會費外，一次繳足永久會費一百元，或先繳五十元，餘數於五年內繳足者，以後得免繳常年會費，前項永久會費應存儲爲本會基金，由基金監保管，非經董事會議決，不得動用。

第卅三條 會員常年會費，應於該年六月底前繳齊之。

第卅四條 各項會費由各地分會憑總會所發正式收條收取，入會費全數及常年會費半數，應於每月月終解繳總會，常年會費之其餘半數，留存各該分會應用，凡會員所在地未成立分會者，由總會直接收取會費

第卅五條 凡會員逾期六個月不繳會費，停寄其各種應得之印刷品，經兩次函催不復，而復經證明所寄地址不誤者，由總會執行部照第十七條之規定通告停止其會員資格。

第五章 附則

第卅六條 本章程如有應行增改之處，經正會員十人以上之提議，於年會時以出席三分之二以上人數通過，交由執行部用通訊法交付全體會員公決，以復到會員三分之二以上之決定修正之，但會員在通訊發出後三個月不復者，作默認論。

⊙成都分會新會員錄（續）

雷俊民 天成鐵路副工程師
黃寶璋 天成鐵路副工程師
陳 楨 天成鐵路幫工程師
李澤敷 第一公路督察區幫工程師
陳厚堪 天成鐵路副工程師
李拔厚 天成鐵路幫工程師
林定勛 國際電台工程師
王世新 國際電台工程師
陳 勤 國際電台工程師
盧宗澄 國際電台管理工程師
姚錫康 廣播電台工程師
李 騏 蜀華實業公司協理
張仁滔 天成鐵路副工程師
梁旭東 天成鐵路正工程師
張鑫會 天成鐵路副工程師
侯汝勛 廣元隴海機廠廠長
陶鼎勳 廣元隴海機廠工程師
杜培基 公路第一督察區副工程師
徐國鄴 航空委員會
鄒尙仁 航空委員會
黃守楷 天成鐵路幫工程師
林建英 天成鐵路幫工程師
徐琮本 天成鐵路幫工程師
章元羲 省府生產設計委員會設計專員
孟增能 甘川公路川段工程處總工程師
張昭萘 公路第一督察區工務員
彭天根 光華大學教授
馬永樞 建設廳技士（以上請爲正會員）
林植菁 天成鐵路工務員
徐日華 天成鐵路工務員
鍾興寶 國際電台工程師
陳浚鑑 四川公路局副工程師
朱國棟 國際電台修理所工程師
果昌華 蜀華實業公司工程師
趙 沔 川康毛織公司技士
熊光羲 水利局副工程師
袁子達 蜀華實業公司（以上請爲仲會員）
陳勵途 天成鐵路工務員
來之琦 蜀華實業公司（以上請爲晜級會員）

（丙）團體會員

中華實業公司
蜀亞化學廠
啓明電力公司
四川省公路局
天成鐵路工程局
甘川公路局
國際電台

⊙中國工程師學會貴陽分會簡章

第一條 本分會根據 總會章程第四條之規定設立定名爲中國工程師學會貴陽分會

第二條 本分會會址暫設貴陽禹門路一三三號

第三條 本分會根據 總會宗旨聯絡工程界同志協力發展工程事業並研究促進各項工程學術及依照 總會會章推行會務

第四條 本分會設會長副會長書記會計各一人辦理會內一切事務由全體會員投票選舉每年複選一次連選得連任

第五條 本分會辦理事項如下：

一、協助戰時軍事工程之計畫與實施
二、研究及開發西南建設事業之進行
三、編印工程刊物及協助總會編輯工程月刊及工程叢書事項
四、介紹新會員以增進本會會務之發展
五、登記工程人員資歷辦理代聘人材及介紹職業事項
六、其他關於工程學術事項

第六條 本分會爲辦理第五條各項事務得推選會員組織各種委員會掌理之

第七條 本分會每三個月舉行會員大會一次討論一切會務由會長召集之必要時得召開臨時會議

第八條 本分會除代總會徵收會費外如有其他需用得徵臨時費關於經費之收支情形每年應編製詳細報告向會員大會報告之

第九條 本簡章未規定事宜悉依照 總會章程辦理

第十條 本簡章經會員大會議決報請 總會董事會核定施行

⊙中國土木工程師學會新職員選舉票

民國二十九年至三十年度

會　長	沈　怡	薩福均	華南圭	

請於上列三人中圈出一人爲會長如選上列候選人以外者請塡入空格內

副會長	茅以昇	趙祖康	杜鎮遠	袁夢鴻
	鄧益光	沈百先		

請於上列六人中圈出二人爲副會長如選上列候選人以外者請塡入空格內

董　事	李書田	吳益銘	陳體誠	劉夢錫
	張自立	方　剛	周鳳九	鄭肇經
	吳　鵬	聶肇靈	李　儼	周象賢
	羅　英	裘燮鈞	孫　謀	顏德慶
	杜鎮遠	沈　怡	薩福均	沈百先
	袁夢鴻	趙祖康	丘勤寶	洪觀濤
	張含英	孫寶墀	葉家俊	裴益祥
	陳　琯	陸爾康	郭則溉	龔繼成
	包育文			

請於上列三十三人中圈出十一人爲董事如選上列候選人以外者請塡入空格內

選舉人

通信處

（請依此線裁去）

敬啓者茲依照本會第六次董事會議決議案擬定候選人名單卽請本會會員分別圈定塡寫封固後逕寄成都鹽署街三十二號本會年會籌備處彙收爲荷

司選委員　夏光宇　侯家源　凌鴻勛同啓

廿九年十月十日

⊙中國土木工程師學會第二屆年會通告

中國土木工程師學會年來因時局關係久未召集年會茲決定第二屆年會與中國工程師學會同時同地舉行所有年會會程除會務討論分別召集外其餘一切演講參觀招待均一同舉行如兼屬兩會會員者年會會費祗收一次凡會員赴會一切詢問之事可逕向成都年會籌備委員會接洽辦理

⊙中國土木工程師學會緊要通告

本屆年會改選職員所需用之選舉票現因交通不便之故郵件時常遺失特惴本刊地位附登本會新職員選舉票於下請各會員分別圈定擬舉之人名簽字或蓋章後將該票拔下封固逕寄成都鹽署街三十二號本會年會籌備處並請預計郵遞日期務於本年十二月八日以前寄到又本會會員如有數人同在一地而選舉票不敷應用可酌量合用一選舉票由各選舉人分別親自簽名或蓋章亦可有效如須各別選舉者年會籌備處有印就之選舉票備逕函索取特此通告

⊙摘錄第六次董事會議決議案

二、第二屆職員之司選委員按照本會章程第廿一條之規定及本會成立大會之決議案爲夏會長光宇及侯董事家源華董事南圭三人惟華君現已出國其次應爲李董事儀祉又已逝世依次應以凌董事鴻勛遞補爲合法

三、按照本會章程第廿條之規定董事應每年改選三分之一而本會年會已有三屆未能舉行是全體董事均已屆改選之期惟按之該條文之原意在使新董事逐年均有選出而仍有若干熟悉會務之舊董事繼續共同負責以免隔閡根據此項理由本屆年會改選董事擬將上屆任期三年之董事延長任期一年至下屆年會再行改選期任期二年及一年之董事則統於本屆年會改選之又李董事儀祉爲三年任期董事中之一現已逝世應另選一人補期遺缺故本屆共應選出十一人仍用抽籤法抽定任期三年及二年者各五人補李董事任期一年者一人此項變動辦法應提交本屆年會追認後方始發生效力

⊙附延長任期一年之董事名單

侯家源　華南圭　凌鴻勛　茅以昇

29364

中國工程師學會

會務特刊

中華民國29年12月1日 7卷9期

（暫代工程週刊，由香港分會出版）

香港皇后大道中4號三樓38號

電話：20786　電報：1597　郵箱：184

⊙年會籌備近訊

本會第九屆年會，將於本月十一日至十五日在成都舉行，籌備消息，叠在本刊披露。本屆主要議題爲總理建國方略實業計劃之討論與補充，俾製成具體方案，而爲戰後建設之張本，年會閉幕後，除參觀都江堰水利工程，及各處工業外，並擬組織西康考察團，目的地爲康定及西昌，明春出發。玆將本屆年會日程及到會須知列下，（已載年會指南）以備赴會各會員之參攷。

⊙年會日程

十二月十一日星期三　下午二時至五時　註冊

晚六時　第九屆年會籌備委員會中國工程師學會成都分會公宴

十二月十二日星期四　上午九時　年會開幕

上午十時至十二時　會務報告

下午二時至五時　會務討論

晚六時　各機關公宴

十二月十三日星期五　上午九時至十二時　宣讀論文

下午二時至五時　游覽參觀

晚六時　各機關公宴

十二月十四日星期六　上午九時至十二時　宣讀論文

下午二時至五時　會務討論

晚六時　年會公宴

十二月十五日星期日　上午八時　專車赴灌縣參觀離堆及水利局

下午二時至五時　參觀都江堰各部工程

晚六時　水利局公宴年會閉幕

十二月十六日星期一　離灌縣返成都或赴青城山或赴峨嵋臨時再定

⊙到會須知

（一）本屆年會定於本年十二月十一日至十五日在成都舉行，赴會會員至遲盼於十二月十日以前到達成都。

（二）近因交通工具困難，舟車費僅待辦法難得結果，是以赴會川資均須自理，惟在年會期內，膳宿均由籌備會妥爲預備招待（請自帶鋪蓋）。會員除年費會會員外，不另繳費，但如自擬選住旅社者，則由會員自理。

（三）凡會員參加年會之招待遊覽，得攜眷一人（小孩在外）。來賓除經本會柬請者外，恕不招待

（四）年會會費每人國幣五元。眷屬一律，小孩半費，概於註冊時繳納。

（五）爲利便籌備招待起見，年會指南所附回片一張，務請於十一月三十日以前寄到本會籌備委員會，現因舟車擁擠，預計期日務宜從寬。

（六）會員提案或論文，請於十一月十日以前寄到年會籌備委員會。

（七）成都氣候，冬季不甚寒冷，多霧無雪，往年此際多無空襲。

（八）近來各地交通狀況，時有變遷，所有飛機或公路車班次及票價，亦常有改動，調查難週，凡赴會會員路經各地，可至中國旅行社或當地本會分會接洽旅行事宜。

（九）本屆年會籌備委員會在成都城內廳署街三十二號天成鐵路工程局內，電報掛號爲六四二四，電話爲一一一〇，如有詢問請隨時見示

⊙中國工程師學會留港會員談話會紀錄（二）

日期：　民國二十九年十月二十四日下午四時半

出席會員：尹國墉，歐陽藻，盧祖詒，黃伯樵，沈怡，夏光宇，李果能，沈嗣芳，周象賢（尹代）

主席：沈　怡　　紀錄：沈嗣芳

主席報告：略謂上次談話會已將本會修正章程草案逐條討論通過，將在第八期會務特刊內發表以便廣徵同人意見此外並草擬三個提案預備向年會提出，今日談話會爲討論上次委託尹仲容先生所起草的工程師公會章程草案旋由尹君說明略謂本人起草此章程，係參攷律師公會章程而加以變通，第四條（乙）種會員資格之規定卽爲公會容易組成着想云云玆將本日討論結果歸納如下

（甲）關於工程師公會會員資格問題：討論結果，認爲嚴格講，公會會員必須爲自由執行業務之

29365

工程師凡現任公務員及爲實業機關僱用者，無會員資格。唯工程師適合此項規定者爲數極少會員中之已領得技師證書者亦尚不多不易組成公會故撰添草案（乙）種之資格此即技師登記須備資格之一。此項章程將來備案時如無問題各地公會即不難成立。

（乙）關於黃伯樵先生提出之五個意見：

（一）希望總會即行設法籌集相當經費將總幹事及其他辦事人員一律專任有給職俾會中一切事務不斷有人籌備並推動

（二）希望總會將分會送請審查之新會員至遲務須在三個月內發表。

（三）希望總會將歷次大會或董事會議決案切實查明；何者已實行其結果如何，何者未實行其原因何在：何者行之而無效，其原因何在，有何補救辦法。

（四）本會應如何與政府經濟建設設計機關執行機關考核機關及研究經濟建設各社團取得密切聯繫促成經建大業。

（五）本會應如何取得國民代表大會中之推選代表權。

討論結果如次

（一）已於上次談話會決議向年會提出籌募基金三十萬元案如能辦到則一切問題不難迎刃而解。

（二）新會員之徵求，已決議向年會提出一案每年分兩次舉行徵得會員立時審查資格至於初級會員資格之審查可授權各地分會辦理，以資便利，此點已列入本會章程修正案。

（三）關於檢討歷次大會或董事會議決案之是否實行等等應促請總會注意。

（四）關於本會與各經建機關取得聯絡一節應分兩方面進行一面由本會參加各研究經濟建設社團爲團體會員一方面遇政府經建機關有需要時，本會可接受充其顧問

（五）關於本會取得國大代表推選權一節，根本上應先促成工程師公會之組織唯此事緩不濟急目下只好請會員中與政府及中央黨部有深切關係者如陳會長會養甫徐恩曾吳保豐各會員分頭努力冀以中央圈定方式取得代表資格。

最後由主席宣稱二次談話會結果圓滿現距年會開幕尚有一個多月今後如有重要問題請香港分會主持再舉行談話。

⊙香港分會成立社會服務部

香港分會原有社會服務委員會之組織，現因事實需要，擴大組織，另設社會服務部，業於十一月十七日成立，舉出吳達模君爲經理，余昌菊君爲協理，茲將該部組織及業務章程披露如下，希望各地分會亦有同樣之組織，爲社會服務也。

⊙中國工程師學會香港分會社會服務部簡章

（一）本會爲適應港澳兩地國貨製造廠家之需要在工程技術上爲各廠服務以冀增加生產效能減少無謂消耗特設立社會服務部（以下簡稱本部）

（二）本部委員由會員中志願爲國貨製造廠家服務者充任之本會社會服務委員會各委員爲本部當然委員

（三）本部設經理一人主持全部事務協理一人襄理之均就執行部推薦三人中選舉之任期一年連舉得連任必要時本部得聘請名譽顧問僱用書記及事務員

（四）各委員依其專長分爲（1）土木（2）機械（3）電氣（4）化學（5）鑛冶（6）紡織等組每組設主任一人由經理聘請之

（五）本部業餘暫分爲（1）常年顧問（2）工廠設計（3）機器估價（4）裝置修理（5）化驗材料（6）機器檢查（7）採購物料（8）改良管理（9）訓練員工（10）介紹人才（11）鑒定事件（12）其他服務事項

（六）上條業務除(9)(10)兩項由本會工程教育委員會及職業介紹委員會合作辦理外其餘業務由各委員或特約各工程企業公司工程事務所材料化驗所及採購機關等辦理之

（七）本部委員或特約機關對於每件委託事項之辦理經過情形應備具詳細紀錄三份一份由本人或本機關保存其餘兩份分送本部及本會備查

（八）本部承辦各項業務以不代廠家訂立合同及牽涉經濟上責任爲限

（九）本部承辦各項業務均得向委託之國貨製造廠酌取費用其收入按比例分配暫定負責人員或負責機關得百分之七十本部得百分之二十本分會得百分之十

（十）本部每三個月至少舉行全體委員會議一次研討已往工作以期改進

（十一）本部暫設於香港雪廠街十號五十四號房

（十二）本簡章由本部委員會議通過後送請分會執行部核定並呈請總會備案如有未盡事宜得隨時修正之

⊙中國工程師學會香港分會社會服務部業務簡章

第一條　本部專爲港澳各國貨製造廠家服務其業務範圍如左：

（一）常年顧問　（二）工廠設計
（三）機器估價　（四）裝置修理
（五）化驗材料　（六）機器檢查
（七）採購物料　（八）改良管理
（九）訓練員工　（十）介紹人才
（十一）鑒定事件　（十二）其他事項

第二條　凡委託本部服務者應簽具委託書依照下列各條辦法納費

第三條　常年顧問依工廠範圍之大小及每月派人到廠服務時間之久暫每年取費自港洋壹百元至壹千元

第四條　工廠設計每件至少取費港洋五十元實施時如需詳細設計則依照投資總額取費百分之二·五至百分之五製圖及監工等費在內

第五條　關於機器估價機器檢查及鑒定工作取費辦法視工作之繁簡臨時議定之

第六條　裝置修理機器依其需要人工材料之多寡臨時報價

第七條　化驗材料代爲介紹各大學及實業工廠試驗室及材料化驗所辦理所需費用由委託者照付本部不另取費

第八條　採購物料依其價值取費千分之五至百分之五

第九條　改良管理訓練員工取費辦理均另議

第十條　介紹人材不取費

第十一條本簡章經本部委員會議通過經分會執行部核准後施行未盡事宜得隨時修正之

⊙國立中央技藝專科學校近況

國立中央技藝專科學校係應抗戰建國生產的需要，由教育部於二十八年一月設立。校址在四川嘉定，分造紙、製革、染織、農產製造、蠶絲五科。入學資格爲高中畢業生。第一期規定二年畢業，今年所招的第二期，改爲三年畢業。現有學生每科二班，共十班，四百人。聘有專門研究及製造經驗的專家二十餘人担任教授；又於每科聘用技師數人協助指導，實習。教授等除日常授課外，復分大部分精力做工業試驗研究的工作，對於指導學生改良土產，及舊式工業，尤爲致力。教師對於學生雖督教甚嚴，但是學生對於教師，極端信仰，雍睦氣象，洋溢於全校。現已成立造紙、製革、漂染、紡織、釀造、繅絲、製蠶種工廠七所，各廠均具有相當的設備，這些工廠有的已經大量生產，出售貨品，有的改良土產，著有成效，已有精美成品爲市上所無。嘉定本係工業區，公私立的工廠，棋布星羅，性質大都與技專校實習工廠相同或相近。技專校學生除在自已的實習工廠工作外，又往本地其他各工廠實習，在寒暑假期中復由校派往渝、蓉、資、內、雅、碚、各地大小工廠作長期實習。在各工廠內，常看見胼手胝足操作不輟的，就是技專校實習學生，都充分的表現着，精神振奮動作敏捷的朝氣。學生旣具有理論的基礎，復有嫻熟的技藝，與工廠管理經營的經驗，乃合資自創小資本工廠多所，一面生利一面實地練習，亦是一舉數得，技專校平素訓練學生，以刻苦、耐勞、服從、合作爲中心，并予以校內外種種服務工作之機會，使其有領導指揮之能力。訓練目標爲忠、勤、嚴、三德，又以切實，創造，爲特有之校訓。本年冬季每科俱有三四十人畢業，頗可接濟各方之需求，現公私大小工廠及政府學校機關，已紛來洽聘云。

⊙貴陽分會會員錄（二十九年十月十日止）

（甲）　舊會員

張丹如　禹門路西南公路管理處
薛次莘　錢豫格　同　上
莫　衡　禹門路資源委員會運務處
姚世濂　紫林庵貴州公路局
黃文治　禹門路資源委員會運務處
夏憲講　禹門路資源委員會運務處
邵禹襄　楊錦山　同　上
覃修讓　東門外西南公路機車廠
李學海　禹門路西南公路管理處
聶光墀　交通部鐵路機務標準設計處（貴陽郵箱32號）
曹萃文　薛大中　單炳慶　同　上
沈濟安　紫林庵貴州公路局
陳仰植　敦仁里鹽務總局運輸處
靳施隅　益館財政部硝磺處
朱延年　三民路七十號
高祖璇　貴陽郵箱32號
陸世榮　馬王廟中國運輸公司修理廠
楊家祿　貴陽電廠
王　進　禹門路資源委員會運務號

（2）新會員

王國治　紫林庵貴州公路局
舒　恭　余綱復　劉　文　王肇崙　朱吉麟
劉鍔宜　譚　葳　蔣宗松　同　上

29367

陸坤元　　禹門路資源委員會運務處　　（完）

⊙電工手册原稿待領

本會香港分會副會長利銘澤先生談及有西人Captain W. J. Scotcher 在廣州淪陷時，從一流氓手中取得署名 Tang Nai Chiu 者所著電機工程手冊英文原稿本，甚願將該書交還原主，本刊讀者如有知悉Tang 君下落者，請函知本分會以便接洽。

⊙中國土木工程師學會新職員選舉票

民國廿九年至三十年度

會　長	沈　怡	薩福均	華南圭	

請於上列三人中圈出一人爲會長如選上列候選人以外者請塡入空格內

副會長	茅以昇	趙祖康	杜鎭遠	袁夢鴻
	鄧益光	沈百先		

請於上列六人中圈出二人爲副會長如選上列候選人以外者請塡入空格內

董　事	李書田	吳益銘	陳體誠	劉夢錫
	張自立	方　剛	周鳳九	鄭肇經
	吳　鵬	蕭肇瓛	李　儼	周象賢
	羅　英	裘燮鈞	孫　謀	顏德慶
	杜鎭遠	沈　怡	薩福均	沈百先
	袁夢鴻	趙祖康	丘勤寶	洪觀濤
	張含英	孫寶墀	葉家俊	裴益祥
	陳　琯	陸爾康	郭則溉	龔繼成
	包育文			

請於上列三十三人中圈出十一人爲董事如選上列候選人以外者請塡入空格內

選舉人

通信處

（請依此線裁去）

敬啓者玆依照本會第六次董事會議決議案擬定候選人名單即請本會會員分別圈定塡寫封固後逕寄成都廳署街三十二號本會年會籌備處彙收爲荷

司選委員　夏光宇　侯家源　淩勛鴻同啓

廿九年十月十日

⊙中國土木工程師學會第二屆年會通告

中國土木工程師學會年來因時局關係久未召集年會玆決定第二屆年會與中國工程師學會同時同地舉行所有年會會程除會務討論召集外其餘一切演講參觀招待均一同舉行如兼屬兩會會員者年會會費只收一次凡會員赴會一切詢問之事可逕向成都年會籌備委員會接洽辦理

⊙中國土木工程師學會緊要通告

本屆年會改選職員所需用之選舉票現因交通不便之故郵件時常遺失特借本刊地位附登本會新職員選舉票於左請各會員分別圈定擬舉之人名簽字或蓋章後將該票裁下封固逕寄成都廳署街三十二號本會年會籌備處並請預計郵遞日期務於本年十二月八日以前寄到又本會會員如有數人同在一地而選舉票不敷應用可酌量合用一選舉票由各選舉人分別親自簽名或蓋章亦可有效如需各別選舉者年會籌備處有印就之選舉票請逕函索取特此通告

摘錄第六次董事會議議決案

二、第二屆職員之司選委員按照本會章程第廿一條之規定及本會成立大會之決議案爲夏會長光宇及侯董事家源華董事南圭三人惟華君現已出國其次應爲李董事祉儀又已逝世依次應以淩董事鴻勛遞補爲合法

三、按照本會章程第廿條之規定董事應每年改選三分之一而本會年會已有三屆未能舉行是全體董事均已屆改選之期惟按之該條文之原意在使新董事逐年均有選出而仍有若干熟悉會務之舊董事繼續共同負責以免隔閡根據此項理由本屆年會改選董事擬將上屆任期三年之董事延長任期一年至下屆年會再行改選期任期二年及一[illegible]董事則統於本屆年會改選之又李董事儀祉[illegible]三年任期董事中之一現已逝世應另選一人補其遺缺故本屆共應選出十一人仍用抽籤法抽定任期三年及二年者各五人補李董事任期一年者一人此項變動辦法應提交本屆年會追認後方始發生效力

附延長任期一年之董事名單

侯家源　華南圭　淩鴻勛　茅以昇

中國工程師學會

會務特刊

中華民國30年1月10日 8.1 卷期
（暫代工程週刊，由香港分會出版）
香港皇后大道中4號三樓38號
電話：20786 郵箱：1643

第九屆年會獻詞

中國工程師學會第九屆年會擇定於四川省會之成都舉行，其地自古爲天府之國，於今爲抗戰之大後方，同人聯袂偕臨，觀感所及，必益將奮發以盡我工程師之責任，奚待言，顧成都勝蹟之一，有丞相祠堂，其代表人物，乃諸葛武侯。史載武侯出師祁山，製木牛流馬及連弩，是武侯亦工程師也。而竊綜武侯一生，可供我人取法者，至少當有四點：

昭烈臨終，托孤於武侯，武侯涕泣對曰：『臣敢不竭股肱之力，效忠貞之節，繼之以死』。及出師伐魏，表於後主曰：『臣鞠躬盡瘁，死而後已，至於成敗利鈍，非臣之明所能逆覩也』。又嘗曰：『謀事在人，成事在天』。此語也，驟視之，似嫌消極，細味之，實至積極，亦即范文正公『我知在我者如是而已』之意，挾是精神以臨事，夷險禍福生死自均不足撓其志節。此武侯之忠貞，足爲吾人取法者一也。

陳壽評武侯曰：亮爲相國也，開誠心布公道，盡忠益時者，雖讎必賞，犯法怠慢者，雖親必罰，服罪輸情者，雖重必釋，游辭巧飾者，雖輕必戮，善無微而不賞，惡無纖而不貶；庶事精練，物理其本，循名責實，虛僞不齒』。武侯亦嘗自言：『我心如秤，不能爲人作輕重』。於是馬謖失街亭，而武侯揮淚誅之，自貶三等。此武侯之公明，足爲吾人取法者二也。

武侯一生謹慎。其發教軍事，文彩不豔，過於丁甯。夙興夜寐，罰二十以上，皆親省覽。且常自校簿書。雖食少事煩，少悖攝生之義。然周公之命畢公也，曰『克勤小物』。蓋惟勤也，則淸明之氣在躬，意念沈下而不爲煩冗所紲。故在昔之能任大事者，必於其小事不苟信之。此武侯之勤勞由於勤慎，足爲我人取法者三也。

武侯未遇時，家居南陽，逍遙而耕隴畝，淡泊以明志。及仕於蜀，表於帝曰：『成都有桑八百株，薄田十五頃，子弟衣食自有餘饒。至於臣在外任，別無調度，隨身衣食，悉仰於官，不別治生，以長尺寸。若臣死之日，不使內有餘帛，外有贏財，以負陛下』。訖如其言。此武侯之以淡泊成其賾深，又足爲我人取法者四也。

國難方殷，正吾輩憂勤惕勵之日。香港分會同人不欲以空洞之祝詞虛應故事，故願揭千古第一流人物武侯之爲人，交相勖勉，倘亦同人所樂許乎。

香港分會同人謹上

民國二十九年十二月十一日

⊙年會組織總理實業計劃研究會提案全文

（案由）溯我國抗戰以來，國人莫不在中央抗戰建國之最高原則下，努力於其本位工作。於今抗戰已達第四年，舉國所經歷之艱辛，實超越前史。吾人於此艱辛之過程中，所發覺而引爲最大之教訓者爲何？則莫不深感物質力量缺乏之苦。致任頑寇長驅，鐵騎猖獗。我物質果缺乏耶？則又不然，舉凡必需之各項動植鑛物之生產，我實無不具備。天賦優厚，乃世界上無與倫比之國家。而所缺者，乃在未能充分應用工程科學力量加以啓發，致未能對世界[illegible]，迎頭趕上。凡吾受有工程科學訓練之同人，於此實有其應負之使命。四十餘月以來，吾工程界同人，對於抗戰之供獻，所焦勞平苦者，固已不少。而建國前途，有需吾人之努力者則尤多。抗戰建國之道，頭緒紛繁。近世謀國之人，多已對政治經濟諸端，繫加研討。然而由政治經濟之理論，得以表現於實際者，仍有待於吾人之有以自效。舉世先進各國之計劃建設也，其全國工程師靡無不竭其最大之努力。在一切比較落後之我國，吾人尤不容稍從其時機，有辜時代之任務。惟茲事體大，果又從何言之。所幸者吾人有先知先覺之 國父早爲我人籌到最偉大之經濟建設初步方案，即建國方略中之實業計劃也。當計劃之時，第一次歐戰告終， 國父就國家建設之需要，計劃引用外國戰後過剩機械人才資本之途徑。以其所餘補我不足。精湛遠大，規模具備。所惜二十年來未克一一付諸實

29369

施；亦未嘗有就此計劃作有系統之精密設計，以倡導其實施者，今日世界大戰之範圍，遠過於前。而國際間鑑於我國之覺醒，對我之同情援助，日益殷切。一旦抗戰勝利，世界大戰亦且告終。我工程建設事業之必將更獲更大之援助，得以突飛猛進，可以斷言。果如何利用此再臨之機會，規劃精當，以最高效率，致國家於富强？則今日之所以就實業計劃設計其細密計劃，以謀其實施者，良不容緩。且也，於科學進步之今日，於抗戰的血的教訓中又有若干明確目標，有待研討其進行之方，解決之道；將而進以增益實業計劃之所未備，俾可發揚光大，此亦吾人之責，無所旁貸也。更有進者，諸先進國之計劃其經濟建設也，類有軌跡可資參證，有得失可資借鏡，又可使吾人有簡便的抉擇之方。時間心力，兩可簡省。由上論列，則今日設計之途，遠則就實業計劃，增益科學新猷，鑑各國之長短，謀及建國之大。近則復可隨時參證，目前因抗戰而有之各項建設設施，調整其關係。亦可由整個的建設體系之中，抉擇目的抗戰所需之項目，而提前計劃之。關係既密，則由抗戰中建國，益可有所徵信矣。爰提供原則及進行辦法，爲本屆年會中，此一重大專題討論中心。

（甲）原則

一　本會應以　總理建國方略中之實業計劃爲中心，參照其他各先進國家經濟建設之方法與經驗，並顧及現在環境之特徵，擬具整個實業計劃之細密計劃，以爲全國人民集中努力之鵠的；而爲建國之張本。

二　計劃應根據國防及民生之需要，以達到自衛自足爲目的，從輕工業的起點，順序計劃及於重工業。在實施方面，則更以重工業先於輕工業，並使交通事業儘先發展與爲適當之配合。復依各種已知之條件，計劃其各個之分期。

三　由本會邀請各專門工程學會分門計劃各工程部門之細密計劃，爲初步之配合，進而與其他有關專門學會之工作爲進一步之配合。

四　各專門工程學會就其過去事業之計劃及經驗補充實業計劃之細目；並根據過去二十年世界工程及科學技術之進展，增加實業計劃之項目。

五　各學會計劃擬定後，採取往復調整配合方法，初次彙總後加以配合；再分送各學會修改。修改後，重行彙總，再加整理聯系，以此結果，彙合工程學會以外之關係專門學會之計劃，配合調整，聯合擬定整個實業建設實施步驟，決定入手方案，貢獻於中央，並要求財政經濟方面協同履行，建國工作中所應有之責任。

六　爲便利本案工作之進行，本會應組設實業計劃研究會，負責搜集材料，收集意見，整理報告圖表，綜合編配各部工程計劃，並調融各關係工程學會之研究設計的意見。

（乙）進行辦法

依據以上各項原則，可知進行設計研究之方，首重分工合作。須先分析各種事業或工業的項目，然後由各學會或專家分任其工作。依照實業計劃之所包容而析之；則前三個就西北，西南，及揚子江流域三部分地域的範圍，作關鍵的及根本工業的設計。第四計劃爲鐵路交通的補充計劃。第五計劃爲工業本部食，衣，住，行印刷工業的計劃。第六計劃爲鑛冶工業計劃。綜合而歸納其性質；則有交通事業，重工業，輕工業，三大類，及其相關之工程。詳加分析，亦殊頭緒錯綜。爲便利於析成分類計，茲先作下列標準之決定：（一）凡可以一總的名稱而概括數種工程事業者，用此總的名稱。至於一種項目下，而有特殊重要之一子目者，析而出之。（二）若干種項目均須各有其必需之機械供給，如非大量，均不將其機械之製造專列項目。（三）更有目前已成重要事業之項目，在實業計劃中止包含其意義於其他項目中者，析而出之。（四）新興工程技術增列事項。就以上標的都析爲五十五類，先行表列如左。（大體依照實業計劃之順序）

1 港埠工程	2 造船業	3 鐵路工程
4 機關車製造工業	5 公路工程	6 自動車製造工業
7 水運工程	8 防洪工程	9 灌溉工程
10 水力工程	11 農具製造工業	12 農產製造工業
13 米麥工業	14 農產運輸工程	15 穀倉建築工程
16 製茶工業	17 豆製品工業	18 絲工業
19 蔴工業	20 棉工業	21 毛工業
（以上四項合之則爲紡織工業）		
22 皮革工業	23 紡織縫紉機器工業	24 建築材料工業
25 家具製造工業	26 居室建築工程	27 燃料工業
28 印刷工業	29 造紙工業	30 油漆工業
31 木材工業	32 窰業工業	33 水泥工業

34 採煤工業	35 採油製煉工業	36 採鑛工業
37 鋼鐵工業	38 冶煉工業	39 鑛冶機械製造工業
40 電訊工程	41 電力工程	42 電工器材工業
43 工具機工業	44 機械工業	45 酸鹼鹽工業
46 煤焦工業	47 製藥工業	48 膠體工業
49 油脂工業	50 電化工業	51 糖工業
52 纖維工業	53 肥料工業	54 化學工業
55 航空製造工業		

今各項工程之有專門學會者有土木，水利，機械，電機，鑛冶，化工，紡織，建築，自動車，九種。玆將上列五十五項目試作分配如下；

1 土木	負責項目	1,3,5,10,	計四項
2 水利	,,	7,8,9,	計三項
3 機械	,,	2,4,11,13,14,23,39,43,44,	計九項
4 電機	,,	40,41,42,50,	計四項
5 鑛冶	,,	34,35,36,37,38,	計五項
6 化工	,,	12,22,27,29,30,32,33,45,46,48,49,51,53,54,	計十四項
7 紡織	,,	18,19,20,21,52,	計五項
8 建築	,,	15,24,25,26,	計四項
9 自動車	,,	6	計一項

所餘16製茶工業，17豆製品工業，28印刷工業，31木材工業，47製藥工業，55航空工業，或由有關學會自行認定之，或候實業計劃研究會聘請專家組織團體研究之。

分配以後，各專門學會接受所任計劃部門，即各自着手。其進行順序可略爲規定如下：

1.首須就所任部門在實業計劃中之部分研究其有無因時代關係而有須加以改正補充之處。

2.就所任部門研究應搜集何種材料，如何搜集並進行搜集之。

3.以上二項研究完畢材料後，即着手設計。於設計之時，須注意有重大關係之項目凡四：a時間b區域c需要之人才及人力d實施步驟。

4.就設計結果，參酌國內現有建設能力研究其何者爲自給部份，及何者必須外國協助。

5.其有關係不限於一種專門學會者，聯合設計之。

6.集中其設計於實業計劃研究會，研究其配合調整。

7.各專門工程學會接受調整配合案，再研究其應否修改或予以同意，重行集中於實業計劃研究會，舉行第二次之必要調整。

8.實業計劃究會根據再調整案，請求工程師學會以外有關學會供給其所研究設計關聯部分之結果，重行配合，再爲必要之修正。

9.以此最後之結果，供獻於中央。

10中央採納設計後，由本會動員全國工程師努力，求其實現。

（按此提案，已由大會一致通過，並組織實業計劃研究會，即推定定五十人組織成立。）

⊙本會董事職員名單

會長：淩鴻勛　　副會長：惲震

董事：吳承洛　薩福均　侯家源　趙祖康　裘維裕
周象賢　杜鎮遠　鮑國寶　支秉淵
（以上諸董事原任至29年，現延長至30年）
胡博淵　侯德榜　顧毓琇　黃伯樵　梅貽琦
胡庶華　陳體誠　任鴻雋　許應期
（以上諸董事原任至30年，現延長至31年）
茅以昇　吳蘊初　陳立夫　顧毓琇　曾養甫
韋以黻　徐佩璜　王寵佑　顏德慶
（以上諸董事本屆年會選出，任期至32年（

基金監：徐名材　孫越崎

⊙董執聯席會議

本屆第一次董執聯席會議，于廿九年十二月廿七日下午七時，在重慶航空招待所開會，由新會長淩竹銘先生主席，當推舉顧毓琇先生繼任總幹事，沈君怡先生繼任總編輯，又推舉張延祥先生爲副總幹事，沈嗣芳先生爲副總編輯，均爲義務職。至於文書幹事，會計幹事，事務幹事等，決定聘請專任人員，改爲有給職。其他通過要案多起，詳細紀錄下期發表。

⊙西昌分會成立

本會西昌分會，業於二十九年九月二十九日正式成立，選出胡博淵（經濟部技監兼經濟部西昌辦事處主任）爲會長，雷寶華（西昌行轅設計委員會主任委員）爲副會長，劉鏡如（福中木業無限公司總經理）爲會計，李崇典（經濟部技正）爲書記。

⊙瀘州分會成立

會長　吳欽烈　　副會長　黃朝輝
書記　方志遠　　會計　顧敬心

29371

◉蘭州分會成立

會長 宋希尚 副會長 鈕澤全
書記 張志禮 會計 李玉書

◉平越分會成立

會長 茅以昇 副會長 顧宜孫
書記 黃壽恒 會計 伍鏡湖

◉香港分會協助招考技工

戰時社會事業人才調劑協會香港分站，應國內公營民營各工廠之需要，會同工鑛調整處，西南實業協會，及本會香港分會，招考機器電氣技工一百餘人，由陳福海，蔣平伯，周修齊，曹省之，陶勝百，沈嗣芳，徐辛八等爲主試委員，借六河溝製鐵廠及中華無線電社製造廠爲考場，業已完畢，分批派往內地服務云。

◉桂林分會會員大會

本會桂林分會於十一月三日在蘇橋地方舉行第六次會員大會，出席會員五十餘人，由湘桂鐵路備車接送，並由楊毅先生即席演講，及餘興幻術表演等，會後參觀湘桂鐵路蘇橋機廠，決議案計（一）本分會會長一職因馬君武先生逝世，應由上次選舉次多數李運華先生繼任。（二）下次開會由廣西省建設廳招待。

◉尹國墉君赴美

會員尹國墉（仲容），前任職中國建設銀公司，近調資源委員會國外貿易事務所，奉派赴美，于十二月廿七日出國，其在美之通信處如下：

Mr. K. Y. Yin,
c/o Mr. C. H. Wu, Universal Trading Corp.,
630, 5th Avenue, New York City, U. S. A.

◉香港郵箱更改號數

香港分會前租郵政信箱184號，玆因滿期，改租九龍郵政信箱1643號，希各會員注意。

◉王之鈞君逝世

會員王之鈞，字紫君，一字志均，於廿九年八月廿一日病逝重慶歌樂山寬仁醫院。王君生前服務電界二十餘年，鞠躬盡瘁，抗戰以來，力疾從公，初患腎臟炎，于八月十七日重慶夜襲，轉成肺炎，十九日寓所中彈全毀，無處棲身，病勢轉危，以致不起，年四十八歲，遺子一女三，特誌以告王君生前知友。

◉『工程』各期出版

本會『工程』雜誌第十三卷第二•三期合刊本，由重慶商務印書館代印，已經出版，定價每冊國幣六角，由重慶上南區馬路194號之4，本會辦總事處發售，玆將目錄轉載如下：

胡叔潛，蔡家鯉：抗戰期中發展四川小電廠芻議
朱志龢：「聯個構造」鐵橋之設計及其用途
陳本端：改革我國公路路面建築法之建議
沈宜甲：德國最新式無舵淺水急流狹道船原理及圖說

工程文摘：
（一）三河活動壩
（二）中國公路地質概述
（三）土壤施熱築路法
（四）濾水路堤
（五）螺旋槳之選擇

本會『工程』雜誌第十三卷第五號，已由商務印書館印刷出版，由香港該館爲總經售，每冊定價港幣四毫，郵費六分，玆將目錄轉載如下：

論著：孫 拯：戰後中國工業政策
論文：王龍甫：長方薄板彎皺之研究及其應用於鋼板梁設計
莊前鼎，王守融：連桿與活塞之運動及惰性效應
尹國墉：論電氣事業之利潤限制
鍾士模：鼠籠式旋轉子磁動力之分析
邢丕緒：蒲河閘壩工程施工之經過
顧毅同：電話電纜平均之原理及其實施
工程新聞：天廚味精廠港廠酸鹹工場概況
附載：沈 怡：全國水利建設綱領草案

◉介紹『實業計畫圖解』

中國經濟建設協會，委託中華書局發行之經濟建設叢書，已出版『中山先生實業計劃圖解』一種，係秦翰才先生編，剖析詳盡，綱舉目張，並將國民黨關係文件一併編成圖解，刻爲附錄，足爲本會研究總理實業計劃之一助，特誌以代介紹，每冊實價國幣七角。

◉介紹都江堰治本工程計劃

四川省水利局新印『都江堰治本工程計劃綱要』及『高地灌溉工程須知』兩書，在本會年會時分贈各會員，圖表極爲明晰，各地會員欲參考研究者，可函成都該局索取。又四川省建設廳建設週訊出版『四川之水利特輯』上中下三厚冊，資料新穎，亦可向成都該廳函購，特爲介紹。

中國工程師學會

會務特刊

中華民國30年2月10日
（暫代工程週刊，由香港分會出版）
香港皇后大道中4號三樓38號
電話：20786　郵箱：1643
8.2 卷期

國際技術合作問題

去年四月間，美國「中國之友社」，爲協助中國戰後經濟建設起見，特組織一技術協助委員會，可爲中國工程界研究，及解答各種技術問題。該社來函略稱：

「本社深知中國今日，及今後之最大需要，爲工業化之推進，及工業之組織。在中國推進工業化之時，將有許多工業技術問題發生。美國以世界上工業最發達之國家，必能幫助解決此項問題。本社因此組織一技術協助委員會，以美國有權威及經驗之工程師，及科學家組織之，並已得各工程團體及科學團體之贊助。該委員會主要任務，在協助中國政府之工程人員，及私人企業之工程師，解決各種技術問題，供給技術張本，化學方法，及製造順序，並可供給製造設備之模型，以備訓練教育之用。如有必要，並可介紹專家教師，訓練中國技工。

本會曾函該社致謝外，幷公開徵求，有關之技術問題，以便彙請該社研究解答。

⊙總理實業計劃研究會

本會組織之總理實業計劃研究會，由本會及各專門學會各推代表五人組織之，（內二人爲去年年會時之各會會長及副會長），任期三年，以本會會長爲主席。茲本會代表，除前任會長及副會長，陳立夫及沈怡二先生，爲當然委員外，又推舉楊繼曾，淩鴻勛，徐恩曾三先生爲委員，以陳立夫先生爲主席。

⊙本會組織西康考察團

本會第八屆年會，通過重慶分會之提議，組織康藏考察團案，經由本會董執聯會議決，先組織西康考察團，分交通、水電、地質、礦冶、紡織、木材、化學、等七組，幷分康定、西昌兩隊，分頭考察。經費預定二萬五千元。一面由總會函達西康省政府，已得復函歡迎，並飭屬保護協助；一面向中央及有關機關接洽輔助經費。目前經費接洽所得結果，交通部已允撥五千元，俟出發時撥發；教育部允撥二千元，經濟部撥助五千元，西康省政府由孫越崎，顧毓泉，兩先生，與劉主席接洽，結果除允屆時招待外，幷可撥助三千元。至考察團出發日期，經董事會議決，俟樂西公路完工後，再行決定。

⊙本會成立三十週紀念

本會自民元成立，至今已屆三十年。在此三十年中，中國工程事業之發展，頗有足資紀念之處。爲繼往開來，特由董事會議決，由本會編印「三十年來之中國工程」一書，已由總編輯沈君怡先生，擬具編輯計劃及目錄。

⊙杭州獎學金分配

本會民國二十五年杭州工程團體聯合年會，捐國幣三千元，爲浙江大學工程獎學金，又一千元爲之江文理學院工程獎學金。現二十八年度浙大工程獎金，已經決定發給下列各生：（每人一百五十元）

電機科：馮紹昌　　化工科：張勝游
土木科：周存國　　機械科：史汝楫

又歷年之江大學工程獎學金，亦已發給下列各生：

民國二十六年度：謝增霖一百五十元
民國二十七年度：薛攀星，沈嘉濟，二人合共一百五十元。
民國二十八年度：葉得燦一百五十元。
民國二十九年度：徐次逵一百五十元。

⊙今年在貴陽舉行年會

本會民國三十年年會，決定在貴陽舉行，已推舉薛次莘先生爲年會籌備委員會主任委員，年會日期尙未定。

⊙旅港董事談話

一月二十日星期一，中午十二點半，副總幹事張延祥先生，邀約旅港董事周象賢，黃伯樵，吳蘊初，王龍佑，四先生，及前任董事夏光宇先生，與副總編輯沈嗣芳先生，在 Cafe Wiseman 舉行談話，報告成都年會情形，及十二月底在重慶舉行董事會議決各案。至二點半散會。

⊙昆明分會會務簡報

昆明分會於二十九年六月，因鑒於急需徵集經費，以便充實基金，並推動各項會務，特通函各機關，徵求團體贊助會員，請求捐助經費。結果團體贊助會員加入者計二十餘單位，捐助經費一千八百餘元，並由分會會計印備會費收據，及收費清單等，分別託由各機關中會員一人，負責收費，結果收到會費二千餘元。

七月中旬，舉行常會，請會員郭克悌先生，報告耀龍電力公司石龍壩水力發電廠概況，並請會員周玉坤先生，演講「電話工程」，聽衆極感興趣。

八月初，昆明廣播電台開始廣播，即邀請本會負責代邀分會會員，舉行定期通俗工程學術廣播演講，每二星期一次，時間在星期四下午七時三十分。自八月中旬起，以迄現在，未管中斷。計會員惲蔭棠先生講「工程師在抗戰期間的責任」，徐佩璜先生講「工程教育的基本要點」，龔學遂先生講「抗戰建國與工程人才」，莊前鼎先生講「民衆對空襲應有的認識」，周玉坤先生講「發展中國工業生產」，陶葆楷先生講「怎樣造紙」，施洪熙先生講「怎樣用電」等。

九月二十二日舉行常會，請光學廠工程師方聲恆先生講「軍用光學儀器的製造」，因事關軍事，聽衆僅限于會員，計到數十人，均甚感興趣。

⊙成都分會歡迎會

本會總幹事顧毓瑔，基金監孫越崎，兩先生由渝來蓉，出席川康經濟建設會議，成都分會特於十一月三日，下午三時，召集新舊會員，舉行常會，並歡迎顧孫兩君參加，席間討論會務要案甚多。是晚復由年會籌備委員會，邀請顧孫兩君聚餐云。

⊙香港分會參觀康元廠

香港分會於一月十八日星期六，下午三時，參觀晉北灣康元製罐廠香港分廠，到會員二十餘人，由該廠經理阮維揚先生引導，經繪鉛，落石，印鐵，剪軋，衝模，製筒，裝璧，等部，約一小時半始畢。復由該廠招待茶點，由分會會長黃伯樵先生答謝，並表揚該廠之成績。後介紹重慶會員潘履潔先生講內地工業克服種種困難，自給自足原料機械情形。最後推舉分會下屆職員司選委員，由李果能，黃伯樵，張延祥三先生當選，至五時散會。

⊙積極組織分會

本會現已有分會十一處如下：

重慶，成都，昆明，香港，貴陽，西安，瀘州，蘭州，平越，西昌，嘉定。

玆又委託下列各位會員，分別組織各地分會：

湖南耒陽	余劍秋先生	（建設廳）
湖南辰谿	胡萃藻先生	（湖南大學）
湖南祁陽	支秉淵先生	（新中工程公司）
湖南衡陽	石志仁先生	（湘桂鐵路局）
浙江麗水	趙曾珏先生	（電話局）
福建永安	徐學禹先生	（福建省銀行）
廣西宜山	侯蔭民先生	（黔桂鐵路局）
廣西全縣	施殿楷先生	（全州機廠）
廣西柳州	茅以新先生	（交通部柳江機廠）
四川長壽	婁星遠先生	（龍溪河水力發電廠）
四川內江	姚章桂先生	（成渝鐵路第三總段）
重慶大渡口	翁耀民先生	（鋼鐵廠遷建委員會）
四川灌縣	馮翰飛先生	（水利局）
四川自流井	王平洋先生	（自貢電廠）
四川宜賓	任有乜先生	（中央電瓷廠）
江西泰和	朱有蘅先生	（江西省政府）
江西大庾	洪鼙生先生	（鎢業管理處）

⊙徵求永久會員

凡本會會員或仲會員，依會章第40條，一次繳足永久會費國幣一百元，以後得免繳常年會費。此項永久會費，請直接匯交重慶上南區馬路194號之4，本會總辦事處，或面交總幹事顧毓瑔先生，或副總幹事張延祥先生，或交各地分會會計代收轉匯，均可。

本會永久會費，指定作爲基金之一部，截至民國廿八年八月底止，計結存國幣二萬五千餘元，($25,490.49)，由基金監保管。

⊙『工程』雜誌徵稿

工程雜誌，爲國內唯一之工程界刊物，實係代表本會之信譽與地位，凡本會會員，均有踴躍投稿，全力維護之責任，以期達到與先進各國工程團體刊物相媲美之地步。去年得商務印書館之合作，担任發行，恢復舊觀。希各會員源源賜稿，可寄交下列任何一處:—

重慶 上南區馬路194號之4本會總辦事處。

香港 中國銀行38號本會香港分會。

總編輯 沈君怡先生（重慶郵政信箱268號）

副總編輯 沈嗣芳先生。（九龍郵政信箱1643號）

⊙成都年會論文一覽

（甲）一般工程問題

楊繼曾：　國防經濟淺說
茅智煥：　現代我國工程師之社會責任
鄭禮明：　大小數定位命名問題商榷
歐陽崙：　三十年來中國工業技術獎勵法規之沿革
歐陽崙：　十年來中國之工業發明及其趨向
茅家裕，陸祥百：　工廠製造軍事化之研究
劉崇禮：　改良成都市之我見

（乙）鐵路工程

淩鴻勛：　鐵路在抗戰的表現及今後築路的教訓
劉宗濤：　敍昆鐵路問題
王竹亭：　吾人在鐵路計劃與選線中應注意之幾點

（丙）公路工程

趙祖康：　當前中國公路之建設問題
康時振：　抗戰中公路建設之檢討
茅以昇：　土壤力學
陳本端：　廉價路面構造原理概述
陳本端：　改良泥結碎石路面建築法
陳本端：　代柏油品試驗報告
趙國華：　我國公路橋樑之設計載重
趙國華，馬雲騰：　我國驛運道路標準
陳本端：　公路低價路面之設計
陳孚華：　近年公路技術之改進
嚴德一，沈汝生：　西南國際公路路線

（丁）水利及水力工程

祝西恆：　灌縣水力發電計劃
黃育賢：　龍溪河水力發電廠工程概要
黃育賢：　桃花溪水力發電所施工紀要
李賦都：　岷江水利
劉夢錫：　綦江工程概要
陳克誠：　黃土築堤研究

（戊）機械工程（包括航空工程）

應尙才：　機車行動之評價
潘學彬：　飛機引擎震動之原理
顧毓瑔，吳有榮：　桐油直接替代柴油行車試驗
顧毓瑔，王善政：　天然煤氣行車試驗
顧毓瑔，范從振：酒精代汽油機械部份之改造問題
孫竹生：　如何分配軌車之軸載
林致生：　偏心圓管之扭力問題
金武希：　星形發動機輔桿長度及關節針與曲柄中心矩離的計算
金寶楨：　光彈性學之理論與實際
姚明初：　彈性點法
白郁筠：　煤氣發生爐應用於汽車之檢討

（已）電氣工程

施汝礪：　電阻標準精確測量法
倪尙達：　小型磁化器之設計
戚作鈞：　介質常數測量計之設計及應用
徐均立：　弱電供應問題
茅智煥，張　煦：　整頓國內無綫電通訊擬議
蘇林官：　永久帶電帶之探討
馬師亮：　超短波範圍內電能與效率之量法
龍感飈，馬師亮，邱緒寶：　短波無線電定向機
邱緒寶，馬師亮：　超短波無線電定向機
楊福元，余靜嫻，沈家岑，馬師亮：　超短波收發話機

（庚）化學工程

夏勤鐸，李林學，張宗祜，熊尙元，王周琦：
四川巴縣石油溝第一號井測驗報告
夏勤鐸：　四川自流井之天然氣
孫增爵，錢存晋：　脂油加水分解之反應機構
孫增爵，張芳譽：　乙醋之去氫作用
張永惠：　中國造紙原料之研究
張永惠：　後方新聞紙代用品第二次試驗報告
顧毓珍：　榨油原理
顧敬心：　抗戰期內如何製造硝酸
杜春宴：　後方製車用醱料及其材料之試驗
劉嘉樹，魯　波：　改進犍樂花鹽灶誌
鍾子璜，劉嘉樹，魯　波：　木榨製鹽磚之經過
魯　波，劉嘉樹：　枝條架之性能及鹽滷濃縮試驗
戈福祥，王善政：　川鹽之技術改進
張永惠：　木材乾溜研究初步報告
張凱基：　西康鹽源縣食鹽調查及增產之檢討
魯　波：　鹽素改進工作
李金沂：　魚類之冷藏
顧毓珍：　大豆花生及桐籽餅中之乾酪素之提取

（辛）礦冶工程

朱玉崙：　鋼鐵自給聲中小規模煉鐵廠之檢討
梁　津：　四川盆地內天然瓦斯中之氫質應精密檢查及提製以供軍用之管見
劉祖彝：　金礦之生成及探勘金礦應爲注意之點
李鳴龢：　西南西北各省重要鐵礦分佈狀況對於鋼鐵事業之關係

（以上全部論文，決定在成都刊印專冊發表。）

29375

⊙徵求『工程』定戶

本會出版之『工程』雜誌，每兩月一冊，每冊一百頁，定價港幣四角，郵寄費每冊港幣六分。預定每年六冊，港幣二元四角，郵費三角六分。

凡本會永久會員，按期寄贈一冊。他種會員均請付價訂購。定報事宜，請與各地商務印書館接洽，或直接致函香港九龍郵政信箱1643號。本會香港分會辦理。

⊙會員通信新址

王良初　香港必打行四樓4號交通部材料司採購處
潘履潔　重慶南岸彈子石謙泰巷 37 號中國火柴原料廠
王龍佑　香港九龍公爵街5號　（電話 28100）
莊效震　上海重慶路161號中國製釘公司
錢祥標　上海重慶路161號中國製釘公司
錢尙平　香港九龍荃灣南華鐵工廠
姚章桂　四川內江成渝鐵路局
林逸民　廣東曲江廣東省政府
諸葛恂　重慶牛角沱 26 號資源委員會電業處
陳蔚觀　重慶牛角沱 26 號資源委員會電業處
錢　謙　陝西西安西京電廠
繆恩釗　四川嘉定武漢大學
邵逸周　重慶兩路口金城別墅大中實業公司
陸子冬　重慶兩路口金城別墅大中實業公司
李葆發　重慶兩路口金城別墅大中實業公司
張家祉　重慶經濟部電業司
徐均立　重慶中一路四德里中央電工器材廠辦事處
王端驤　重慶中一路四德里中央無線電器材廠
李冰心　桂林軍政部修砲廠
茅以新　廣西柳州交通部柳江機廠
蔣葆增　桂林良豐廣西大學
朱恩隆　桂林良豐廣西科學實驗館
陳長源　重慶中三路重慶村23號中國興業公司
李石林　香港東亞銀行803號新中興業公司辦事處
孫保基　重慶林森路234號中國鑛業公司
翁德鑾　重慶大渡口鋼鐵廠遷建委員會
陳　東　重慶大渡口鋼鐵廠遷建委員會
徐紀澤　重慶大渡口鋼鐵廠遷建委員會
徐祖烈　重慶交通部材料司
王平洋　四川自流井自貢電廠
蕭嘉眞　江西泰和江西建設廳
桂銘敬　香港薄扶林道嶺南大學
褚應璜　湖南衡陽黃茶嶺萊成馬達廠
周茂柏　重慶江北民生機器廠

⊙介紹水工專刊

重慶上清寺聚興村十二號經濟部中央水工試驗所，出版各種模型試驗報告書，精湛詳切，樂爲介紹。玆將已出報告書十二種目錄錄下，可分冊零售

（一）導淮入海水道揚莊活動壩模型試驗
（二）改良揚子江馬當水道模型試驗
（三）導淮入江水道三河活動壩模型試驗
（四）揚子江華陽河滾水壩模型試驗
（五）揚子江華陽河洩洪堰模型試驗
（六）改良揚子江鎭江段水道模型試驗
（七）四川長壽龍溪河水力發電廠攔河壩模型試驗
（八）廣東北江蘆苞活動閘模型試驗
（九）綦江船閘模型試驗
（十）陝西黑惠渠模型試驗
（十一）陝西渼惠渠模型試驗
（十二）甘肅湟惠渠模型試驗

⊙介紹『新工程』雜誌

昆明靑門巷 20 號，新工程雜誌社出版之『新工程』，第二第三及第四期已出版，內容豐富，特爲介紹。定價每冊國幣五角，要目錄下：

（第二期）

李謨熾：　訓練公路技術人員之芻議
項志達：　從抗戰說到建築鐵路時應注意之二點
康　瀚：　滇緬敍昆兩鐵路沿線林務問題之商榷
張聽聰：　清華大學航空研究所之五尺風洞
劉光文：　炸彈之動力學
朱仁堪：　英國超高壓遠距離輸電之經濟觀
夏功楧：　建築工程估價法的改進

（第三期）

劉仙洲：　王徵與吾國第一部機械工程學
李謨熾：　改善吾國公路之經濟分析
沈百先：　四川綦江水道工程述要
黃守融：　美國航空界之發展概況
鄒恩泳：　房屋建築及城市設計對於防空之趨勢
陳廣沅：　機車鍋爐行爲

（第四期）

楊　恪：　自動列車控制各種制度之檢討
吳柳生：　試驗紅土方法之商榷
李德復：　紐約世界博覽會中的兩座典型建築物
陸爭崙：　城市規劃之演進概述
陳君禹：　軌距問題
程孝剛：　現代機車之趨勢

29376

中國工程師學會

會務特刊

中華民國30年9月10日
（暫代工程週刊，由香港分會出版）
香港九龍金馬倫道7號
電話：59006　郵箱：1643

8.8
卷期

土木工程在西北

沈榮伯

西北地處偏僻，交通梗阻，以致各項物質條件，均較落後，興建土木工程，自成困難；惟西北亦有其特殊之點，值得注意；倘土木工程師能運用其創造的精神，就地取材，將各種有特殊價值的材料，技巧，和環境，參以科學化的原理，則西北亦未始不能改造爲現代化的區域，祗有在這種特殊困難的環境中，才能表現工程師的能力和價值。現在把西北方面土木工程上值得注意的幾點，就建築與公路工程兩部份，略述如次：

（一）建築方面

（甲）建築物外部的裝飾

建築物的美觀，有改變環境陶冶性情的效能，倘使一個人走進了莊嚴美麗的教堂時，他自然而然的會振作精神，遵守秩序起來，所以建築物的美觀，也很重要。現代建築物外部的裝飾，在大都市裏流行的，有拉毛水泥，汰石子，錘假石，而時等還許多方法；一則以西北材料缺乏，洋灰價格過高，面磚尚無人製造，且各種技術工人，亦不易招致，所以作者認爲在西北如能利用方磚或條磚磨光，作爲面磚，貼在建築物之外場必要部份，再鑿成現代化的圖案，則很能使建築物構成莊嚴美觀的形式；因爲在西北的青磚十分堅實，而當地的工人又多習有磨刨和鑿刻青磚的技巧，惜乎缺乏領導的人，現在他們所慣常鑿刻的圖案，祗有卍字，福字，如意頭等古老花式，可是刻得非常精細，所以這種技巧很值得利用的。作者記得南京中央博物館的門頭，便是用磨光方磚，代面磚爲裝飾，一般建築師都非常贊美。

至於牆面的粉刷方面，在西北有各種不同顏色的土壤，如青土，紅土，黃土等，倘和以各種比例的石灰及黃砂，便能成爲各種不同顏色的粉刷，雖然沒有油牆粉牆等顏色鮮顯，在此油漆牆粉材料缺乏的西北，也是值得使用，並且價格十分便宜。煤屑石灰粉刷，倘調和均勻，使用時也有相當成功。黃砂石灰粉刷，已成蘭州市面上最時式的粉刷，惜乎在土坯牆上粉刷，遇雨便脫落，最好改用空斗牆，或土坯與青磚嵌砌的牆身上粉刷，工作時先澆以適當的水份，則此種粉刷，便不易脫落。再市上牆頂的蓋磚，大都用紅色粉出，再加白條子，做成假的側砌紅磚，這種做法，不但很易脫落，且看起來過於幼稚。如能採用正式紅磚側砌，則所用不多，可經久而美觀。此間紅磚不慣使用，在此防空時期，固不宜提倡，不過用少數的蓋頂磚，亦無妨。燒磚時少加水份，即成紅磚，西北技藝專門學校利用燒壞的青磚（紅色），砌築門頭，頗爲美觀。

（乙）建築物內部的結構

此間的建築，大都用木柱立帖作骨格，另用土坯砌牆（不載重）麥草泥做屋面，有時在麥草泥上，再加一層方磚或筒瓦　。普通瓦片，用者不多。這種結構，原則甚可保持。除需用大間房屋，如辦公廳教室等，因須免去房內柱子，可改用人字木外，其他住宅和店屋，仍可用立帖建築麥草泥的屋面和土坯牆，則不但價格低廉，且可防火，爲西北建築的優點。因爲在一間房屋裏失了火，由於上面四五寸厚的麥草泥壓下，外加旁邊的土坯牆倒下，便用把火熄滅，所以在蘭州沒有聽見大火燒延及數十家數百家者。這種優點，應當保持。在大都市中，市工務局對於房屋取締，防火條件最爲重要。上海工務郵局規定須用夾沙樓板，在樓板中間加一層沙料，也是這個道理。不過土坯牆的下部，至少須有三十公分在地面以上的青磚，以免土坯着濕塌毀，其長度高度與厚度之比例，亦應有相當規定。因爲麥草泥屋面的靜載重過大，冬季積雪又多，所以此間屋面的設計載重，須在每平方英尺六十磅以上，通用的松木載重量又小，　所以時常發現桁條彎曲的現象。如無較大尺寸的木料，雙根桁條似亦可採用。

（二）公路方面

（甲）選線

西北氣候寒冷，尤以路線經過二千五百公尺以上之山嶺，選線時除普通工程上之條件外，尤須注意積雪問題。長的拉溝，須絕對避免，因爲拉溝路基內，頗易積雪，而西北在大雪之後，往往颳起巨風，把附近的雪都吹積到溝裏來了。有時積雪達四

29377

五公尺，日晒不化，交通因此阻斷。西蘭路的華家嶺，每年冬季都發生積雪阻車的情事，有時不及清除，便在雪中搶挖雪洞通車，亦屬奇觀。然在此種冰天雪地之中，工作困難殊多，又爲時間所限，所以在可能範圍內，西北的山嶺路線，須絕對避免，拉溝路基，尤應取道山之陽，以減積雪。

（乙）選橋

西北地屬黃河流域，各河流平時或常乾涸，或祇一小流，一至雨季，山洪暴發，水勢洶湧，上游樹幹卵石，隨流而下，橋樑極易冲毀；且以兩岸多砂土，上游偶有巨石或樹幹阻擋，河流即易改道，有時並未冲毀，而一岸或兩岸路基冲塌，水向橋座後部奔流，造成橋樑砥立河中之特殊現象，故設計時應特別注意詳細調查河流之洪水位，以定橋樑之式樣及尺寸，橋位必須在兩岸不易冲毀之處，必要時須同時建築擋水壩，以穩定其水流，弗使改道。有時倘因上述現象，必須修建特別堅固橋樑，而此種洪水時間爲時甚暫，則採用淺水涵管及過水路面，反較經濟而不致冲毀。

（丙）臥橋

吾國古代對於橋梁的建造，有很早的發明。在洪水位很高，水流湍急的河道裏，橋墩的建築，是十分困難。所以西南方面，最先便有鐵索吊橋的建造，可以單孔跨渡，免去橋墩的麻煩，在工程上是極有價值的方法，與歐美的新式吊橋原理，亦有略同之處。西北方面，古代建造的吊橋，尚無發現，不過在跨渡上述所謂洪水位很高水流湍急的河道時，使用臥橋，在西北到處可以看見。先前此種臥橋祇可通行大車，甘青公路，照此法建造，享堂橋及大峽橋。單孔跨渡達三十餘公尺。大峽橋完工不滿二年，現頗堅固，載重約可達七噸半，倘使再加改良，很能建成美觀的平拱式的形狀。

臥橋的建造法，是從橋樑的兩端橋墩上，用兩根長木，照四十五度左右，縱向斜置，中部另用一根，縱向平置，大樑相連接，如此便成初步的單位木拱架。這個單位木拱架是不能負載很大的重量，一則因爲45。斜置之木樑，長達二十餘公尺，照長柱原理計算，其任重量已甚小，二則以木料長度不足時，均須用二根或三數根接置。爲補救此項弱點計，即在斜樑後部分層設置懸樑，使與斜樑連接，則斜樑之長度自減，且各懸樑頂端，可用橫樑連接，以成斜樑之托樑，所以斜樑雖是數根接置的，可是仍能承受較大的壓力。此種單位木拱架的數量，視橋樑之寬度而定，大約每四十公分寬一只。懸樑之數量，爲斜樑之數減一，每懸樑置於二個斜樑的中間。臥橋的構成，完全照上述的力學原理，所以臥橋在結構原理上，可說是拱式與懸樑式的混合橋樑。

這種橋樑的優點是：（一）可以單孔跨度達三十公尺以以上；（二）全部材料可以就地採購；（三）鐵件數量甚少；（四）利用當地工匠之技巧。牠的缺點是：（一）木料比較浪費；（二）懸樑一部份埋入土內，較易腐爛；（三）除西北氣候乾燥地帶外，其他多雨之處不適用。

（丁）其他

其他如西北的土質，靜止角較大，挖土邊坡可較普通規定增陡，通常可達一比四分之一，對于挖土地帶，土方數量減省不少。西北雨水較少，不過一到雨季，雨量亦大，排水問題，尤屬重要。有時爲節省水管建築費，使用滲水井，有相當成功。再山嶺施工取水，頗感困難，土人往往挖窖，預存雨雪，以備終年。在運集材料時期，大量窖藏，則可減低工程造價縮短施工時間不少。

（三）結論

總之土木工程在西北，倘工程師能運用其富有創作的頭腦，利用各種就地的特殊材料，技巧，和環境，則必有驚人之進展和成績。反之，若墨守成法，一切均以成規進行，則必日無材料可用，無人工可施矣。

⊙年會會期

本屆貴陽年會，已定期自十月二十日起舉行，請各會員踴躍參加。

⊙第十屆年會徵集論文辦法

（一）種類　研究創作，工程報告，實驗成果，建設計劃，工程史料，等。

（二）提要　論文內容每篇均須附簡括提要說明，以三百字至四百字爲限，以便印發各會員，於到會時討論。

（三）繕寫　宜用原紙，按照工程雜誌每頁行列字數及款式，用墨筆繕寫，所附外國文名詞，宜用正體字以期清晰，（在此交通不便時期，如能抄一副本，以備遺失時補寄，最爲妥善）。

（四）集稿　論文及提要，至遲須於九月十五日以前，寄到貴陽虎峯別墅第十屆年會論文委員會收，凡過期寄到者，能否宣讀，本委員會不負責任。

29378

（五）宣讀　論文經委員會審定後，提會宣讀，以分組同時進行為原則，到會會員宜認定組別參加，以期各得充分討論之機會。

（六）刊布　論文刊布方法，擬分數種：（1）在本會工程雜誌發表；（2）彙集以前年會論文，由本會專刊發表；（3）由本會特刊單行本發表；（4）代送其他機關團體發表，概由本會董事決定。

（七）題名　凡經宣讀之論文，均於本會工程雜誌年會專號內，刊布其姓名，及論文題目，以留紀念。

（八）專題　本屆年會論文，擬以「工業標準化」為研究中心之，一請各方多抒宏論。

⊙旅港董執談話紀錄

八月廿一日星期四，中午一時，副總幹事張延祥，與副總編輯沈嗣芳，邀約旅港董事周象賢，黃伯樵，吳蘊初三先生，及新自美回國過港之董事杜鎮遠先生，與新由渝來港之董事茅以昇先生，及前任董事夏光宇先生，在（Mac's Cafe）舉行談話會，此外又邀請蘭州分會會長宋希尚先生，及出版部盧鏞培蔣平伯兩先生列席，先報告總會目前工作情形，年會籌備進行，及各地分會組織，工程雜誌出版現狀。後由黃董事主席，討論本會基金籌募事項，咸認為行政院去年撥助本會基金十萬元，應由本會核收作為基金，至于總理實業計劃研究會之經費，應另行籌劃。後又討論下屆新職員人選，及擴充獎學金辦法，與聯絡金融界發展國內工程事業各案，至三點一刻散會。

⊙黃董事對本屆選舉意見

中國工程師學會司選委員諸君子均鑒，奉通函，見詢本屆執行部職員人選問題，鄙意正副會長，似宜避免以達官貴人入選，因彼輩實在太忙，其勢不能兼顧，故須從向在工程界具有重望，而又熱心社會事業，真肯為本會謀進步之同人中物色之，惟現在戰時交通困難，本會設於陪都，時遭空襲，一任執行部職員，能有幾人有幾時從事於會務，而轉瞬又須改選，故鄙意最好在戰事未終了，及內地交通未恢復前，暫將本會執行部職員，改為任期兩年，以資熟手，而增工作效能。此點如司選委員無權解決，似可向大會建議。再總幹事必須改為專任有給職，方可希望一切會務推動有人，不致常成懸案。此點擬請從速執行，萬一執行部職員不能改為兩年任期，而有專任之總幹事，倘可有以彌補此缺憾也。如何之處，仍候裁酌，祇頌均安。

黃伯樵敬啓

⊙修正中國工程師信條

民國二十二年

本學會武漢年會，通過之中國師學會信條六條，如下：

（一）不得放棄責任，或不忠於職務。

（二）不得接受非分之報酬。

（三）不得有傾軋排擠同行之行為。

（四）不得直接或間接損害同行之名譽，及其業務。

（五）不得以卑劣手段，競爭業務或位置。

（六）不得作虛偽宣傳，或其他有損職業尊嚴之舉動。

民國二十九年

本會成都年會提出，修正信條提案議決待文字修正後，再交大會通過。提案全文如下：

查本會於民國二十二年武漢年會時，通過工程師信條六條，涵意甚佳，惟口吻稍嫌消極，經加研究，擴充成為十條，茲將所擬修正之條文，提請大會討論公決。

（一）　工程師應以實現建國方略中之實業計劃為共同之志願。

（二）　工程師應忠於職守，勇於服務，以求國家之工業化，現代化，為目的。

（三）　工程師應不僅負技術改進之責任，並須負社會福利之責任。

（四）　工程師應先充分利用國產材料，並謀原料之自給自足。

（五）　工程師應注重獨立創作，尤應注重集體成就。

（六）　工程師應對事專，待人誠，實事求是，親愛精誠。

（七）　工程師應遵守簡單，樸素，整齊，清潔，迅速，確實，嚴肅，秘密，等新生活條件

（八）　工程師應取人之長，補人之短，不傾軋，不嫉妬。

（九）　工程師應繼續不斷求真理，勤進修，精益求精，自強不息。

（十）　工程師應維護職業尊嚴，謀同業福利。

⊙之江文理學院獎學金公佈

本會在之江理學院所設之獎學金，四年來頒給各生姓名，公佈如下：

民國廿六年度　謝培琛得獎一百五十元
民國廿七年度　薛華星沈嘉濟合得獎金一百五十元
民國廿八年度　裴德燦得獎金一百五十元
民國廿九年度　徐次達得獎金一百五十元

⊙中國工程師學會各地地址

重慶總會　重慶上南區馬路194號之四
重慶分會　重慶川鹽銀行一樓
昆明分會　昆明北門街71號
香港分會　香港郵箱1643號
桂林分會　桂林郵箱1026號
成都分會　成都慈惠堂31號盛紹章先生轉
貴陽分會　貴陽西門路西南公路管理處薛次莘先生轉
平越分會　貴州平越交通大學唐山工程學院茅唐臣先生轉
遵義分會　貴州遵義浙江大學工學院李振吾先生轉
嘉定分會　四川嘉定武漢大學工學院邵逸周先生轉
瀘縣分會　四川瀘縣兵工署二十三廠吳欽烈先生轉
西昌分會　西康西昌經濟部西昌辦事處胡博淵先生轉
柳州分會　廣西柳州交通部柳江機器廠茅以新先生轉
耒陽分會　湖南耒陽湖南建設廳余劍秋先生轉
祁陽分會　湖南祁陽新中工程公司支少炎先生轉
全縣分會　廣西全縣交通部全州機器廠施履楷先生轉
宜賓分會　四川宜賓宜賓電廠鮑國寶先生轉
蘭州分會　甘肅蘭州西北公路局宋達庵先生轉
城固分會　陝西城固西北工學院賴景瑚先生轉
浙江分會　浙江麗水電政特派員辦事處趙貢甡先生轉
江西分會　江西泰和民生建築司公朱伯章先生轉

⊙貴陽分會出版會務通訊

本會會務特刊，前因印刷關係，暫在香港出版，茲以港郵局停收印刷品，若照平信寄遞，每份郵費合國幣五角，且時間亦無把握，故總會方面，有改在內地印刷之決議，並決出重慶版，昆明版等。前浙江分會已在麗水出版會刊一頁，今貴陽分會亦于二月間出版會務通訊一期，每三月出版一次，庶收迅速傳達本會消息，取得各地密切聯繫之效云。

⊙貴陽分會會員特別捐

薛次莘50元	姚世濂50元	莫　衡20元
張丹如10元	譚　嵩10元	邵禹襄10元
黃文治10元	陳繼新5元	朱吉麟5元
陳振完5元	陳錫祥5元	楊家祿5元
王國治5元	劉宣鐸5元	沈濟安5元
丁守常5元	舒　蓀5元	楊錦山5元
陸坤元5元	許延輝5元	高禩瑾5元
薛大中3元	以上合計國幣232.元	

⊙香港分會新委員會名單

計劃委員會　夏光宇（主任）　黃伯樵　吳蘊辰　陳良士
出版委員會　沈嗣芳（主任）　盧祖詒　蔣易均　陳節霖
會員徵求委員會　李果能（主任）　李開第　羅英俊
職業介紹委員會　蘇樂眞（主任）　陳福海　俞汝鑫
社會服務委員會　余昌菊（主任）　方季良　曹省之

⊙『工程』雜誌定價

本會出版『工程』雜誌，每冊定價港港幣四角，每期分寄各地分會八百本，餘數由各地商務印書館經售。如各會員需要直接由香港分會郵寄者，則作平信寄至國內，每本連郵費港幣一元，作航空平信寄至國內，每本連郵費港幣五元，若須掛號另加港幣二角五分。

⊙『工程』雜誌稿費

本會出版之『工程』雜誌，所訂稿費，每頁文圖以港幣二元爲標準，非尤有價值之稿，從優議酬。惟年會論文，由論文委員會審查給獎，在『工程』內發表者，不另致現金稿費。

⊙杜鎮遠陳廣沅兩君赴美

滇緬鐵路局局長杜鎮遠君，及購料處長陳廣沅君，于三月經港赴美，兩君均係本會熱心董事，尤為力順便爲本會與美國方面取得密切聯絡。杜君現已返國，陳君兩月後亦可回國。

⊙陳良輔君赴美

本會昆明會員陳良輔君，於五月間經港赴美，係奉資源委員會之命云。

⊙會員新址

沈賓者　香港山村道23號合作無線電研究所
徐安琳　香港山村道23號合作無線電研究所

⊙介紹『測量』

中國地理研究所（四川北碚中山路15號），出版『測量』雜誌，全年四冊，內容切合實際，本刊樂予介紹。

29380

中國工程師學會

會務特刊　翁文灝題

第九卷　第一期

中華民國31年1月15日出版

內政部登記證警字783號
中華郵政掛號第1831執據
重慶郵箱字268號

（本期紙張由中央造紙廠捐贈特此誌謝）

第一期　要目

一　總裁語錄

「特別發展國防科學運動，增加國民的科學知識，普及科學方法的運用，改進生產方法，增加生產總額，以積蓄國防的力量，使國民經濟迅速地達到工業化，一切工業達到標準化的地步」。

（三十一年三月十二日精神總動員三週年廣播詞）

二、中國工程師信條（三十年貴陽年會通過）

一、遵從國家之國防經濟建設政策實現　國父之實業計劃；
二、認識國家民族之利益，高於一切，願犧牲自由，貢獻能力。
三、促進國家工業化，力謀主要物資之自給；
四、推行工業標準化，配合國防民生之需求。
五、不慕虛名不爲物誘，維持職業尊嚴，遵守服務道德；
六、實事求是，精益求精，努力獨立創造，注重集體成就。
七、勇於任事，忠於職守，更須有互切互磋，親愛精誠之合作精神；
八、嚴以律己，恕以待人，並養成整潔樸素，迅速確實之生活習慣。

三、本會定期刊物之創始推進及今後計劃之擬議定

吳承洛

本會自民國元年創始，即每年有會務報告，至民國三年一月起，按月發行中華工程師學會會報，常附有會務報告，而尤以會計報告爲能確切不苟，是見當年詹天佑先生等之精神爲難能，相沿多年，習爲風氣。其在中國工程學會時期，初於七年，由羅英先生編會員錄，即附有會務報告、其在中國工程學會會報第一號，於八年由羅英先生之主編，亦附有會員錄及會務紀要，又於九年起由美洲分會編輯英文會務報告，(Bulletin) 初用油印，後改爲鉛印，逐漸精良，成爲厚册。其在國內十二年又發行中國工程學月刊，專載會務，至十四年十二月起改稱本會會務特刊，此本會有會務特刊名稱之始，其間九年與十二年之刊物均由承洛發起，十四年後則由徐佩璜先生主持，平均兩月出版一次，至二十年，已出至第六卷，同時會員錄每年出版一次，殆未間斷，此時中華工程師學會會報，已發出第十七卷第十第十一第十二期合訂本於中華工程學會與中國工程學會合併爲中國工程師學會時，於聯合年會後，尚出中國工程師學會會務月刊，第一卷第一二及三期即二十年九、十及十一月份，至工程季刊，則於十四年三月起，出版第一卷第一號，其後改爲雙月刊，合併後繼續出版。

合併之次年即二十一年二月一日起，又發行工程週刊第一卷第一期至二十六年五月二十七日，已出至第六卷第八期，總號爲第一百二十六期，中經不少職員之奮鬥，但張延祥先生，以續時最多，同時會員通訊錄、每年出版，亦出至二十六年份。

是年七七抗戰軍興，一切暫停活動，至二十七年秋在重慶召集臨時大會時，乃解決發行工程月刊，於二十八年一月及二月印行戰時特刊第一卷第一期，及第二期內附載會務，其後作爲繼續「工程」雙月刊第十二卷之第五及第六期，「工程」後於六月間出版第十三卷第一期，此三期均在重慶印刷，由顧毓琇先生主編，嗣因年會論文漸多，「工程」仍由沈怡先生繼續負責，改在香港印刷，已印刷至第十四卷第三期，發行至第十四卷第二期。至工程週刊則未發行抗戰版，本會香港分會，乃印行一種會務特刊以代工程週刊，但繼續工程週刊之期數，已發行至八卷九期，本擬於三十年年會後，再發行二期，報告年會會務，因十一月初旬，太平洋戰事發動，香港不久淪陷，失却聯絡，而本會總會方面，雖於上年即有改由重慶分會代編會務特刊之議，印刷方面，曾經準備，但未果實行，同時會中於慶祝第一次工程師節典後，曾發行第一屆工程師節紀念特刊，會員錄續編，本會一覽及三十年度會務報告。

本會總會之刊物，若干年來，向在北平及上海印行，戰時雖經一度在重慶發刊，終以印刷困難，改在香港，孤島失守，無所倚賴，乃謀復興更生之舉。

本人年來奉命養病稍有閒暇，本會復以總編輯相委，辭不獲已，乃勉爲承乏，旨在確定本會刊物基礎，但印刷費用，須完全自行設法。全面被封鎖，際此文化印刷物品，特別高漲，乃至無法付印，旋商請從事工礦事業各熱心會友，如孫越崎，顧毓瑔，陳體榮，歐陽崙，林繼庸，惲震，張劍鳴，潘世寧，徐佩璜先生等，始能確定辦法，乃分請經濟交通運輸資源燃料各部分主管人員，惠爲接洽，或捐贈紙張，或協助印刷費用，乃以高價廣告費之收入，始能達到出版之目的，其響應最早者如嘉陽煤礦、天府煤礦，中央造紙廠，資源委員會中央電工器材廠，中央化工材料廠，中央機器廠，易門鐵礦廠，昆明煉銅廠，北泉酒精廠，中央電器製造廠，四川水泥廠，華中水泥廠，中國工業煤氣公司，天原電化廠，天廚味精廠，華西興業公司，民生實業公司民生機器廠，中央汽車配件製造廠，一六實業社集成企業公司，上川實業公司，中國化工企業公司，貴州企業公司，經濟部礦冶研究所試驗洗焦廠，陵江煉鐵廠，民生機器廠，全國度量衡局，資中酒精廠等，各主持人均熱誠贊助廣告，因此奠定今後刊物，自力更生，與自給自足的可能性，而本人進行的膽量，於以增加，除工程編成第十五卷第一第二及第三期同時付印外，其會務特刊亦編爲第九期第一第二第三第四第五期，同時付印，所有工程第十四卷，及「會務特刊」第八卷未完整各期，容俟與前在香港方面主辦編印人員，得其聯繫後，當另設法補行出版。

今後計劃，會務特刊，定期每月十五日出版，定爲常例，任何情況，不予變更，每期暫以四面爲限，採用十六開新聞紙，版本，照中國工業標準通用紙張丁。現第四號裁齊，（即192×272mm）至工程亦用同樣版本，以符合過去先例。暫仍爲雙月刊，每雙月一日出版。

關本會年會論文，至爲踴躍，上年貴陽年會一百六十篇，除得獎及榮譽提名者已可編得三期外，其他稿件，予以分類編審，選出著作之特色其價值不亞優獎，論文之下，亦可有三期之多，即已占去全年之六期。近來徵求各方意見，擬特別編輯若干專號，如國父實業計劃研究，工程標準規範擬議，工業標準化運動，工程師節特刊，禹貢工程研究，工程教育問題，工程管理問題，工業創造獎勵問題，以及當前水利與水力問題，化學工業問題，礦冶資源問題，農林畜牧工業原料問題，西北建設問題，東南建設問題等，均有相當接洽，以期次第編成，則每年六期，亦無問題，是工程之改爲每年八期以至每月一期，已係時勢所要求，惟以印費關係，未敢積極進行。

本會「工程」之外，已有會外新工程之發行，亦爲抗戰時之新產物，由「熱心同人，以私人能力創辦」，本人接到第四期外二十九年七月出版，未審是否尚在繼續，已爲前往探詢。發主持及著作人員多係本會重要職員及會員，編輯公約中有「前後各有力之學術團體，願意接辦者，經洽商同意，得移轉辦理」，當此項新工程之創辦與其願意移交學會辦理之初衷，是徵亦係時勢所要求，本會理應籌劃接受，繼續辦理，以期與工程相輔而行。

竊意「工程」以登載比較本處高深研究以貢獻工程之論文爲主，而新工程則介紹世界工程學術與應用爲主，不確爲工程譯報之體裁，同時將工程文稿，暫行附刊，至相當時期，更行擴展，於是暫定定期工程刊物，可爲：

一、工程　登載高深研究與重要工程之設計等

二、新工程　登載國內外新辦工程事業與工業之一班論文及施工報告及新聞等

三、工程譯報　登載各國關于工程及工業之論文與工業發明說明書

四、工程文稿　登載譯稿等國內外其他刊物中關于工程及工程文字之摘要等

五、會務特刊　登載本會及各分會消息暨其他專門工程學會之消息等以便聯繫。

六、專科工程　如土木工程，機械工程，電機工程，化學工程，航空工程，自動工程，紡織工業，化學工業建築等定期刊物，由各專門工程學會主辦，隨時與本會各定期刊物發生聯繫。

七、工程叢刊　先就歷年本會各項定期刊物中有價值之論文，酌爲分類，編爲若干叢刊

八、工程專書　本會曾經延請專家，編有工程專書，如楊毅之機車概要等，業經發行若干種，似應繼續辦理。

九、通俗工程　此外似尙須有通俗工程之定期刊物，以供普及工程智識于一班民衆

十、工程畫報　又似須有一種工程畫報，以與科學畫報發生聯繫。

以上所擬，似係龐大，離去實際能力尙遠。做事總要「卑之不尙高論」，然百年大計，不可不預爲籌謀。本會團入二三十年之奮鬥，現今多負國家重任，對於工程師大本營之集團，不能再爲枝枝節節，必當統籌兼顧，作有計劃之推進，以負起迎頭趕上與工業化現代化之責任。如以此次各工程及工業主持人心熱擁護，已種善因，必得善果，此後發揚光大，是在全體會員之努力表現，想我會員及董事諸公，必有以領導本會編輯工作，入於正軌，而確以永久之基礎，以提携後進，從事學術之最高志尙也。

再各公司工廠之廣告式，均正式登載於工程，其在會務特刊則只爲按期特別介紹，並希各民族工鑛與交通運輸事業，各就該公司廠場局所之故事，撰爲小品文章，以便會務特刊中，常時登載，並以發展業務上之威力。本會以前廣告，多賴國外洋行，自此以後，完全爲新興之工程事業所維護，是又本會工程與會務特刊在發行上之特色，且凡維護本會定期刊物之國工廠場局所，其技術程度，均已達到高度之水準，尤爲難能可貴，是應特爲聲明者。本人半生志趣，已與本會發生密切聯繫，見莘莘學子，興趣最濃，精神上之愉快，固當時以「萬年青」可比，「青年精神」　緊領追隨，勇猛精進，惟求自助，幸其多予　教益是盼。本刊篇幅簡約稿幅，因出版伊始，勉爲一言，以就正於全體會員先生。

卅一，一，十五于重慶寓廬

四、第四十二次常年執行聯席會議

本會第四十二次董事會執行部聯席會議，於三十年十一月廿九日下午四時，在重慶資源委員會會議室舉行，出席者茅以昇（代）吳承洛茅以新（代）胡博淵許應期（代）楊毅，胡庶華（代），翁文灝，凌鴻勛（代），李熙謀（代）梅貽琦，（代）任鴻雋（代），薛次莘，周仁（代），茅以敬，顧毓琇顧毓瑔等主席翁文灝，紀錄鄒義方。除報告外；討論事項，議決各案計劃，（一）年會交辦者有 ，如何補救工程教育方案。（將第一第三項呈送教育部辦理）（二）如何羅致淪陷區工程人才案（呈行政院辦理），（三）如何建立規模完備之一般試驗鑑定及高等研究所案，（本會對材料試驗所繼續推進，同時請交通經濟教育三部，及中研院，設立辦理，並與本會工程標準協進會，取得密切聯繫）。（四）建議政府籌設大規模機械工廠，及鋼鐵煤炭生產促進委員會案，（函送經濟部參考辦理。）與確定推行代汽油車為戰時交通國策案，（呈送運輸統制局提倡）。（二）修正通過推行工業標準化旨趣書，及本會工程標準協進會進行步驟各條文。）三）通過年會得獎論文，（四）推定本屆執行部職員，各委員會主任委員及委員，募集天佑紀念獎學金委員會負責辦理人員及下屆年會籌備主任（五）對附近會員，各現任偽職之官吏，先行警告，並函偽工程團體，即行停止活動。（六）決定本年度預算，審查本會收支帳目，（七）工程雜誌加刊桂林版，並由本年會員按期在各大學公開演講。（八）通過新會員二百十六人

五、中國工程師學會三十年至三十一年職員清單

會　　長　翁文灝　重慶經濟部

副 會 長　茅以昇　昆明交通部橋樑工程處或重慶飛來寺九號

董　　事　胡博淵　貴州平越交通大學

侯德榜　四川五通橋永利化學工業公司

顧毓瑔　經濟部中央工業試驗所

黃伯樵　九龍加拿芬道十號二樓轉

梅貽琦　昆明西南聯合大學

胡庶華　湖南辰谿湖南大學

陳體誠　昆明中緬鐵路局

任鴻雋　昆明中央研究院化學研究所

許應期　桂林資源委員會電工器材廠

以上諸董事任期至三十一年

茅以新　柳州交通部機廠

吳蘊初　重慶道門口天原電化廠

陳立夫　重慶教育部

顧毓琇　重慶教育部

曾養甫　昆明滇緬鐵路公署或重慶飛來寺九號

韋以黻　重慶交通部

徐佩璜　昆明資源委員會化工材料廠

王寵佑　重慶南岸重慶商品檢驗局轉

[illegible]德[illegible]　重慶交通部技術室轉交

以上諸董事任期至三十二年

薛次莘　貴陽西南公路管理處

凌鴻勛　蘭州縣署街天成鐵路局轉

沈　怡　蘭州馬坊街二十四號

李書田　貴陽國立農工學院

錢昌祚　四川南川航空委員會第二飛機製造廠

徐恩曾　重慶國府路二八二號

支光宇　九龍加拿芬道十號二樓轉

周　仁　昆明中央研究院工程研究所

李熙謀　貴州遵義浙江大學

以上諸董事任期至三十三年

基金監　徐名材　重慶動力油料廠

楊　毅　重慶交通部

總幹事　顧毓瑔　重慶上南區馬路一九四號之四

副總幹事　盛其樂　重慶交通部

總編輯　吳承洛　重慶經濟部

副總編輯　沈嗣芳　九龍加拿芬道十號二樓轉

總會計　朱其清　重慶沙坪壩信箱一七二號或沙坪壩紅糟房荔枝新村

國父實業計劃研究會

會　長　陳立夫　重慶教育部

總幹事　葉秀峯　重慶國府路二八二號

工程標準協進會

會　長　凌鴻勛　甘肅天水西大街二[illegible]號

副會長　吳承洛　重慶川鹽大樓一樓

材料試驗委員會

主任委員　李法端　重慶交通部

工程史料編纂委員會

主任委員　吳承洛　重慶經濟部

基金募集委員會

主任委員　陳立夫　重慶教育部

委　員　翁文灝　孫越崎　曾養甫　吳蘊初　侯德榜　霍寶樹　鍾　鍔　黃伯樵　凌鴻勛　侯家源　韋以黻　陳體誠　楊繼曾　沈百先　劉貽燕　余籍傳　繆雲台　孫紹宗　包可永　華　林　徐學禹及各分會會長

獎學金審查委員會

主任委員　朱其清　重慶沙坪壩信箱一七二號

委　員　茅以昇　張延祥　徐佩璜　趙曾珏

天佑紀念獎學金委員會

主任委員　凌鴻勛

副主任委員　朱其清　楊毅

新會員審查委員會

主任委員　韋以黻　重慶交通部

委　員　沈　怡　吳承洛　徐恩曾

司選委員

召集人　韋以黻　重慶交通部

委　員　顧毓琇　吳承洛　葉秀峯　凌鴻勛

西康考察團

主任委員　胡博淵　委員韋以黻歐陽崙趙祖康邵逸周孫[illegible]

六、工業標準化議決案

工程師學會第三日獲工業標準化結論

積極推行工業標準化運動

昨（卅年十月廿三日）為工程師年會之第三日，上午八時起，分在西南公路中山堂及科學館小組會場，舉行專題討論，題為「貴陽拆城築路」及「工業標準化問題」。除關於貴陽拆城築路問題，已誌另條外，工業標準化問題之討論，在西南公路中山堂舉行，到專家五十餘人，首由主席歐陽崙報告我國工業化的推進狀況，繼由吳承洛報告我國及工業標準度量衡制度規定經過，顧毓瑔報告中央工業試驗所，對於化學方面，電氣方面，材料方面，機械方面各種標準之制定。旋即開始討論，首由惲震提出應先求得解決標準化困難之點何在及將來推進方法，惲氏對於推進方法，供獻三點意見，應使供給方面，應用方面，政府與學術團體方面，共同擬定標準草案，作大規模標準化運動，喚起普遍之注意與認識。以上建議經全體通過。繼由主席提出去年董事會提案，建議組織中國工程標準協進會，共議決辦法，由本會單獨擬具章程，與主管機關及各專門學會之工程標準委員會，密切進行合作辦法，請發表意見。經討論結果，由本會擬具章程，單獨進行，與主管機關及各專門學會並有關團體之工程標準委員會，密切進行合作辦法。最後之結論：為工業標準化，為將來完成國防工業之基本事業，非常重要，應請本會將來設立工業標準協進會，聯絡公私機關團體，積極推行工業標準及運動，並與消費者，製造者，分配者，隨時取得聯絡。十一時許宣告散會。

七、中國工業謀標準化

工程標準協進會成立

（中央社訊）中國工程師學會感於我國民族工業化之基礎現已漸形具備，亟應從事標準化，以期實現總理實業計劃中之工業統一政策，而使工業革命可以迅速提早完成。去年十月間，在貴陽舉行年會時，曾決定聯絡主管機關及其他公私機關團體，成立中國工程標準協進會，刻近復推定凌鴻勛為協進會會長，吳承洛為副會長，已於一月十五日正式開始工作，中央各部會均派員參加，各種專門工程學會如機械電機等亦同時成立標準委員會，加入協進會，共策進行。

一月廿五日大公報

× ×

八 修改會章案

本會章程於民國廿四年南寧年會時修改一次距今已久頗有亟待修改之處故於第九屆年會時議決再行修改并經由卅七次董執聯會議決推定任鴻雋徐恩曾沈怡孫越崎吳承洛五先生組織修改章程審查委員會並由執行部將第九屆年會時之修改章程草案限期函送各分會擬具辦法復經審查委員會與顧問董事會議數次并根據各方意見擬成草案曾經第十屆年會修改通過并由執行部將修改通過之草案送各地分會會員表決之以獲得其中三分之二同意後發行之

九、工程第十五卷第一期要目

三十一年二月一日出版

第一屆年會得獎論文專號(一)上

訓詞：蔣委員長——勗勉工程師努力國防工程事業

論著：羅家倫——國防工業中心問題

任鴻雋——科學與工程

侯家源——鐵路工程

吳承洛——中國工業標準化之回顧及今後應採途徑之擬議（上）

論文：朱泰信——工程教育與國防建設

裴益祥——黔桂鐵路側廠牛欄關路線之測勘及研究

李爾康——等手搖離心機製糖試驗

孟昭英等——四極管及束射管之振幅研究

陳廣沅——機車在灣道上行動有無出軌可能之研究

林致平——正向負荷板之安定問題

周志宏等——附塌煉鋼

工程史料編纂委員會文獻：

· 關于李儀祉先生文件

中國工程師學會

會務特刊 翁文灝題

第九卷 第二期

會長 翁文灝
副會長 茅以昇
總幹事 顧毓瑔
總會計 朱其清
總編輯 吳承洛

中華民國31年2月15日出版
內政部登記證警字783號
中華郵政掛號第1831執據
重慶郵箱字268號
（本期紙張由中央造紙廠捐贈特此誌謝）

會內刊物
戰時機密
勿輕示人
負責存用

第二期要目

一 實業計劃推動研究

關於實業計劃研究會，以在各省大都市重要行政區域及有工科之專科以上學校，成立分會，但有本會分會所在地，可不設分會，實業計劃之研究工作，由本會轉各分會於每次會中提出有關問題共同研究。

二 工程標準協進會第一期工作報告

本協進會於上年十月，由貴陽年會議決設立後，當即草擬「中國工程師學會第十屆年會推行工業標準化運動旨趣書」，其中第十六項爲「中國工程標準協進會之進行步驟」。該旨趣書及進行步驟，經

29389

於十一月二十九日本會常事會執行部聯席會議修正通過。依照步驟，以三十年十一月止三十一年一月之三個月期間，調查各主管及關係機關團體已有標準工作之事業，蒐齊其所編訂之標準規範及有關章則無論已否公佈施行，或屬草案，或屬擬議，並注意其所參考之外國標準。」現在二月至四月之三個月期間即應進行彙編之工作。當時因上次聯席會議通過步驟後，不及十日，即值太平洋戰事發動，故本協進會遲至本年一月十五日始行正式宣佈成立，並將旨趣書分函有關部會（內，教，經，交，農，軍，海軍，航空，運輸，水利，）及各專門工程學會，惟事先曾與各該主管人員分別面洽，或非正式交換意見，對於協進原意，均甚表贊同，以後工作，均願協同推進

經濟部方面設有工業標準委員會，分設醫藥器材及化學工業兩個標準起草委員會，並定期設立機械工業標準起草委員會，其實際工作均由全國度量衡局第三科辦理之，計自廿二年迄今，所編工業標準草案之總號數，分數如下表：

	標準類別	頁數	圖數	表數	附記
A	土木建築工業	322	16	6	
B	機械工業	372	284	136	
C	電氣工業	——	——	——	
D	自動車及航空工業	——	——	——	
E	運輸工業	——	——	——	
F	船舶工業	——	——	——	
G	鋼鐵工業	128	71	86	
H	非鐵金屬工業	108	18	32	
K	化學工業	7[illegible]6	57	24	
L	纖維工業				
M	礦業	57	——	25	
N	農業	——	——	——	
O	林業	4	——	2	
P	製紙工業	48	36	39	
R	窯業	120	35	68	
Z	普通及雜工業	157	76	89	

註 中國工業標準分類方法悉照國際規定頁數係照A4（210×297mm）計算

交通部之標準工作分爲電信材料程式，機車車輛及橋樑標準三大部份進行。其電信材料式，又分五部份，第一部份，綫路材料程式，已經訂定竣、第二部份電報機件程式，正在編印中，

第三部份電話機件程式，已編訂一部份，尚須補細，第四部份無綫電機件程式，正在編訂中，將告完成，第五部份工具程式，尚未着手。最近擬將貴陽機務標準設計處及昆明橋樑設計處，擴充為鐵路技術標準委員會，內設工程，機械，橋樑，訊號四組，機車標準，業經製成，鋼軌客貨車亦然。至修理製造廠所，亦擬成若干標準，及若干抗戰後應設之製造廠，所訂標準，當陸續公佈施行。

運輸統制局送來公路工程設計準則草案（附橋涵設計準則）計三十四條其汽車配件各廠，對於標準，甚為重視。

資源委員會中央電工器材廠所用標準，由各製造廠分別草擬，技術室總其成，其中以製造電機之第四廠，門類最多，電機變壓器，開關三組，對標準之興味甚濃。中央機器廠認為標準確屬重要，曾翻譯德國工程標準一部份，大部關於各種螺釘及銷鍵等類。

水利委員會標準工作正在編印一、水利工程計劃編製辦法，二、水利工程施工細則，三、水利工程設計標準，四、測量規範，五、水文測驗規範，其水利施工細則，分為招標，通告，投標簡章，標函，保證書，估價單，合同，施工細則共約三萬七千字，測量方面，有測量成績月報表，水文記錄編製辦法，測量規範，水文測繪規範，共約六萬字。關於水利設計者，有水利計劃編製辦法已完成。中央水工試驗所。正編印有水文測驗規範計十六開本九十四面。

農林部以農產品為工業原料，欲求工業標準化則其所用之產農原料，對於檢驗標準一項，

自古及早規定施行，最近公佈改良作物品種登記規程，並責成墾務總局，中央農業實驗所，中央林業實驗所，中央畜牧實驗所負責，共策進行。

軍政部方面兵工署對於工業標準，極端注意，由技術司設計處主辦交通司，軍醫署及軍事委員會與航空委員會，航空研究院，亦在聯絡中。

教育方面，由教育部工業教育委員會聯繫，隨時參加有關機關召開之擬訂各種工業標準會議。

內政部方面送來建築技術規則草案，

國父實業計劃研究會，決定採標準紙張，以為製圖之needs。

中國電機工程師學會電機工程標準委員會章程六條設主任委員一人，委員六人至十人，中國機械工程學會，亦已設立委員會，中國航空工程學會已推定標準人員，中國水利工程學會，亦已擬定章程，設立委員會，推定委員。

第九戰區經濟委員會，生產會議第五十三案該會提個逐步推行工業標準化，以促進工業發展案，經大會議決照案通過，電請中國工程標準協進會，迅即研究，擬定各項部門工業之標準。

至第二期工作之推進，則與關係機關接洽，編纂：

1. 各國標準規範原本目錄彙編
2. 各國標準規範譯本目錄彙編
3. 中國標準規範草案目錄彙編
4. 中國暫行標準規範彙編初輯
5. 中國標準論文目錄彙編
6. 各國標準論文及刊物目錄彙編

以上編輯辦法，亦經擬定，此第二期工作之

迅速依期完成，端賴有確定之印刷經費，各關係機關團體之工作，亦即可因之而順利推進，蓋祇綱各部份之標準實施，使能互相通用，實爲一致之要求，而溝通之起點，彙編尤須能彙印，方能振作精神，協同推進也。

對於本協會業已進行及一切在進行各節，是否有當，敬希

指教以便進行

凌鴻勛
吳承洛 同上

三　司選委員會會詞

第十一屆司選委員會由韋以黻凌鴻勛吳承洛蔡秀峯顧毓琇五人組織之，其第一次會議，於三十一年二月十二日在交通部食堂開會出席者韋以黻凌鴻勛吳承洛蔡秀峯列席者顧毓琇錢其琛，討論結果，對會長副會長，董事候選人，仍照前例，徵求各地分會及各個專門學會意見，各方意見，須於四月十日以前送會。

四　各地分會職員一覽表

重慶分會會長	徐恩曾	重慶中央調查統計局
副會長	歐陽崙	重慶經濟部
書記	錢鳳章	重慶中央廣播事業管理處
會計	楊簡初	重慶求精中學內金陵大學理學院
成都分會會長	凌鴻勛	成都總府街卅二號天成鐵路局
副會長	盛紹章	成都走馬街四十九號
書記	張仁滔	成都總府街卅二號
會計	洪孟孚	成都椒子街啓明電力公司
香港分會會長	劉銘澤	香港馬己仙道七十四號
副會長	陳策森	香港香島道二八八號
書記	沈嗣芳	香港山林道十一號二樓
會計	盧祖詒	香港畢打街畢打行四樓三號
昆明分會會長	惲震	昆明北門街七十一號
副會長	劉晉鈺	昆明電廠（信箱八十二號）
書記	莊前鼎	昆明西南聯合大學
會計	周玉坤	昆明大柳樹巷四號中通用電器公司
貴陽分會會長	薛次莘	貴陽西門路一三三號
副會長	姚世濂	貴陽貴州公路局
書記	黃文治	貴陽三民後街四號
會計	張丹如	貴陽西門路一三三號
嘉定分會會長	王星拱	四川樂山武漢大學
副會長	孫發端	四川樂山樂西公路工程處
書記	楊先乾	四川樂山武漢大學
會計	繆恩釗	四川樂山武漢大學
瀘縣分會會長	吳欽烈	四川瀘縣西門外給廬
副會長	黃朝輝	同上

書記 方嘉達 同上

會計 顧敬心 同上

桂林分會會長 李運華 廣西良豐廣西大學

副會長 馮家錚 桂林榕蔭路電工器材廠

書記 汪德官 桂林銅鼓山交通部電政特派員辦事處

會計 譚頌猷 桂林中北路電力廠辦事處

蘭州分會會長 宋希尚 甘肅蘭州西北公路局

副會長 凱澤令 同上

書記 張志讚 甘肅蘭州建設廳

會計 李玉書 甘肅蘭州市區建設委員會工程處

平越分會會長 茅以昇 貴州平越唐山工學院

副會長 顧宜孫 同上

書記 黃壽恆 同上

會計 伍鏡湖 同上

西昌分會會長 胡博淵 西昌經濟部辦事處

副會長 雷寶華 西昌西康技藝專科學校

書記 李崇典 西昌經濟部辦事處轉

會計 劉鏡如 同上

全州分會會長 柴志明 廣西全州第五軍工廠管理處

副會長 張名藝 廣西全州交通部全州機器廠

書記 施嘉楷 同上

會計 劉史瓚 廣西全州第五軍修造工廠

城固分會會長 賴璉 陝西城固西北工學院

副會長 余謙六 同上

書記 李榮夢 同上

會計 彭榮閣 同上

麗水分會會長 趙曾珏 浙江麗水浙江省電話局

副會長 朱重光 浙江金華浙江電政管理局

書記 戴紹曾 浙江麗水浙江省工業改進所

會計 陸餘周 浙江麗水浙江省電話局工務科

江西分會會長 洪中 江西大庾江西硫酸廠

副會長 蔡方蔭 江西泰和杏嶺村中正大學

書記 朱有騫 江西泰和民生建築公司

會計 李炳奎 江西泰和江西省工商管理處

江西分會大庾支會會長 程義法 江西大庾鎢業管理處

副會長 劉文藝 江西大庾鎢業管理處

書記 蕭理昌 江西泰和民生建築公司

會計 張新田 江西大庾鎢業管理處

江西分會贛縣支會會長 張澤堯 江西贛縣江西省工業實驗處

書記 吳章 江西贛縣江西省第一製糖廠

會計 高尚德 江西贛縣電廠

遵義分會會長 李熙謀 貴州遵義浙江大學工學院

副會長 王璡 同上

書記 楊耀德 同上

會計 王國松 同上

柳州分會會長 茅以新 廣西柳州交通部柳江機器廠

副會長 徐宗溥

書記 霍佩英

會計 梁鴻飛 廣西柳州廣西電力廠

自流井分會會長 朱寶岑 四川自流井川康鹽務管理局工程處

總幹事 曾承若 四川自流井四川公路局

文書幹事　羅世襄　四川自流井電廠

會計幹事　杜虎侯　四川自流井川康鹽務管理局技術室

事務幹事　王品三　同上

耒陽分會會長　余籍傳　湖南耒陽湖南建設廳

副會長　陶勳　同上

書記　潘封棠　同上

會計　劉石如　湖南耒陽湖南省無線電總台

邵陽分會會長　陳宗漢　湖南邵陽湖南省機械廠

副會長　魏如　湖南邵陽新中工程公司

書記　支少炎　同上

會計　俞鈞間　湖南邵陽湖南省機械廠

大渡口分會會長　張連科　重慶二〇九號信箱

副會長　翁德鑾　同上

書記　陸英塘　同上

會計　朱恩明　同上

宜賓分會會長　鮑國寶　四川宜賓電廠

副會長　蕭文琦　四川宜賓西城角岷江水道工程處

書記　胡疆良　四川宜賓電廠

會計　錢子寧　四川宜賓中元紙廠

內江分會會長　高兆昆　四川內江成渝鐵路第二總段

副會長　陳耀俊　同上

書記　謝子材　同上

會計　姚啓桂　同上

永安分會會長　包可水　福建永安第一橋福建省銀行

副會長　謝本棟　同上

書記

會計

宜山分會會長　侯家源　廣西宜山黔桂鐵路工程局

副會長　裘燮祥　同上

書記　徐世維　同上

會計　陳明壽　同上

衡陽分會會長　石志仁　湖南衡陽湘桂鐵路局

副會長　李熙鈞　湖南衡陽粵漢鐵路工程處

書記　洪紳　湖南衡陽湘桂鐵路工程處

會計　梅福強　湖南衡陽粵漢鐵路工務第二段

西安分會會長　孫繼丁　陝西西安隴海鐵路局

副會長　蕭傳儒　同上

書記　錢謙　上同

會計　徐世銘　同上

辰谿分會會長　胡庶華　辰谿湖南大學

副會長　何之泰　同上轉

書記　易鼎新　同上轉

會計　楊卓新　同上轉

天水分會會長　凌鴻勛　天水寶天鐵路工程局

副會長　沈文泗　同上轉

書記　劉澄厚　同上轉

會計　曾祖德　同上轉

五　三十年來之中國工程

三十年來之鐵路工程	凌鴻勛	三十年來之機械工業	支秉淵
三十年來之橋樑工程	茅以昇	三十年來之電力工業	陳中熙
三十年來之公路工程	趙祖康	三十年來之電信事業	朱一成 吳保豐
三十年來之水利工程	施嘉煬	三十年來之電機製造工業	惲　震
三十年來之市政工程	沈　怡	三十年來之冶煉工業	朱玉崙
三十年來之測量工程	曾　樸 李景潞	三十年來之化學工業	吳承洛
三十年來之機械工程	莊前鼎	三十年來之工程教育	陳立夫
三十年來之電機工程	顧毓琇	三十年來之工業行政	歐陽崙
三十年來之礦冶工程	朱玉崙	三十年來之鐵路行政	楊承訓
三十年來之化學工程	張洪沅	三十年來之公路行政	趙祖康
三十年來之航空工程	錢昌祚	三十年來之水利行政	鄭肇經
三十年來之紡織工程	張文潛	三十年來之市行政	沈　怡
三十年來之鐵路事業	楊承訓	三十年來之電氣行政	張家祉
三十年來之橋樑事業	茅以昇	三十年來之礦業行政	吳景超
三十年來之公路事業	趙祖康	三十年來之中國工程師學會	吳承洛
三十年來之水利事業	沈百先		

六　工程獎學金

本會除浙江大學及之江文理學院工程獎金已撥交該學校保管外，其他由基金監保管、

獎學金論文每年六月底為應徵截止期。

獎學金之增設，希望每年年會時得各徵一個，但外界如願添設本會獎學金，概須經獎學金審查委員會審查後方能接受。

發起天佑工程獎學金為本會成立卅週之紀念，募集基金十萬元、於各大學工學院內每一工程學系至少設立獎金一名。

審查獎學金論文由茅委員以昇約專家審查，於每年年會前公佈

基金賬目由張委員延祥担任，各項獎學金章程由趙委員曾鈺徵集

七 工程第二期要目

第十四年會得獎論文專號（下）

訓詞：孔副院長——對本會三點希望

論著：吳鼎昌——兩個寶貝的貢獻

張嘉璈——對工程師之認識

顧毓琇——人民公有的工業建設

論文：柴志明 科學工程與工業

吳承洛 中國工業標準化之問題及今後應採徑途之擬議（下）

李謨熾 公路路面研究與實驗

羅 英 非常時期橋樑建築之經過

劉馥英等 桐油之重凝作用

孫增爵 （英文）

楊耀德 感應電動機直流制動之理論與實驗

田新亞 自由活塞加速膨脹內燃機之理論與實際

蔡金濤 電網計算之簡易新法

李漢超等 保形銑刀剷齒機及應用

附錄：實業計劃提要

中國工程師學會

會務特刊　翁文灝題

第九卷　第三期

中華民國31年2月15日出版

內政部登記證警字783號
中華郵政掛號第1131執據
重慶郵箱字268號
（本期紙張由中央造紙廠捐贈特此誌謝）

會內刊物
戰時機密
勿輕示人
負責存用

第三期要目

一　中國工程師學會 各專門工程學會 聯合年會徵集論文通告

本屆年會：現定八月初在蘭州舉行，茲為求工程學術之闡揚，特普遍徵集論文。凡屬會員及各學校教職員學生與各公私建設及研究機關服務人員，均可投稿，辦法如下：（一）種類。1.學術研究2.發明創作3.建設計劃4.實業報告5.試驗成就6.專案考據7.考察筆記8.問題意見9.工程史料10工程教育（二）專題。1.國父實業計劃研究2.工程標準規範擬議3.西北工程建設討論4.抗戰工程文獻5.禹貢工程之闡揚（三）審查。論文先經論文委員會核定然後提交年會分組審查（四）給獎。論文經各組審查後，每組各選最優者三篇給予獎金，次優者，篇數不定，另給予某專門委員會，或某專門學會，或某機關某學校之名譽獎勵由中國工程師學會會長翁文灝先生於年會閉幕時正式發給（五）刊佈，凡當選論文均分送全國各報擇要刊登，並分別彙編為特刊或專刊（六）

交稿。投稿者請即日將題目并於五月底以前將題要（說明論文內容）於六月底以前將全文寄交重慶郵政信箱第二六八號轉聯合年會論文委員會如有商酌之處可逕函重慶川鹽銀行一樓本會論文委員會吳承洛先生

附 論文委員會正副主任委員及委員名單

主任委員 吳承洛 化工 重慶經濟部

副主任委員 茅以昇 土木 貴州平越唐山工學院

賴璉 機械 陝西城固西北工學院

劉寶忠 礦冶 甘肅蘭州

許心武 水利 重慶教育部

胡瑞祥 電機 湖南衡陽電政管理局

二 第四十三次董事會議

本會第四十三次董事會執行部聯席會議，於三十一年二月廿日下午一時，在重慶工礦調整處會議室舉行，出席者，任鴻雋，孫越崎，顧毓琇，翁文灝，葉秀峯（代）徐恩曾，陳立夫，吳承洛，顧毓瑔，胡博淵，朱其清，李熙謀，歐陽崙，張洪沅（代）惲震（代）薛次莘，茅以昇，凌鴻勛（代）列席者錢其琛，鈕澤全，主席翁文灝，記錄鄒逸方，各部分主持人均有報告，討論議決之事項最重要者，爲（一）年會問題決定第十一屆年會名譽會長，籌備委員會副主任委員，及各委員，與各委員會正副主任委員名單，年會日期，自八月一日起，討論中心問題，爲研究西北資源，繼續討論實業計劃與工程標準，擬舉行西北特種展覽會並組織西北工程考察團，（二）經費問題，本會基金，由基金委員會設法籌措本會經費，仍各分會徵收會費，並向團體會員募捐。印刷工程及會務特刊與三十年來中國工程，由廣告費協助，工程標準協進會經費，向有關機關籌措，年會經費呈請撥款辦理（三）總理實業計劃研究會改稱爲國父實業計劃研究會（四）修正通過天佑紀念獎金募集委員會組織辦法及獎章獎學金頒給辦法（五）推徐恩曾薛次莘顧毓瑔籌備第二屆工程師節（六）通過新會員一百二十六人。

三 工程史料編纂委員會工作計劃概要

本委員會自上次董事會執行部聯席會議通過各委員後，經由本會正式任聘，委員會方面，曾與各委員分別函商，擬先行收集之史料，分爲下列各類：

第一類 以人爲主體者

（a）近代工程師傳記 以已故工程師對於國家民族或事業學術有貢獻者爲限，分向經部國際與交通水利資源工礦等主管機關及各團體，與曾經主持工程及教育事業之故老，設爲推薦。

（b）近代工程師事蹟與故事及其趣話

（c）近代工程師之重要言論或其著作

（d）古代可稱工程師者之傳記，事蹟，故

事，討論，著作，與其趣話

第二類　以工程或事業單位爲主體者

（a）古代各種重要工程或技藝如萬里長城等

（b）中古各種重要工程或技藝如御瓷等

（c）近代各種重要工程或工業如築河金礦等

均以每個工程或事業爲單位，分請最有研究而藏有資料者任之

（d）正在進行中各項工程或事業之過程，其未便發表者，以密件保存之，並特別注意其各級工程人員之努力情形

第三類　以工程或事業團體爲主體者，先與[illegible]三十年來之中國工程[illegible]著[illegible]人取得聯繫

第四類　以工程學術團體爲主體者

（a）各工程或工業學術團體

（b）各工程或工業教育機關

（c）各工程或工業研究機關

特別注意其[illegible]過去之[illegible]與發展

工程史料編纂委員會委員名單

主任委員　吳承洛

委　　員　翁文灝　陳立夫　曾養甫　吳　[illegible]
顧毓琇　[illegible]　貝壽同　王寵佑
王景春　[illegible]　夏光宇　陳體誠
羅　英　凌鴻勛　裘燮鈞　茅以昇
李　儼　周　琦　徐世大　[illegible]
李熙謀　張延祥　徐恩曾　楊　毅
徐佩璜　薛次莘　薛紹清　惲　震
朱樹怡　楊承訓　朱其清　顧毓瑔
沈　怡　胡庶華　俞同奎　[illegible]
朱仙舫　沈百先　汪胡楨　宋　彤
張含英　[illegible]　錢昌祚　莊前鼎
周　仁　周茂柏　支秉淵　孫越崎
[illegible]　吳蘊初　侯德榜　徐善祥
馬德驥　李允成　[illegible]　[illegible]
楊繼曾　周志宏　朱玉崙　[illegible]
劉仙洲

四　總理實業計劃研究會近訊

本會現階段之主要研究工作[illegible]各建設部門基本數字之精密檢討與補充其已經審查決定者計有造船[illegible]動車電訊衣服[illegible]品日用器具公[illegible]水利電力製藥等十門已開始由[illegible]內各委員及會外各專家[illegible]任研究初步[illegible]工作[illegible]會[illegible]加[illegible]專任幹事分[illegible]合[illegible]及專家保持[illegible]接[illegible]現[illegible]門[illegible]結果加以整理[illegible]製圖[illegible]會第[illegible]一次年會[illegible]提出報告四月份[illegible]舉行[illegible]次[illegible]小組會議四次茲將各會研究項目及議決要案列左

一、本會第十一次會議於四月七日舉行到會長陳立夫各委員及會外專家共三十餘人討論要案計有糧食工業及印刷工業之製成[illegible]通過實業計劃[illegible]之[illegible]自動車電訊水力文化用品日用器具五部門基本數字之審查補充與決定水力工程[illegible]分[illegible]計[illegible]及格學員中之[illegible]設入員由本會介紹加入各專門學會攝製實業計劃電影片由本會將有關實業計劃各項專題

函請各專門工程學會及各分會各專科以上學校之工學院加以研究

二、水力工程分區分期計劃小組會於四月十六日舉行到沈百先顧毓琇陳中熙黃煇葉秀峯徐廣裕等六人與規定開發一千萬瓩之原則關於各省工業發展程度與水力之能量分配於各省河流分二十年建設以五年爲一期各期之建設量及開發區域均有規定

三、港埠工程小組會於四月十六日舉行到楊承訓鄭肇經沈百先王洸孫輔世辛則澄葉秀峯徐廣裕李乃堯等九人依照鄭肇經先生所擬計劃書根據研究決定東方大港設乍浦而以上海列入二等港另增淡水大連等三港爲二等港燕尾港漁港廣西島計爲二等港營口降爲三等港關於各港之工程[illegible]亦有詳細討論及規定

四、印刷工業小[illegible]月二十六日舉行到杜長明孫鬥學王[illegible]旭東周[illegible]葉秀峯徐廣裕等八人對於我國印刷工業之經營方式及造紙油墨鑄版原料鉛鑄技工訓練及管理等問題均有切實討論

五、糧食工業小組會於四月三十日舉行到王一鳴侯德榜[illegible]受楊廷寶杜長明徐廣裕朱洛宸李乃堯等八人討論項目計有糧食工業分類問題製造問題倉儲問題機械問題人力問題運輸問題軍用食品製造問題

以前歷次會議討論結果已決定者均已由本會分別執行未決定者將繼續集議分別研究各項小組會結果仍決提出大會討論作最後決定

本協進會爲協同推進之團體，其基本會員係照中國工程師學會推行工業標準化運動旨趣書（已於三月印行爲中國工程標準協進會叢刊第一種）（第十六）本協進會進行步驟（7）之規定爲分爲第一類及第二類如左：

（注意：本協進會會員不限於本學會會員，并不限於工程專門人員）

五　中國工程標準協進會

基本會員（第一類）

翁文灝（詠霓）重慶經濟部

陳立夫（祖燕）重慶教育部

曾養甫（憲浩）昆明滇緬公路督辦公署或重慶飛來寺九號

徐[illegible]（君陶）昆明資源委員會中央化工材料廠

陳[illegible]均（少銘）昆明滇緬公路督辦公署

[illegible]（[illegible]）重慶交通部技術廳轉上海

章以黻（作民）重慶交通部

沈　怡（君怡）蘭州馬坊街甘肅水利林牧公司

惲　震（蔭棠）昆明資源委員會中央電工器材廠

茅以昇（唐臣）昆明交通部橋樑工程處或重慶飛來寺九號轉

黃伯樵　香港郵箱 184

支秉淵（[illegible]）湖南邵陽新中工程公司

胡庶華（春藻）湖南辰谿湖南大學

[illegible]（[illegible]）昆明[illegible]大學轉交

夏光宇（[illegible]）重慶交通部路政司轉

薛次莘（惺仲）貴陽西南公路管理處

李成身（孟博）上海仁記路廿五號大興建築事務所轉

李書田（耕硯）貴陽，貴州農工學院
王龍佑（佐臣）重慶，南岸，重慶商品檢驗局轉
周　琦（季舫）上海漢口路七號益中機器公司
任鴻雋（叔永）重慶聚興村中央研究院轉
楊　毅（莘臣）桂林麗獅上路十六號交通部鐵路[illegible]車整理委員會
張延祥　桂林桂西路六十七號[illegible]貿公司
胡博淵（鐵先）貴州平越交通大學分校
顧毓琇（一樵）重慶教育部
錢昌祚（莘覺）雲南瑞[illegible]信箱三十二號中航廠
王星拱（撫五）四川嘉定武漢大學
陳廣沅（[illegible]）昆明滇緬鐵路局
裘燮鈞（星遠）四川長壽龍溪河水力[illegible]處
陳體誠（子博）昆明，[illegible]局轉
梅貽琦（月涵）昆明西南聯合大學
李熙謀（振吾）貴州，遵義，浙江大學
趙祖康　重慶運輸統制局
沈百先　四川，綦江，導淮委員會
侯德榜（致本）重慶，沙坪壩，南開大學內永利化學工業公司
侯家源（蘇民）廣西宜山黔桂鐵路工程局
[illegible]維裕（[illegible]）重慶國立交通[illegible]轉交
莊前鼎　昆明清華大學航空研究所
周象賢（企虞）重慶中國銀行總管理處轉交
杜鎮遠（建勛）昆明滇緬鐵路局轉
鮑國寶　四川宜賓電廠
顧毓泉（一泉）重慶[illegible]路中央工業試驗所
許應期　桂林榕蔭路中央電工器材廠
吳蘊初（葆元）重慶道門口天原電化廠
徐恩曾（可均）重慶國府路282號

周　仁（子競）昆明大西門外中央研究院工程研究所
茅以新　廣西柳州交通部[illegible]廠
李　儼（泰棻）[illegible]國立交通大學
朱樹怡（友能）上海西摩路476號[illegible]機器公司
黃　炎（子獻）上海江海關浚浦總局
莫　衡（葵卿）貴陽西南公路管理局
徐[illegible]祥（鳳石）上海沙遜大厦[illegible]工程公司轉
孫越崎　重慶資源委員會
徐名材（伯雋）重慶，土灣，動力油料廠
凌鴻勛（竹銘）甘肅天水寶天鐵路工程局（會長）
吳承洛（澗東）經濟部（副會長）

以上當然基本會員計五十六人

基本會員（第二類）

王文[illegible]　教育部工[illegible]教育委員會
[illegible]　交通部[illegible]標準設計處
李法端（本固）交通部材料司
張[illegible]（[illegible]）交通部材料司考驗科
歐陽崙（峻峯）經濟部工業標準委員會
鄭禮明（[illegible]昭）四川北碚全國度量衡局
賀　闓（[illegible]）重慶南岸重慶商品檢驗局
顧[illegible]同　昆明中央電工器材廠
王守競　昆明資源委員會中央機器廠
俞大維　兵工署
[illegible]　源（公勤）江北郭家記[illegible]兵工署設計處
陳[illegible]恩（[illegible]兄）行政院水利委員會
楊乃俊（[illegible]）同上
鄭肇經（[illegible]）重慶上清寺重慶聚興村水工實驗處
[illegible]樹文　重慶農林部
唐啓宇　重慶農林部墾務總局

蔡無忌	廣西桂林[illegible]中央畜牧實驗所
[illegible]	四川榮昌中央[illegible]實驗所
韓　安	農林[illegible]中央林[illegible]實驗所
梁　希	重慶沙坪壩中央大學
[illegible]	江北紅砂碛中央農業實驗所
王承黻（伯修）	重慶川鹽大樓中國航空公司
陳中熙	重慶資源委員會電業處
[illegible]家祉（覺人）	重慶經濟部電業司
陳仿陶	重慶沙坪壩南開中學校
朱其清	重慶沙坪壩紅槽房[illegible]新村
鍾[illegible]（[illegible]）	浙江麗水交通部電政第三區特派員
陶鳳山（鳴岐）	重慶交通部電政司
林[illegible]	重慶道門口工礦調整處
馬　傑（景森）	重慶沙坪壩國立中央工業專科學校
陳可忠	四川北碚國立編譯館
曾昭掄（叔偉）	昆明西南聯合大學
周煥章（子文）	重慶重慶大學
許世瑾	重慶[illegible]衛生署醫務處
胡定安	重慶北碚國立江蘇醫學院
汪元臣	重慶北碚江蘇省立醫院
潘　[illegible]	重慶[illegible]部[illegible]
[illegible]	重慶歌樂山國立藥學專門學校
[illegible]（[illegible]）	桂林[illegible]桂路五十六號
[illegible]	重慶[illegible]第三二號交通部[illegible]技術標準[illegible]
[illegible]茂相	重慶江北民生機器廠
[illegible]孝[illegible]（叔[illegible]）	雲南安寧路[illegible]交通部機務室
劉仙洲	昆明西南聯合大學
王樹芳（[illegible]）	重慶運輸統制局中央汽車配件製造廠
陳大燮	重慶沙坪壩中央大學
哈雄文	重慶內政部
孫輔世	
陳和甫	
張　任	
張[illegible]	
[illegible]成熙	四川綦江導淮委員會[illegible]水利工程[illegible]委員會

以上代表機構，計有經濟部，交通部，教育部，內政部，農林部，軍政部，水利委員會，中國航空工程學會，中國電機工程師學會，中國機械工程學會，中國水利工程學會；及全國度量衡局[illegible]器材標準起草委員會[illegible]化學工業標準起草委員會，其他加入者[illegible]俟陸續登記。

六　蘭州年會重要消息

[illegible]甘肅[illegible]年會[illegible]蘭州舉行[illegible]查本屆年會[illegible]年會[illegible]，[illegible]於西北[illegible]，急待開發，[illegible]決定在蘭州舉行。[illegible]

[illegible]蘭州[illegible]年會之[illegible]，爰摘錄其致中國工程師學會[illegible]：

「[illegible]後近年以來[illegible]需要[illegible]路水[illegible]及各項經濟建設[illegible]電機[illegible]紙製革酒精及鋼

冶等事業雖曾次第興辦略具規模然求其與抗建大計相適應尙有待於吾人之繼續研究與努力素諗貴會爲全國技術界之大集團對於各項專門工程之研究貢獻早已風靡一世故本省各項建設事業有賴於貴會之指導與協助者正復不少爲此除已籌定貳萬伍千元作年會招待費用外敬以極度之熱忱邀請貴會第十一屆年會蒞蘭舉行俾隴上人士親承欬益獲覩良規無任禱幸」。

(2)本屆年會名稱

本屆年會因由中國工程師學會與各專門工程學會聯合舉行，特規定年會名稱爲「中國工程師學會各專門工程師學會聯合年會」簡稱爲「工程師聯合年會」，現來信表示參加者，已有中國紡織學會及中國水利工程學會。

(3)籌備委員會開始辦公

自上屆年會決議本屆年會在蘭州舉行後，嗣又經中國工程師學會第四十三次董執聯席會議議決，推請該會董事沈君怡担任本屆年會籌備委員會主任委員貴成籌備。沈氏接得此項通知後，即召集在蘭會員舉行談話會，現已於二月十二日組設年會籌備委員會於蘭州馬坊街二十四號(郵政信箱第六十九號電報掛號一六二八即「年」字)正式開始辦公。

(4)聯合年會全體職員

年會全體職員現已決定者有名譽會長朱紹良(第○戰區司令長官)谷正倫(甘肅省政府主席)籌備委員會主任委員沈怡副主任委員孫越崎薛次莘委員陳立夫等六十四人至於所有各種委員會計總務委員會主任委員沈怡副主任委員郭則漑劉樹松會程委員會主任委員張志禮副主任委員朱文秀閻錫珍招待委員會主任委員蔡膈副主任委員楊正清韋光彩交通委員會主任委員鈕澤全副主任委員王世圻沈圻沈文泗許行成講演編輯委員會主任委員顧光賓副主任委員繆超凰論文委員會主任委員吳承洛副主任委員賴璉劉貴忠許心武胡瑞芽以昇提案委員會主任委員凌鴻勛副主任委員盛紹章

(5)年會討論之中心問題

本屆年會討論之中心問題暫定三項(一)總理實業計劃問題上屆貴陽聯合年會已提出討論本屆年會將繼續討論提出工作報告計分1.決定之各種基本數字2.各工程部門之分區及分期計劃3.各工程部門計劃概要4.研究專題(二)工業準標化問題(三)西北資源開發問題正由甘省府就開發甘省交通，水利及工業各題出若干實際問題藉供討論云。

(6)年會開幕時將舉行各種盛大之展覽會

西北諸省物產豐富甘省府爲喚起人民注意并充分開發利用起見，經決定於年會開幕時舉行物產，工業，建設成績及西北文物四個展覽會又聞遷川工廠聯合會亦有將重要出品運蘭展覽之議，甘省府對於展覽會工作之進行尤爲不遺餘力，預料將來必有一番盛況。

(7)年會日程已確定

聯合年會日程現已經籌委會第三次會議議決自八月一日開始註册起至七日止會場定在新建之蘭州科學館

29403

七　工程·第十五卷第三期要目　卅一·六·一·出版

中國工程師學會

會務特刊 翁文灝題

第九卷 第四期

中華民國31年8月15日出版

內政部登記證警字 783號

中華郵政掛號第1831執照

重慶郵箱字268號

（本期紙張由中國造紙廠捐贈特此誌謝）

（本刊經理編輯張永惠）

第四期 要目

一 本會第四十四次董事會執行部聯席會議

於三十一年六月二十五日在重慶牛角沱資源委員會會議室，到會董事二十二人，討論事項摘錄如下。

（一）年會籌備各問題案，議決：1.重慶方面，出席會員人數，以壹百人為限，重慶以外各地以二十人為限，旅費收費每人四百元，家屬及學生會員，均暫不參加。2.請中國航空公司，另飛蘭專班，來往各一次。3.電請新疆，青海，寧夏，甘肅，陝西，綏遠，河南，山西等省政府，派負責代表，出席年會，參加討論西北建設，及實業計劃各問題。

（二）組織中國工程師學會工程技術獎進委

員會案。議決：修正通過。

（三）討論各分會對於第十屆年會通過之章程草案意見案。議決：根據徵求各會員意見之結果，第十屆年會之章程，即行施行。

（四）本會經費如何籌措案。議決：1.請團體會員自由捐助2.請教育部，交通部，經濟部，社會部，兵工署，航空委員會，資源委員會，工礦調整處，運輸統制局，公路工務總處，水利委員會，粵漢鐵路，湘桂鐵路，黔桂鐵路，隴海鐵路，寶天鐵路等機關捐助。

（五）第十屆年會餘款五千元，如何分配案。議決：除已捐助礦冶學會壹千元，及貴陽二個工廠二千元外，剩餘三千元，即捐貴州大學，作為獎學金。

（六）本會本屆工程獎章，應否給獎案。議決：1.以甘肅油礦之開發，於抗戰建國，貢獻極大，擬以該礦之工程主持人孫越崎君，為受獎候選人。并推定徐立夫，（召集人）吳承洛，葉秀峯，朱玉崙，許本純，五人，組織審查委員會，並將審查結果，報告董事會。

（七）對偽工程人員如何處置案。議決：凡附逆工程人員一律開除會籍

二　本會第四十五次董事會執行部聯席會議

於三十一年八月一日下午七時在甘肅蘭州本會第十一屆年會籌備委員會會議室，到會者淩鴻勛等三十三人，討論事項摘要如左：

(一)決定開會程序案議決：一、年會開幕，(奏樂)二、全體肅立，三、唱黨歌，四、向黨國旗，暨國父遺像，行最敬禮，五、主席恭讀國父遺囑，六、為抗戰陣亡將士，及殉職工程師，靜默致哀，七、主席致開會詞，八、名譽會長致詞，谷主席，朱司令長官代表，九、林主席訓詞，翁會長代，十、蔣總裁訓詞，翁會長代，十一、來賓致詞，孔副院長，淩鴻勛先生代，陳部長，顧毓瑔先生代，張部長，徐恩曾先生代，谷部長，趙祖康先生代，陳秘書長，顧毓瑔先生代，吳稚暉先生，鈕惕生先生，張參議長，及楊書記長，十二、報告與賀電，沈怡先生，十三、通過致敬電，楊正清先生，十四、會員代表致詞，章鴻臣先生，十五、宣讀工程師信條，翁會長讀，全體循聲朗讀，十六、攝影、十七、禮成（奏樂）

（二）討論上林主席蔣總裁孔副院長致敬書及致前方將士電案議決：通過

（三）決定各宴會答詞人案議決，八月二日省政府公宴答詞人翁會長八月三日市政府等機關公宴，答詞人淩鴻勛先生，八月四日中午交通財政機關公宴，答詞人顧毓瑔先生，八月四日晚，各銀行公宴答詞人，茅以昇先生，八月五日中午，資委會液體等機關公宴答詞人，吳承洛先生，八月六日晚，省參議會等機關公宴答詞人，徐恩曾先生，八月七日晚，年會答宴致詞人翁會長。

（四）決定各專門學會會務報告負責人案議決：礦冶工程學會曾世英先生化學工程學會吳承洛先生紡織工程學會朱仙舫先生水利工程學會沈百先先生電機工程師學會顧毓瑔先生機械工程學

會顧毓琇先生土木工程學會沈怡先生

（五）決定專題討論之負責人案議決：一、隴海鐵路天蘭段經濟路線研究，凌鴻勛先生，二、隴豐渠及平豐渠工程問題研究，沈百先先生沈怡先生，三甘肅冶鐵問題研究，孫越崎先生，四、西北輕重工業發展之途徑，歐陽崙先生，以上係甘肅省政府提供。如何建設新蘭州，凌鴻勛、沈怡、沈百先先生，以上係蘭州市政府提供。

（六）決定宣讀論文負責人案，議決：一般論文宣讀負責人、吳承洛許心武先生。土木論文宣讀負責人凌鴻勛（王竹亭代）金濤楨先生，水利論文宣讀負責人，周禮沙玉清先生，機械論文宣讀負責人，顧毓（張永吉代）羅榮安先生，電宜機論文宣讀負責人，顧毓琇（朱其清代）李熙謀先生，礦冶論文宣讀負責人，邵逸周曾誠克先生，化工論文宣讀負責人，馬　傑袁翰青先生。

（七）社會部電，以化工、機械，土木工程學會未備案，應即補行備案，又章程與人民團體組織法不合，應即修改呈報應如何辦理案，議決：由年會籌備委員會，去函申述，並擬補行備案手續至章程修改一節則須提出各該會會員大會公決再行修改。

（八）募集天佑紀念獎學金委員會，業已募集十三萬三千四百七十元工作是否停止案，議決：募至十五萬元爲止。

（九）本屆獎章經第四十四次董執聯會議決，推定孫越崎先生爲受獎候選人，業經審查委員會審查通過，請予決定案。議決：孫越崎先生爲本屆受獎人（十）第十一屆年會透支經費，如何彌補案議決：由總會函請經濟部補助一萬元交通部補助二萬元教育部補助十萬元兵工署補助一萬元

（十一）第十二屆年會地點案，議決：決定西安林桂西昌議定四處提請大會表決。

三　本會第四十六次董事會執行部聯席會議

於三十一年八月六日下午三時在蘭州省參議院議事室，到翁文灝等二十五人討論事項摘要如左：

（一）決定第十二屆年會地點案，議決：現據成都等十五分會，出席年會會員一七五人，提議，下屆年會，仍應改在桂林舉行，列舉理由六點，同時接准廣西省政府七月二十八日電，委員長桂林行營李主任濟琛七月二十三日電，正式邀請下屆年會，在桂林舉行，而此次出席年會之會員，擬取道西安者已多至一百〇八人，經本會第四十六次董執聯會討論，以第十二屆年會地點，暫定在桂林舉行一節，於第十屆年會時，曾有議辦，究竟下屆年會，應否改在桂林請大會複議決定。

（二）初級會員可否參加年會案議決：凡初會員入會不到三月者不可參加年會。

（三）本屆職員改選案議決：根據票選結果當選職員爲：會　長　翁文灝　副會長　胡博淵　杜鎮遠　董　事　胡庶華　惲　震　陳體誠　侯家源　顧毓琇　侯德榜　沈百先　茅以昇　孫越崎　裘金鑑　徐名材

（四）陳董事體誠，積勞病故，應否予以褒獎案。議決：請大會公決

（五）決定下屆司選委員候選人案議決：推定茅以昇，薛次莘　莊智煥　張洪沅　茅以昇　許本純　沈百先　沈　怡　歐陽崙　李熙謀　爲司選委員候選人

（六）出席年會會員往返日期案，議決：照年會籌備委員會所規定。

（七）決定會務討論議程案議決：行禮如儀向陳故前會長體誠致哀，司選委員會報告改選結果，會務討論，請致全國工程師電，散會。

移送中國經濟建設協會「經濟建設季刊」論文目錄

一、三民主義之計劃經濟　程孝剛
二、蘇聯計劃經濟之分析研究　程孝剛
三、如何開發與建設西北之我見　吳蘭凱
四、貴州之農田水利　蔡　振
五、我國海軍工業建設計劃芻議　張志沖
六、軍陣環境衛生　劉永楙
七、工程師與戰爭　劉永楙　戴根法
八、部隊飲水管制計劃書　劉永楙　趙祖烈　戴根法
九、工程師職業關係與行為之標準　陳　璋
十、製造技術與建國　胡筠魏
十一、今後我國工程教育方針芻議　胡筠魏
十二、我國工業與成本會計制度　胡筠魏
十三、戰時軍事運輸之商榷　吳士恩
十四、鋼筋桁架式接下應用於防空建築之研究　黎獻勇
十五、防空避難室之設計　黎獻勇
十六、建設與防空　李金沂
十七、電氣基本標準之保存及校驗　施汝賢　李路得
十八、我國電工製造之展望　莊智煥
十九、汽車運輸困難之近況及其解決方法之商榷　張俊翁
二〇、我鄉廣播建設之展望　張　煦
二一、我國電信政策之商榷　張　煦
二二、成渝公路載波電話之設計　張　煦
二三、桐油燃料與桐油汽車　張勝耀
二四、柴油機直接使用植物油之研究　陳正修
二五、鐵道發路與新工　洪紳擬
二六、中國鐵路六十年的回顧及今後的展望　戴爾賓
二七、三才生煤礦修建載貨輕便鐵路紀實　趙振譽
二八、大量生產機械製造法的探討　柴志明
二九、互換性機械製造的探討　柴志明
三〇、國產木材韌性研究之一（兩峽東國藥材之初步記載）　唐　燿
三一、國產重要木材基本比重及計算用之力學抗强　唐　燿　謝鴻逵
三二、鉄路技工訓練之過程與前展　楊紹伶
三三、桐油汽化器初步試驗報告　經濟部中央工業試驗所動力試驗室

以上與年會先後論文
（其中一部份逕函勇設法）

五　工程第十五卷第四期要目預告

西北工程問題特輯一
第十一屆蘭州年會得獎論文專號上

譯詞　林主席頒詞「同心建設」
　蔣總裁　策勵全國工程師勛辭
論著　翁文灝　工程建國
　朱家驊　致力西北建設
　張嘉璈　如何開發西北
　陳立夫　中國工程師學會之使命
論文　柴志明　論我國技術教育
　曾世英　百萬分一中國地形圖編製方法
　沙玉清　大禹治水之科學精神——黃河治本探討
　金寶楨　[illegible]之分析
　馬師亮等　電波測頻器之理論與設計
　殷濟存等　[illegible]對於分餾之影響
　李一心　[illegible]形設計之檢討
　茅以昇　土壤新論（中文摘要）
　劉鍾瑞　陝西灌溉事業之實際問題
　顧毓珍等　桐油裂煉技術改進之研究
　范緒箕　Bending of Rectangular Plates With three Edge clamped Edg Free under concentrated Load（題目）
附錄　西北工程問題參考資料
補白　其他

中國工程師學會

會務特刊

翁文灝題

第九卷 第五期

中華民國31年10月15日出版
內政部登記證警字783號
中華郵政掛號第1831執照
重慶郵箱字268號
（本期紙張由中原造紙廠捐贈特此誌謝）
（本刊經理編輯張永惠）

會內刊物
戰時機密
負責存用
勿輕示人

第五期要目

一　本會第十一屆年會會務討論記錄

時間：三十一年八月七日下午二時

地點：蘭州蘭園抗建堂

主席：翁會長文灝

（一）本屆職員改選結果

會　長　翁文灝先生

副會長　胡博淵先生　杜鎮遠先生

董　事　胡庶華先生　惲　震先生　凌鴻勛先生　侯家源先生　顧毓瑔先生　侯德榜先生　沈百先先生　葉秀峯先生　孫越崎先生

基金監　徐名材先生

（二）翁會長報告　會員顧毓琇顧毓瑔顧毓珍三先生，以八月二十六日，爲其太夫人六十壽辰，特捐三千，元爲「國防工程獎學金」以資紀念。

討論事項：

（一）第十二屆年會地點案

議決：採用票選法于桂林西安兩處選定一處

（二）凡大學都設有紡織系者請教育部一律添設鍋爐系以儲專才案

議決：送請教育部參酌辦理

（三）凡發明或改良之機械經審定認爲有益於國防生產者除專利外請政府制定購買及扶持資之補助法規俾能大量製造以利國防生產案

議決：除專利辦法政府已有規定外餘送請經濟部參考

（四）請中央政府設置西北礦冶研究機構案

議決：送請經濟部參酌辦理

（五）請求政府撥發各公私機關團體存餘未用之器料以資研究改造俾作補充工廠器料之用并協助與鼓勵商民向淪陷區搶購搶運案

議決：請送經濟部參酌辦理

（六）建議政府在甘寧青新四省各擇地籌設科目完備之工科學院案

議決送：送請教育部參酌辦理

（七）工程師資遴每年會議後不得輕易改業案

議決：原則通過交董事會轉知各分會於每次開會時宣讀信條以資策勉

（八）准經濟部函屬訂專利法規草案轉請討論案

議決：交董事會轉各專門學會徵求意見後函復經濟部

（九）擬請工廠及規模較大之民營工廠宜儘辦職工教育以宏工教而利建設案

議決：送請經濟部教育部參考

（十）本會前中國工程學會第一任會長陳體誠先生爲國公殞勞逝世擬請討論紀念辦法案

議決：照辦法修正通過交董事會辦理

（十一）擬請本會會員各就所長參加經濟部全國度量衡局所組織工業標準起草委員會以謀工業標準之迅速進展案

議決：交董事會轉知各會員

（十二）由本會請政府速籌創設大規模內燃機製造廠以奠抗戰建國之動力基礎案

議決：送請經濟部參考

（十三）由本會請主管機關提倡并供給弧光電以代替白熾電燈案

議決：交董事會酌辦

（十四）擬呈請政府現行之市度量衡制度爲公度量衡制度案

議決：送請政府參考

（十五）開發西北應由建造河西運河着手以資灌溉而利運輸案

議決：送請行政院水利委員會研究

（十六）請政府鼓勵機器製造工業以裕民生而利建國案

議決：送請經濟部參考

（十七）由本會建請中央政府在陝西武功縣以選勞設立大規模灌溉試驗場從事各種農田水利試驗工作以節省灌溉水量而增後方生產案

議決：送請行政院水利委員會參考

（十八）由本會建請中央政府予國立西北農學院增設兩年制之農田水利專修科及高級職業

學校水利科培育大量水利人才案

議決：送請教育部參考

（十九）由本會建請中央政府撥款補助國立西北農學院農田水利研究部充實試驗設備集中精力研究黃土黃水基本之學理以為黃河根本治理方策案

議決：送請教育部參考

（二十）擬請捐募李儀祉先生獎學金案

議決：照所擬辦法通過交董事會負責辦理

（二十一）擬請增設西北工程問題研究會案

議決：交董事會轉請西北各地分會研究

（二十二）關於會員常年會費擬請改為每年國幣伍佰元永久會員會費改為伍百元團體會員永久會費改為伍仟元案

議決：通過

（二十三）擬請各學會於每屆年會時將各該工程事業範圍內一年中之進展狀況提出有系統之報告案

議決：交董事會辦理（請執行部於年會前三月通知各該專門學會）

（二十四）擬請建議政府對於每年招收各工程部門學生依照實際需要統籌分配數額并對於畢業生統籌分配工作劃一待遇案

議決：送請行政院參考

（二十五）本會應否制定徽章以資識別而昭鄭重案

議決：交董事會辦理

（二十六）擬請本會呈請政府將經濟部全國度量衡局改為標準局以利工業製造案

議決：交董事會研究

（二十七）擬請本會呈請政府強化工業貸款以裕後方工業而挽危機案

議決：送請經濟部參考

（二十八）擬請建議運輸統制局設置西北公路實驗室案

議決：送請運輸統制局參考

（二十九）擬請建議政府積極統籌培植大批人才以利建國案

議決：送請教育部參考

（三十）建議創設工程印刷所案

議決：交董事會辦理

（三十一）決定下屆司選委員案

議決：採用票選法，由董事會推定茅以昇，薛次莘，莊智煥，張洪沅，葉秀峯，許本純，沈百先，沈怡，顧毓琇，李熙謀先生等，十人中，選定五人，

二　蘭州市政府交議專題「如何建設新蘭州」討論結果

（1）市區各舊建築，宜如何辦理，以期適應未來發展案。

（2）市區建設宜如何規劃以期適應現代戰爭案、討論結果鐵路路線，車站地位既定

，可以模擬計劃，道路系統，分區宜不太細，祇能分住宅區，與輕工業區。惟辦理以上二事，皆需要詳細地形圖。即其他市政設施，如上下水道，公共建築等工程，亦須有詳盡之圖，始能着手計劃，擬建議市政府，從速詳細測量市區。

(3) 如何實現綠化蘭州計劃以期調節氣候案。討論結果，在蘭州南北兩山，（皋蘭山白塔山）沿等高線略使傾斜挖掘引水溝與溝五尺另挖一蓄水坑用粘土封其底部，使含蓄水量，潤濕地土以便植樹。至應植何類適宜樹種請市政府另請森林專家研究。

(4) 如何改善水上交通以期運輸便利案 討論研究黃河上游工程處，既有通航計劃後，不必討論。

(5) 如何建立本市動力基礎，以期促進工業發展案 討論結果 甘肅水利林牧公司經辦之湟惠渠在袁家灣（距市卅市里）已有水力發電計劃，該渠工程測量設計已畢，正在籌備之中，完成之後，本市動力問題，即可解決，其享堂峽水力，亦請該公司派員考察研究之。

(6) 如何改進高原都市水源問題以期供給飲水並利灌溉問題案 討論結果，水利工程學會專題討論，已有結果，鑿打深井，與改良水車，已可解決本市水源問題文另錄不再討論。

三 工程第十五卷第五期

中國工程師學會

會務特刊 翁文灝題

第九卷 第六期

會長	翁文灝
副會長	茅以昇
總幹事	顧毓瑔
總會計	朱其清
總編輯	吳承洛

中華民國31年12月15日出版

內政部登記證警字783號

中華郵政掛號第1831執據

重慶郵箱字268號

（本期紙張由中原造紙廠捐贈特此誌謝）

（本刊經理編輯張永忠）

第六期 要目

一 本會本屆職員名單 三十一年八月

職務	姓名	通信處
會長	翁文灝	重慶經濟部
副會長	胡博淵	貴州平越唐山工學院
	杜鎮遠	昆明滇緬鐵路局
董事	茅以新	廣西柳州交通部柳江機器廠（柳州26號信箱）
	吳蘊初	重慶兩路口天原電化廠
	陳立夫	重慶教育部

顧毓琇 重慶教育部

曾養甫 重慶交通部

韋以黻 重慶交通部

徐佩璜 昆明資委會化工材料廠

王寵佑 重慶南岸黃桷埡經濟部採金局轉

顧毓瑔 交通部轉交

任期至三十二年

薛次莘 重慶兩浮支路八十五號通用中國工程公司

凌鴻勛 天水西大街243號西北公路管理處

沈怡 蘭州[illegible]街二十四號

李書田 貴陽花溪農工學院轉交

錢昌祚 四川航委會第二飛機製造廠

徐恩曾 重慶國府路二八二號

夏光宇 交通部轉交

周仁 昆明大西門外棕樹營中央研究院工程研究所

李熙謀 重慶小龍坎交通大學

任期至三十三年

胡庶華 湖南辰谿湖南大學

惲震 昆明北門街七十一號中央電工器材廠

薩福均 昆明敘昆鐵路局

侯家源 廣西宜山黔桂鐵路工程局

顧毓瑔 重慶上南區馬路一九四號之四

侯德榜 四川五通橋永利公司

沈百先 四川綦江導淮委員會

葉秀峯 重慶國府路二八二號國父實業計劃研究會

孫越崎 重慶牛角沱甘肅油礦局

任期至三十四年

基金監 楊毅 交通部

徐名材 重慶打銅街十一號動力油料廠辦事處

總幹事 顧毓瑔 中央工業試驗所

副總幹事 錢其琛 交通部

總編輯 吳承洛 經濟部

副總編輯 羅英 桂林運輸統制局桂黔公路工務處

總會計 朱其清 重慶學田灣衍舍泰山保險公司轉

國父實業計劃研究會會長 陳立夫

總幹事 葉秀峯

工程標準協進會會長 凌鴻勛

副會長 吳承洛

工程技術獎進委員會主任委員 翁文灝

副主任委員 韋以黻

總幹事 歐陽崙

工業材料試驗委員會主任委員 李法端

二 本會蘭州年會論文審查結果

一般工程組 審查者 吳承洛 許心武 李熙謀 惲震 （第一） 曾世英 中央地質調查所 百萬分一中國地形圖編製方法

(第二) 柴志明 第五軍司令部 論我國技術教育

(第三) 楊耀德 浙江大學 工程學與工程教育

榮譽提名張國藩 西北工學院 我國北部沙漠之南移問題

問題

土木組 審查者 凌鴻勛 夏乍殺 郭則溉

等(未分次第)

金寶楨 西北工學院 空間剛節構架之分析

李以昇 交通部 土壓新論

劉恢先 黔桂鐵路局 連續長方板之分析

榮譽提名

王竹亭 西北公路工務局 我國鐵路究應採用何種軌距

趙文欽 西北工學院 鋼筋構架式鋼筋混凝土樓之圖解設計法

李 芬 鋼筋混凝土木對稱彎轉應力與直接應力分析法

張萬久 中山大學 應用行車延誤與列車數目之關係作鐵路運輸量之檢討

機械組 審查者 羅廷源陸保羅 禁安

(第一) 辛一心 西北工學院 船型設計之檢討

(第二) 林士鍔 航空研究院 長空進長之研製

(第三) 李英紹 中央工業試驗所 乙炔氣汽車

榮譽提名

黃玉珊 中央大學 具有固定邊及自由邊之長方形薄板

范緒箕 浙江大學 The Bendjng of Rectangular Platecr Witle Three edger Clamped ona edge free under Concentrated Laads

電工組 審查者 顧毓琇 朱其清 李熙謀

(第一) 馬師亮 毛鶴年 趙曾鈺 浙江大學 電機調頻器之理論與設計

(第二) 陳宗善 中央大學 電磁體系之穩定度

(第三) 葉 楷 清華大學 含釷鎢絲碳化度之研究

榮譽提名

朱恩隆 反饋電路之分析

水利組 審查者 沈百先 許心武 孫輔世

(第一) 沙玉清 西北農學院 黃土及黃水之認識與黃河治本探討

(第二) 劉鍾瑞 陝西水利局 陝西灌溉事業之實際問題

(第三) 黃文熙 中央大學 地基之沉陷及應力之分佈

榮譽提名

彭榮閣 西北工學院 數種閘門之流量係數

余恆睦 孫克紹 西北農學院 黃土逕流率及沖刷之測定

陳椿庭 西北農學院 梯形渠道線解圖

化工組 (未分次第)審查者 吳承洛 袁翰青 馬 傑

工程門 嚴演存 牛 宏 西北工學院 熱損失對於分餾之影響

工業門 顧毓珍 傅六霈 經濟部中央工業試驗所 桐油榨製技術改進之研究

化學門 湯騰漢 郭質良 華西大學 中國酒麴在近代化工之新應用

榮譽提名

張永惠 李鳴皋 中央工業試驗所 老竹紙料製造之研究

趙有恆 一六實業公司 自製各種活性炭精煉

四川土法白糖之試驗

李爾康 沈增祚 郭鑫逵 中央工業試驗所

軟焦副產品炭窰之試驗

李壽恒 周抱樵 浙江大學 白桐碱提製芳性鉀之試驗

戈福祥 周銅衍 孫昌琛 中央工業試驗所

改進自流井天然氣灶製鹽之研究

紡織組 只有名單未徵論文 礦冶組論文及名單均未交來

三 省府交議專題隴海海鉄路天蘭段經濟路線之研究 討論結果

結論結果(一)天蘭段爲重要的幹綫之一段，所經路綫，以較短及能從速完成爲宜。如此宜採定西甲綫。(二)爲便利洮河流域物產之向東輸出，宜由隴西向西築一支綫，工程局並宜踏勘由隴西至岷縣之支綫，以資比較。(三)將來修築之程序，正綫與支綫並重。(四)黃委員正在進行改善洮河河道，將來由洮河上游至蘭州之水上交通，可有相當解决，補鐵道交通之不足。

四 關於甘肅涇濟渠陝西涇惠渠用水關係之討論

原則

(一) 陝西涇惠渠，爲既成之事業，應予維護，使其水源不致蒙受影響。

(二) 甘肅可能灌溉之區域不多，而平涼涇川灌溉區，達十餘萬畝，實爲全省不可多得之良田，涇濟渠計劃，在不妨礙陝西涇惠渠水源條件下，應盡力促其實現。

辦法

(一) 查甘肅涇濟渠計劃，擬定水量爲二秒立方公尺，灌地八萬畝，倘計入渠道之輸水損失，更感水量太少，而灌溉區域之面積，事實上可達十餘萬畝，大有增益水源之必要。同時陝西涇惠渠灌溉區域七十五萬畝以外，仍有擴充餘地，似應合併兩省需要，統籌增加水量，在涇河上源，建壩蓄水，以盡地利。

(二) 如爲甘肅涇濟渠水源需要設想，本應在平涼上游，擇地建築小型水庫埤，全部面積十餘萬畝，均可灌溉，而於陝省涇惠渠水源，不致發生影響。

(三) 建議中央水利主管機關，迅派大員，會同甘陝兩省，勘測設計，以速施工，以期早日完成。

五　移送中國電機工程師學會電工雜誌論文目錄

六　移送第一區金屬品工業同業公會「鋼鐵界」論文目錄

七　移送中華化學工業會工業化學雜誌論文目錄

八　工程第十五卷第六期目錄摘要

中國工程師學會

會務特刊　翁文灝題

第十卷　第一期

會長	翁文灝
總幹事	顧毓瑔
總會計	朱其清
總編輯	吳承洛

中華民國32年1月15日出版

內政部登記證警字763號
中華郵政掛號第1331執據
重慶郵箱第268號

（本期紙張由正中造紙廠捐贈特此誌謝）

會內刊物
戰時機密
負責存用
勿輕示人

目錄

一　國父實業計劃研究會近訊

（1）蘭州年會後，本會研究工作，繼續推動，最近數月，集中于化工機械與礦冶三部門計劃之設計。預計今年桂林年會以前，完成全部工程項目五十五類之初步計劃，此後將作各種實際調查工作。

（2）本會原奉　命組織蒙新考察團，頃又奉命與中央設計局合作，改名為「西北建設考察團」。考察團分兩組，一組以考察水利交通為主，由本會負責。另一組以一般政治經濟之考察為主，由中央設計局負責。本會負責之一組：業已組織就緒，團長由本會渠總幹事兼任。團員十四人，均為各工程學會各建設機關及學術團體所推派之各類專家及學者。一部份團員，刻已到達蘭州，其餘團員，將于二月初由渝赴蘭集合，一同出發。考察範圍，仍照預定者，並擬作必要之推廣，以與中央所擬之範圍相配合。

（3）本會為積極推動各專門學會參加研究工作起見，于一月廿二日，招待土木學會茅以昇，夏光宇，趙祖康，杜鎮遠，周象賢，等諸先生共十一人商討有關土木部門計劃設計問題，除鐵路公路已有初步計劃決定，暫不必補充外。港埠計劃，尚須搜集材料，加以補充。又其他有關土木工程之問題，如都市建設等問題，已另推定會員負責設計，一月廿五日招待化工學會張洪沅吳承洛，杜長明，徐宗涑諸先生等九人，除商討實業計劃中各種化工計劃基本數字外，對於設計原則，亦加決定，先就主要化學工業分類，而推算各種化工原料種類，及數量。本會以後擬繼續約邀其他各種專門學會負責人，商討各有關之計劃研究工作。

（4）礦冶學會為設計實業計劃中礦冶部門計劃已召開董事會會議，決設立技術委員會，內分五組，一為煤焦鋼鐵組，二為非鐵金屬組，三為石油組，四為外銷礦品組，五為非金屬礦產組，並推定專人負責設計，決定于三個月內，完成初稿，六個月內完成定稿。

（5）本年新年聚餐會，于一月廿七日，在交通銀行舉行，到委員二十人，除由葉總幹事報告本年度工作計劃與預算，以及上年度收支賬目外，並由化工機械礦冶三學會張洪沅顧毓瑔孫越崎諸先生，報告各該學會研究工作之情形，並互相交換各種科學技術意見。

二　工程標準協進會成立大會

於三十一年八月六日，上午九時起，在蘭州蘭園抗建堂舉行，到會員二百六十五人，奏樂開會，行禮如儀，總會翁會長，親自主席，致開會詞後，分別由交通部代表徐恩曾常以觀，經濟部代表歐陽崙鄭禮明，實業計劃研究會代表葉秀峯，材料試驗委員會代表李法端，工程標準協進會正副會長凌鴻勛吳承洛，暨礦冶，化工，紡織，水利會，電機，機械，土木，等專門工程學會代表曾誠克吳承洛朱仙舫沈百先李熙謀，顧毓瑔，凌鴻勛，並中央電工器材廠代表許應期，分別致詞並報告。討論後，最後議決（1）確定該會之工業標準產生系統中所佔之地位（2）設立常務委員會（3）請各專門工程學會完成各該標準委員會之組織積極研究，貢獻意見協助推行（4（請中國工程師學會確定該會經費案等。

參加標準協進會之機構之單位　計　（1）土木工程五單位。（2）機械工程十單位。（3）電機工程三單位。（4）礦冶工程二單位。（5）化學工程五單位。（6）紡織工程一單位。（7）水利工程三單位。（8）衛生工程一單位（9）農林工程六單位。（10）航空工程一單位。

參加標準協進會基本會員計土木18機械25電

機18礦冶15化學24紡織1水利11衞生5農林8造船2航空2共計129

蘭州年會有標準規範之論文計化工60機械35醫藥器材14電工180鐵道11，公路3，建築1 共計304此外論文數篇又提案數件，工程標準協進會印有叢刊，第一種爲工業標準化運動旨趣書，第二種爲工程標準協進會籌備經過，第三種爲工程標準協進會成立大會記，均可向重慶川鹽銀行一樓吳承洛先生索取

三 材料試驗委員會（下期補登）

四 工程史料編纂委員會資料

（1）陸續徵到殉難工程師張光宙（化學）殉職工程師管中一（機械）王德森（採冶）行述，係由資源委員會錢副主任委員乙藜先生選送。又徵得烈士工程師陳三才（電機）事略及殉職工程師王于民（紡織）事略。

二 中國工程師學會天佑獎章獎學金頒給辦法

一、本會爲紀念我國工程先進詹天佑先生，並獎勵國人之對於工程研究有特殊之成績與貢獻起見，特設立天佑獎學金，及天佑榮譽獎章，並規定本辦法。

二，本會每年以募得天佑獎學金基金十萬元之息金，充作本獎金獎章之用。

三，凡中華民國之國民對於任何一項或數項工程建設，有特殊成就，對於國家社會民生，確有極大之貢獻與影響者，或對於工程學術研究有特殊成績，編有巨著，或著有極有價值之論文，或有價值之發明者經會員十人以上之提議，董事會之通過，並經交付本會設立之工程專門評判委員會全體會員認可者，得發給天佑獎章。

四，凡對於任何一項或數項工程建設，或對于工程學術研究，有相當成績，或編有價值之著作，或發明者，經本人之請求，或會員之提議，經專門學會交付本會設立之專門評判委員會之通過者，得發給天佑獎金。

五，本會爲慎重審核獎金之發給起見，特設立各門工程評判委員。

（例如審核無線電機工程之人選時，即設立無線電機工程評判委員會）

六，每門工程之評判委員會人數，定爲五人，以各門工程界中權威組織之，由董事會遴選聘請之，又五人中由董事會指定一人爲主席，並負召集開會商討之責，

七，天佑獎章，每年發給一次，每次一名，天佑獎金名額無定，每名獎金數目自五百元至一千元，視其成績而定。以上獎章獎學金之發給，均於每年本會舉行年會時頒給之

八，天佑獎章之式樣另訂之。

九，每年如無合格之人選時，本獎金獎章，均得停止發給。

十，本辦法經本會董事會，及天佑基金保管委員會之議決得修改之。

三 募集天佑紀念獎金委員會組織辦法

一，本委員會定名爲中國工程師學會天佑紀念獎金募集委員會。

二，本委員會設主任委員一人，副主任委員二人，由學會就委員中推請擔任之。並由學會函聘所屬各地分會，及各工程專門學會之會長副會長，一律爲本委員會委員。

三，主任委員，主持全部募金工作之策劃推動，及本委員會中一切事務。副主任委員協助之。委員依照委員會所定募金手續辦法，各別担任募集工作，並隨時與主任委員，聯絡進行，以期統一。

四，爲手續便利起見，委員會遇有對外文件等項，得僅由主任委員一人簽章行之。其他副主任委員，俱行列名。

五，本委員會得還行刊用圖記，以昭信守。

六，本委員會辦公需用之文具紙張郵電等費，由主任委員暫行設法墊付，將來於募金內扣還並報由學會核銷。

七，募金工作期於三十一年七月底以前辦竣。

八，本辦法由中國工程師學會核定施行。

五 論文處理情況

除編發工程十二期外其餘分配情形續載於下

(一)移送水利工程學會備編專刊者

李儀祉先生治理黃河之策路	張含英	目	錄
分黃入汾及航運灌溉防洪之探討	馬懋若	全	文
黃河蘭甯段考察記	袁雨潤	摘	要
尼羅河之合流	粟宗嵩		
臨河自動活壩之理論與實施	鄭厚平	全	文
整理臨井河航道設計施工經過	鄭厚平	摘	要
甘肅水利事業述要及其展望	張志鵬	目	錄
甯夏農田水利改進問題之我見	黃發東		
陝西洛惠渠第五號隧洞工程推進計劃	涇洛工程局	目	錄
陝西黑惠渠工程實施報告	涇洛工程局	目	錄

題名	著者	類別
陝西洛惠屈里溝水力建設計劃	涇洛工程局	目錄
本濟氏水輪機之研究	趙晉探	摘要
印度農田水利之成功	王鶴亭	
浮船治河	吳南凱	全文
長江封鎖之紀略	吳南凱	全文
西北工學院水工實驗處之設置與展望	常錫厚	全文
土壩設計之原理	陳明紹	全文
竹管試驗報告	常錫厚	摘要
高地灌溉與激水機	常錫厚	摘要
印度式堆石滾水壩之設計	祁不緒	全文
地下水源與農田水利	陳克誠	摘要
黃河上游水車之初步研究	陳明紹	全文
埃及淤灌工程述要	粟宗嵩	全文
建設西北治水不治鹼可乎	吳南凱	全文
土工試驗室概況	中央水利實驗處	全文
四川洪雅花溪渠跌水模型試驗報告書	中央水利實驗處	全文
陝西渭惠渠筏道模型試驗報告書	中央水利實驗處	全文
中國黃土顆粒分析資料之整理（研究報告之二）	中央水利實驗處	全文
中央水利實驗處概況	中央水利實驗處	題目
地基土壤沉陷問題之研究	薛履坦	題目
陝南水利工程專號	陝西水利局褒惠渠工程處	（參考）
空氣制動水平儀	吳拔崢	全文
黃河含沙問題之研究	張宗漢	

以上趙鏡臨經手

二　移送中國礦冶工程學會編登礦冶者

題名	著者	類別
中國鑛冶建設之展望	朱玉崙	題目
鑛冶研究與鑛冶建設	朱玉崙	題目
雲南東川銅礦之銷路及其平價	袁慈灼	題目

題目	著者	備考
西康甯屬北部之地質與礦產	劉之祥	全文
陝西安康區之地質概況及其沙金探礦	張遹駿	全文
大華電冶廠之電冶設備及其產品製造	郭毅之	全文
由白雲石提煉養化鎂與製造鎂磚試驗	王應梧	題目
試驗廠洗焦之設計	俞再麟	題目
洗煤煉焦試驗之問題	俞再麟	題目
綦江礦業公司之洗煤煉焦工程概況	王之楨	題目
錬化浮油提金之研究	李丙璧	全文
試驗煉鐵爐之設計	安朝俊	宣讀題目
試驗煉 爐改進計劃	朱玉崙	宣讀題目
綦江土法煉鐵業概況	黃典華	宣讀題目
煉鐵爐之病理及其治療法	許道生	宣讀題目
冶鐵焦炭之性質及其在冶鐵爐內合理之用之檢討	邵逸周	全文
提高高速工具材料鎢炭合金之製造法及其應用之概略	蔣克賢	摘要
鼓風爐內之化學變化	蔣克賢	宣讀題目
錫砂原始成本研究	俞誠克	全文
鉬鍋製造與工具鋼冶煉試驗	謝家闓	題目
Peicho Chemical furnace Control	任殿元	全文
焙製鋼合金鑄件之商討	戴禮智 陳務麟	
Study on the hydro—metallurgy the Penshian Copper Ore	門子厚	摘要
國銻精鍊試驗報告	趙天從	題目
銻鐵之冶煉及開採工程	趙天從	仝前
鐵瓷去砒試驗	孫昭明 袁瀚晉	仝前
吹鹼氧化去砒試驗	趙天從等	仝前
精煉爐熔渣過度處理試驗	趙天從 王拭	仝前
氯氣去鉛試驗	趙天從 王拭	仝前
分別結晶法去鉛試驗	王拭	同前
利用銻瓷製造磁漆及各色顏料試驗	沈華生	同前

近代煉鉛工業之進展及其技術之研究	龍沭炎	同　　前
黔省鋁礦之冶煉問題	魏壽崑	同　　前
四川金礦	李春昱	同　　前
砂金開採	李丙堅	同　　前
開發甘肅天水採金礦計劃	劉蔭茀	同　　前
青年金礦地質情形	劉蔭茀	同　　前
點煤所含硫素之形態及其冲洗試驗	李壽恆 鄭蘊九	摘　　要
天府煤礦之概況	程宗陽	題　　目
煤之低溫蒸溜試驗	劉汝人	同　　前
以上曹誠克經手		

三、土木組西文論文

移送土木工程學會者

（1）徐芝綸　空間剛架中應力及變形之解法

（2）姚明初　聯架分析之新方法

（3）姚明初　對稱拱分析之近似方法

（4）王仁東　計算面積距之辛博森式

（5）曾啓進　土壓理論之新建議—波以孫氏率與壩橫壓力

（6）茅以昇　土壓新論（蘭州得獎論文工程已登摘要）

（7）王師羲　中國公路之改進

以上經手人李書田

四　西文論文移送機械工程學會及航空工程學會者

（1）錢鍾韓　Economical Problems in Surface condenser Design — A Mathematical analysis

（2）王師羲　A study of Principle Stresses

（3）林致平　王增生　平板環列圓孔應力分析

（4）曹鶴蓀　風洞實驗時機型之振動問題

（5）林士諤　工程法解算高次方程式根值

（6）正向質薄板之彈性安定問題　林致平　談鎬生（工程得獎論文已登中文摘要）

（7）林士諤　On the design and Performace of aneroid type true air speed indicator

(8) The Bending of Rectangular Plates under Combined Pressure and shear 范緒箕

(9) The Bending of Rectangular Plate with the clamped one edge free under concentrated load 范緒箕

以上經手人楊家瑜

五，移送中國電機工程學會電工雜誌者

震蕩諧系之穩定度　陳宗善（英文）（得獎）

反饋電路之分析　朱恩隆（英文）（得獎）

凸極同步機之相當電路　陳宗善（英文）

同期電機擺盪時之制擺距　楊耀德（英文）

以上顧毓琇經手

六：移送中國化學工程學會「化學工程」雜誌者

(1) Studies on the Cracking of Vegetable oil and its effect of time in Batch Cracking（摘要）夏勤鐸　李景汾　嚴克信

(2) Equilibrim flash Vaporization as New graphical method of Solution（摘要）夏勤鐸

(3) Acetic acid from Sawdust alkaline reuse method 夏勤鐸嚴克信（摘要）

(4) Oxidation test for blown Vegetable oils孫增爵錢鴻蓀（已登工程中文摘要）

(5) 用氧化指數表示國煤品質之試驗（摘要）李壽恆馮新德

(6) 鏈狀碳氫化合物之熱解（摘要）馮新德

(7) 磷中螢光物質之初步研究吳祖愷

七，由中國紡織學會報告前來者

朱仙舫　國父實業計劃紡織部門之實施要項

傅銘九　推進中國顏料工業之我見

以上朱仙舫經手

八，移送國父實業計劃研究會者

李熙謀　總理實業計劃與國防建設之討論

高治樞　我對於實業計劃的幾個意見

崔龍光　余文照　實施國父實業計劃的新時機與動向

以上經手人葉秀峯

九、移送工程標準協進會者

（1）建議採用對數 米規 曾昌

（2）公路工程標準之檢討 沈鴻安

（3）工業標準化之心理建設 李榮夢

（4）關於完成工程標準之芻見 盧祖詒

（5）如何擬定我國的工業標準 林津

（6）中國工業標準之紙張格式及編號辦法建議 曾林津

（7）中央工業試驗所手工新聞紙及製草工業原成品暫行標準

（8）水利化學工業儀機械標準 李金沂

（9）中華民國國營鐵路標準 交通部顧尙才 高仲璐

（10）中央工業試驗所乾電池及電燈泡暫行標準

（11）中央電工器材廠修正中國標準電壓芻議

（12）中央電工器材廠 黃修青 顧毅同 黃宏一電話部門工業標準草案

（13）中央電工器材廠 張承祜 葉爾康 吳世英電器材部門工業標準草案

（14）中央電工器料廠 馮家錚 電子管及燈泡部門工業標準草案

（15）中央電工器材廠潘福瑩電池部門工業標準草案

（16）中央電工器材廠許應期 孫珊珩 褚應璜 林津電力機器部門工業標準草案

（17）全國度量衡局化學工業標準起草委員會化學工業標準草案

（18）全國度量衡局機械工業標準起草委員會機械標準草案

（19）全國度量衡局醫藥器材標準起草委員會醫藥器材標準草案

十，移送工程技術獎進委員會者

（1）鮑思賀 自動綫閘機

（2）高良潤 列車配合法之建議

（3）王平洋 變速同力式電動汲滷機

（4）許儒傑 電向旋轉方向指示器

（5）謝鈞 功率因數計算尺

（6）王翰辰測音機之構造及用途

（7）張思讓 代算尺

（8）孫運璿 新型電機之擬議及其初步研討

（9）王天眷 手搖機供電輕便無線電話發送機

（10）金鑑藻 陳克恭手搖發電機濾波器

以上顧毓琇轉交

一一、移送鋼鐵界（第一區金屬工業同業公會）者

氣體加炭淬火法 沈榮熙

電爐煉鋼之檢討 鍾雲裔

改良湖南土法煉鐵之商榷 鍾雲裔

以上經手人高良佐

一二，移送工作與學習者（天水寶天鐵路局）

計算圖 穆起瑞林士譯

自動測距儀 黄如瑾

坍坡之研究 韓伯林

靜不定桁樑中應力及位變之形解法 謝祚孔

以上張思讓經手

一三、移工程學報者

水上建倉之芻議 吳家慶

物體轉動慣性之推究 張思讓

機車之拖運量及其行車時間之支配 趙仲敏

以上武漢大學陳克誠經手

一四，寄回或原人取回者

吾國第一架回聲測深儀之研究製造及試用經過 陳章

載重十噸架柱橋式起重機之設計 湯宗法

顧總幹事來去（中山大學陳宗南借用）

劉馥英 桐油之重疊作用

杜春晏 黎煜明 桐油製品體型之初步試驗

茂鴻勛取去楊承訓 隴海鐵路天蘭段經濟路線研究

六工程刊物介紹

（１）本會西昌分會於三十一年七月起出版會務特刊第二期有西昌水力發電工程之前途，開發甯屬應先努力之途徑。第三期有新時代之航空場與航空港等文

（２）工作與學習爲天水寶天鐵路工程局同人所組織之工作與學習社所出版已有數期，係所用石印主編人爲張思讓君

（３）昆明泰山實業公司，發行工程學報季刊一種定於三十二年元旦出版，其編輯委員會則設四川樂山武漢大學工學院內由陳克誠君主編

工程第十六卷第一期要錄預目

西北工程問題特輯四

第十一屆蘭州年會榮譽得名論文專號下

謝辭 工程師聯合年會電告全國工程師

論著 茂鴻勛 西北交通建設的幾個問題

沈怡 西北水利問題

吳承洛 以甘川爲中心的工業建設區位問題

論文 彭榮閣 敦德閘門之流量係數

陳椿庭 梯形渠道結構圖

戈福祥等 改進自流井天然氣然製鹽之研究

張萬久 應用行車延誤與列車數目之關係，作鐵路運輸量之檢討

李芬 不對稱彎轉應力與直接應力分析法

黄玉珊 具有固定邊及自由邊之長方形底板

王竹亭 我國鐵路究應採用何種軌距

附 錄 西北工程問題參考資料四

中國工程師學會

會務特刊

翁文灝題

第十卷 第二期

會長	翁文灝
總幹事	顧毓瑔
總會計	朱其清
總編輯	吳承洛

中華民國32年3月15日出版

內政部登記證警字 7 8 3 號

中華郵政掛號第 1331 執據

重慶郵箱第 2 6 8 號

（本期紙張日正中造紙廠捐贈特此誌謝）

會內刊物 戰時機密 負責存用 勿輕示人

目錄

一　桂林年會定期召集

本屆（即第十二屆）年會召集日期定爲三十二年十月四日至十日，各重要職員如下：

名譽會長　李濟琛　李宗仁　白崇禧　張發奎　黃旭初

籌備委員會主任委員　胡瑞祥

副主任委員　李運華　徐章曼　石志仁　許應期　龍純如　李方城

總務委員會主任委員　潘超

副主任委員　汪胡志　王朔儀

會程委員會主任委員　許應期

副主任委員　張延祥　杭維翰

29429

待招委員會主任委員 周維幹

副主任委員 鄭紹棠 張文奇

交通委員會主任委員 侯家源

副主任委員 趙祖康 與學遜 楊 毅 薛次莘 莫 衡 謝予舉 錢澤奎 過守常 杜鎮遠 許行成

講演編輯員論主任委員 羅 英

副主任委員 張延祥 梅暘春

論文委員會主任委員 吳承洛

副主任委員 茅以昇 沈 怡 趙曾珏 狀前璵 曾昭掄 朱玉崙

提案委員會主任委員 薛 寶

副主任委員 姚文林 馮家錚

二 各地分會消息

（1）上年六月十五日，准山東省政府建設廳張科長璣如函，以山東會員甚多，擬設立山東分會，當於十二月五日（來函十一月廿六日收到）函復贊同，並附寄章程，及應用表格。

（2）桊郁分會於上年十月廿五日舉行職員會議，決定每月最後一星期日之上午十二時，爲會議時間，并由會員輪流報告工程常識。

（3）貴陽分會於上年十月卅日函告，業已辦理人民團體登記手續，并於九月五日發下省職字第三號立案證書，九月廿一日又發木質圖記一顆，經於十月廿一日啓用。

（4）遵義分會於上年十二月二十日改選，結果如下；

會 長 李熙謀　　副會長 陳正修

書 記 王國松　　會 計 殷元章

（5）康定分會於一月三日成立，選舉結果如下：

會 長 駱美輪　　副會長 劉良湛

書 記 吳靜山　　會 計 李學孀

（6）宜山分會於一月四日下午六時舉行第一次常會決議擴大徵求會員，及刊行會員錄等項，并改選職員，其結果如下：

會 長 侯家源　　副會長 魏益祥

書 記 徐世雄　　會 計 陳明壽

（7）西安分會一月五日函告改選結果如下：

會 長 吳士恩　　副會長 狂世鋆

書 記 丁振華　　會 計 何予佳

（8）柳州分會上年十一月三十日函告，以會員時有遷動擬印製會員登記片，同式填繕兩份，一存分會，一存總會，當於十二月七日函復贊同，並附寄本會登記卡片式，以供參考。又十二月廿四日函告召開第三次常會，決議限期催繳會費，及從速填寄會員登記片等項，并請侯局長蘇民演講「鐵路事業拉雜談」。

（9）上年十一月十日翁會長轉來留鋕本會會員

29430

陳良輔君九月十三日函告，於八月廿九三十、兩日在紐約召集旅美工程人員，恢復美洲分會，請予備案。十一月十九日，准航空委員會祕壬蔚字第〇三三一號函詢中國工程師學會美州分會會長陳良輔君，及旅美工程界同人，於八月廿九日在紐約成立中國工程師學會美州分會，擬出版專刊，請予捐款，是否經由本會核准等由，當於十二月十五日以一六九六號函復，證明美州分會經已備案，并請予協助，同時函復陳良輔君，將准渝會務情形，報會備查。

（11）衡陽分會　會長　杜鎭遠　副會長　洪紳　書記　江　昭　會計　陳樹人

三　工程標準協進會常委推定

本協進會常務委員會由董事會推定如下：

（1）土木　趙祖康

（2）水利　沈百先

（3）機械　顧毓瑔

（4）電機　惲　震

（5）礦冶　邵逸周

（6）化工　張洪沅

（7）兵工　周志宏

（8）航空　王承黻

（9）紡織　陸紹雲

四　材料試驗委員會工作報告

本委員會自三十一年四月間成立以來，舉行委員會二次，各組組務討論會一次，及與交通部材料試驗所籌備委員會聯合談話會一次。工作推進情形，簡要報告於次：

（1）調查試驗機器儀器及試驗人材——本委會的調查國內各機關團體現有試驗設備，以供各界參考起見曾分函四十三處調查，祇十七處有復信。茲爲求翔實起見已擬定表格，再分函各機關團體，繼續調查。並爲明瞭現有從事試驗之人員起見，同時並擬就人才調查表，送請各機關團體塡復，以作日後參考。

（2）仿製萬能試驗機——本會調查各機關團體試驗設備，有湖南大學，送有萬能試驗機器圖樣全份，爲推進後方工業起見，經將該圖樣交周委員志宏審核，如屬優良，卽交著名廠家仿製，以備各機關或工廠應用，現該項圖樣尙未審核完竣。

（3）編訂材料試驗手冊——本會前經規定編訂材料試驗手冊，爲本會工作之一，旋本會委員陸禮智撰送金屬材料試驗手冊綱要一份，經予審查，略加修改，請該委員卽着手編訂，此項工作，已送請交通部材料試所驗推動進行，一俟該委員編妥，再由該所送本會審定。

（4）訂各種材料規範及試驗方法——材料規範及試驗方法標準化為工業建設之基礎，經與交通部材料試驗所聯合討論會，決定暫照燃料、油脂、油漆、木材、金屬材料，絕緣材料，膠結材料及雜料，八大類編訂，每類之下，再照用途區分，惟所有推進工作仍請交通部材料試驗所担任辦理由該所聘請專家從事編訂，由本會儘量從旁協助，期於本年八月前將草案編妥送交本會。

（5）今後工作計劃：

本委會今後擬着重在調查，暨與各界聯繫工作，而將調查所得資料，加以審查，再供各界參考。如材料試驗設備人才及國內外規範等調查工作，均擬積極推動。再如全國度量衡局，中國工程標準協進會等團體，本會亦擬取得密切聯繫，以收分工合作之效。最後所有委託交通部材料試驗所，所辦材料規範，及其試驗方法等工作，本會擬充分協助一俟各項工作局部完成，並開會審定，報告中國工程師學會，以全使命，乃本會今後工作方針之大概也。

五　工程史料編纂委員會資料

（一）本會中國工程學會時代第一任會長陳體誠號子博，因公病故西南，正由會員請褒揚中，除由委員會收集蔣夢麟先生撰墓碑銘及中緬運輸局所撰事略外，並請茅以昇會員為立傳，以誌久遠

（二）中國工程師學會子博公路工程獎學金辦法

一、本會為紀念本會第一任會長陳體誠先生，並獎勵有志於研究公路工程之學生起見，特設立子博公路工程獎學金。

二、本獎學金基金，定為十萬元

三、本獎學金每年名額定為十名

四、凡國立大學土木工程系三四年級，品學兼優，體格健全學生，對於公路工程有興趣者，得呈請校方轉向本會專函請求之。

五、每大學每學期請求獎學金名額，至多以二名為限

六、本會為慎重審核獎學金之支配起見，特設立審查委員會，人數定為三人，由本會董事長遴選聘請之。

七、獲得本獎學金之學生，於每學期終時

，應著有關公路工程之論文一篇，經由學校轉送本會。

八、論文優異者，得登載本會工程刊物。

九、本獎學金數目，由審查委員會臨時決定之。

十、本辦法經本會董事會核定施行。

（三）子博獎學金基金籌募委員會組織簡則

一、中國工程師學會，為籌募子博公路工程獎學金基金，設立子博公路工程獎學基金籌募委員會。

二、本委員會設主任委員副主任委員各一人，委員若干人，由董事會就會員中推請担任之。各地分會，及工程專門學會會長副會長，均聘為本委員會委員。

三、主任委員，主持本委員會一切事務，副主任委員協助之，委員依照委員會所訂募金手續辦法，分別担任募集工作，並隨時與主任委員取得聯絡。

四、本委員會得自行刊用圖記，以昭信守。

五、本委員會辦公所需文具紙張郵電等費，由主任委員設法暫行墊付，將來於募金內扣還，並報由學會核銷。

六、募金工作，擬於三十二年六月底以前辦竣。

七、本委員會於基金籌募足額時撤銷之。

八、本簡則由中國工程師學會董事會核定施行。

六 總幹事收發文統計

	月份	文別	件數
發文	九月	函	一二三
		電	一
		呈	一
	十月	函	一三九
		電	三
		呈	二
	十一月	函	四六
	十二月	函	四三
		呈	四
	一月	函	一二〇
		電	三
		呈	一
	二月	函	一七七
		呈	二
	三月	函	一〇六
		呈	七
	合計		六七七
收文	九月	函	一六
		電	一
	十月	函	五二
		令	二
	十一月	函	四三
		電	二
		令	三
	十二月	函	三九
		電	二
		令	三
	一月	函	三二
		電	二
		令	三
	二月	函	一九
		電	三
		令	三
		批	三
	三月	函	二四
		令	二
		批	一
	合計		二五五

七　會員繳費須知

查本會會員對於繳費辦法及應繳數目等等尚有不甚明瞭者茲特摘錄繳費須知數條於後供　各會員參閱

一、繳費手續

甲、新會員：各級新會員一俟本會審查合格接到本會通知准予入會後應即向各該會員所在地或所屬之分會會計依照後表（見二）繳費一切應繳之會費

乙、老會員：各級老會員應於每年一月至三月間向各該會員所在地或所屬之分會會計處繳納該年度各該級之全年常年費

二、應繳數目

各種各級之會員應繳之各項會費如左表

會員種類＼費別	入會費	常年費	永久會費	備考
團體會員	無	五〇〇、〇〇元	五、〇〇〇、〇〇元	係經去年蘭州第十一屆年會時改訂通過
正會員	一五、〇〇元	一〇、〇〇元	五〇〇、〇〇元	
仲會員	一〇、〇〇元	六、〇〇元		仲會員不得請求爲永久會員
初級會員	五、〇〇元	二、〇〇元		初級會員不得爲永久會員

（附註）凡會員所在地未成立分會者可直接向總會會計繳費凡會員逾期三個月不繳會費者得停止其會員資格詳見本會會章第四十三條

八　中國工程師學會第十二屆年會徵集論文啓事

本屆年會定于十月初在桂林舉行現在暑假期近，論文已開始徵集凡關實業計劃研究，工業及工程標準規範，科學技術發明創作，材料試驗記錄工程改進方案，抗戰工程文獻，以及土木機械電氣化工，礦冶水利建築，航空自動紡織，等專門研究均所歡迎請於六月底以前將題目或摘要告知，全文務請於八月底以前掛號寄至重慶郵局二六八號轉本會，如有商酌之處可逕與重慶川鹽大樓本論文委員會吳主任委員承洛通訊此啓。

工程第十六卷第二期要目預告

中國工程師學會

會務特刊　翁文灝題

第十卷　第三期

中華民國32年5月15日出版

內政部登記證警字783號
中華郵政掛號第1331號執據
重慶郵箱第268號
（本期紙張日正中造紙廠捐贈特此誌謝）

目錄

一　年會籌備要案及會程

本會第十二屆年會籌備委員會於三十二年五月十八日六月一日及十五日先後召開籌備會，到胡瑞祥、許應期、龍純如、羅英、姚文林、王羽儀、馮超、謝有熙、汪祖志、徐韋曼、李運華、王篤元、胡國淦、張縣琪、袁家騮，杭維翰、劉晶森、張廷祥、徐修惠、余育德、朱國楨，鄭紹棠等，由胡瑞祥許應期主席報告及議決不下五十餘案，備極細密而詳盡，摘要如下：

29435

一、遵照第四十八次董執聯席會議議決各項，執行籌備事宜。

二、年會出席會員，在年會開會前一個月內停止新會員入會。外埠參加年會之會員，以正會員及仲會員為限，除總會員推派代表以會員為原則。

三、籌委會每月發行籌備通訊一期，請中央電工器材廠及無線電廠捐印。

四、出席會員年會費外埠每人三十元本地五十元，初級會員不收會費，除開會時得列席外，概不招待。

五、籌備桂林展覽會。

六、經費由總會籌撥。

七、年會以三天為限。

八、遊覽須有計劃。

九、論文委員會徵集辦法，分函各地分會及桂林各學術團體，並函徵集論文暨函請各地分會刊登當地報紙，以資擴大徵集。

十、總務委員會分文書、事務、財務、防護、佈置、註冊等組，另設委員會分展覽、遊藝、公宴、遊覽、參觀、會場等組。

十一、會場借省府大禮堂，可容千人。

十二、會員到會於湘桂南站下車。

十三、參觀分邵陽，全縣柳州及衡陽四處。

十四、決定年會日程如下：

十月三日（星期日）上午八時至十一時

註冊

下午一時半至四時半

註冊

十月四日（星期一）上午九時至十二時

年會開幕典禮

下午二時至五時

各學會會務報告

下午六時

公宴

下午八時

公開講演

十月五日（星期二）上午八時至[illegible]

各學會會務討論（分組）

下午一時半至四時半

宣讀論文

下午二時至四時半

公開講演

下午六時三十分

[illegible]

下午八時

廣播講演

十月六日（星期三）上午八時至十時

專題討論（分組）

下午二時至四時

公開講演

下午六時

公宴

十月七日（星期四）上午八時至十二時

參觀

下午一時至四時半

參觀

下午六時三十分

音樂會

十月八日（星期五）上午八時至十二時

宣讀論文

下午一時至四時半

專題討論

下午二時至四時

公開講演

下午六時三十分

話劇

下午八時

廣播講演

十月九日（星期六）上午八時至十二時

專題討論

下午一時半至三時半

會務討論

下午四時

公開講演

下午五時

公宴　行閉幕禮

十月十日（星期日）上午七時至下午五時

遊覽

下午六時三十分

平劇

二　論文徵集辦法

（三十二、五、一、訂）

本會暨各專門工程學會聯合年會定於十月四日起在桂林舉行。茲鑒於歷屆年會論文之數量與質量，為以前所未有，特將工程雙月刊及各專門工程定期刊物，在後方復刊，俾多數論文，均得發表之機會，現已陸續出版。用再普遍徵集論文；凡屬會員並各學校教職員學生與各公私建設及研究機關服務人員，均可投稿，辦法如下：

（一）種類

一、學術研究二、發明創作三、建設計劃四、實施報告五、試驗成績六、專案考據七、考察筆記八、問題意見九、工程教育十、工程史料

（二）專題　即討論之中心問題如下：

一、國父實業計劃研究二、工程標準規範擬議三、工程技術促進四、工程材料試驗五、鐵路路線問題六、國際問題七、化學工業問題八、水利水力電力問題

（三）宣讀　除專題外，分組如下：

一、一般工程及工程教育二、土木及建築工程三、機械工程四、電機工程

五、水利工程六、航空及自動工程七、化學工程八、礦冶工程九、紡織

（四）給獎　論文經本人或代表宣讀討論後，由各組推定審查委員，選出三篇，列為最優，其次榮譽提名，篇數不定，均由論文委員會彙報本會董事會審定，除給獎金外，並由會長頒發得獎證書。

（五）徵集　除由論文委員會各委員負責外，並由本會各地分會，各專門工程學會，各工學院，各工業專門學校分別向當地及所屬會員，並各教職員與高年級學生徵集之，其屬於各工程事業及工程建設與研究等機關暨各省市建設經濟工商企業等，由各該機構代向所屬工程人員徵集之。

（六）寄遞　論文請於六月底以前，將題目或摘要告知，全文於八月底以前寄至重慶郵箱二六八號中國工程師學會桂林年會論文委員會，如有商酌之處，可逕與重慶川鹽銀行一樓本論文委員會與主任委員承洽通訊。

（七）附註　論文請繕寫清楚，如能自印若干複本，更為妥善，但必須有最清晰之正本一份，以便付印時不致有誤，製圖尤須注意使能製版

三　工程師節擴大念紀要項

陪都工程師節，由政治部，社會部，交通部，經濟部，教育部，中宣部，中央團部，市政府，社會部及本會總會與陪都分會會同籌備，以六六工程師節，經行政院通過，合由社會部於四月三十日，召集各有關機關舉行談話會，嗣於五月間舉行紀念會籌備委員會數次，其要項如左：

（一）六六工程師節紀念時期，適與本會主辦陪都文化界六月份國民月會時期接近，即併入紀念會舉行。

（二）紀念會地點，兩路口社會部社會服務處社交會堂。

（三）演講會地點，中央大學，銀行公會，社交會堂，廣播大廈，時間為上午九至十二時。

（四）籌備委員會，由各關係機關代表組織之，，並推中宣部，三青團中央團部，社會部，教育部，政治部，各代表為常務委員

（五）演講由各專門工程學會，推定專家，到會演講，並由美國機械工程學會代表Eaton教授到會致詞，行政院副院長訓詞，各機關首長致詞。

（六）總裁頒訓詞，由國防科學技術策進會及中國工程師學會總會，邀請各專門工程學會負責主持人暨生產會議重要技術專家在中央黨部禮堂中敘。

（七）請經濟部轉飭通知附近各工廠，於該日開放一日，先期將各指定之工廠，通知本會以

作簡要之介紹，參觀者各組織團體、學生由學校負責辦理，團員由中央團部負責辦理，黨員由黨部負責辦理，民衆由社會部社會服務處負責辦理

（八）請中央宣傳部商各機關於街口搭佈標語，社會局通知各電影院映幻燈標語。

（九）請教育部中宣部，政治部，市社會局，通知各戲院於該日加演工程影片

（十）紀念會電影，請中宣部，（國際宣傳處放映中國空軍在美生活）政治部，（放映總隊工程影片，

（十一）音樂請教育部，接洽國立音樂院實驗管弦樂團。

（十二）廣播請中央廣播事業管理處辦理。

（十三）紀念會時間下午七時起。

（十四）毒氣表演，請防空司令部辦理。

（十五）兵器遊行，請兵工署辦理。

（十六）滑翔表演，請滑翔總會辦理。

（十七）招待新聞界，於六月一日下午五時，假中央調查統計局信誼堂舉行並備晚餐。

（十八）各報論文函請各報館自撰社論，並各名人專家撰稿送登。

（十九）紀念會由主席宣布本會蘭州年會得獎論文及經濟部教育部核准技術學術獎勵清單及統計，並發明創作表演。

（二十）本屆為第三屆工程師節，除擬將第二及本屆各地舉行所發表之論著彙編工程師節紀念特刊第二輯外，其第一屆工程師節紀念特刊，都七十頁，論著社論四十篇，各地紀念報告及新聞多則，可供參考。

（二十一）本屆擴大紀念，午後雖遇只有空襲警報，一切照常舉行，至為熱烈，各地分會均同日舉行而新疆迪化亦初次舉行。

四　工程技術獎進委員會工作

本會於民三十一年十月卅日總會函以第四四次董執聯席會決議組織本會通過組織綱要等項，通知查照，並附送三十一年年會有關於工程技術之論文十篇，計（一）鮑思賀：自動緩衝機（二）衛良潤：列車配合法之建議（三）王平洋：變速回力式電動吸滷機（四）許儒傑：電相旋轉方向指示器（五）謝鈞：功率因數計算尺（六）王翰辰：測音機之構造及用途（七）張思騰：代算尺（八）孫運璿：新型電機之擬議及其初步研討（九）王天眷：手搖機供電輕便無線電話發送機（十）金賢藻陳克恭：手搖發電機濾波器。內中王平洋之變速回力式電動吸滷機，並已呈准經濟部新型專利五年，其他各案正在進行審查決定辦法。

本會工作推進，擬與有關各方面，密切聯繫，對於經濟部仿造工業原料器材及代用品之獎勵及審查，並隨時提供意見。

本會將來之工作，似宜確定一種原則，即論

助主管機關事務之推進，凡從事於發明創作仿造品或代用品之研究者，在工程技術上，如有疑難不明之處，本會則可備顧問性質之諮詢。凡對於政府法令，有不明悉，呈請程序，有不了然者，本會則可隨時代為解釋，或予以指導。政府機關對於審查各種獎勵案件，有需本會協助者，本會亦可推派專家協助辦理。此為初步之原則，今後當再擬訂具體辦法，依照辦理。

五 工程師用武之地

（1）國防科學技術策進會推蔣委員長任會長最公佈研究專題，懸獎一百萬元，徵求答案，於本年底以前送重慶中三路巴縣中學內該會評獎計為（一）直接鍍鎳於鋼鐵之方法（二）舊胎橡皮之復原（三）合成橡皮及橡皮代用品（四）鐵路機車用鋼胎之製造（五）高溫度汽缸油（六）（路素大量提取（七）汽油精（八）防火塗料）法，舊電酒精塗料（十）各種汽爆條。該會印有及徵辦法，函索即寄。

（2）中國滑翔機總會徵求滑翔機起飛之助說（特設獎金，除起飛方法外，並徵求橡筋繩之代用品，即人造橡皮及舊橡皮翻新及其他之橡皮代用品造成橡筋繩，以供滑翔機起飛之用，其他起飛方法，如利用人力動力機力者，必須使初級機離地二公尺以上，中級機離地三公尺以上。有志者可函本會轉介或逕函重慶青木關中國滑翔總會索取詳章及資料。

（3）經濟部徵求仿造工業原料器材及代用品獎勵特訂獎金，規定後方最急需之原料及器材為機械之鋼珠，軸承，砂輪，鋼絲針布，鋸條，鋼絲圈，新銼刀各式銑刀製革用刨皮刀，增加機械效率或數量之附件，保存容器如油桶之方法，化學（輪帶革，變壓器油，合成染料，紅紙箔，皮質補熱，製紙試用藻類，人造橡皮再造橡皮，淬火劑，光學玻璃，黃血鹽快速植物染料，造木原料）紡織（無接縫毛毯，澱粉紙用絲網）電氣（磁鐵，無絲燈泡，炭精電極，黃臘布）冶煉（煉鋁，煉鎢，錫之利用，鉻之替代品，鋼鼓，化學用鑄鐵陶瓷，煉焦爐用耐火圓筒，吸鐵片）動力（柴油氣化爐，木柴爐。

六 中國工程師學會美國分會

（中央社據美國新聞處訊）紐約三十二年六月二十六日電，中國工程師學會美國分會本日開始在國際大廈舉行年會，會期兩日，本日下午之第一次會將由美國各地支會之主席報告一年來之會務，各與會代表本晚將參加一次中國式之聚餐會，明日之會議將為工程會，分為土木冶金採礦電氣機械及航空各組舉行。

七 各專門有關學會動態

（1）中國土木工程學會 桂林麗獅路桂穗公路工程處羅總幹事轉 會長 薩福均 副會長 茅以昇 趙祖康

總幹事 羅英 副 李紹德

總會計 裘燮祥 副 張鴻逵

總編輯 李書田 副 李榮夢

（2）中國電機工程師學會 桂林鋼鼓山一號胡總編輯轉 會長 顧毓琇 副會長 莊智煥

總務董事 吳道一 會計董事 陶鳳山

總編輯 胡瑞祥 電信編輯 蔡金濤

電力編輯 王崇植 前會長 惲震

（3）中國礦冶工程學會 重慶牛角沱二十六號轉幹事會理事會 會長 翁文灝 副會長 陳立夫 翁鑄甫

幹事 曾義克 會計 朱謙

總編輯 朱玉崙

八 礦冶電工及化學工業復刊

（1）「礦冶」復刊號 出版 中國礦冶工程學會會刊內容有胡石炎近代煉鋁工業之近展，趙天從改良我錫品質試驗，李春昱增加黃金生產量建議，邵逸周冶鐵炭之性質及其在煉鐵爐內合理功用程宗陽天府選煤，俞再麟洗煤煉焦試驗，王之槙渠江礦冶公司洗煤煉焦工程，朱玉崙四川之鋼鐵，黃典華綦江土鐵業，鄭達候贛錫砂人工選洗程序等。

（2）「電工」十一號第一期復刊出版要目為何之泰 On The Induced Current And Energy Balance in Electronics 蔡金濤電網計算之簡易新法，王秀松抽抗算子乘積之運算，范緒筠研究銅氧化層整流之幾種經驗，蔡金濤譯關於調幅制國外論文摘要等。

（3）「化學工業」第十四卷第一期，中華化學工業會出版，要目為洪中現代煤炭煉油方法，沈乃菁利用天氣行駛車，萬冊先酚醛膠之研製，余仲奎層板之研製，秦子青耐火材料高溫耐壓試驗，魏壽昆路省鋁鐵冶煉，李壽恆等白土活性化，黃彬文活料蒸溜機械設計，杜春晏等硫酸化油，顧毓珍等菜籽油氧化高黏度潤滑油，歐陽存無煙火藥製造等。

九 工程第十六卷第三期要目預告

李金沂 建設與防空

洪紳 鐵道養路與新工

吳士恩 戰時軍事運輸之商榷

張登義 汽車運輸之近況及其解決方法商榷

蔡志明 互換性大量生產機械製造法

莊智煥 我國電工製造之展望

沈觀泰 我國液體燃料自給問題

施汝礪 李路得電氣基本標準之保存及校驗

張煦 成渝公路載波電話之設計

唐耀 屠鴻遠 國產重要木材基本比重及計算用之力學強度

陸紹雲 紗廠工作效率之實施法

楊承訓 隴海鐵路天蘭段經濟路線研究

土木工程，機械工程電機工程，化學工程論文摘要若干則

『工程』第十四卷第四期要目

三十二年一月一日補行出版

『工程』第十四卷第五期要目

三十二年三月一日補行出版

『工程』第十四卷第六期要目

三十二年五月一日補行出版

中國工程師學會

會務特刊

翁文灝題

第十卷 第四期

中華民國32年7月15日出版

內政部登記證警字 7 8 3 號

中華郵政掛號第 1331 號執據

重慶郵箱第 268 號

會內刊物
戰時機密
負責存用
勿輕示人

目錄

中國工程師學會為設置各種獎學金啟事

本會爲獎助國人研究工程學起見特將逐承各熱心會員捐獻之基金設置各種獎學金名額除浙大之江復大貴州各大學及昆明年會等獎學金另有規定外所有其他各種獎學金種類名額給予對象等茲特列表公布如後普遍徵求凡願應徵者請函重慶郵箱二六八號本會獎學金審查委員會主任委員朱其清接洽詳章函索附郵一元即寄

獎類	名額	給予對象	金額
朱母紀念獎學金	五	任何工程	每名獎金國幣一千五百元
石渠獎學金	一	土壤力學	每名獎金國幣一千五百元
天佑紀念獎學金	無定	對任何工程有特殊成就	每名獎金自國幣一千元至五千元不等視成績而定
[illegible]水工程獎學金	一	任何工程	每名獎金國幣一千五百元

蘭州年會得獎論文

（錄會務特刊第九卷第六期第四頁）

礦冶組

第一名　高則同　火花實驗鑑別鋼成分之研究

第二名　王恆守　浮游選礦法研究

第三名　甘肅建設廳礦業指導室　西北土法煉鐵之檢討

紡織組

陳維稷　中國紡織業發展計劃芻議

石鳳翔　今後中國棉紡織業建設計劃

中國工程師學會第四十九次董事會執行部聯席會議議程

甲　報告事項

（一）第四十八次董執聯席會議各議決案執行情形

1. 決定第十二屆年會名譽會長籌備委員會副主任委員及各委員會正副主任委員之聘任已於四月七日將各聘函寄發

2. 核定第十二屆年會經費預算並如何籌措案已於四月二十一日照案函知年會籌委會並由會呈請行政院核准補助國幣八十萬元已轉行政院核准俟概算核准後即可領用經濟部允予撥助十八萬元分由資源委員會撥助十萬元工鑛調整處撥助五萬元經濟部撥助三萬元資源委員會所撥之十萬元經已匯往桂林

3. 決定第十二屆年會出席會員資格案已於四月二十一日錄條函知年會籌委會及各分會

決定第十二屆年會討論之中心問題案已於四月二十一日錄案函知年會籌委會並已分別函請各負責人研究

桂林展覽會已由籌委會與桂林分會籌辦以交通及工鑛出品為限除桂省外湘粵贛等省各工廠亦正擬參加閩粵各工廠亦由經濟部工鑛調整處徵集設法運桂

6. 第十一屆年會得獎論文審查已有結果請決定案經於五月十八日函知各分會各學會及各得獎者

7. 決定工程標準協進會常務委員案已於四月七日將各常務委員名單及聘函送工程標準協進會與副會長承洛

8. 本年度獎章候選人問題前次董事會提出

支秉淵先生並已指定徐僅事恩會等組織審查會現已請支先生將歷年各項發明及對機械製造之特點詳述送會以便審查

（二）六六工程師節總會及各地分會紀念情形

名　　稱	紀　　念　　情　　形
1.總會及重慶分會	總會及重慶分會於下午七時假社交會堂合併舉行紀念會到會者約五百餘人黨政長官蒞會者有孔副院長中宣部張部長政治部張部長賀市長經濟部譚次長等翁會長以病未到由陳部長立夫主席報告紀念意義繼宣讀第十一屆年會論文審查結果旋請孔副院長訓話依次各長官演說復由美國機械工程學會代表依曠教授致詞並會後通過慰問　林主席致納及向總裁致敬與向全國工程師致慰電一時許開始音樂演奏及各種科學表演後即放映「北非大捷」影片是日陪都各報特載有專論或特刊等請專家分別在渝市廣播大廈文化會堂社交會堂及中央大學等處公開講演各工廠是亦開放一日招待參觀
.西安分會	a.八時在隴海路特別黨部舉行紀念會到會員一百五十餘人當地黨政長官均相繼演說 b.在西京日報與華北新聞發行特刊 c.舉行遊藝會
.蘭州分會	a.聯合各機關舉行擴大紀念會當地高級長官均爲大會主席團參加者極爲踴躍 b.各工廠開放一日招待參觀 c.請高監察使一涵担任特約演講並由會員分別在各處講演「青年應立志做工程師」 d.各報發行特刊各劇團長演戲劇 e.分會建築會所舉行奠基典禮
4.貴陽分會	a.聯合各機關舉行大會 b.廣播演講 c.在中央日報貴州日報發行特刊 d.各工廠開放一日招待參觀
5.桂林分會	a.在廣西紡織機械工廠舉行紀念會由胡瑞祥先生主席並請當地長官蒞會致詞到會者二百三十人 b.請程孝剛先生報告「滇邊交通設施狀況」
6.　大渡口分會	a.在鋼鐵廠第二中山堂舉行紀念會 b.學術講演 c.餘興
.7　泰和分會	a.假建設廳中正堂舉行紀念會 b.地質調查所所長講演「戰後復興江西計劃鐵冶部份計劃草案」 c.同時舉行會員大會改選職員
8.　天水分會	a.假天水圖書館舉行紀念會黨政軍首長及地方名流均蒞臨參加 b.由茂會長鴻勛演講「工程師應以大禹精神完成建國的使命」 c.同時舉行會員大會並改職員 d.在隴南日報登載專刊
9.　永安分會	a.假中山紀念堂舉行紀念會各黨政軍首長均參加 b.在新建日報發行特刊 c.攝影
10.　辰谿分會	a.假十一工廠大禮堂舉行紀念會參加會員七十四人 b.由李待琛先生主席並報告紀念意義 c.刊行工程通訊第一期及分會會員錄
11.　柳州分會	a.假柳州機廠舉行紀念會出席會員三十餘人 b.由茅以新先生主席並報告工程師節之意義 c.舉行學術講演 d.各工廠開放一日 e.放映工程電影 f.在柳州日報中正日報刊登專論
12.　內江分會	a.假中國煉糖公司舉行紀念會參加會員及來賓二十餘人

b.由胡會長庶康主席並報告紀念意義

c.餘興

13、昆明分會 a.假省黨部舉行紀念會到會員及來賓數百人

b.請杜總司令光亭及委司令玉琢分別講演

c.假兵工廠放映工程影片

（三）六六工程師節各方致賀情形

名稱	摘要
中央文化運動委員會	為工程師節電賀中國工程師學會
黔桂鐵路	為本路通車獨山適逢盛節謹電致敬
新疆省黨部	為迪化舉行首次工程師節紀念大會歡迎工程師建設西北
福建省會工程師節紀念大會	為值茲佳節代表八閩同胞電慰全國工程界人士
西康榮經各界工程師節紀念會	祝慰全國工程師完成抗建大業
四川省會工程師節紀念大會	為紀念工程師節謹電致敬
湖北來鳳縣各界六六工程師節紀念大會	為紀念六六工程師節致慰全國工程師
閬陝縣六六工程師節紀念大會	為紀念工程師節向中國工程師學會致敬

（四）「六六」工程師節演講人及負責人名單

地點	負責事項	姓名	通信處
1.中央大學	演講	张智煥先生（電）	經濟部
	主席	楊家瑜先生	中央大學工學院
2.廣播大廈	演講	吳任之先生（鋼）	中國興業公司
	演講	杜長明先生（化）	中央大學
	主席	徐恩曾先生	中央調查統計局
	幹事	范式正先生	廣播大廈
	幹事	錢其琛先生	交通部
3.社交會堂	演講	朱泰信先生（土木）	交通部
	演講	趙曾鈺先生（電）	交通部
	主席	茅以昇先生	民生路勝利大廈
	幹事	柳埔宇先生	中央調查統計局

4.文化會堂	演講	楊毅先生(機械)	交通部
	書記	章作民先生	交通部
	幹事	吳有榮先生	中央工業試驗所

(五)各地分會改選情形

分會名稱	改選日期	改選結果				備註
		會長	副會長	書記	會計	
重慶分會	五月七日	粟秀樂	錢其琛	柳靖宇	范式正	
鄖陽分會	六月六日	陳宗漢	魏如	韓士元	金錫問	
永安分會	六月三日	陳體榮	陳德銘			來函說有幹事十二人未選舉書記及會計
內江分會	六月	吳卓	高步焜	賀振勛	羅一滄	
泰和分會		蔡方蔭	胡宗韶	吳德門	狄兆[illegible]	來函未註日期
桂林分會	六月六日	許應期	周維幹	王宗棨	張延[illegible]	
柳州分會	六月六日	茅以新	宋熙生	劉峻岑	梁鴻烜	
衡陽分會	四月十八日	杜鎮遠	洪紳	江昭	陳[illegible]人	
平越分會	八月三十日	羅忠忱	顧宜孫	黃壽恆	伍鏡[illegible]	
辰谿分會	二月十四日	李待琛	朱建寅			
瀘縣分會	四月十一日	吳欽烈	劉人積	俞念祖	俞念祖	
大渡口分會	六月六日	張連科	翁德鑾	高許培	何緒萊	
全州分會	九月十二日	張名藝	汪公旭	施履楷	劉史瓚	
天水分會	六月六日	凌鴻勛	劉如松	劉澄厚	張仁滔	
大庾分會	七月七日	洪中	林濟青	唐炯麟	張新川	
廣東分會	八月二十二日	職員如下：理事長兼常務理事[illegible]常務理事洪紹論伍澤元理事李卓陽元熙鄭元昌周斯銘韓兆[illegible]王志遠顧澤滋陳宗南				
美洲分會		陳良輔	梁寶璀 王有新代	執行委員王光[illegible](文書)[illegible](總務)曹友德(會計)		

(六)第十一屆年會議決團體會員常年會費改為每年國幣五百元永久會員會費改為五百元團會、員個永久會費改為五千元復經第四十七次董執聯會議決先行實行并徵詢各分會意見已函復贊同者有下列分會

1•內江分會　2•貴陽分會　3•平越分會
4•西安分會　5•柳州分會　6•衡陽分會
6•桂林分會　7•永安分會　9•辰谿分會
1?泰和分會

(七)各機關常年補助經費數目(另見會計報告)

(八)詹氏天佑獎學金報告

本會第十屆年會決議設立詹公天佑紀念獎學金經第四十二次董執聯合議決組織詹氏天佑紀念獎學金委員會推請凌鴻勛先生為主任委員朱其

清梗綏二先生偽鄭丰任委員於三十一年三月計職
捐款由該先生主持進行募捐所得金額僅拾萬元卅
一年第十一屆年會時該先生報告已募得拾三萬餘
元截止第四十五次董事聯會時決定募足拾伍萬元
為止仍請該先生主持募集迄三十一年十月底共募
得拾五萬四千二百陸拾元經於十一月十六日由蓉
匯渝并已轉送朱總會計共清收存銀行矣

（九）各分會會員參加年會旅費沿途安全問題動
請核發到蓉由本會於九月二日以二一一三號函
請四川廣西貴州雲南陝西湖南等省政府飭屬沿途
予以便利并協助在案現已准貴州省政府函復已飭
所屬各縣及該省公路管理局一體予以便利與協
助

（十）本會會員出席年會各服務機關照例應予公
假本會業於八月卅日以二〇九六號函請各有關機
關三十六單位援照成例給予公假現已准函教育部
財政部行政院水利委員會經濟部等機關復飭照
辦

（十一）各分會函告參加年會人數（略）

（十二）中國市政工程學會籌備會來函以該會經
籌備訂於十月廿一日開成立大會并擬參加本屆聯
合年會

（十三）本屆年會徵集論文會由會發出「徵文啟
事」於五月二十四日函請各分會轉知并在各地報
紙刊登廣告擴大徵集

（十四）本會第十一屆年會籌備主任沈君怡先生
於本年五月十七日將籌備經過情形及經費收支列
具對照表函寄本會其經費項下計共收入貳肆十肆
萬五千五百三十四元六角九分支出貳拾萬零陸
千柒百二十三元三角四分除支俱存叁萬八千八百
一十一元三角五分此項存款經總會長允許如數撥
作蘭州分會建築會址經費

（十五）准中國機械工程學會函以本屆聯合年會
宜多注意於專門技術之研討避免對外不必要之宣
傳等由經於九月廿日以二一五六號函轉桂林年會
籌委會查照辦理

（十七）准四川重慶地方法院函以資源委員會簡
陽酒精廠與彭毅湖等損害賠償事件業於兩造提出
之大樑載重計算書其計算方法與結果互有出入究
以何者為正確請為鑑定當由會於七月廿九日轉請
薛董事次莘辦理并已復送鑑定書，由會函轉該院
矣

（十八）社會部本年三月二十三日組五字第四三
三三〇號訓令以本會工作頗為努力特予嘉獎

（十九）參加陪都各團體歡迎蔣夫人返國大會

蔣夫人訪美載譽歸來由新生活運動促進總會
等發起聯合陪都八十餘團體于七月十一日在
重慶夫子池新運總會廣場舉行盛大歡迎會熱
烈情況空前未有本會會員參加者有五十餘人
會後　蔣夫人贈本會照片一張以資紀念

（二十）收發文統計

收		文	發		文
月份	文別	件數	月份	文別	件數
四月	令	三	四月	函	一七七
	電	一			
	函	四〇			
五月	令	二	五月	電	六
	電	四		函	三〇六
	函	七七			

六月	合	三	六月	県	四
	體	一三		體	三
	函	八〇		函	八八
七月	合	一	七月	県	三
	體	二		函	二六四
	函	八六			
八月	合	一	八月	県	一
	體	四		體	一
	函	六九		函	一一一
統計	合	二	統計	県	一四
	體	二四		體	四
	函	三五二		函	九四六

中國工程師學會四十九次董事會執行部聯席會議記錄

時間：三十二年九月二十四日下午五時

地點：重慶牛角沱資源委員會

出席者：李熙謀　薛次莘代　顧毓琇

　　　　薛次莘　　　　　　吳承洛

　　　　李書田　　　　　　孫越崎　許本純代

　　　　胡博淵　　　　　　趙曾珏

　　　　顧毓琇　趙曾珏代　錢其琛

　　　　朱其清　　　　　　凌鴻勛　吳承洛代

　　　　翁文灝　胡博淵代　楊　毅

　　　　胡庶華　　　　　　茅以新

　　　　徐名材　　　　　　徐恩曾

　　　　梁秀峯

主席：胡博淵

紀錄：鄒[illegible]方

甲、報告事項（見議程）

乙、討論事項

一、年會改期請討論案二

議決：改至十月二十一日年會開幕

二、追認年會招待委員會主任委員[illegible]交通委員會副主任委員王世[illegible]文[illegible]副主任委員李書田年會籌備[illegible]及各委員會委員王充[illegible]等案

議決：通過（名單見議程）

三、追認工程標準協進會推本會[illegible]吳許本純裴[illegible]張季熙趙天從[illegible]文濟陳大受呂[illegible]南劉文騰[illegible]十三人案

議決：通過

29449

四、中國機械工程學會來函關於年會意見案

議決：（1）函請年會籌備委員會特別注意專門技術之研討避免對外不必要之宣傳

（2）年會前不發表任何消息

（3）年會舉行時各會員所領之年會證章出會場時不得佩帶

五、中國市政工程學會擬參加本屆年會案

議決：歡迎參加惟交通工具須由該會自備

六、侯鴻勛先生請[illegible]工程[illegible]分會展案

議決：擬留俟年會後徵[illegible]各該[illegible]決定

七、梁[illegible]秀峯提議根據已有材料另編「中國工程年鑑」案

議決：原則通過請梁[illegible]秀峯擬具詳細辦法

八、擬定證章及會員證請討論案

議決：（1）證章——暫緩製

（2）會員證——除學歷改科別及加副會長一欄外餘照原設計通過

九、重慶分會建議改用雙聯入會志願書案

議決：仍用單頁入會志願書各地分會可採用登記片。

十、修改章程各點請討論案

議決：提請年會討論

十一、審查新會員入會志願書案

議決：通過

工程史料編纂委員會啓事

本會六月六日工程師節，取[illegible]大禹誕日，除喚起青年立志爲工程師藉以自勵外，並在闡揚古代工程師事蹟。

本會近年每年年會徵集論文，特設工程文獻一欄，除保存工程[illegible]外並在發揚現代工程師成績。

本會爲搜集本國工程史料紀念已故有成就之工程師起見，由會組織本委員會，敦請與本會有悠久歷史及各種專門工程會員，有[illegible]經驗者七十五人爲委員，並指定吳承洛先生爲主任委員，現在正式徵求工程史料，其範圍如下：

（一）關於本學會及其他專門工程集會之史料者。

（二）關於本學會刊物及其他工程刊物之搜集者。

（三）關於已故有成就之工程師事蹟者。

（四）關於中國工程建設之資料者。

至希

各會員暨總會及各地分會前後任職員特爲注意分別惠送詳細項目見本委員會發刊第一種

此啓

中國工程師學會

會務特刊

翁文灝題

第十卷　第五期

中華民國32年11月1日出版

內政部登記證警字783號
中華郵政掛號第1331執據
重慶郵箱第268號

目錄

一）中國工程師學會第十二屆年會會務討論紀錄

時間：三十二年十月二十六日

地點：桂林廣西省政府大禮堂

主席：翁文灝

紀錄：鄒銘方

討論事項

1.擬定司選委員會提出候選人辦法案　茅鴻勛　沈怡　提

審查意見：本案與改善本會選舉辦法案（莊智煥提）合併討論送請董事會參酌二案意見送交下屆司選委員會注意

議決：通過

2.請政府增列給水工程補助費預算及貸款案

中國衛生工程學會理事長過祖源提

29451

審查意見：送請董事會研究辦理

議決：通過

3.大學增設衛生工程系及高工增設衛生工程科案

中國衛生工程學會理事長過祖源提

審查意見：送請教育部參考

議決：通過

4.選派衛生工程師出國深造案

中國衛生工程學會理事長過祖源提

審查意見：送請教育部參考

議決：通過

5.請政府設立公共工程部案

中國衛生工程學會理事長過祖源提

審查意見：送請董事會研究辦理

議決：通過

6.各地分會興辦業務擬由全體會員合力圖成案

蘭州分會提

審查意見：各地分會建築會所所需經費以自籌為原則

議決：通過

7.本會組織技術及聯絡諮詢機構案　永安分會提

審查意見：送董事會酌量辦理

8.統一全國工程師資位銓敘案　永安分會提

審查意見：本案與請建議政府提高並劃一工程師待遇及確定工程師等級案（裴益祥等十四人提）合併討論議決由本會呈請政府核辦

議決：通過

9.組織委員會負責編纂年鑑案　永安分會提

決：通過

10國父實業計劃分區研究案　永安分會提

審查意見：送　國父實業計劃研究會參考

議決：通過

11擬確定湘桂兩省為工業區並審定具體方案逐步實施案　衡陽分會提

審查意見：送董事會酌辦

議決：通過

12請審查「中國波特蘭水泥標準規範」及「試用石灰規範」草案

材料試驗委員會

審查意見：送工程標準協進會

議決：通過

13請審查「電絕緣材料試驗方法」草案

材料試驗委員會提

審查意見：送工程標準協進會

議決：通過

14請審查「潤滑劑標準規範」草案

材料試驗委員會

審查意見：送工程標準協進會

議決：通過

15請審查「金屬材料試驗手冊」草案

材料試驗委員會提

審查意見：送工程標準協進會

議決：通過

16匯編工程專輯以利工程技術研究案

蕭冠英提

審查意見：送本會總編輯酌辦

議決：通過

17請建議政府切實推動各省都市及鄉鎮建設案

麥蘊瑜提

審查意見：送請內政部參考

議決：通過

18擬訂各省縣（局）城鎮計劃通則草案請審查分

轉案

麥蘊瑜提

審查意見：送市政工程學會研究

議決：通過

19擬呈請立法院修正都市計劃法草案案

麥蘊瑜提

審查意見：送市政工程學會研究

議決：通過

20改善本會「工程」雜誌內容案

陳觀上提

審查意見：送董事會酌辦

議決：送董事會切實改進

1請中央獎勵著有勛績之工程師以昭激勵案

陳觀上提

審查意見：送董事會酌辦

議決：通過

2請修改本會章程第三十二條會員常年納費條文

案

姚文林等十二人提

審查意見：提交本會討論

議決：會費繳納仍照原有規定

23為加強各地分會間及各分會與總會間聯繫起見

擬請發行定期通訊刊物以資聯絡案

成都分會熊光義等十一人提

審查意見：送董事會參考

議決：通過

24政府最近有派大批工程人員出國實習之議擬請

保留若干名額由本會考核保送案

成都分會熊光義等十人提

審查意見：送董事會酌辦

議決：通過

25本會應設教育委員會以研究工程教育案

王國松提

審查意見：送董事會酌辦

26援仿 國父實業計劃研究會先例由本會設立機

構編繪最新中國地圖以應戰後建國工作之需要

案

杜鎮遠提

審查意見：原則通過交董事會組織委員會籌備

進行

議決：由會員各有關機關請核行辦理

27請政府劃定設立紡織廠區域俾利國防及推銷案

朱仙舫提

審查意見：送董事會酌辦

議決：通過

28改善本會選舉辦法案

匡智煥提

審查意見：本案與第一案合併討論

29建議政府添設「公共工程」部統籌城市鄉鎮建

設案

中國市政工程學會提

審查意見：本案與第五案合併辦理

議決：通過

30請促成協助創辦紡織專門學校案

李向雲等三人提

審查意見：送請教育部參考

議決：通過

31擬請於內地主要產棉區域先籌設立紗廠案

孫家鼎等五人提

審查意見：送紡織學會研究

議決：通過

32請政府購備全世界發明專利文獻以便確立本國發明專利法規並利工業之研究改良案

李運華等七人提

審查意見：送請經濟部參考

議決：通過

3建議政府設立西南選礦機構以增礦產價值案

王子佑等七人提

審查意見：送請經濟部參考

議決：通過

34建議經濟部工貿應着重於鋼鐵工業案

王子佑等七人提

審查意見：送請經濟部參考

議決：通過

35擬請建議中央及地方政府切實培養工程人才維護工程事業俾工程師各展所長促成建國大計案

侯家源等八人提

議決：由董事會請中央政府及地方政府酌辦

36本會應領導各學術團體與各科專家草擬戰後建國計劃以備政府參考採擇案

李熙謀吳保豐等十人提

審查意見：送董事會酌辦

議決：通過

37請建議政府提高并劃一工程師待遇及確定工程師等級案

裘益祥等十四人提

審查意見：本案與第八案併案討論

38由大會建議國府每年撥發百萬元交廣西大學會同廣西建設廳辦理研究新橡膠原料以十年為期俾解決國防工業重要原料案

中國化學工程學會提

審查意見：送董事會酌辦

議決：通過

39擬請本會對於本會會員自費出國研求深造者予以協助案

褚應璜等十三人提

審查意見：送董事會酌辦

議決：通過

40請教育部以後對理學院學生優等免費待遇應與工學院學生相等案

吳有榮等四十二人提

審查意見：送董事會酌辦

議決：通過

1請交通部集軍事經濟文化各部門設立鐵路路線審查委員會案

杜鎮遠侯家源等提

審查意見：送董事會辦理

議決：通過

42關於政府今後經建工作擬利用外資及與外人技術合作二點關係我國實業前途甚大應請工程師學會設立研究委員會從事研究並提出辦法以供政府參考案

中國機械工程學會提

審查意見：送董事會辦理

議決：通過

43請大會分電各長官致敬並分電各機關致謝案

提案委員會提

議決：通過

44請大會分函美國機械工程師學會及電機工程師學會致意案　　提案委員會提

議決：通過

45由本會聯合各專門工程學會呈請政府制定學術團體組織法案　　董事會交議

議決：通過

46擬由本會發給工程模範獎章以發揚工程師服務精神案　　會員甯陳立夫顧毓琇茅以昇侯家源等十二人提

議決：原則通過請董事會明確規定獎勵標準及辦法

47擬後工程論文請一律由總編輯就一年來收到著述中選定在年會中宣讀討論不再在年會組織論文委員會臨時收集案　　侯家源等三人提

議決：本會加設常期論文委員會每屆年會論文須年會前三月提交論文委員會

48選定本會下屆年會地點案　　董事會交案

議決：授權董事會決定

49建議總會設立永久會所並附設圖書館案

議決：無庸擬議　　完

(二)工程第十六卷第四期要目

論文　中國鐵路六十年之回顧及今後願望　　戴簡賓

軌道力學（未完）	董大埇	混合型黃色鞣膠經濟部面之探討	胡長平
柴油機直接使用植物油之研究	陳正修	治理黃河計劃之商榷	鄭華
載重十噸電動起重機之設計	湯宗法	平板環形圓孔之應力分析	林致平 王增生
手搖機供電輕便無線電話發送機	王天眷	電相旋轉方向指示器	許儒傑
輸電線上串聯電容器之應用	顧慈祥	重慶盤溪出土之漢墓（摘要）	林夢彩

工程第十六卷第五期要目

論文　新型電機之擬議及其初步研討　　孫運濬

軌道力學（續）	董大埇	彎曲線與彎曲中心軌跡	黃玉珊
列車配合之建議	高良潤	浮游選礦法之理論與實施	宋煩章
植物性皮革鞣料之提製	秦乘常	手搖發電機濾波器	金顯惠 陳克忝

自動紡紗機　鮑思賀

具有正交線絡間各一周界之層板受荷載時之撓曲問題（摘要）　范緒箕

混合型風力發電經濟剖面之探討（續完）胡瑟平

功率因數計算尺　許諸傑

西康銅鐵業之前途　胡博淵

硝化纖維噴漆之研究　張永惠等

（三）工程續編十二期啓事

本會工程雜誌，前年籌備在後方復刊，幸蒙總會暨各地分會各同志之努力既得政府之協款復得工程各界之襄助，幸抵於成。除將上兩屆貴陽蘭州年會重要論文論著編印十二期，計自十四卷第四期至第十六卷第三期止，業已出版外，本屆桂林年會之論文，更美不勝收，擬自十六卷第四期起繼續編印十二期普通售價每本五十元，機關優待每本四十元，個人會員優待每本二十元，均包括郵費。現在舉行訂閱，計十二期，普通六百元，機關四百八十元，會員二百四十元，會員並贈會務特刊。至登載廣告，每期封底二千元，封裏一千五百元，封裏對面一千二百元，其他地位全面一千元，半面六百元，其中有六期為中南工程問題特輯，本刊為求分配之合理起見，即希查照酌為協助廣告從四期至十期並予定閱，再前十二期即自第十四卷四期起至第十六卷第三期止，倘至補定，取價與後十二期相同惟新完罄，此啓（卅二年桂林年會）

附刊登廣告函式如下：

逕啓者：　欣悉工程雜誌，在後方復刊，業已出版自自十四卷四期期至十六卷三期計十二期，現又繼編自十六卷四期起十二期。本機關自當量為協助，茲擬登載封底二千元　期，封裏一千五百元　期，封裏對面一千二百元　期，或普通全面一千元　期，或半面六百元　期（不合用者用筆刪去）廣告，附上支票，郵政匯票，或由銀行匯上（不合用者用筆刪去）共計　　元連同廣告式或廣告式另送（不合用者用筆刪去）即希查照編登並給據，該期出版，盼各寄下一份以便報銷。再尚擬定閱全套十二期，加附價款四百八十元或又補定前十二期全套，再加附價款四百八十元，祈一併辦理為荷。

此致

中國工程師學會總編輯

謹啓（印章）　年　月　日

（填寫後掛號寄送重慶川鹽大廈一樓與總編輯或重慶上南區馬路一九四號總會顧總幹事或重慶上清寺牛角沱廿六號朱總會計轉）

中國工程師學會

會務特刊　曾養甫題

第十卷　第六期

會　長　曾養甫
副會長　侯家源　李熙謀
總幹事　顧毓琇
副總幹事　錢其琛
總會計　朱其清
總編輯　吳承洛
副總編輯　羅英

中華民國32年12月15日出版

內政部登記證警字 7 8 3 號

中華郵政掛號第 1331 執據

重慶郵箱第 2 6 8 號

會內刊物
戰時機密
負責存用
勿輕示人

目　錄

(一)中國工程師學會第五次董事會執行部聯席會議紀錄

時間：三十二年十月二十一日下午七時

地點：桂林省參議院會議室

出席者：翁文灝　楊　毅　李運華　王世銘　徐恩曾　梁秀峯　李向渠　吳承洛　張延祥　譚炳訓　沈百先　李熙謀　徐均立　朱仙舫　朱其清　包可永　潘超嗣　錢琳　杜鎮遠　顧毓珍　韋以黻　胡瑞

列席：許應期

主席：翁文灝

紀錄：鄒毅方

討論事項

（一）組織第十二屆年會提案審查委員會案

議決：推請李熙謀（召集人）侯家源韋以黻胡博淵沈百先五先生組織之

（二）決定第五屆工程獎章受獎人案

議決：支秉淵先生

（三）確定贈給廣西省政府紀念品案

議決：捐贈展覽品一部份

（四）修改章程案

議決：請社會部另定學術團體章程以與世界諸國各學會配合

（五）編刊「中國工程年鑑」案

議決：暫緩編刊先完成三十年來之中國工程請本會編譯（召集人）及各專門學會編輯負責編制

（六）淩鴻勛先生請辭工程標準協進會會長職案

議決：准予辭職請譚伯羽先生為工程標準協進會會長吳承洛章以黻二先生為副會長

（七）決定第十二屆司選委員候選人案

議決：推定胡瑞祥薛次莘趙祖康孫越崎張洪沅楊家瑜章以黻孫輔世陸紹雲譚炳訓十人為第十二屆司選委員候選人

（二）中國工程師學會第五十一次董事會執行部聯席會議記錄

時間：三十二年十二月十日下午五時

地點：重慶中二路飛來寺九號

出席者：曾養甫　譚伯羽　李法端　胡庶華　章以黻　葉秀峯　顧毓瑔　夏光宇　朱其清　包可永　李熙謀　沈百先（葉秀峯代）　徐恩曾　陳立夫（徐恩曾代）　歐陽崙　趙曾珏　顧毓琇　趙祖康　翁文灝

主席：曾養甫　紀錄：邢馥方

報告事項

（一）本會第十二屆年會於十月二十一日至二十六日在桂林舉行詳細報告籌備委員會正在擬具年會所提論文各專門學會正在研討各項專題討論之結果除鐵路路線問題尚在杜鎮遠先生處整理外其餘各專題如水利問題水力發電問題化學工業問題及鑛產問題之討論結果均已整理就緒擬即正式函送廣西省政府酌辦

（二）本會前赴年會車輛所需燃料係由各機關捐助除西南公路運輸局借車三輛本會經先將甘肅油礦局捐贈之六百加侖汽油繳送外餘如重慶市公共汽車管理處及交通部材料供應處借車共三輛所需酒精均係墊用俟各處捐贈酒精到會後再行歸墊茲准資源酒精廠函允捐贈酒精壹百加侖資中酒精廠允捐贈貳百加侖四川酒精廠亦允捐贈若干加侖現正接洽領取中

（三）各地分會近情

1.長壽分會於十月二十四日舉行會員大會出席會員四十七人改選職員如下：

會長　黃育賢　副會長　方志遠

書 記 王仲哉 會 計 張鴻鈞

2.蘭州分會於十二月三日改選結果如下：

會 長 沈 怡 副會長 鍾澤生

書 記 張志禮 會 計 李玉書

3.麗水分會現遷浙江雲和改為雲和分會並採用通信方法改選業於十月一日在雲和中正街五號分會所開票結果如下：

會 長 陳 琮 副會長 鄒茂桐

書 記 薛代章 會 計 朱重光

討論事項

（一）大學增設衛生工程系及高工增設衛生工程科案

中國衛生工程學會理事長過祖源提

（年會決議：送請教育部參考）

議決：照辦

（二）選派衛生工程師出國深造案

中國衛生工程學會理事長過祖源提

（年會決議送請教育部參考）

議決：照辦

（三）各地分會與辦業務擬由全體會員合力匯成案

蘭州分會提

（年會決議各地分會建築會所所需經費以自籌為原則）

議決：照年會決議通過

（四）統一全國工程師資位銓敘案

永安分會提

（年會決議本案與請建議政府提高并劃一工程師待遇及確定工程師等級案合併討論由本會呈請政府核辦

議決：推請顧毓琇（召集人）夏光宇趙祖康沈怡侯德榜茅以昇包可永楊繼曾曾桐九人組織委員會研究

（五）國父實業計劃分區研究案

永安分會提

材料試驗委員會提

（年會決議送 國父實業計劃研究會參考）

議決：照辦

（六）請審查「中國波特蘭水泥標準規範」及「試用不依規範」草案案

（年會決議送工程標準協進會）

議決：照辦

（七）請審查「電絕緣材料試驗方法」草案案

材料試驗委員會提

（年會決議送工程標準協進會）

議決：照辦

（八）請審查「潤滑劑標準規範」草案案

材料試驗委員會提

（年會決議送工程標準協進會）

議決：照辦

（九）請審查「金屬材料試驗手冊」草案案

材料試驗委員會提

（年會決議送工程標準協進會）

議決：照辦

（十）選拔工程專輯以利工程技術研究案

蕭冠英提

（年會決議送本會總會辦）

議決：照辦

（十一）請建議政府切實推行各省都市及城鎮建設案

麥蘊瑜提

（年會決議送請內政部參考）

議決：照辦并送中國市政工程學會及　國父實業計劃研究會參考

（十二）擬訂各省縣（局）城鎮計劃通則草案請審查分轉案

麥蘊瑜提

（年會決議送市政工程學會研究）

議決：照辦并送國父實業計劃研究會研究

（十三）提請立法院修正都市計劃法草案案

麥蘊瑜提

（年會決議送市政工程學會研究）

議決：照辦并送　國父實業計劃研究會研究

（十四）請修正本會章程第三十二條會員常年會費條文案

姚文林等十二人提

（年會決議會費繳納仍照原有規定）

議決：照年會決議通過

（十五）擬仿　國父實業計劃研究會先例由本會設立機構主持設計中國地圖以應戰後建設工作之需要案

杜鎮遠提

（年會決議由會函各有關機關積極辦理）

議決：推請劉文淵（召集人）夏光宇郭秀峯徐恩曾徐世英杜鎮遠趙曾珏七人組織委員會研究

（十六）請促成協助創辦紡織專門學校案

李向榮等三人提

（年會決議送請教育部參考）

議決：照辦

（十七）擬請於內地產棉區先事設立紗廠案

孫秀耶等五人提

（年會決議送紡織工程學會研究）

議決：照辦

（十八）請政府購備全世界發明專利文獻以便確立本國發明專利法規並利工業之研究改良案

李運華等七人提

（年會決議送請經濟部參考）

議決：照辦

（十九）建議政府設立西南建廠機構以增厚產價值案

李運華等七人提

（年會決議送請經濟部參考）

議決：照辦

（二十）建議經濟部工礦處着重於鋼鐵工業案

王子佑等十九人提

（年會決議送請經濟部參考）

議決：照辦并送請四聯總處參考

（廿一）由本會聯合各專門工程學會呈請政府制定學術團體組織法案

董事會提

（年會決議照案通過）

議決：推請曾養甫（召集人）翁文灝陳立夫顧毓琇徐恩曾譚伯羽胡庶華七人研究辦理

（廿二）關於工程論文請一律由總編輯就一年來收到者擇中選定在年會中宣讀討論不再在年會組織論文委員會臨時收集案

29460

侯家源等三人提

（年會決議本會加設常期論文委員會每屆年會論文須於會前三月提交論文委員會）

議決：總編輯爲主任委員其他委員由主任委員推選

（廿三）擬訂司選委員會提出候選人辦法案

凌鴻勛
沈　怡提

（年會決議本案與本會改善選舉辦法案合併討論送請董事會參酌二案意見送交下屆司選委員會注意）

議決：照辦

（廿四）請政府準列給水工程補助預算，貸款案

過祖源提

（年會決議送請董事會研究辦理）

議決：送請行政院水利委員會及四聯總處參考

（廿五）請政府設立公共工程部案

過祖源提

（年會決議送請董事會研究辦理）

議決：送請中央設計局參考

（廿六）本會組織技術及購料諮詢機構案

永安分會提

（年會決議送董事會酌量辦理）

議決：緩辦

（廿七）組織委員會負責編纂年鑑案

永安分會提

（年會決議本案董事會已有決定擬送去參考）

議決：照辦

（廿八）擬定湘桂兩省爲工業區並確定具體方案逐步實施案

衡陽分會提

（年會決議送董事會酌辦）

議決：送請經濟部參考

（廿九）改善本會「工程」雜誌內容案

陳觀上提

（年會決議送董事會切實改進）

議決：送請總編輯酌辦

（三〇）請中央獎勵著有勛績之工程師以昭激勸案

陳觀上提

（年會決議送董事會酌辦）

議決：呈行政院

（卅一）爲加强各地分會間及各分會與總會間聯繫起見擬請發行定期通訊刊物以資聯絡案

熊光義等十人提

（年會決議送董事會參考）

議決：請總編輯照辦

（卅二）政府近有派大批工程人員出國實習之議擬請保留若干名額由本會考選保送案

熊光義等十人提

（年會決議送董事會酌辦）

議決：保留

（卅三）本會應設教育委員會以研究工程教育案

王國松提

（年會決議送董事會酌辦）

議決：緩辦

（卅四）請政府劃定設立紡織廠留城伸利國

29461

防空滲館案

朱仙舫

（年會決議送董事會酌辦）

議決：送請經濟部參考

（卅五）擬請建議中央及地方政府切實愛護工程人才維護工程事業俾工程師各展所長促成建國大計案

侯家源等八人提

（年會決議由董事會請中央政府及地方政府酌辦）

議決：摘要送請中央設計局參考

（卅六）本會應領導各學術團體與各科專家草擬戰後建國計劃以備政府參考採擇案

李熙謀吳保豐等十二人提

（年會決議送董事會酌辦）

議決：送國父實業計劃研究會參考

（卅七）由本會建議政府每年撥發百萬元交廣西大學會同廣西建設廳辦理研究銻礦原料以十年爲期俾能解決國防工業重要原料案

中國化學工程學會提

（年會決議送董事會酌辦）

議決：呈請行政院及送國防科學技術策進會辦理

（卅八）擬請本會對於自費出國再求深造之本會會員予以協助案

褚應璜等十三人提

（年會決議送董事會酌辦）

議決：將各項辦法刊登本會會務特刊

（卅九）請教育部以後對理學院學生優待兒費待遇應與工學院學生相等

吳有榮等四十二人提

（年會決議送董事會酌辦）

議決：保留

（四十）請交通部集軍事經濟文化各部門設立鐵路路線審查委員會案

（年會決議送董事會辦理）

議決：送請交通部辦理

（四一）關於政府今後經建工作擬利用外資及與外人技術合作二項關係我國實業前途甚大應請工程師學會設立研究委員會從事研究並提出辦法俾供政府參考案

中國機械工程學會提

（年會決議送董事會辦理）

議決：送國父實業計劃研究會研究

（四二）請組設中國工程師學會國際技術合作委員會以利復興建設案

曾養甫李熙謀茅以昇顧毓琇章以黻提

議決：辦法通過本會推派代表五人各專門工程學會推代表一人至三人爲委員

本會推請曾養甫茅以昇譚伯羽顧毓琇趙曾珏五人爲代表並請曾會長養甫爲委員會主任委員

（四三）擬由本會發給工程模範獎章以發揚工程師服務精神案

曾養甫陳立夫顧毓琇茅以昇杜鎮遠等十二人提

（年會決議原則通過請董事會明確規定獎勵標準及辦法案）

29462

議決　　　　　　　　　　　　　　　　　職案以外細會

組織附審五大研究並決定辦法

（四四）選定本會下屆年會地點案

董事會提

（年會決議授權董事會決定）

議決：暫緩決定

（四五）聘請執行部各職員及各委員會主任委員案

議決：總幹事　高鏡瑩　財職議決仍請連任

副總幹事　議決以專任爲原則並請會長及總幹事物色人選

總編輯　吳承洛　連任

副總編輯　羅英　連任

總會計　朱其清　連任

國父實業計劃研究會會長　陳立夫　連任

總幹事　葉秀峯　連任

中國工程標準協進會會長　譚伯羽　連任

副會長　吳承洛　連任
同　上　韋以黻　連任

工業技術獎進委員會主任委員　翁文灝　連任

副主任委員　韋以黻　連任
總幹事　歐陽崙　連任

材料試驗委員會主任委員　李法端　連任

副主任委員　包可永　連任

工程史料編纂委員會主任委員　吳承洛　連任

獎學金審查委員會主任委員　陳立夫　連任

基金募集委員會主任委員　陳立夫　連任

副主任委員　薛次莘　連任

新會員審查委員會主任委員　韋以黻　連任

副主任委員　錢其琛

子博獎金募集委員會主任委員　薛次莘　連任

副主任委員　趙祖康

（四六）募集天佑紀念獎學金委員會經已募集成數應予結束案

議決：通過

（四七）會長副會長之董事缺是否應由董事次多數遞補案

議決：會長副會長之董事缺應由董事次多數遞補但下屆職員改選時會長副會長如未當選董事仍可列席董事會以一年爲限並自三十二年起

（四八）審查新會員案

議決：通過（會員一二六八人團體會員五十五單位）

(三)工程第十六卷第六期要目 三十二，十二，一

中國工程師學會職員名單 三十二年十月至卅三年十月

介紹定閱「新工商」

中國工程師學會

會務特刊

曾養甫題

第十一卷 第一期

中華民國33年2月15日出版

內政部登記證警字780號

中華郵政掛號第133執據

重慶郵箱第263號

會內刊物
戰時機密
負責存用
勿輕示人

目錄

中國工程師學會第五十二次董事會執行部聯席會議議程

甲 報告事項

一、本會第十二屆年會及第五十一次董事會執行部聯席會議決議案辦理情形

提案	執行情形
大學增設衛生工程系及高工增設衛生工程科案	已於元月十九日呈奉教育部指復准予留備參考
選派衛生工程師出國深造案	呈奉教育部指示應俟公費派遣計劃確定後再行酌辦

各地分會與職業機構由全體會員合力圖成案	已於元月十四日分函各分會照辦
統一全國工程[illegible]資位銓敘案	已於二月十三日分函[illegible]召集人[illegible]趙祖康歐陽[illegible]以外包可永楊繼曾[illegible]先生組織委員會加以研究
國父實業計劃分組研究案	已於二月十五日函請該會查照參考
請審查「中國波特蘭水泥標準」及「試用石灰規範」草案案	已於二月八日檢附原擬案送請工程標準協進會查照辦理
請審查「電絕緣材料試驗方法」草案案	已於二月八日檢附原擬案送請工程標準協進會查照辦理
請審查「潤滑劑標準規範」草案案	已於二月八日檢附原擬案送請工程標準協進會查照辦理
請審查「金屬材料試驗手冊」草案案	已於二月八日檢附原擬案送請工程標準協進會
選編工程專輯以利工程技術研究案	已於二月十九日送請出版委員會查照辦理并准擬具辦法六條（見附件一）函復到會
請建議政府切實推動各省都市及城鄉建設案	已於二月十日分函抄送中國市政工程學會國父實業計劃研究會及呈請內政部參考並准國父實業計劃研究會開送商討結論四條函復到會（見附件二）
擬訂各省縣（局）城鎮計劃通則草案請審查分轉案	已函送市政工程學會及國父實業計劃研究會研究
擬呈請立法院修正都市計劃法草案案	已函送市政工程學會及國父實業計劃研究會研究
擬仿國父實業計劃研究會例由本會設立機構編繪最新中國地圖以應戰後建國工作需要案	已於二月十二日分函翁文灝（召集人）夏光宇[illegible]徐恩曾[illegible]先生組織委員會加以研究
請促成協助創辦紡織專門學校案	已於二月十九日呈請教育部參考并奉指復目前專科以上學校已設紡織工程學系者計有國立西北工學院私立南通學院及銘賢學院等三所所請一節准予留備參考
擬請於內地產棉區先事設立紗廠案	已於二月十九日分別函呈紡織工程學會及經濟部研究參考并奉經濟部批復准予存備參考
請政府籌備[illegible]世界[illegible]專利文獻以便確立全國[illegible]明專利法規[illegible]工業之研究改良案	已於二月八日呈請經濟部參考
建議政府設立西南[illegible]以增[illegible]價值案	已於二月十五日呈請經濟部參考
建議經濟部工貸應[illegible]重於[illegible]工業案	已於二月十五日分[illegible]四聯總處及經濟部參考並[illegible]備存參考
本會聯合各專門工程學會呈請政府制定學術團體組織法案	已於二月十三日分函[illegible]（召集人）[illegible]先生研究辦理
關於工程論文[illegible]年來收到者[illegible]在年會中宣讀討論不[illegible]在年會組織論文委員會隨時收[illegible]案	已於二月十三日函請出版委員會查照辦理并准推舉常期論文委員會名單（見附件三）函復到會
擬訂[illegible]委員[illegible]候選人辦法案	已請[illegible]委員會注意
請政府增列給水工程補助預算及貸款案	已於二月二十六日分別函呈四聯總處行政院參考
請政府設公共工程[illegible]案	已於二月二十五日送中央設計局參考
擬[illegible]工業[illegible]案	已於二月十三日呈請經濟部參考並奉指復已令[illegible]委員會參考
改善本會「工程」雜誌內容案	已於二月十日函請出版委員會[illegible]復「工程」雜誌內容採取混合制[illegible]與各專門學會之聯絡取得更密切的聯繫[illegible]專門工程學會之定期刊物不致有重複之嫌（原函見附件四）

擬加強各地分會間及各分會與總會間聯繫起見擬請發行定期通訊刊物以資聯絡案	已於二月十九日函請吳總幹事期照辦[illegible]函[illegible]請由曾[illegible]聯合議決定將彭特刊印發以便按期出版
請政府[illegible]定設立紡織[illegible]廠以利國防及民生案	已[illegible]二月十二日呈請經濟[illegible]參考並奉[illegible]已令工[illegible]
擬請[illegible]中[illegible]及地方政府[illegible]工程人才[illegible]	已於二月十六日分函送請中央設計局參考
本會[illegible]各專家[illegible]戰後建設計劃以備政府參考採擇案	已於二月[illegible]函請國父實業計劃研究會參考[illegible]此意[illegible]於三十三年計劃中併案辦理
由大會建議政府每年撥發百萬元[illegible]	已分别函請國防科學委員會及行政院辦理
請交通部[illegible]經濟交通各部門設立鐵路[illegible]審查委員會案	已於二月廿三日呈請交通部核辦
關於戰後[illegible]外資及外人技術合作[illegible]應請工程師學會設立研究委員會專事研究並提出辦法以供政府參考案	已於二月[illegible]國父實業計劃研究會參考並[illegible]利[illegible]外[illegible]已設立專門小組委員會[illegible]技術合作[illegible]
擬請組織中國工程師學會[illegible]復員[illegible]案	一、已於一月[illegible]分[illegible]函請[illegible]代表[illegible]委員會主任委員 二、已於一月十三日分函各工程學會請將出席代表開送到會並由各學會先後函送代表名單到會（見附表五）
擬由本會發給工程獎[illegible]章以示獎工程師服務精神案	已於一月十三日分函李[illegible]（召集人）[illegible]趙[illegible]諸先生研究並擬定辦法
聘請執行部各職員及各委員會主任委員案	已分别函聘

二、本會自上年十二月十二日起（第五十一次董執聯會後）至本年三月三十日止（第五十二次董執聯會前）計收文二百五十七件發文五百七十三件合共八百三十件

三、本屆司選委員會業於三月十七日下午一時假座交通部會堂舉行第一次會議出席委員胡瑞祥（召集人）孫越崎薛次莘[illegible]趙祖康（吳[illegible]代）等四先生薛次莘在成都公幹未能出席經決議本會本屆選舉事宜仍照向例辦理會長副會長全體之候選人請各分會提供意見董事之候選人請各專門學會提供意見該項意見統限於四月三十日前送會再憑辦理

四、各分會近訊

（1）永安分會：會長陳[illegible]副會長陳[illegible]代理總幹事王[illegible]除[illegible]專家作公開學術演講外並出有工程季刊年分四期現已出版第二卷第一二兩期又組織國父實業計劃研究會研究東南鐵路系統問題

（2）蘭州分會業已改選並由司選人楊正清[illegible]等於上年十一月三日在蘭州中正門[illegible]南城巷二十號開票結果會長沈怡副會長鈕澤全書記張志禮會計李[illegible]

該分會籌建會所行將落成前經募集款項壹百六十餘萬元因物價波動原預算不敷尚差計約缺五六十萬元

（3）遵義分會於上年十二月十二日舉行第七次常會改選結果會長陳正修副會長王國松書記沈[illegible]會計[illegible]

（4）柳州分會於本年三月二十七日上午九時假座[illegible]舉行本年度第

一次常會並改選職員結果會長宋[illegible]生副會長李學乾書記朱福會計梁鴻飛

（3.）浙江分會於上年十一月十四日假座雲和浙江省紡織廠內舉行第一次會員大會出席會員十三人討論該會名稱應稱為中國工程師學會浙江分會分組研究「實業計劃」浙江部份及「中國之命運」之復員計劃並設立國父實業計劃研究會內分電訊電力工業土木四組并定鄒局長張廠長徐總所長及陳所長分別主持所有研究結果應擬具綱要於下次大會時提出報告等重要議案

五、總會計報告

六、總編輯報告

七、各委員會報告

中國工程師學會工程專刊編輯辦法 （附件一）

一、本辦法依照本會第十二屆年會選編工程專輯提案經第五十一次董執聯席會議決議交總編輯照辦之規定訂定之

二、工程專輯將本國各種有關工程技術定期刊物或臨時刊物中之工程著述及論文之有學術價值者選定就各種重要問題或題目分門編纂印行而尤注意於最近十餘年來本國工程同志之著作具有本國性質而非外國書刊所能備具或有獨立創作之性質者

三、開始進行由本會總編輯聯絡各專門工程學會總編輯負責調查各大學及有關團體及會員所存各種本國工程定期刊物名稱卷數期數及篇名與著作人名先行編訂工程論文引得再就其中各篇依照上款標準酌為選編

四、編輯費用由本會總編輯會同本會總幹事提出董事聯席會議決定額數由會長向政府及適當機關請求補助之

五、印刷費用由會中另備專款或商請印刷書機關承印

六、本辦法自本會董執聯席會議通過後施行

國父實業計劃研究會都市小組研究麥蘊瑜先生提案之結論

（附件二）

（一）擬建議政府成立全國市政建設計劃委員會統籌全國市政建設工作此應為附屬于行政院之下一行政機構

（二）關于培植市政建設人才一項擬建議教育部除各大學應添設市政衛生工程等科目外尤應設有「市政研究院」或「專修科」至于陪都城內似可由本會聯合衛生工程市政工程等學會合辦一個「城市建設講習所」性質略仿法國巴黎之「市政學院」及英國之

城市規劃研究院

（三）市政法正在市政學會研究本會亦可提供意見

（四）由本會召集國都區設會討論科目標分成兩種一為首都設置二為地點問題出席人可就此兩種範圍發表意見除本小組委員全體參加外並請各委員介紹專家參加

常期論文委員名單

（附件三）

（1）普通：徐恩曾　顧毓琇　譚伯羽　葉秀峯　曾養甫　胡庶華

（2）土木：羅　英　裘益祥　茅以昇　殷方陵　倪　超　施家煬

（3）機械：莊以熾　顧毓瑔　石志仁　顧　琿　楊家瑜　周　仁

（4）電機：胡瑞祥　趙曾鈺　陳中熙　吳保豐　包可永

（5）化工：張洪沅　曾昭掄　徐名材　陳宗南　林繼庸　李亞華

（6）礦冶：朱玉崙　胡博淵　曹誠克　吳　健　程義法

（7）紡織：周君梅　黃鐵奇　朱仙舫　陸紹雲

（8）水利：沈　怡　沈百先　孫輔德　鄭肇經

（9）衛生：過祖源　馬育騏

（10）測量：曾　樸　李景潞

（11）市政：譚炳訓　薛次莘

（12）航空：莊前鼎　林致平　錢昌祚　王承黻　李柏齡

（13）兵工：楊繼曾　吳欽烈　周志宏　鄭家俊

（14）造船：周茂柏　宋建勛

（15）陶業：顧洪芳　張資蘅

本會編輯方針

（附件四）

查改善本會工程雜誌內容一案原提案所指辦法係欲將現行之混合編輯改為分類編輯俾會員可就所習學科分別購買惟本會工程編輯方針向取混合編輯以便與各專門工程分會所出之定期刊物採取分類辦法編輯者有分工合作相互聯繫之作用凡論文之有普遍性質者如年會得獎論文及比較有普遍性之專門論文則編入工程其有特殊專門之著作則編入各專門工程學會之定期刊物如化學工程化學工業礦冶電工紡織水利土木衛生工程市政工程等如本會之工程亦採分類編輯則與各專門工程學會之若干刊物不免有重複之嫌大凡工程師領導人才之定期其學識宜廣博不特本行專門需要專精即他行專門亦應涉及工程採取混合編輯即本此旨不過在戰時因集稿印刷發行等困難編輯方面未能盡如理想上之所應爾本會總編輯當與各專門工程學會總編輯求更密切之聯繫以力期進步是否有當相應檢送本會編輯方針以備會員之查詢

會務特刊之印行

（附件五）

查本會原有「會務特刊」之印行惟以無一定之預算致每年只出六期兩年以來均借用定閱工程及其廣告印刷費用現在印價日增已無可再借擬請由董執聯席會議決定會務特刊印刷費每期五千元以便按期出版該刊登載總會重要會務這半个後當依照原提案由編輯方面多向各地分會徵集資料所有了會員及各地會員活動情形亦擬並刊載以求切實聯繫

各學會開送參加本會國際技術合作委員會代表名單

（附件六）

中國航空工程學會　晏　鍔　項伯民

中國市政工程學會　凌鴻勛　鄭縈經　譚炳訓

中國衛生工程學會　過祖源　朱泰信　汪德晉

中國機械工程學會　程孝剛　柴志明　歐陽崙

中國水利工程學會　沈百先　項　惜　孫輔世

尚有電機化學土木礦冶紡織及自動機等工程學會及國父實業計劃研究會迄未開送代表名單到會

下屆年會要件

（附件七）

中國工程師學會曾會長養甫先生副會長侯總民先生李熙謀先生勛鑒貴會萃工程界人才的菁英作新中國建設之前導成立卅年人文蔚起抗戰七載收獲孔宏建設則坐言皆可起行設計則造車自能合轍實對播譽全國景從頃在桂林舉行年會屬頒發明琳瑯滿目而對于各省國防經濟兩大建設借箸尤多弟首膺不遑心儀已久湘省物產雖豐工礦殷未能盡開建設有年而規劃多缺滯欲求事功之建立端賴哲匠之準繩謹代表全省公意敬請貴會第十三屆年會才戾湘省舉行盛集其開會地址或流觴湘水挹屈賈之清芬或選勝衡山接李屯之餘韻以及一切詳細節目統俟貴會便宜隨時商定當竭誠盡地主之微意敬迓高軒之賁臨湘省科學落後至待興起于名賢弟任重止給更盼周流於碩彥此日通盤籌劃作我暗室之明燈他日百廢俱新大啓三湘之寶藏豈惟江山生色抑亦民族榮庥無涯敬請臨電神馳弟薛岳叩

交通部曾部長養甫兄勛鑒貴工程師學會第十三屆年會弟曾致電歡迎來本省南岳舉行後聞滇湘復經函致桐湘省地綰南北交通便利物產豐富為戰後重工業重要地位開發礦產建立工業及興辦各種工程均有賴專家共同設計指導敬請轉達該會一致主張來湘舉行無任企禱並乞電復弟薛岳（33）未府建三省艇印

本會幹事部工作計劃

本會幹事部過去數年中總幹事之下僅設任幹事一人及任辦事員二人負日常工作辦公室亦係借用今年起以會務日增除辦公室擬設法另覓外辦事人員亦擬逐漸聘用專任人員並將內部工作訂立制度以資提高效率茲將本年度工作重要項目列陳於後：

（一）會員之徵求審查登記移動以及編印會員錄

本會會員業達七千餘人而與歷年工科畢業生數目相較相去甚遠故亟應繼續以前未竟之工作先根據各大學工學院畢業生之調查通函資格徵求入會關於會員審查有各地分會之初審及本會會員資格審查委員會複審然後再提董事會通過根據過去經驗分會初審最關重要大抵初審合格後本會複審僅於會員等級上之研究故為縮短時間起見擬於分會初審本會會員資格審查委員會複審之後即通知分會請會員候選人員先行參加分會之各項活動俟董會正式通過後再行發給會員證至於會員之登記統計向有制度今後擬加緊工作提高效率各地會員之移動向無記錄今後擬注意軍事委員會侍從室第三處曾數次派員來會詳細調查會員動態現正着手整理又本會會員錄係於二十五年刊行至三十年本會加以增訂出版至今已逾三年擬於本年度刊行新版以資參考

（二）推進各地分會工作

本會各地分會至今已有三十六處若干分會頗能推行會務如舉行定期集會舉行學術演講及出版刊物者固不在少而尚缺乏有系統之策動以後擬出會務特刊及隨時通信促會務之進行

（三）聯繫各工程學術團體

國內各工程學術團體年來增加甚多而彼此聯繫尚嫌不足今後擬多加聯繫深信正在籌議之工程大廈完成後聯繫工作更可順利進行

（四）幹事部人事配備

為推進本會日常事務及上列各項工作起見須有下列之人事配備

（1）副總幹事一人

（2）幹事三人

（3）辦事員三人

（4）信差勤務一人

（五）幹事部經費預算

（1）設備費　四〇、〇〇〇元

（2）經常費每月　八〇、〇〇〇元

本年共需壹百萬元

中國工程師學會李儀祉先生獎學金辦法（附件十）

一、本會為紀念李儀祉先生之工程勳績並為獎勵研究土木工程及水利工程之學子起見特設立李儀祉先生獎學金

二、本獎學金每年名額定為二十名

三、凡國立大學或專科學校土木系或水利系三四年級學生品學兼優體格健全得由校方遴選向本會書面申請之

四、每大學或每專科學校每學期申請本獎學金名額至多以三名為限

五、本會為鄭重審核獎學金之支配起見特設立審查委員會人數定為三人由本會董事會遴選聘任之

六、獲得本獎學金之學生於每學期終時應撰土木工程或水利工程有關之論文一篇繳由各校轉送本會

七、論文優異者得登載本會工程刊物

八、本獎學金數目由審查委員會臨時決定之

九、本辦法經本會董事會核定施行

中國工程師學會常期論文委員會啓事

本委員會奉本會第五十二次董事會執行部聯席會議遵照本會第十二屆年會之議決案決定設立定於三十三年工程師節起開始工作即行同時徵集論文依期編入「工程」以便每年年會得獎論文並就此分別選定論文可逕寄本委員會各委員轉交或與主任委員承洛兼洽聯絡至希

查照爲荷此上

中國工程師學會全體會員

各專門工程學會全體會員

（本會常期論文委員會名單見特刊本期各委員通信地址見特刊本卷第四期上年論文審查結果亦載該期內）

中國工程師學會常期論文委員會
徵集論文啓事

本年論文已開始徵集，凡屬實業計劃研究，工業及工程標準規範，科學技術發明創作，工程材料試驗紀錄，工程技術合作，工程教育方案，抗戰工程文獻，以及土木，機械，電工，化工，礦冶，水利，建築，市政，衛生，航空，自動，紡織等專門研究，均所歡迎，請先將題目或摘要告知，全文繕清掛號寄至重慶郵局二六八號轉本會，如有商酌之處，可逕與重慶川鹽大樓本論文委員會吳主任委員承洛及各委員通訊，此啓。

中國工程師學會

會務特刊

曾養甫題

第十一卷　第四期

會長　曾養甫
副會長　侯家源　李熙謀
總幹事　顧毓琇
副總幹事　錢其琛
總會計　朱其清
總編輯　吳承洛
副總編輯　羅英

中華民國33年8月15日出版

內政部登記證警字783號

中華郵政掛號第133執據

重慶郵箱第268號

會內刊物
戰時機密
負責存用
勿輕示人

目　錄

中國工程師學會第五十二次董事會執行部聯席會議紀錄

時間：三十三年三月三十一日下午五時

地點：重慶飛來寺九號

出席者　吳承洛　顧毓琇　胡博淵　茅以昇
薛次莘　李熙謀　韋以黻　趙曾珏
胡瑞祥　錢其琛　徐名材　朱其清
譚伯羽　葉秀峯　惲震　陳立夫
曾養甫　胡庶華　趙祖康

主席：曾會長

紀錄：劉茂棠

行禮如儀

甲、報告事項（見前期）

乙、討論事項

一、本屆年會地點請予決定案

議決：（1）地點湖南南嶽

29473

（2）請湖南耒陽分會余會長任籌備主任並決定日期

（3）各分會於年會前一個月應召集會議商討年會進行事宜並選定參加代表

一、本會與中國橋樑公司籌商擬邀約交通部及經濟部建築工程大廈並擬具籌建計劃與地基借用辦法請公決案

議決：通過並推韋以黻（召集人）茅以昇顧毓瑔薛次莘朱其清關頌聲六先生組織建築委員會負責辦理期於本屆年會前落成所擬計劃與辦法即請委員會研究惟借用地基以二十年為限並有租之優先權

三、外籍工程師擬請參加本會應如何辦理案

議決：准予參加

四、本會幹事總編輯會計各部及各委員會擬具工作計劃請予審查核定案

議決：通過會員證每張收國幣壹百元

五、本會本年度經費預算請予核定案

（1）幹事部經費預算

（2）編輯部經費預算

（3）會計部經費預算

（4）各委員會經費預算

議決：幹事部會計部及各委員會經費暫緩討論編輯部經費以自籌為原則並請胡博淵先生任經理進行該部籌款事宜先由本會墊付國幣拾萬元以資應用

六、准常期論文委員會吳主任委員推舉常期論文委員開附名單請公決案

議決：通過惟土木組得加聘應選先生一人

七、陳董事立夫函辭本會基金募集委員會主任委員案

議決：仍請陳立夫先生任主任委員薛次莘先生任副主任委員

八、准蘭州分會函以籌建會所共費國幣貳百餘萬元除經募集壹百陸拾餘萬元外尚不足四五拾萬元擬請本會補助或代募二三拾萬元以竟全功案

議決：請自行籌措

九、沈董事百先函送李儀祉先生獎學金辦法請公決案

議決：通過惟獎學金之支配應請本會獎學金審查委員會審查無用另設審查委員會

十、上屆年會論文其中一部份業經審查完畢請予核定案

議決：請吳承洛先生複審

十一、[illegible]六工程師節如何籌備案

議決：推請葉秀峯（召集人）顧毓瑔趙曾珏胡博淵茅以昇五先生辦理

十二、准材料試驗委員會來函以開會議決擬加聘朱洪健胡[illegible]華錢方陸謙受沈彬康郭履基余謙[illegible]沅周芳世等九人為委員周志宏王[illegible]芳朱[illegible]顧毓瑔王善政徐宗涑陸志鴻錢其琛楊[illegible]張洪[illegible]胡[illegible]華陸謙受周芳世等十五人兼任常務委員獨請備案並辦加聘手續案

議決：通過

十三、審查新會員案

議決：（1）新會員五九〇人審查通過

（2）請各分會注意初審

十四、關於呈請 政府另訂學術團體組織法一案

由撰呈文請公決案

議決：暫緩

十五、請各專門工程學會迅將國際技術合作委員會代表推選過會以便召集會決案

議決：通過

——完——

中國工程師學會蘭州分會會所建築成功

緣起

三十一年八月，中國工程師學會於中央號召開發西北聲中，在設市方周一年之蘭州，舉行第十一屆年會，重感當地各界熱誠與盛大之贊助，大會中決議，託蘭州分會，植樹一區，永留紀念，並為正在倡導之綠化陸都運動，效涓埃之助。三十二年四月四日植樹節，蘭州分會同人集合中山林，植樹六百株。其地則為蘭州市政府特撥之公產，凡為面積約十五市畝。植樹已，同人於徘徊俯仰之餘，相與言曰：吾蘭州分會，成立已有年矣，至今未有一會所，而開發西北則已定為國策，如何貫徹此國策，我工程師實負主要之使命。責任所在，義不容辭。是今而後，全國工程師之來蘭州，致力於西北工作者，勢必日益衆，而工程師之因有事于西北而過蘭州者，亦且絡繹不絕。將使此者多聚晤之機緣，行者得訪問之便利；搜藏圖書，以供參考；提出疑難相與研商，安可不有一集合之處乎。既幸有此公地可供用，盍弗更集衆力建築一會所即以為我工程師在西北之家乎。則祈禱者。由是或任繪圖，或任估價，或任奔走組織，不一月而大器就緒。五月七日，成立籌備委員會。即日起，分隊募集經費器材，承各界熱烈贊助，玉成其事，直接加惠於中國工程師，間接有造於西北建設，於公於私，皆同人所願永誌弗諼者也。

籌備經過

三十二年五月七日中國工程師學會蘭州分會建築所籌備委員會成立，以分會會長沈怡副會長鈕澤全為籌委會正副主任員、分組總務、募捐、工程、佈置等四委員會，推舉郭則溉、鈕澤全（兼任）蔡㶷、楊正清分任主委，梁冀、顧光賓、張象昶、張志禮分任副委，各委員會委員，由各主委分別選聘。三十二年六月十九日舉行第一次募捐委員會會議，決定組織募捐隊十五隊，推舉原安世、張光宇、陶葆敦、蔡㶷、郭則溉、顧光賓、袁翰青、張志禮，沈圻、朱文秀、水梓、張象昶、楊正清、閻錫珍、鄧門舉等為隊長，劃定募捐範圍，分頭勸募。會員捐款，分為「工」「程」「建」「國」四種，工字一千元，程字五百元，建字二百元，國字一百元。同時刊發捐起

，請求政府機關工鑛實業團體，工程師學會，各地分會，各專門工程學會資助，首承甘肅油鑛局捐助煤油五千加侖，第八戰區司令長官朱一民及甘肅、新疆、青海三省政府各捐現金五萬元，用示倡導。一面聘請外地會員爲募捐委員，以收通力合作之效。一面向蘭州市政府請撥中山林工程師林地爲本會會所基地，市政府以租賃方式捐助一次租金六萬元，用示協助。基地界線經測量，面積共爲十四畝九分五厘。三十二年六月六日中國工程師節舉行奠基典禮，蘭州西北日報兩日報編發中國工程師節暨中國工程師學會蘭州分會會所奠基典禮特刊，朱長官一民，谷主席紀常，高監察使一涵，張議長鴻汀暨社會名流，咸蒞臨參加指導。七月一日正式開工，全部工程委託雍立建築師設計，天成建築公司代辦，二者均爲本會會員所設立承各以設計代辦費用之百分之七十作爲捐款。唯捐款陸續募集，有時難應工需，爰商中國通商銀行惠借國幣二拾萬元用資周轉。復以年來物價工資波動甚烈，以致超出預算，乃將會所一部租與資源委員會西北辦事處，取得押金貳拾萬元，三年租金壹拾萬元，以補不敷。籌備委員會自成立以迄會所落成，共舉行會議一十四次，每屆會議同人莫不準時參加，對于經費之籌集，策劃備至，其合作通力之精神，有足多者。今也會所落成，爰將籌備經過概述于此，以誌不忘云。

施工經過

一、工程範圍　二層樓房一座。上下總面積計五二四·〇八平方公尺。附屬房屋七間（收買而加以修理），計九九·二五平方公尺。圍牆三個計九六·五九平方公尺。圍牆二六·九二公尺。大門一座。

二、設計施工　本工程係委託雍立建築師事務所設計監工。天成建築公司負責實施。雙方隨時商洽，由工程委員會主持辦理。

三、購備材料　三十二年六月中旬工程決定之後，即開始訂購價值五十萬元之磚灰木石材料。同時向甘肅水泥公司，甘肅機器廠，資源委員會運務處洽購洋灰鐵件假油箱板（地板用）。本工程所需大宗材料，因籌集較早，故受物價波動影響較小。其他零星器材，則隨時購置籌集。

四、開工竣工　三十二年七月十六日開始挖掘地基。三十三年五月二十五日全部竣工。

本工程原定三十二年底完工，因施工期中工款籌集，時有不繼之苦，所訂單價較低，未能充分集合工人，致施工較緩。基地有墳塋多處，經登報公告呈准代遷等手續，亦稍延工期。

五、工程特點

甲、屋頂改用土紅機瓦，外塗柏油渣，以免滲漏。

乙、窗門口改用拱形發磚，代替過梁木，以資永久。

丙、建築防寒火牆，以省冬季燃料。

丁、改良土坯牆粉刷，用木槽底坊聯續連繫，以免脫落。

戊、用柳條抹泥代替灰板條擋板，以求節省。

以上皆由天成建築公司設計，使其用收實良效，堪供西北改良建築之參考。

經　費

本工程在三十二年七月依照設計圖樣及說明書核發預算共需工款四十萬元，料款一百二十八萬餘元，共造價壹百六十八萬餘元。另有一部份捐募材料，約值二十二萬元，未計在內。開工以後，因物價工資，繼續增漲，內部裝修，略有更改，增加建築費六十五萬元。至建築圍牆，約六萬元。收買附屬平房及修理費約十萬元。平治土方，修造道路及逕填等雜費，約叁萬元，皆係原預算所無。全部工程費，共約二百五十萬元。若將華立建築師事務所應得設計費三萬七千五百元，（七成捐助實領三成）天成建築公司應領代辦工程費五萬七千元（七成捐助實領三成）一併計入，總造價約二百六十一萬元。內部設備費約十六萬七千元。總共約二百七十七萬七千元。

第十七卷第四期目錄

卅三年七月十五日

工程第十七卷第一期要目

卅三年一月十五

29477

快性砂濾效能之檢討　過祖源
貝色麥法煉鋼去磷問題　劉壽嵩
自製大型紡紗機工作之效能　李慶祥
我國鐵路用鋼軌及試造之研究　吳有榮
計算桁梁變位之改良彈性荷重法　蔡方蔭
黔桂鐵路陡坡段列車之載運與車輛研究　徐日乾
高速氣流災變之測定　錢學森航空研究所
電信法草案概論　張煦
標準研究
我國鐵路鋼橋之標準設計　茅以昇
附錄
六年來中國技術之進步　經濟部

工程第十七卷第二期要目　卅三年三月十五日

桂林年會論文專號（上）

孔副院長訓詞

論著

工程師今後應有之努力　曾養甫
勝利建國　白崇禧
修明政治保障建設工作　黃恩初
三點明言　龔家濤

論文

工廠組織與管理　楊繼曾
結構學組合分析法及其實例　王朝偉
木材草類纖維素之提製及應用之研究　梁永思　洪　盆
南寧市下水道　馬育騏

國父實業計劃設計摘要
煉鋁試驗　丕炎
及其冶煉試驗　吳域孫等
建設中國紡織業合理化經營法　陸紹雲
八起無地拍接收機中最佳之調準
效率　沈家楨葉金游
中南研究
西南公路盤江鐵索工程合林　李學海
完成湘江大橋工程之經過　洪紳
標準研究
抗戰期間無線電器材標準化經過　劉春思
標準規格系問題之檢討　劉懷德
附錄

工程第十七卷第三期　卅三年五月十五日

桂林年會論文專號（下）

論著

戰後的經濟建設　王家輝
糧食生產工業化問題　徐堪
對工程師年會的期望　胡鍾瑞
祝工程師年會　桂大公報
工業建設重點問題　桂掃蕩報
參效績　桂力報
接受成果　桂廣西日報

論文

展開一般行列式之簡法　蔡金濤
利用傾斜攝影求高度法　王之卓
衛生工程之國防價值　朱皆平
由植物油製造綜合潤滑油之研究　孫榕僧　金道森

夏之希
小型煉鐵爐佈料之特徵與爐喉設計之演進　靳樹樑
高炭鋼桿電桿及利用黑線波以控制熱處理溫度　葛和林等
東南研究
上海電氣事業之過去與將來　劉桂通黃胡道濟
兩廣金礦及其開發問題　陳勁剛等
標準研究
公路工程標準之演進與研究　方福森
製糖工業原料及成品標準化　黃振勳
附錄
一年來之中國工程標準

29478

中國工程師學會

會務特刊　曾養甫題

第十一卷　第三期

中華民國33年6月15日出版

內政部登記證警字783號

中華郵政掛號第13[illegible]1執據

重慶郵箱第268號

目　錄

中國工程師學會基金募集委員會議

時間：三十三年六月六日上午九時

地點：中國橋樑公司

出席者：

曾養甫　張家祉　茅以昇　朱其清　程孝剛　胡庶華　林平一　梁宏[illegible]　顧毓琇　[illegible]鍾[illegible]　李[illegible]　顧毓瑔　吳承洛　趙曾珏　夏光宇　李法[illegible]　趙祖康　胡博淵　[illegible]　[illegible]　杜[illegible]訓　胡子昂

主席：曾養甫　紀錄：劉[illegible]

討論事項：

一、基金對象：物料及現款

二、募集辦法：

（1）分隊募集（每隊自九人至十人）

（2）請各專門學會一人參加建築委員會

礦冶隊：胡博淵　電機隊：趙曾珏

機械隊：程孝剛　化工隊：吳承洛

土木隊：夏光宇　水利隊：沈百先

市政隊：譚炳訓、[illegible]：陸謙受

電業隊：[illegible]　紡織隊：陸紹雲

航空隊：王助　自動車隊：王樹芳

會請李景潞、吳蘊初、胡庶華、顧毓琇、歐陽崙、陳體榮、包可永、楊承訓、趙祖康、張家祉、孫越崎諸先生爲建築委員會委員如有其他適當人才俟請示會長後加入

三、募集數額：

以國幣六百萬元爲標準[illegible]現款六十六萬元並於七月七日八月八日分期結束九月一日前全部清結

工程大廈建築委員會議紀錄

時間——三十三年六月八日下午六時

地點——中國橋樑公司

出席者——楊承訓（袁夢鴻代）　吳承洛　茅以昇　胡庶華　顧毓琇　顧毓瑔　王樹芳　張家祉　朱其清　薛次莘　程孝剛　趙祖康　陸謙受　李景潞　夏光宇

主　席：顧毓瑔

紀　錄：劉茂榮

討論事項

（一）大廈層數：以四層爲原則

（二）大廈之利用：各學會接待室圖書室由參加各單位公用辦公室由參加各單位分租支配應由本會辦公室支配時須得各學門之許可保留地位

（三）安全問題：樓梯——水泥

房架——[illegible]

地板——木

隔牆——竹夾牆

（四）建築費：一千萬元

（五）設備費：六百萬元

水電設備五百萬元

內部設備一百萬元合計一千六百萬元

（六）募款辦法：

1 募集現款一千萬元材料六百萬元

2 現款部份請交通經濟各部二百萬元金融銀行二百萬元

（七）增加募捐隊：

1 化工隊——請張洪沅先生負責

2 造船隊——請徐學禹周茂柏二先生負責

3 冶金隊——分燃料鋼鐵及冶金三隊各隊負責人請胡博淵胡庶華二先生認定

4 電機隊——分電力及電工二隊各隊負責人請顧毓琇趙曾珏張家祉三先生認定

5 必要時由總委會臨時增加

6 除各募六十六萬元外各隊應另相洽商作必要之調整

7 募集款料定九月一日截清

(八)設計工作：為趕速推進建築工作起見本委員會應設秘書幹事一人請會長聘請

中國工程師學會工程大廈建築委員會第二次會議紀錄

時間：卅二年七月十八日下午六時

地點：交通部郵電司會議室

出席者：韋以黻　胡光麃　夏光宇　朱其清　趙祖康　韋以黻汪菊潛代　楊承訓黃夢鴻代　夏寧孝　譚炳訓侯鉞代　沈百先楊保長代　李景潞　趙曾珏錢其琛代　羅竟忠　胡博淵　吳承洛　吳蘊初吳承洛代　歐陽崙　張家祉　王樹芳　關頌聲郭濤代

主　席：韋以黻

紀　錄：熊　堦

(甲)報告事項

一、宣讀上次會議紀錄

二、顧毓琇君報告根據上次會議決議案業由本會會長聘請本委員會委員夏光宇君兼任總幹事

三、主席請各負責人報告募捐款料情形茲至現在為止已募集之數目如下：

資大銀行來電允捐三十萬元

川滇鐵路來電允捐三十萬元

電信總局允捐五十萬元

郵政總局允捐三十萬元

電力電工兩隊合併可募得一百五十萬元

自動車隊已募得五十五萬元

土木隊公路部份可募足六十六萬元

化工隊捐冊已發出約可募得六十六萬元以上

礦冶隊數目當甚可觀惟確數現尚不知

水利隊數目尚未確知

中國興業公司允捐助鋼筋水泥石灰洽中

電工器材廠允捐助全部電料

鹽業管理處允捐助油漆

材料供應總處允捐助五金

大川公司允售石棉改收半價

甘肅油礦局允捐助柏油(但運輸成問題)

國家銀行方面已發函四聯總處請其分函各行捐助

私人銀行方面當再接洽

四、夏光宇君報告關於修正圖樣及進行建築各項意見

五、夏光宇君報告本會業已收到總會撥來捐款壹百三十萬元又有大同銀行並已收到息金九萬叁千元所有捐贈本會款項擬請概由中國工程師學會接收收據由總會撥交本委員會應用庶使事權分明

(乙)討論事項

一、審查建築圖樣案

決議：(1)先造四層平頂但須以五層為基礎將來視經濟情形再加造第五

層至如何分配利用一節留待以研討

（２）牆角尖屋形應改為方角使每層可多一間適用房間

（３）第二層各間做活動間隔俾可臨時拆卸成為一大間

（４）第三四層後房三小間改為一大間

（５）廚房移至後面地下各層加工役室

（６）如所撥鋼筋及水泥足敷應用時所有房架及柱子均用鋼骨水泥建造

二、進行建築工程案

決議：（１）定七月二十七日下午五時仍假交通部郵電司會議室將建築圖樣為最後之核定

（２）推韋以黻 茅以昇 夏彝參 胡博淵 顧毓瑔 袁夢鴻 夏光宇 關頌聲 陸謙受 朱其清 汪菊潛等十一人審查圖樣並選定承包人

（３）預定八月一日詢價 八月八日選定承包人八月十五日以前簽訂合同 八月廿日開工

（４）中國橋樑公司負請於八月二十日以前將地面現有平房拆遷

（５）推胡博淵韋以黻兩君向財政部商借隙地以便堆存材料將來再商請夏彝參君發派市工務局職員一人夏夫二名管理收發材料

三、聘請幹事案

決議：聘熊 煜君為本委員會幹事辦理文書會計等事務

四、決議：本工程大廈產權完全屬於中國工程師學會

五、決議：請顧毓瑔君以中國工程師學會名義懇請行政院公債勸募委員會將工程大廈免予認購公債及儲蓄券

六、決議：暫以交通部郵電司委員會為本委員會通訊地址

工程大廈籌備計劃草案

（一）中國工程師學會為促進本會會務及便利會員集會研究工作起見約同中國橋樑公司邀請交通部經濟部共同建築渝總工程大廈。

（二）工程大廈所需地基請由中國橋樑公司借用約二十三方半。

（三）工程大廈建築四層樓房分配如下：

1 第一層——由金城銀行租用（因中國橋樑公司與該銀行有約在先）

2 第二層——由交通部各機關應用

3 第三層——由經濟部應用

4 第四層——由本會自用

（四）工程大廈建築費約計六百五十萬元其分配如下：

1 第一層約計壹百五拾萬元（由金城銀行

29482

撥

2 第二層約計壹百五拾萬元（由交通部籌撥）

3 第三層約計壹百五拾萬元（由經濟部籌撥）

4 第四層約計壹百萬元（由本會以基金撥充不足之數設法籌募）

（五）工程大廈之經費由本會邀集有關工程團體會組管理委員會管理之。

（六）第一第二第三層之用戶與本會分別簽訂合約以資遵守。

（七）本會自用之房屋每年酌定租金作為本會基金投資之利息。

（八）地基之借用由本會與中國橋樑公司簽訂合約規定各項條件。

（九）本計劃自經本會董事會通過後商准合作機關同意後實行。

中國橋樑公司地基借用辦法草案（附件八）

一、地基二十三方年由中國橋樑公司租與中國工程師學會每年收租金壹元。以〇拾年為期。

二、由學會建築四層樓房一所於底層保留寬五公尺之通道以便登樓並作後面房屋之出路。

三、學會所建築之樓房其底層須長期租與金城銀行其不計地租。

四、租期屆滿時學會將全部樓房主權讓與公司但其自用之第四層由公司按年租壹元繼續長期與學會准修理自理。

五、在租期內所有關於基地之一切捐稅及攤派悉由學會擔任。

六、學會允於樓房外部顯著地位標誌「中國橋樑公司」大字但以不礙觀瞻為限。

建築委員會十一委員會議紀錄

時　間：卅三年七月廿七日下午五時

地　點：交通部郵政司會議室

出席者：韋以黻　茅以昇　夏光宇　關頌聲

薛讓受　袁夢鴻　顧毓瑔　朱其清

汪菊潛　趙祖康陳樹王代（列席）

趙曾珏（列席）　郭　澍（列席）

主　席：韋以黻

記　錄：熊　爔

（甲）報告事項（略）

（乙）討論事項

一、審核圖樣及進行建築工程案

決議：（1）大廈決定建造四層一切設計均秉此意旨辦理之上次『議造四層平頂但須以五層為基礎將來視經濟情形再加造第五層』之決議案茲予以修正

（2）大廈內外之設計以簡單樸實為主一切由建築師依照本委員會所

29483

決定叅酌處理

（３）第二層與三層採用鋼筋水泥地板（估計需鋼筋十五噸）中間兩層採用木地板

（４）廚房取銷將來如有必需另在後面設法處理

（５）本委會改八月十四日舉行會議將建築總圖及工程說明書作最後之審定務請建築師於該日以前準備齊全

（６）圖樣及說明書審定後即行詢價定八月下旬再由本委會舉行會議議定承包人隨即簽訂合同俾可於九月一日開工

工程大廈建築委員會

十一委員第二次會議紀錄

時　間：卅三年八月十四日中午十二時

地　點：交通部郵政司會議室

出席者：韋以黻　顧毓琇　袁夢鴻　胡博淵　韋以黻　夏光宇　朱其清　關頌聲　夏彥儒（吳紹曾代）　鄭　梅

主　席：韋以黻

紀　錄：熊　梁

（甲）報告事項

夏總幹事報告（略）

（乙）討論事項

一、審查圖樣案

決議：（１）底層前所取銷改爲茶水料理室

（２）底層樓梯下加做衣帽間台

（３）底層一半可加做閱覽觀金城銀行是否需要而定惟如此則底層內部高度須由十三呎加至十五呎建築費因以稍多租金亦應酌加

（４）全部外用磚牆惟二三四各層靠馬路之一面用木板條牆

（５）全部玻璃採用塑料土片

（６）電線用插板裝置

（７）屋頂防水材料及做法由建築師全權決定

二、進行工程案

決議：（１）定八月十六日招標由建築師選擇卓著信譽之包工給予標準

（２）定八月廿八日（星期一）中午十二時仍借交通部郵政司會議室由十一委員當衆開標即在交通部餐廳並即舉行第三次會議下午二時接着舉行全體委員會議

三、收足工款案

決議：（１）須於八月底以前收足現款至少八百萬元以便簽定合同

四、加聘委員案

決議：加聘錢乘渠君爲本會委員

29484

中國工程師學會
會務特刊 曾養甫題
第十一卷 第四期

中華民國33年6月15日出版

內政部登記證警字 783 號
中華郵政掛號第133執據
重慶郵箱第 268 號

目錄

中國工程師學會第十二屆桂林年會論文審查結果

（三十三年工程師節公佈）

工業工程組

審查者：徐恩曾、許心武、林致平、吳承洛

（一）蔡金濤 中央無線電器材廠 展開一般行列式之簡法

（二）楊體仁　[illegible]工署　工廠組織與管理

（三）顧毓琇　教育部　今後的理工教育

土木工程組

[illegible]

林[illegible]伯、王[illegible]

（一）[illegible]　中正大學　計算鋼架變值之改良[illegible]法

（二）王朝偉　廣西大學　結構學新分析法及其應用

（三）[illegible]　[illegible]研究所　[illegible]法

審查人名

（八）[illegible]　設計工程處　[illegible]理論

（1）朱[illegible]　中國土木工程學會　[illegible]架之力距分配法

（3）[illegible]　[illegible]工程局　以[illegible]介曲線

（4）[illegible]　湘桂公路公務局　[illegible]檢定法

（5）[illegible]　西南公路工務局　[illegible]分析（英文）

（6）[illegible]　[illegible]　[illegible]路線[illegible]之技術問題

機械工程組

審查人：吳[illegible]

（一）吳[illegible]　中央工業試驗所　我國礦業所用鋼[illegible]及試造之研究（[illegible]

（二）[illegible]　[illegible]

[illegible]說[illegible]

設計及試驗（動力類）

（三）徐[illegible]　黔桂鐵路[illegible]　黔桂[illegible]段列車之[illegible]研究及[illegible]行速度時間及煤水消耗之實用計算法

（機務類）

乙炔銲[illegible]

（2）李[illegible]　中央工業試驗所　二[illegible]試驗機之設計製造與應用

陳[illegible]

（3）[illegible]　衡陽[illegible]器廠　齒輪造形機上刀及工作物齒曲線之解析求法

電機工程組

審查人：包可永、趙曾珏、周[illegible]、王宗[illegible]

（一）[illegible]林　中央電工器材廠　高炭鋼桿[illegible]及[illegible]用[illegible]控制[illegible]處理速度與檢別[illegible]料之方法

（二）[illegible]　中央[illegible]電工器材廠　The Optimum Aligning frequencies for a Unit-control Superhetrodyne Receiver

沈家[illegible]

29486

材廠第二廠　之研究

重慶支廠

榮譽題名

（1）方黎恒　中央工業試驗所電工工廠　一年來製造電表之檢討

（2）陳篤騏　交通部　建設地下無線電經驗談

（3）許德純　許孝同　張宗浩　中央電工器材廠第二廠　鎳紛心鐵圈

（4）朱祺瑤　華成電器製造廠　The Double Cage Induction Motor

（5）吳大榕　中央大學　逆流電抗——由旋轉磁場概念所得之物理觀點

化學工程組

審查者：吳承洛、陳宗南、張澤堯、何玉昆、姚萬年

（一）彭光欽　李運華　覃顯明　廣西大學　國產橡膠之發現及其前途

（二）張永惠　洪盆　中央工業試驗所　木材草類鹼法蒸煮及漂白之研究

（三）孫增爵　金道東　夏芝客　動力油料廠　由植物油製造綜合潤滑油之研究

榮譽題名

（1）史耀祥　中央工業試驗所　察境鄂托克旗鹼湖之考察與土鹼之精製

（2）顧毓珍　朱兆元　中央工業試驗所　豆餅油之觸媒疊合試驗

（3）殷濟存　兵工大學　分溜時最經濟之回流比

（4）李爾康　潘祖裁　中央工業試驗所　從白雲石提取氧化鎂試驗

（5）方人中　王記淦　中央電工器材廠桂林第四廠　桐油重疊物之應用

鑛冶工程組

審查者：胡博淵、李鳴龢、朱玉崙、曾誠竟

（一）魏壽崑　鑛冶研究所　貝色麥煉鋼去磷問題

（二）龍不炎　鑛冶研究所　煉鋁試驗

（三）靳樹梁　威遠鐵廠　小型煉鐵爐佈料之特徵與爐喉設計之演進

榮譽題名

（1）吳威孫　錫業管理處　鎢及其冶煉試驗

趙曉蒸

紡織工程組

審查者：朱仙舫、黃炳奎、李向雲、傅鴻九

（一）李躍書　廣西紡織機械廠　自製大型紡紗機工作效能

（二）夏凱元　林霖　中央工業試驗所　格盛式小型棉紡機紡紗試驗

衛生工程組

審查者：翁浩鳴、余微

（一）過祖源　中央衛生署　快性砂濾效能之檢

驗處　　討

（二）馬育騏　陝西省政府　南京下水道

衛生處

航空工程組

評選者：吳競清、顧毓琇、石志仁、林致平

（一）錢學森　航空委員會　高速氣流突變之測

航空研究所　定

（二）柏寶麟　中央滑翔機　空中列車之性能

製造廠

（三）王士倬　航空委員會　飛機性能之推算法

徐舜壽　航空研究所

造船工程組

評選者：吳競清、顧毓琇、石志仁、宋建勳

（一）張文治　民生實業公　特種淺水輪船

司

（二）楊　槱　民生機器廠　川江船型之檢討

常期論文委員會委員名單

（一）普通

徐恩曾　重慶交通部

顧毓琇　重慶中央大學

譚伯羽　重慶經濟部

裘燮鈞　重慶國府路 282號　國父實業計

劃研究會

侯世英　重慶北碚中央地質調查所

（二）土木

羅　英　桂林區縣鈺樂山別墅湘桂公路工

務局

朱谷祥　貴州獨山黔桂鐵路局

茅以昇　重慶兩路口中三路九號中國橋樑

公司

蔡方蔭　江西泰和中正大學

陸　超　四川南溪李莊同濟大學

施家煬　雲南昆明西南聯合大學

薩福均　重慶上清寺交通部公路總局

（三）機械

韋以黻　重慶交通部

顧毓瑔　重慶上南區馬路 194附四號中央

工業試驗所

石志仁　湖南衡陽湘桂鐵路局

顧　璉　重慶教育部

楊家瑜　重慶中央大學

周　仁　昆明大西門外棕樹營中央研究院

工程研究所

（四）電機

胡瑞祥　重慶南岸土橋交通部材料供應總

處

趙曾珏　重慶交通部

陳中熙　重慶資源委員會

吳保豐　重慶九龍坡交通大學

包可永　重慶資源委員會

（五）化工

張洪沅　重慶重慶大學

曾昭掄　昆明西南聯大

徐名材　重慶小龍坎土灣動力油料廠

陳宗南　廣東坪石中山大學

林礎廣　新疆省迪化新疆省政府建設廳轉交

李運華　桂林廣西大學

（六）礦冶

胡庶華　重慶兩路口兩浮支路三民主義青年團中央團部

朱玉崙　重慶北碚礦冶研究所

胡博淵　重慶經濟部

曾誠克　重慶牛角沱資源委員會

吳　健　四川江北香國寺中國興業公司

程義法　江西大庾鎢業管理處

（七）紡織

周君梅　雲南昆明市昆明大廈六樓六〇二號雲南紡織股份有限公司

黃樸奇　廣西柳州經緯紡織公司

朱仙舫　湖南衡陽建成紡織廠

陸紹雲　重慶化龍橋對岸貓兒石維昌紡織公司

（八）水利

沈　怡　蘭州馬坊街二十四號甘肅水利林牧公司

沈百先　重慶千廝門小河順城街十八號導淮委員會辦事處轉

孫輔世　重慶新橋一號信箱揚子江水利委員會

鄭肇經　重慶上清寺中央水利實驗處

李書田　陝西西安黃河水利委員會

（九）衞生

過祖源　重慶歌樂山中央衞生實驗院

馬育騏　桂林廣西省政府衞生處

（十）

曾　謨　貴州貴陽中央陸地測量學校

李崇灝　重慶經濟部

（十一）市政

譚炳訓　重慶上清寺聯運管理處

薛次莘　重慶兩浮支路適園中國工程公司

（十二）航空

莊前鼎　昆明西南聯大

林致平　成都航委會航空研究所

錢昌祚　四川南川航委會第二飛機製造廠

王承黻　重慶川鹽大廈中國航空公司

李柏齡　貴州航委會發動機製造廠

（十三）兵工

楊繼曾　重慶觀音岩兵工署

吳欽烈　四川瀘縣第廿三工廠

周志宏　重慶磁器口兵工署材料試驗處

鄭家俊　重慶觀音岩兵工署

（十四）造船

周茂柏　重慶李家沱恆順機器廠

宋建勛　重慶望龍門重慶輪渡公司

（十五）陶業

顧北芳　重慶陝西街寶元渠樓上段大破璃廠

張寶華　湖南辰谿華中水電廠

（十六）兼任

吳承洛　重慶經濟部

29489

中國工程師學會第五十三次董事會執行部聯席會議議程

甲、報告事項

（一）本會會員證前於第五十二次董執聯會時即經議決[illegible]因會員數逾八千號[illegible]造冊填寫[illegible]印分發[illegible]將抗戰以後入會之會員（其號數自二千九百九十五號起）填寫就緒並已發出一部份惟在抗戰以前入會之會員因入會[illegible]原有號碼無從查明[illegible]并以永久會員[illegible]下月內當可辦理完竣

（二）本年第六屆工程師節紀念概況

（1）本會[illegible]各機關團體舉行紀念大會[illegible]紀念起見經請各學會代表自六月一日起至七日止[illegible]土木[illegible]機械[illegible]化工[illegible]胡博淵[illegible]朱[illegible]水利[illegible]各工程[illegible]於六月五日各[illegible]舉行紀念週時前往講演工程問題[illegible]中央大學[illegible]重慶大學[illegible]交通大學張洪沅復旦大學朱玉崙金陵大學[illegible]中華大學徐宗[illegible]教育學院周志宏朝陽大學[illegible]中央高工[illegible]南開中學胡博淵並請各部長官及本會各董事撰文送登本市各報以資宣傳六日下午七時假[illegible]兩路口社交大會堂舉行紀念大會會場四週佈置[illegible]戰爭影片場內遍貼各種標語[illegible]雅莊嚴頗稱堂皇到會員千餘人會會長主席孔副院長因事未克趕到[illegible]會長宣讀訓詞繼由陳部長立夫梁部長寒操洪次長蘭友等致詞後由美[illegible]克美倫教授及朱霖諸先生講演最後宣布桂林年會得獎論文及宣讀向　蔣主席致敬電暨向前方將士[illegible]並放映[illegible]及[illegible]東京[illegible]影片[illegible]一時之盛

（2）各地分會舉行紀念大會如永安分會蘭州分會天水分會自流井分會大渡口分會[illegible]和分會白沙沱分會辰谿分會大[illegible]分會等均曾舉行紀念儀式（詳情見各分會近況）

（3）福州市各界「六六」工程師節紀念大會湖南常[illegible]縣[illegible]民明中央研究院工程研究所及中國電力製鋼[illegible]先後來電向本會致賀「六六」節柳州紀念大會[illegible]

（三）本會自本年四月[illegible]日起至九月[illegible]日止計收到[illegible]五十九件論文[illegible]二百[illegible]三件

（四）各分會近況

（1）蘭州分會於六月六日慶祝工程師節[illegible]舉行會所落成典禮[illegible]上午八時半先行剪綵禮九時開會到各機關首長及各[illegible]代表八戰區張參謀總長[illegible]甘肅省政府李秘書長[illegible]代表朱長官）谷主席等先後致詞[illegible]監察使一函代表來賀[illegible]蘭州[illegible]西北兩日報並發[illegible]社評[illegible]揚工程建國之意義

（2）辰谿分會於六月六日[illegible]第十一[illegible]廠辰谿廠中山堂舉行工程師節紀念大會同時召開第五次常會除分電　委員長及前方將士致敬[illegible]工程界人士致慰外並報告會務改選職員結果

會長　王　濤　　副會長　張寶華

會計　孫寶書　　書　記　婁育俊

並決議一、參加第十三屆聯合年會代表先由會員報名參加再由分會轉送總會核定二、組織編纂委員會推定王正本婁育俊李祚蔭三人爲委員三、組織基金委員會推定李符琛蕭光炯婁育俊鄒其如喻會孝五人爲委員並推李符琛爲主任委員負責籌集限三個月內最低籌足十萬元等重要決議案

（ ）遵義分會於上年十二月十二日第七次常會時改選職員結果

會長　陳正修　　副會長　王國松

會計　錢鍾韓　　書　記　沈尙賢

（ ）鉅石分會於本年四月十八日召開本年度第一次會員大會除檢討以往工作及研究　國父實業計劃擬具專題定期提會討論外並改選職員結果

會長　陳宗南　　副會長　張鳳久

會計　李松生　　書　記　黎獻勇

（５）全州分會於四月二十三日開全體會員大會推選下屆會長副會長及基金監督選入組織參觀團前往柳州參觀各工廠藉資觀摩及研討　國父建國方略並請第五集團軍李總長恩敍演講「中國軍用車輛建設問題」

（６）內江分會於六月六日舉行年會選舉職員（三十三年至三十四年）結果

會長　賈振勛　　副會長　陳耀奎

會計　羅一清　　書　記　張大鏞

（７）天水分會於六月六日下午六時半假寶天鐵路工程局圖書館舉行紀念會承天寶鐵路工程局惠假各項工程照片陳列會場以供展覽全體會員均出席舉行茶會並推請工程師四人作專題講演旋即改選職員結果

會長　凌鴻勛　　副會長　吳必治

會計　張仁滔　　書　記　劉澄厚

（８）南平分會已正式成立暫設會所於南平薩鎮口郵匯大廈並經選舉職員結果

會長　汪　瀏　　副會長　任家晁

會計　陳德坤　　書　記　陳繼虞

總務　胡鳴時

（９）自流井分會於「六六」節舉行大會除作紀念儀式外並選舉職員結果

會長　朱寶岑　　副會長　楊子南

會計　吳　家　　書　記　羅世襄

（10）宜賓分會於六月六日舉行三十三年度第一次會員大會重選職員結果

會長　孫文蔚　　副會長　朱士俊

會計　張鵬輝　　書　記　葉家祥

（11）大渡口分會於六月六日舉行工程師紀念節之餘即行改選職員結果

會長　翁德鑾　　副會長　高許培

會計　王與澂　　書　記　王遐允

該分會自三十二年七月至三十三年六月舉行會年後術工程人員座談會六次每次座談會有會務報告會員演講及討論各種技術工程問題如陳會長宗賢講演「水泥製造」梁文貴先生講演「電爐煉鐵」徐會員寓邦講演「美國小型鹼性平爐之試煉」張會員如錚講演「鋼錠夾砂之檢討」傅會員洛揚講演「碎礦成塊之檢討」孫會員新鳴講演「煉焦與工業」及胡會員憲明講演「洗煤」等

（１ ）內沙壩分會於本年四月二十三日成

29491

並改選職員結果

會長 張志純　副會長 熊明儔

會計 邱健璇　書　記 李芝田

該分會於六月六日上午八時與廢品整理工廠聯合舉行工程師節紀念大會儀式甚為隆重禮後即作學術演講如熊副會長講「我國工業建設之重心與實施之程序」侯會員登澤講「工程師在中國」何會員迪生講「工程師治學之方法與態度」又於八月六日假該廠兵器陳列室舉行宣讀論文及會員作品展覽計有論文共四篇即何會員迪生之「現代兵器之趨勢」黃會員鐵樹之「小飛機設計」李會員協和之「鋼筋混凝土將來之重要性與今後土木工程同仁對鋼筋混凝土研討之認識」張分會長志純之「T.N.T.製造程序」並決定重要提案三件（一）推定會員侯登澤倪誠懇邱健璇鄧裕楷等分向附近工廠鄉村鐵路礦石及大中廠一帶徵求新會員（二）籌設工程學術及工程管理兩座談會（三）準備提案及論文參加總會本年度年會

（13）泰和分會舉行「六六」節紀念大會適逢江西水利局萬安縣建築完竣舉行放水典禮遂合併舉行紀念會到會員及黨政各界來賓二百餘人會場情緒至為熱烈除舉行紀念儀式外並請工程專家演講通知當地大學於紀念週時作工程問題之演講及請新聞界登報宣傳

（14）大庾分會於「六六」工程師節在大庾舉行工程師節紀念會並改選本屆職員結果：

會長 洪中任　副會長 張華夫

會計 張耕田　書記 洪 經

（15）永安分會於五月一日舉行會員大會聯歡改選結果：

會長 顧 鐵　副會長 王世銳

幹事 徐碩甫 章錫綬 劉以鈞 鄭若太

王 俊

及公推王俊擔任本屆總幹事該分會於六月六日上午六時聯合省會各界舉行盛大紀念會發行特刊並以大會名義電 蔣主席及前方將士致敬並通電全國工程界人士致意即下舉行會員聚餐會以資聯歡當晚公演平劇招待會員情況備極熱烈該分會為使各界明瞭後方建設概況與灌輸普通技術學識以鼓勵學習興趣起見特利用「六六」節舉行參觀講演三日排定參觀日程分函各有關機關開放招待指派專人當場講解印發簡短說明各機關學校員生前來參觀者極為踴躍同時該分會徐會長及王副會長均於晚間分別廣播專題講演以資宣傳

（五）總會計報告

（六）總編輯報告

（1）中國科學通訊內容包括科學論文摘要國內科學事業述評科學問題諮詢及書評經由英國British council，美國 State department culture division 分別在英美印行前由中華自然科學社來函徵稿已寄去四篇（一）吳毓昌沈誠 Design of C_2H_2 generating set fit on Dodge（y. k. wu 及 H. Shen）（二）Design and test report of super charger for operating with gas producer fitted on dodge truck（by y.k.wu 及 H.Shen）（三）葉渚沛 Some Technical Considerations Respecting future Furnace practice（Yap Chu-Phay）（四）吳沛霖 On the Problem of Horizontal flight

Poi-tin-rung）現又整理出機構計（五）皮蘭鋒 Equilibrium fla h Voporaztio — n new graphical method of solution（C. J. Shiah）（六）李爾康 A Study on separation of molasses fror native massecuite（七）Oxidation Index as a criteiron of chinese coal Rank by S. H. Li 及 S. T. Voong 李詩恒濮新標（八）陽秩思 Theoretical and Experimental Investigation of D. C. Braking of Induction motor（九）C. L. Hsu 徐之綸 Rigid Frames in space（十）C. H. Tsion 錢鍾韓 Economical Problems in surface Condense design A mathematical analysis（十一）Über die Kanstruktion iuddex Umban des Ba r anb Strocid Schau Tele—meters，另文送上以後當繼續編送

（2）前各□交上屆年會議決將近十餘年來本國有關工程建設之報告與工程學術之研究而具有『本國性』非外籍參攷所可得者彙編為工程叢刊一案經陸續函請各大學工學院及各交通工礦事業機關將歷年有關著作及報告檢送本會以便編審茲擬定於三十四年一月編輯第一部先出土木化學電機三種工程專刊次出機械礦冶航空三種工程專刊再出軍事防空交通紡織四種以十冊為一部所有編審□計其辦法至希隨時指示

（3）工程雜誌在後方復刊後業已印行自十四卷四期起至十六卷三期止計十二期後又編成九期係自十六卷第四期起至十七卷第六期止曾於春間一次付梓嗣以原來承印之民營印刷廠高抬價格遲延時間幾經商洽始得浙贛鐵路印刷廠承印只以不久豫省戰事漫延湘省桂方種種事業初期採取觀望態度繼乃奉令遷疏該印刷廠亦疏散至獨山其他機關工廠均經一律疏散所有工程雜誌均由編副總編輯隨同交通部湘桂公路工務局裝運至該路宛田倉庫存放所以三四個月以來雜誌已暫行中止寄遞中經一度時局較為好轉正擬即行運桂繼續寄發而未奉命第二次疏散以致各方紛紛殊為憾事不過工程第十六卷第四期已經出版曾僅先郵寄本會總會[illegible]以便分發各[illegible]收到至前與浙贛鐵路承約除先付一次付四十五萬元停印之後已將所需紙張油墨等項於遷移時點交湘桂公路局材料庫保管上項實有[illegible]所餘交付一併設法寄渝現已由中央信託局[illegible]先生介紹文化印務局接洽承印中並已印出[illegible]尚未完全[illegible]在設法向該庫[illegible]惟運輸極感困難郵遞包裹印刷物亦大受影響恐更不免稽延時日耳

（4）因工程雜誌印刷及寄遞受時局影響不免稽延時日[illegible]以[illegible]溝通會員聲氣傳播會內會務現仍在進行一次[illegible]次[illegible]中國工程與[illegible]廣告[illegible]第三四五期多加工程人員建築消息以喚起全體會員之同情

（5）三十年來之中國工程本定在桂林印刷現據各方觀察已決定在重慶付印曾請[illegible]先生商洽重慶印刷廠承印現已一面向材料物品管理處購買報紙一面加緊催請尚未交稿者無論如何務須於十一月內交齊並擬[illegible]及[illegible]與各方[illegible]總會以資[illegible]設法函當備[illegible]紀念刊目錄以供參照

（七）工程人員追踪委員會報告（已見專號）

（八）材料試驗委員會報告

本會本年度共開會兩次計（一）三月十三日召開第一次全體委員會（二）八月六日召開第一次常務委員會所議決要案如次：

（1）本會委員因散居各地集合不易經議決設立常務委員十五人聘任在渝市郊之委員擔任之所聘各常務委員並均請中國工程師學會加聘

（2）本會鑒於今後責任之重大經決定除修訂材料規範外並應照美國A.S.T.M.辦法每半年或一年與有關各材料試驗研究單位開聯合會一次由各單位互相報告其研究工作並加以研討所有各有關單位一切研究資料本會在搜集中

（3）經濟部中央工業試驗所試製二噸萬能試驗機業已成功爲推廣起見經由本會派員前往檢驗並將檢驗報告分送各機關促其訂購以示提倡之意

（4）本會本年度編訂材料規範及試驗方法工作可望有結果者有湯允植先生之燃料及陳器先生之木材

（5）着手編輯『三十年來之材料』內分學校交通兵工各部門已分請專人負責搜集資料並請張委員鴻圖負責彙編

（九）工程標準協進會報告

本會與工業標準委員會經濟部技術標準設計委員會鐵道技術標準委員會等向有密切之聯繫除上年曾編有「一年來之中國工程標準」分發外本年度亦正在搜集資料繼續編印中

關于上屆年會所提之工程標準及手冊經奉本會董事會發交本協進會審議者計有（一）金屬材料試驗手冊（二）潤滑油脂標準規範（三）電絕緣材料試驗方法（四）中國波特蘭水泥標準（五）石灰試驗規範等其中一部份與政府有關標準委員會之所擬訂及主管範圍應發生聯繫經數度商洽將會合已有草案彙案整理再加審核以期各該項手冊及標準得以早日決定印行以資遵守而便查考

關于推動各方面標準工作之進展者本協進會並隨時注意中央設計局工業建設計劃會議及經濟交通水利農林各部門之設計工作務使標準化之意義與其實施得以次第加强而各下級執行機關與各種事業爲事實上之需要自行研究臨時適用之標準時本協進會莫不予以協助並使其與中央主管標準機構不致脫節工商界對於標準已有進步之認識如工商手冊中列舉標準工作不少

（十）工程史料編纂委員會報告

本委員會於成立之始，即搜集我國各項工程史料，多因戰時關係，過去資料，不易得到，故對抗戰時期之工程資料，特予重視，數年來年會徵集論文，均有抗戰工程文獻之搜集，現正分別項目，向有關機關抓徵，若待戰後，又恐遷移散佚，此項工作重要，擬請注意，以便於復員時期，即能繼承「卅年來之中國工程」，約請專家，編撰「抗戰時期之中國工程」。又戰時工程師服務艱苦，捨身以殉國者，亦大有其人，正分別搜集其事跡，擬撰一種合於有小說及歷史性之青年模範之讀物，現在「卅年來之中國工程」已在重慶印刷廠印刷，所有「抗戰時期之中國工程」其目錄與擬撰人選，當加於各方面酌商，準於下次提出董事會討論

中國工程師學會

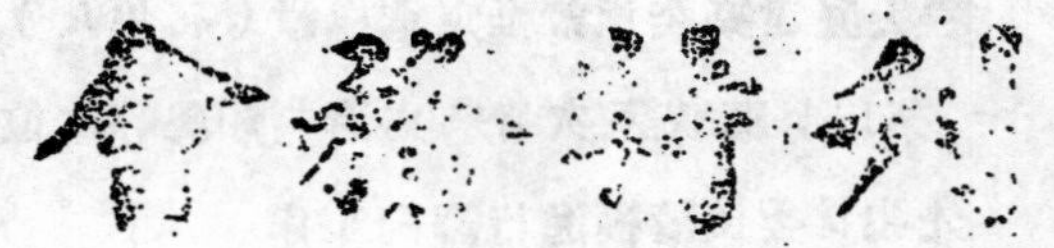

第十一卷　第六期

中華民國[illegible]年12月15日出版
內政部登記證警字783號
中華郵政掛號第135執據
重慶郵箱第163號

要目

本會籌建工程大廈經過

本會因會員日多，會務日繁，亟應有研究，[illegible]無適當房屋，初擬在市區租屋應用，經數度接洽，未有結果，嗣承中國橋樑公司茅以昇先生建議，建築工程大廈，地基可由該公司借用，經細加考慮，認為地點適中，機會難得，旋即商承經濟部交通部及中國橋樑公司，共同發起建築，擬定工程大廈籌備計劃草案，內容（一）中國工程師學會，為促進會務，便利會員集會研究起見，約同中國橋樑公司，邀請交通部經濟部共同發起建築工程大廈，（二）工程大廈所需地基，請中國橋樑公

29495

司借用計二十四方※(三)工程大廈建築四層樓房，分配如下第一層由金城銀行租用，第二層由交通部各鐵路局應用，第三層由經濟部資源委員會各礦廠應用，第四室由本會自用，(四)工程大廈建築費，約計五百五十萬元，其分配如下，第一層約計五十萬元第二層約壹百五十萬元第三層約計壹百五十萬元第四層約計壹百萬元(五)工程大廈之管理由本會邀集有關工程團體會組管理委員會管理之(六)第一二三層之用戶與本會分別簽訂合約以資遵守(七)本會自用之房金每年酌定租金作為本會基金投資之利息(八)地基之借用由本會與中國橋梁公司簽訂合約規定各項條件(九)本計劃自經本會董事會通過後商同各合作機關同意後實行中國橋梁公司地基借用辦法草案草案內容(一)地基二十四方由中國橋梁公司租與中國工程師學會每年收租金壹元以二十年為期(二)由學會建築四層樓房一所於底層保留寬五公尺之通道以便登樓並作後面房屋之出路(三)學會所建樓房其底層須長期租與金城銀行並不計地租(四)租期屆滿時學會將全部樓房主權讓與公司但其自用之第四層按年租壹元繼續長期租與學會惟修理自理(五)在租期內所有關於一切基地之一切捐稅及攤派悉由學會担任(六)學會允於樓房外面顯著地位揭露「中國橋梁公司」六字但以不礙觀瞻為限一併提請第五十二次董事會執行部聯席會議議決通過應成立工程大廈建築委員會推定韋以黻(召集人)茅以昇顧毓琇薛次莘朱其清關頌聲等六位先生為委員積極進行籌備工作

建築委員會成立後即備函各機關公司廠號請捐建築材物並於「六六」工程師節上午八時假座中國橋梁公司舉行奠基典禮承本會各董事各部執行人員各專門工程學會及各機關公司各號代表踴躍參加由曾會長領導行禮後隨即實行奠基禮石左右繞以松柏綴以鮮花基石之上覆以紅綢微風吹動生趣盎然曾會長含笑揭綢砌以灰泥當即大放爆竹賓主於喜氣洋溢中攝影禮成而散頗極一時之盛

奠基禮畢隨即舉行基金募集委員會議各委員對於基金之募集大事討論最後決定以各專門工程學會分隊籌募以每一專門工程學會為一隊每隊推負責者一人參加建築委員會其隊別及負責人員為礦冶隊胡博淵電機隊趙曾珏機械隊程孝剛化工隊吳承洛土木隊夏光宇水利隊沈百先市政隊譚炳訓建築隊陸謙受衛生隊過祖源紡織隊陸紹雲航空隊王助自動車隊王樹芳並推請李景潞吳蘊初胡庶華[illegible]陳體榮包可永楊承訓趙祖康張家祉孫[illegible]諸先生為建築委員會委員

六月八日下午六時舉行第一次建築委

員會議除於工程大廈之建築事項詳加籌議外並增加軍工道路二隊分請張海平及徐學禹周茂柏等先生負責並推請總幹事一人加緊進行建築工作自此以後始而設備募捐册分請各隊勸募繼而分函四聯總處中中交農四行中央信託局及郵政儲金匯業局等請予捐助並聘請夏光宇先生為工程大廈建築委員會總幹事又先後加聘夏舜參鍾鍔二先生為建築委員會委員工程大廈之募建工作遂益形白熱化矣

三十三年十月半

本會工程大廈工程進行概況

查工程大廈建築委員會於七月中旬聘定總幹事經會務得能積極推進迄現時止計共舉行全體委員會議凡五次前二次已見特刊第十一卷第三期，後三次為八，二十八。九，十一，十八。及全體委員推出之十一委員會議四次後二次為八，二十八。及九，五，先後商決收款辦法審定建築圖樣並聘請基泰工程司為建築師茲將截至目前為止之工程進行概況及其他事項報告如下：

（甲）關於工程進行情形：大廈原擬建造四層樓房經詢價結果所需造價竟達一千二百五十餘萬元而地基工程及水泥鋼筋油漆水電及設備等費尚不在內將來全部完成約計共需一千九百餘萬元偌大數字殊非本會財力所能負擔倘勉為從事深恐款項不繼工程有中途停頓之虞經再三妥慎研商僉以改建三層樓為宜故將建築圖樣從新修正並再行詢價於九月十九日開標此次參加投標者計六合建業立基建設等四營造廠結果以立基所列標價八百七十七萬八千九百六十五元為最低應核其担保尚屬可靠完工日期一百十五天亦較迅捷因於九月下旬與立基營造廠簽定合同以八百七十五萬元承包並於十月四日正式開工其工程進行實際狀況另見基泰建築師報告

至其他有關工程事項（一）本會深感工地負責之人曾要求基泰與立基派員常駐工地指揮工程之進行茲已分由基泰派黃松雅君立基派王桂星君常駐工地負責（二）為免工程草率起見經商請茅委員以昇汪委員菊潛等就近負責加以監督並函請各委員不時蒞臨工地加以驗察指正俾工程不致有所遺憾或缺陷（三）為免貽誤工期起見經屢函基泰對於工程嚴加督促並繪製預定工作進度表、令其按時填報本會關於工程設計上之細微更改與工程上之便宜處置統授基泰以全權其應留情形准予事後補報藉赴事功

（乙）關於材料供應情形：

1.木料、五金　本會茅委員以昇於本年三月間鑒於物價波漲爲未雨綢繆曾託中國橋梁公司陸續代購木料玻璃鉸鏈門鎖等件計值五十萬元有餘除木料由立基作價收購外其餘各物皆歸自用並剔除標價之一部份

2.水泥　共需一百零五桶業由吳委員承洛向四川水泥廠捐得五十桶所有不敷之數該廠並允予借墊又汪委員德晉向衛生署捐得四桶上項所捐水泥於未收到以前爲適應急需計業由夏委員舜叅暫由工務兩撥假二十桶

3.油漆　經吳委員承洛向建華集成（卽覺成）光華、美華、興華、鑫新等六油漆公司捐得價值十萬元之油漆刻正請基泰開示油漆種類顏色數量以便洽領

4.石棉瓦　共需三六、〇四英方經吳委員承洛與大川公司洽商已允半捐半售

5.電料　經胡委員曾珏向（一）西亞電器廠捐得電燈泡三百只隨時可取（二）中央電工器材廠捐得皮線花綫及燈泡等價值以十萬元爲限已函告基泰洽辦

6.耐火磚　吳委員承洛捐得勝鑫業廠耐火磚四百塊經函詢基泰據復稱以本大廈無需耐火磚擬設法售出

7.鋼鐵　（一）胡委員博淵等向渝鑫鋼鐵廠捐得二分元鐵一噸已托基泰代爲售出（二）中國興業公司允將所需鋼筋價讓一部外再另借一部份尚未商妥

8.煤　昆明明良公司捐贈昆明煤十公噸已函請總會轉託鑒少銘君代爲就近售出尚未據報告

（丙）關於捐款情形：各隊所捐款迄目前爲止已收到 七百五十六萬 三千元正

（丁）關於其他事項：

1 增聘袁夢鴻汪菊潛兩君爲本會委員

2 請求豁免征收本大廈應繳公債及儲券案市府僅允減半本會應攤繳三萬九千元已請朱總會計撥付

3 金城銀行租用本大廈房屋案該行函復可以預付租金兩年至每年租金數額前經擬議爲一百萬元尚須與該行繼續磋商

三十三年十一月中旬

工程大會第二次開標結果

廠名	造價	完工日期	附註
六合	9440000		
立基	877·8956·00	130天陰雨	在內暫報除外　五日內有效
建業	972·9584·20	15天陰雨在內	石棉瓦以30寸40寸15分厚7日內有效
建設	928·2797·	114天陰雨在內	

民國三十三年九月十九日下午三時在交通部郵電司會議所開標

基泰工程司報告

查本工程設計原爲四層樓房頂層係平屋面以作會員露天集會之用全部圖說送請建委會審核後招商投標於八月二十八日開標參加投標廠商計爲六合公司建業營造廠立基營造廠維華營造廠等四家嗣因標價過鉅復經決議變更計劃改爲三層當即重行設計又於九月十九日開標參加投標者計爲六合公司建業營造廠立基營造廠及建設工程公司等四家以立基所開造價國幣八百七十七萬八千九百五十六元爲最低決即交立基以八百七十五萬元承包雙方商洽合同及付款手續竟於十月四日開始測夾線定界嗣因場地環境關係先挖中部木柱底脚至離地面七呎餘未見老土如再繼續下挖恐非十餘呎不爲功基脚之本身重量亦增加泥土載重面積不少故不擬再挖而將底脚面積放大使泥土承受壓力減少按本工程設計時所規定之安全泥土承受單位壓力爲每方呎一噸現未至老土其安全泥土承受單位壓力應爲若干用載重試驗實際尋求似較可靠故於十月十五十六十九分別在擇定各點作二呎方（即四方呎）載重試驗先加重量二噸以後每次加一噸至六噸爲止每次均量下沉結果最多者爲三吋又八分之一查此次試驗因欲趕做工程儘量縮短其試驗時間僅求其泥土一般大概情形而已依據上項試驗及察看各部份已挖後之泥土情形重行決定與計算各底脚之大小在此一月以來大半均係天雨尤於土石方工程進行甚爲困難包商工人一俟天雨稍停之際立即工作現今底脚已砌上者有九處

磚柱木柱底脚正在砌做者爲左邊宗公共牆身底脚正開始挖土者爲右邊牆身底脚及後部門柱底脚至於底脚[illegible]採用份量土層不同隨時決定一俟全部[illegible]即行繪就送請建築委員會審查辛接建委員建字二八一號來函關於大廈工程設計之約繳更改與工程上之便宜與否統按本所以發繳約費辦理等語得免擅自更改之咎以後工程進行計劃已屬立妥擬具工程進度[illegible]核轉建築委會而期此項工程得以[illegible]期完成此即本工程十一月份進行之大概情形也

補登入工程第十七卷各期論文目錄

上以各篇寄往分別插入各期以補足各期中少十頁篇幅

會務特刊第九卷一至六期

第十卷一至六期

第十一卷一至六期

尚有存本有志保存者開明所缺期數函索即寄

29500

中國工程師學會

會務特刊

曾養甫題

第十二卷 第一期

中華民國34年2月15日出版

內政部登記證警字 783 號

中華郵政掛號第133執照

重慶郵箱第163號

會內刊物
戰時機密
負責存用
勿輕示人

要目

中國工程師學會第五十四次董事會執行部聯席會議

甲、報告事項

（一）浙江大學三十三年度工程獎學金學生，經決定為電機系溫邦光，化學系楊光華，土木系樂秀文，機械系支德瑜。

（二）湘桂黔一帶會員因受戰事影響，生活職業諸成問題，本會特辦理此項會員登記事宜，以便代為洽介工作，經登中央日報廣告，請各該地來渝會員具函登記以來，本會已收到王兆泰，張霖讀，孫家謙，孫清波等函知，並經代爲洽介工作。又在渝現未三年前來總時，會中請貴陽分會洽登廣告，籌理由渝進疏散並給會員登記事宜。

（三）第十二屆年會籌備委員會業將第十二屆年會經費帳目結算清楚，計結餘國幣拾萬零叁百伍拾九元叁角一分，經將該款連同現金帳分戶帳會款收據各一本及單據粘存簿三本，收支對照表一份，（見附件一）註册費收據存根三十本，一並送會。

（四）本會會員截至第五十二次董執聯席通過之新會員止，共計八千三百零三人，均經編列名册，並經填就會員證，於上年九月及今年元月先後發出四千一百零四份，此外有舊會員因缺費料目地址等項不詳者二千六百六十六人尚在調查備填中及淪陷區域郵路不通無法發出之會員證一千五百三十三張。茲將（已發未發數目統計表）（見附件二略）

（五）各分會通訊

（1）重慶分會下屆職員選舉事宜業經該分會前選委員會於上年九月十五日辦理竣事，結果：

會長[illegible] 副會長[illegible] 書記[illegible]，會計楊簡初。

該分會於上年九月九日舉行執行部第一次會議，討論重要議案甚多，如雙十節晚間舉行大會，二、本屆專題研究重慶市「建設問題」三、本年度派往綦江自流井參觀，四、執行部每月開會一次，五、分區促進會務：每區推定書記一人，計綦江沈百先，沙坪壩陳章，北碚向賢德，磁器口周志宏，江北段劍鳴，城內李開第，上清寺朱其清，南岸戴尹宇。

（2）昆明分會已移昆明彼靖路三三四號雲南工業協會內辦公，並經改選職員，結果：

會長繆嘉均，副會長金龍章，書記張大煜，會計袁丕烈。

（3）城固分會前假國立西北工學院會議室召開第四屆年會，改選職員，結果：

會長潘承孝，副會長余謙六，書記金賓楨，會計彭榮閣。

（4）蘭州分會會所落成後，業經組織會所管理委員會，以該分會正副會長書記會計爲當然委員，並推請楊公兆顧光寶楊正清張象昶吳華慶等五人爲委員，該分會籌建會所共募得現金二百零五萬零捌百十四元，其中分會會員共捐現款十六萬四千一百二十元，實物作價六十八萬六千一百八十萬元，此項捐款已分載蘭市甘肅民國日報，並擬編印徵信錄，用昭大信，特先將會所管理委員會章程，會所落成照片，及貼附捐款登報廣告各一份，送請察核備案。

（5）桂林分會於上年十月六日重選職員，結果：

會長龍純如，會計龍世揚，因時局演變新職員未肯就職，會務業已停頓。

（6）宜賓分會於上年十一月二十二日上午九時半假宜賓機器廠召開三十三年度第二次會員大會，歡送鮑前會長國寶出國考察，並歡迎新會員，當時議決下列各案：一、組織基金徵募委員會，推選朱士俊、錢平寧、朱寶鈞、葉世強、黃文治、郁寅啓、金瀚、葉雪安、孫文藻等爲委員，由朱士俊先生負責召集，徵募辦法由該委員會擬訂，二、組織編輯委員會出版會刊，推選黃文治、邱訓汾、朱寶鈞、葉雪安、鄭仁等負責辦理。

該分會因核發會員證，須用分會長小方章，特提請三十三年度第二次大會議決自行刻製，并檢同印模函送本會備案，文曰「中國工程師學會宜賓分會會長之章」。

（7）長壽分會於上年十月二十九日舉行第二屆年會，出席會長方志遠等六十四人，由前會長黃育賢主席，除討論會務及作學術演講外，並改選職員，結果：會長方志遠，副會長李鳳柱，書記陳璧，會計徐裕詩。

（六）工程大廈建築委員會報告：

查工程大廈進行情形，前於第五十三次董事會執行部聯席會議時業已詳細報告，茲將本委員會截至現時爲止之進行情況，報告如次：

本委員會於上年九月十九日舉行第四次會議，審查第二次招標函件，計有建築業立基建設六合，等四營造廠，其中以立基標價八百七十七萬八千九百六十五元爲最低廉，嗣經磋商結果，以八百七十五萬元之整數，（水電與基礎等工程除外），與該廠於十月一日簽訂承包合同，隨於十月四日正式開工水電工程於十二月間招標，投標者有協和強生協中三水電工程公司其中以協中標價一百五十四萬元爲最低廉，隨於十二月三日與協中簽訂承包合同，三閱月以來，工程進行尚稱順利，惟施行之初期，適值淫雨連綿，竟達月餘之久，於工程進展不無影響，加之基礎工程因土層鬆浮，經用壓力實驗結果，不得不將地脚尺度放寬加深，計增加工程費七十餘萬元，尚未超過預擬之數，時間方面，延長約達半月全部工程約已完成百分之八十預計二月十二日以前當可全部竣工，惟需越出二三星期之時間，使油漆粉刷完全乾透，方能使用，依工程進度言之，該承包人尚屬努力，採用材料與工作技術亦稱優越。

捐款截至現時爲止計已收到八百七十

五萬餘元，倘有金城銀行二百萬元，經濟部一百萬元，及年底已募到尚未交之捐款及實物折價約共二百萬元左右，合計應爲一千一百餘萬元收支之數連條具在內，可約略相等。

（七）總編輯報告：（見下文）

（八）總會計報告：（略）

（九）材料試驗委員會報告。

一、委員：本會有委員四十九人三十三年加聘九人共五十八人又增設常務委員會設常務委員十五人其姓名於后：

（1）委員，李法端、（兼主任委員）包可永、（兼副主任委員）王聖揚、（兼幹事）周志宏、王樹芳、邵逸周、徐儉、朱玉崙、葉渚沛、魏禮智、金錫如、盧壽德、周玉堂、李漢超、陸志鴻、陳應星，譚聲乙、莊前鼎、白郁筠、丁燮和、顧毓瑔、顧毓珍、鍾皎光、王善政、徐宗源、楊建寶、趙松鶴、李祖賢、李國經、唐耀、林天驥、傅煥光、唐瀚、盛承彥、錢其琛、楊簡初、王柏年、張煦、王超人、王輔世、朱其清，施汝礪、陳章、單乾若、盧祖詒、張鴻圖、張承祐、黃修青、顧應期、朱洪健、胡霨、郭履基、余仲奎、吳沆、葉南華、陸謙受、周芳世、沈彬康。（2）常務委員：胡霨、朱玉崙、周志宏，魏禮智、王善政、王樹芳、陸謙受、周芳世、陸志鴻、顧毓瑔、徐宗涑、錢其琛、楊簡初、施汝礪、張鴻圖。

二、會議，三十三年度本會舉行會議如次：第一次委員大會於二月十二日在下羅家灣華居舉行，（2）第二次常務委員會於六月六日，在下羅家灣華居舉行。

三、工作概況，（1）添聘委員並增設常務委員會：本會於三十三年第一次委員會會議決添聘委員九人又因各委員散居，交通不便召開會議，極感困難，爲便於集會，而利會務進行起見經委員大會議，，增設常務委員會，設常務委員十五人並選定，在渝及市郊附近工作之委員。胡霨等十五人爲常務委員，至各委員及常務委員姓名已如前列。

（2）繼續編訂材料規範及試驗方法，本會於三十三年度曾聘請各專家編訂各種工業材料之應有規範及試驗方法以利材料試驗，其已編妥者有魏禮智先生之「金屬材料試驗手册。」郭履基先生之。「金屬材料之幾種簡易檢定法，王善政先生之「潤滑劑標準規範草案」「湯兆裕先生之「波特蘭水泥標準規範草案」，及「試用石灰規範草案」，陳章，施汝礪黃席椿三先生合編之「絕緣材料規範及試驗方法草案」「以上各草案均經提請中國工程師學會桂林年會討論議決，交中國工程標

29504

準協進會審查；惟審查結果如何尙未得該會通知，三十三年度對該項工作仍繼續進行，函聘楊允植先生担任燃料部門，朱惠方先生担任木材部門。

孟心如先生担任油漆部門，其中除朱惠方先生已函復因奉派出國考承，及孟心如先生因工作太忙，不能應命外，其餘各位尙未編擬到會，此外三十二年度唐耀先生担任編訂之木材規範及試驗方法，已允儘早赶編寄來，又三十三年度自動編訂並已寄來者，有王善政先生之「塑型體標準草案」，現存本會，尙待審查。

）設集並開會研對各有關材料試驗研究單位之研究資料本會鑒于材料試驗之重要，除籌訂材料規範及試驗方法外，並經議決照美國 A.S.T.M.辦法，每半年或一年與有關各材料試驗研究單位開聯合會一次，由各單位互相報告：其研究工作，並加以研討，以臻完美。爲求事先有充分時間予以研究起見，經先行分函各有關單位，如航空研究院，中央工業試驗所等九機關索寄研究資料，及其結果，以便彙編除，再開會討論，惟已得復計有航空研究，中央工業試驗所，及中央農林實驗所，所寄資料有限復以時間匆促故原定會議，尙未能召開。

（4）編擬「三十年來之材料試驗」一文：本會應中國工程師學會之請，編擬「三十年來之材料試驗」一文，經就各委員之服務機關及關係科目，請其分別負責，設集資料編述，玆已編妥送中國工程師學會備登專

總編輯報告

（1）工程雙月刊自十八卷一期起重慶兵工學校付印，準二月出版，以後按期出版，不致有誤。

（2）桂林撤退，本刊印本及材料紙張油墨，多已被焚，但據羅副總編輯於上年十月八日由廣西龍勝正威來函至十二月二十七日始到以各期原稿廣告底樣印刷費單據均已搶出，一候遷移至安全地帶再行清理，現已籌備在渝補印。

（3）本會原有工程叢書，戰前已出四種，玆接受兵工學校嚴演存編「蒸　之理論與其實施」一種又工程史料，承受衞友松編「參加蘭州桂林工程聯合年會記」一種二月中旬出版，後一種五月出版。

（4）會務特刊仍年出六次已出至第十一卷五六期。

（5）三十三年紀念刊已收到三十六

篇合八十五萬字未明字數尚未交稿者五篇合二十萬字，尚無訊息者十三篇應有十三萬字，共計一百三十萬字，製圖已由公路總局試對已由水利實驗室機關印刷由重慶印刷廠只待稿齊即可以森訓出版（五月）法。

（6）編輯印刷經費力謀自給，幸賴總會分會及會友多方協助可以辦到容另編詳細報告。

工程師學會籌備年會座談會紀錄

地 點 中正橋梁公司

日 期 三十四年一月十八日下午七時半

出席人 葉秀峯 徐廣潞代 顧毓泉 陳 章 趙曾珏 歐中孚 樓鴻棣代 楊簡初 朱其清 茅以昇 向賢德

召集人 茅以昇 紀錄胡麟泉

報告事項

一、召集人報告 本屆年會原定在工程大廈行落成禮時合併舉行以是稽延至今現據大廈建築委員會報告工程大廈二月十五日可以交屋但室內裝修不齊傢俱未全年會日期宜在三月十一日或十八日為日無多所宜着手籌備查本屆年會地點選在重慶按諸慣例似宜由重慶分會主辦籌備本人等五人由董事會指定應任襄助工作又第五十三次董事會議決本屆試辦分區制並訂有分區辦法提供參考請公決應否採用。

二、顧毓瑔先生報告 本人等五人經董事會指定襄助籌備之職責至分區舉行年會董事會已擬列左列七區。

重 慶

蘭 州（包括天水）

西 安（包括寶雞蔡家坡）

成 都（包括樂山嘉定瀘洲）

昆 明

貴 陽

泰 和（包括東南各地）

其 內江自貢兩地可任選參加渝蓉兩區

決議事項

一、本屆年會日期定為五月一日至四日。

二、分區辦法決定採用地區劃分即如前列七區。

三、建議董事會聘請重慶分會會長葉秀峯先生為本屆年會籌備委員會主任委員其副主任委員請葉先生推薦。

四、建議董事會聘請各左列各正副主任委員。

論文委員會　吳承洛先生（正）

提案委員會　趙曾珏先生（正）

交通委員會　孫越崎先生（正）楊公庶先生（副）

招待委員會　錢公南先生（正）向賢德先生（副）

會程委員會　顧毓瑔先生（正）

分區聯絡委員會　朱其清先生（正）

演講委員會（包括專題討論）　茅以昇先生（正）

以上各委員會所缺副主任委員請各正主任委員推薦。

五、會員提案定於三月底截止由聯絡委員會將各提案送各分會。

六、本屆專題定為

甲、戰時生產

乙、戰時交通

丙、戰後經濟建設

七、年會各項節目地點規定如左

開幕　青年館

論文　工程大廈　中央圖書館　兩聯會議室

會務討論　廣播大廈

年會宴　青年館（採用冷餐方式）

八、本屆年會餘興採用電影及音樂（函請國立音樂學院担任）

九、收費暫定每人國幣伍百元

十、名譽會員由董事會聘請並請在渝各外國工程專家為本會嘉賓

十一、展覽會在工程大會舉行各項工程展覽唯限於工程圖表

十二、攝影請中央電影場或北碚製片場會大理學院就年會節目拍攝電影

十三、會程如下（各分區一律）

四月三十日　註冊

日　期	上午（九時開始）	下午二時開始）	晚　間
五月一日	開幕	會務討論	
二日	專門學會會務	論文	演講
三日	論文	專題討論	演講
四日	專題討論	會務討論	年會宴

各項參觀在年會開幕後組織舉行如北碚西部科學博物館等）

開會期內午晚餐時間以廣播聯絡由各分區輪流播講。

29507

工程第十六卷四期至十七卷六期廣告一覽表

名稱	登載期別	
渠江鑛冶公司	16卷5期	17卷(期
平桂鑛務局	17卷6期	17卷 期
	17卷8期	17卷 期
	17卷5期	17卷6期
合山煤鑛公司	17卷1期	17卷3期
	17卷9期	
中原製鋼公司	16卷5期	
捷和鋼鐵廠	17卷3期	
渝鑫鋼鐵廠	17卷2期	
民生煉鐵廠	17卷1期	
電化冶煉廠	16卷 期	17卷1期
	17卷 期	17卷 期
錫業管理處選煉廠	17卷1期	
湖南煉鉛廠	17卷1期	
六河溝製鐵公司桂林機廠	17卷2期	
西北機器廠	16卷0期	16卷6期
	17卷8期	
甘肅機器廠	16卷 期	16卷5期
	17卷5期	17卷6期
中央機器廠	16卷4期	19卷5期
	16卷 期	17卷1期
	17卷 期	17卷8期
	17卷4期	17卷5期
	17卷6期	
上海機器廠	16卷4期	17卷6期
	17卷8期	17卷5期
大中機器廠	17卷 期	
中央造幣廠桂林分廠	17卷 期	
廣西紡織機械廠	17卷 期	
中央汽車修配廠	16卷6期	17卷1期
	17卷1期	17卷6期
交通部器材修配廠	17卷1期	17卷3期
	17卷1期	
西興同機器製造廠	17卷 期	
湘桂電器廠	17卷 期	17卷 期
中央電工器材廠	16卷4期	16卷6期
	17卷2期	17卷1期
	17卷4期	17卷6期
華成電器廠	16卷4期	16卷5期
	16卷6期	17卷 期
	17卷 期	17卷3期
	17卷4期	17卷5期
	17卷6期	
中央電池製造廠	16卷4期	
福建企業公司電工廠	16卷4期	17卷 期
	17卷 期	
日新電池廠	17卷 期	17卷 期
	17卷3期	17卷4期
	17卷6期	17卷8期
江西工電廠	16卷5期	
中央無線電器材廠	17卷1期	17卷 期
中央電瓷製造廠	16卷1期	
湘西電廠	17卷1期	17卷 期
	17卷 期	67卷1期
	17卷5期	
柳州電廠	17卷1期	
龍溪河水力發電廠	16卷5期	
中國電化廠	16卷6期	17卷3期
華興化學工業公司	17卷 期	
中國植物油料廠[illegible]分廠	16卷5期	
達昌[illegible]廠	17卷 期	16卷4期
中美油漆廠	17卷1期	17卷2期
	17卷3期	17卷4期
	17卷5期	17卷7期

（未完）

中國工程師學會

會務特刊

曾養甫題

第十二卷　第二期

中華民國34年4月15日出版

內政部登記證警字783號
中華郵政掛號第1831執據
重慶郵箱第168號

要　目

中國工程師學會第五十四次董事會執行部聯席會議紀錄

時間　三十四年元月二十六日下午五時　出席者　曾養甫　羅英　吳承洛
地點　重慶飛來寺九號　韋以黻　夏光宇　錢其琛

歐陽崙　凌鴻勛　趙祖康

沈　怡　趙曾珏　李法端

朱其清　顧毓琇　胡博淵

李熙謀　胡瑞祥　茅以新

茅以昇　孫越琦

主席　　曾會長　　記錄　　劉茂榮

行禮如儀

（甲）報告事項

（乙）討論事項

（一）工程大廈行將落成請定期舉行落成典禮案

議決　定於本年三月十八日舉行落成典禮籌備事宜請工程大廈建築委員會兼辦，如蒙各界贈送禮物，可指定實物，將工程大廈設備費省作年會之用。

（二）本屆年會前經改定於本年二月間在重慶舉行現因工程大廈油漆未能竣事恐不及籌謀周妥計，請改於五月一日至四日舉行案

議決　通過，參加年會會員，每人收費五百元，開會期間，各分會與總會同時廣播，使彼此聞會，如晤一堂，同時請　曾會長在美廣播。

（三）年會籌備會建議，請定年會名譽會長案。

議決　歷屆年會，均應事實需要，請當地行政首長為名譽會長，本屆年會，事實上無須名譽會長。

（四）年會籌備會議商定，請葉秀峯先生任籌備委員會主任委員，顧毓琇先生任會程委員會主任委員，吳承洛先生任論文委員會主任委員茅以昇先生任演講委員會主任委員朱其清先生任分區聯絡委員會主任委員錢其琛先生任招待委員會主任委員向實忠先生任副主任委員孫越崎先生任交通委員會主任委員楊公庶先生任副主任委員趙曾珏先生任提案委員會主任委員請予核定案。

議決　通過，並請茅以昇顧毓琇二先生任籌備委員會副主任委員，其他各委員會副主任委員及委員由葉先生推薦，各分會長為當然委員，分會人數在五十人以下者，推舉一人，惟以多不得超過百人，年會經費以自給為原則，開會時少應酬，多作業務上之討論，並備工程展覽。

（五）年會不能如期開會，本會職員改選及職員任期應如何決

定辦理案。

議決　仍照規定辦理，年會開會時，將會章提請修改。

（六）工程大廈地平層房屋，經與金城銀行重慶分行洽定，租與該行以三年爲期，并商定合約，頃接該行來函：以此項房屋地基與中匯橋樑公司訂有契約，租賃二十年均會於合約內逐條釐定，今由橋樑公司轉讓本會建築房屋，上項合約所載有關條款，依法仍屬有效，惟雙方關係密切，自可免予變動，但租賃期限最短須定爲十二年，所需年租，可按三年調整一次，并擬將此函作爲租賃合約之附件等語：請討論案。

議決　原則通過，關於法律及其他瑣碎問題，交律師研究。

（七）戰時生產局函請租用工程大廈第二層全部，以備招待外籍顧問及專家，請討論案。

議決　照租，惟須保留樓梯間一間，租金交工程大廈建築委員會討論，電燈由生產局負責裝置。

（八）李副會長熙謀等提議：請會長於出國考察時代表本會訪問美國各專門學會案。

議決　通過，並請李熙謀（召集人）胡博淵，茅以昇，趙曾珏，顧毓琇，五先生研究與美國各專門學會接洽聯絡合作等問題。

（九）第十二屆年會所餘款項十萬零三百八十九元三角一分應如何處理案。

議決　交總會計。

（十）本會英文名稱原爲chinese Institute of engineers擬改爲chinese Society of engineers案。

議決　通過，并於年會時加以說明。

（十一）李學海君擬將存書出租，本會工程大廈圖書室，頗須此項書籍，可否租用，請討論案。

議決　與交通大學分租，各出租金十萬元，雙方可互相交換，並推請茅以昇（召集人）沈怡，朱其清，孫越崎，吳承洛，錢昌祚，王世圻，關頌聲，顧毓琇，九先生組織圖書委員會。

（十二）據侯昌熙君來函：謂於上海頁嚴兩度入會，並繳納永久會費，惟本會並無侯君志願書可查會號，爲澄清事實計

，網予入會，一面函囑補填

志願書送審，請追認案。

議決　准予追認。

（㐅）審查新會員案。

議決　新會員四百三十七人審查通過。

水　利　獎　金

准行政院水利委員會二月六日（卅四）工字第61798號來函，以該會三十四年度獎勵水利學術費預算一項現奉　行政院三十四年元月十一日平嘉字第〇六九九號訓令內開查三十四年度國家總預算審定該會主管部份并經飭知在案茲關於三十四年度該會主管之水利學術獎勵費三百萬元查經核定移列教育部主管臨時費內合行令仰知照遵與教育部洽辦此令等因准此自應遵辦所有本年度擬在上項經費內分配之款除俟與教育部商定另行通知。

鑛　冶　獎　金

經濟部六週紀念鑛冶獎金審査委員會依據經濟部六週紀念鑛冶獎金規則及實施辦法征集三十三年度獎勵金及獎學金候選人會由各有關學會各學術研究機關各廠鑛機關及各大學校分別推薦當經本會依照規定審查完畢將結果呈　部業奉核定各中選人姓名如下

（一）獎勵金中選人甲等一名

王寵臣給獎四萬元

乙等一名

沈光芯給獎二萬五千元

（二）獎學金中選人八名

張汝和　張□威　李　韓　劉天錫

葉肥堯　王彭年　宗之朝　劉亞東

各給獎三千元

工程大廈落成紀念紀要

本會工程大廈業於本年二月二十八日全部落成前於一月二十六日第五十四次董事會執行部聯席會議議決定于三月十八日舉行落成典禮本擬及時舉行嗣因本大廈被

29512

外事局徵用後以需用急迫不得不早日移交該局以供美軍總部應用爰提前於二月二十八日中午十二時由建築委員會邀請本會會長各董事全體委員會暨建築師及營造廠方面代表等在本大廈三樓升旗聚餐及攝電聯誌紀念並於聚餐後即席舉行董事會與建築委員會聯席會議報告建築經過及推定凌鴻勛錢昌祚孫越崎等三先生爲驗收工程委員隨即辦理驗收手續

三月二日下午三時由本會顧總幹事毓琇及建築委員會夏總幹事光宇分別指派代表劉茂棠及熊煜兩君會同建築師代表蕭子言君軍事委員會外事局代表陳世君辦理交接手續由本會代表與外事局代表交接清楚並簽章爲據

董事會建築委員會聯席會議紀錄

日　期：三十四年二月二十八日中午

地　點：工程大廈三樓

與會者：曾養甫　徐思曾　陳立夫
　　凌鴻勛　葉秀峯　章以黻
　　顧毓琇　夏光宇　茅以昇
　　胡博淵　王樹芳　趙祖康
　　駱　　程孝剛　陸謙受
　　吳承洛　歐陽崙　趙曾珏
　　錢其琛　胡瑞祥　李景潞
　　張家祉　錢昌祚　朱其清
　　關頌聲（蕭子言代）　譚炳訓
　　孫越崎　胡庶華

列席者：蕭子言　章鋆祺　蔡競平
　　顧授書　項暁雄　黃松雅
　　王桂星　鄒克定　胡文清
　　陸學恭

主　席：曾養甫

紀　錄：劉茂棠　熊　煜

報告事項

(一)曾會長致詞：此次工程大廈之能如期竣事實賴建築委員會諸先生之擘劃及夏總幹事光宇努力之結果本人代表董事會向諸先生表示深切謝意

(二)建築委員會章主任委員以黻報告：略謂工程大廈能樂觀厥成實非建委會數人之力乃會長暨交通經濟兩部長之協助及各隊隊長之努力有以致之茲謹代表建委會向各位道謝

(三)顧總幹事報告：工程大廈落成及租定盧家巷房屋之詳細情形

(四)建築委員會夏總幹事光宇報告：略謂工程大廈能如期完成首應歸功於會長及茅以昇顧毓琇兩先生之推動及在座各位先生對於募款之努力此外因基泰

29513

建築師設計新穎及立基營造廠工作優良始有今日圓滿之結果

討論事項

(一)租用藍家巷房屋案

議決：一致贊同

二)工程大廈押租如何運用案

議決：分別購買美金儲蓄券及黃金儲蓄券

(三)驗收本大廈工程案

議決：推請凌鴻勛錢昌祚孫越崎三先生為驗收工程委員

中國工程師學會

第十三屆年會第一次籌備會紀錄

地　點：國府路二八二號重慶分會

時　間：三十四年三月三日下午二時

出席人：朱其清　吳承洛　楊簡初

錢其琛　孫越崎　顧毓瑔

葉秀峯　茅以昇

主席：葉秀峯　　紀錄：王仰舒

甲、決議事項

一、建議董事會增設總務委員會並建議聘請錢公南先生為主任委員楊簡初與吳星伯先生等為副主任委員其應聘委員由錢主任委員推荐

二、建議董事會將論文委員會改稱論文及編輯委員會並聘請吳潤東先生為主任委員蕭慶雲先生石志仁先生趙曾珏先生張洪沅先生雷寶華先生朱仙舫先生沈百先先生劉如松先生錢昌祚先生楊繼曾先生等十人為副主任委員其應聘委員由吳主任委員推荐

三、提案委員會副主任委員由趙主任委員曾珏推荐

四、交通委員會加聘龔學遂先生徐學禹先生為副主任委員並聘請沈圻先生莫衡先生蕭慶雲先生沈元泗先生許行成先生熊宵航先生鄭驥成先生安鍾瑞先生黃壽嵩先生張心田先生郭可詮先生等十一人為委員

五、招待委員會主任委員錢公南先生已改任總務委員會主任委員建議董事會改聘劉如松先生為招待委員會主任委員其應加增之副主任委員及委員由劉主任委員推荐

六、聘請張延祥先生為會程委員會副主任委員會其應聘委員由顧主任委員毓瑔推荐

七、講演委員會副主任委員及委員由茅主任委員以昇推荐

八、籌備委員會副主任委員由業主任委員秀峯推荐委員由吳潤東先生推荐

九、各委員會所缺副主任及委員名單於三月五日以前送達總會

十、定於三月九日（星期五）下午七時假川東師範內定召開全體委員大會

十一、由會函青年館商借館址（備用時間爲五月一日全天三日下午四日全天）

十二、請會程委員會先排定會程時間人數及地點轉知總務委員會以便商借分別集合地址

十三、請各委員會先行擬定預算

十四、呈請 行政院補助年會經費二百萬元

十五、函請下列各單位各捐助年會經費五十萬元

交通部 經濟部 教育部 工程委員會

十六、函請下列各單位屆時招待全體會員一次

生產局 運輸管理局 兵工署 航委會

十七、各委員會即日開始準備應備各項印刷品底稿送交總務委員會付印並編印年會指南

十八、會後應組織參觀團參觀地點假定爲大渡口及李家沱工業區

十九、建議董事會將常期論文委員會中陶業一項併入化工以內並在機械項內加入王樹芳王世圻二委員

乙、散會

——完——

中國工程師學會
第十三屆年會第二次籌備會紀錄

地　點：川東師範內禮堂

時　間：三十四年三月九日下午七時

出席人：朱其清　曹玉祥　傅厚澤　王　璐　曹誠克　張維繩　王　勁　黃樸奇　吳星伯　郝義方　張永惠　程欲明　吳掄元　黃天健　胡兆賢　鄭恩棟　王　炎　王之璽　楊繼曾　程硯峯　龔學遂　支秉淵　闞　詔　姜　乾　甘雪銘　劉文騰　夏光宇　張良通　程孝剛　劉茂棠

鄭禮徑　錢其琛　鄧乃鴻

朱德鑫　呂持平　周志宏

汪碕成　楊簡初　葉秀峯

林可儀　王樹芳　趙曾珏（王樹

芳代）　曾瑞顯　鄭家俊

張延祥　莊智煥　吳承洛

雷寶華　楊公庶　茅以昇

主　席：葉秀峯　　紀　錄：王仰舒

甲、報告事項

一、劉茂棠先生宣讀籌備年會座談會紀錄（詳見年會座談會紀錄）

二、主席報告第一次籌備會議情形（詳見第一次籌備會議紀錄）

三、夏光宇先生報告工程大廈建築及徵用經過與接洽藍家巷新會址情形（略）

四、朱其清先生報告分區聯絡情形及原訂大會日期與地點之原因（略）

乙、決議事項

一、建議董事會本屆年會改於六月六日開幕

二、大會會場應設法商借國府禮堂或軍委會禮堂或中訓團禮堂以示隆重

三、請市政府協助本會洽借會場

四、會程委員會須於下週以內開會決定會程並儘速通知各委員會各委員會主任委員須於接到通知後一週內召集各該組委員舉行分組會議積極籌備

五、工程圖表展覽會改在藍家巷本會新會址舉行並建議董事會聘請吳澗東先生負責主持

丙、散會

中國工程師學會

第五十五次董事會執行部聯席會議議程

甲、報告事項

（一）本屆年會經費，前經年會籌備委員會第一次會議議決，請行政院補助國幣二百萬元，經濟部交通部教育部及軍事委員會工程委員會各五十萬元，戰時生產局戰時運輸管理局航空委員會及兵工署合併招待一次，經分請補助去後，茲奉經濟部交通部各撥補助費國幣二十萬元，戰時生產局函復甚表贊同戰時運輸管理局函復任招待費二十五萬元。

（二）本屆年會，經再度函請各學會聯合舉行，茲准中國化學工程學會，中國機械工程學會，中國衛生工程學會，中國市政工程學會，中國建築師學會，中國鑛

冶學會，及中國水利工程學會，先後函復參加。

（三）本會工程大廈行將落成時，經先將地平層房屋於本年一月初租與金城銀行，繼於一月二十七日，將第二層租與戰時生產局，一月二十九日接外事局來函，以奉　委座諭，須即徵用等語，翌日與該局何局長面商，並同時回函該局，何局長謂此係魏德邁亞向　委員長商定，非特此屋須徵用，即生產局恐亦難免，當即商請生產局，該局表示放棄，遂於二月十日會同韋以黻、夏光宇、茅以昇等三位先生，續與何局長面商，徵用辦法，何局長表示，可根據市價開一估價單送局審核後付以八分之五之押租，徵用期限至美軍總部，用完爲止，爰由工程大廈建築委員會根據市價估價，計共二千四百六十一萬餘元，並備函送請外事局審核，該局經於三月二日會同市工務局軍政部營造司等機關代表前往査勘，當時談及將來修復原狀頗有爲難，經商定將估價略予提高，爲三千二百萬元，（按照八分之五計算，應付本會押租二千萬元。）包括將來房屋歸還後之修復損失，並隨即函請該局增加，該局已先請各機關代表審査決定，並請程總長批准日內即可簽約付款。

（四）工程大廈既被征用，本會會所問題不得不另行設法解決，經與韋茅夏三先生磋商，如再建造，仍有征用可能，且空地亦難籌得，考慮結果，僉認爲以租賃爲較妥，一月十二日經友人介紹盧家巷新屋一所，估價一千五百萬元：適中央無線電器材廠亦須租屋應用遂與合租，當即定押租六百萬元，行租五百五十萬元，租期兩年，一三兩層由中央無線電器材廠應用，二層由本會應用，本會應攤行租二百萬零八千六百九十六元，及押租二百十九萬一千三百零四元，合共四百二十萬元，一月十六日，商請外事局何局長先墊匯餘四百萬元，作預付盧家巷房屋行租及押租之用，預計本月內可遷入辦公。

（五）材料試驗委員會主任委員李法端奉派出國考察，在出國期間，該會會務經該會本年二月六日第二次常務委員會議議決，請副主任委員包可永負責，添聘總幹事一人，協助辦理會務，並推定常務委員張鴻圖爲總幹事。

（六）國父實業計劃研究會茅總幹事秀峯以工作較忙，不克專任，經增設副總幹事一人，並已聘定徐廣裕先生担任。

（七）本會會員徐廷基先生之夫人朱錫玉女士喪葬諸事，前曾予以協助，茲接朱女士治喪委員會本月二十二日來函以喪葬諸事承予協助，至深感激，其遺產全部及捐款，除喪葬建碑等開支外，尚餘法幣拾肆萬乙千伍百捌拾陸元陸角柒分，特還照女士生前友好之意見，提出國幣伍萬元送交本會設置徐廷鑒先生獎學金，以年息所得逐年獎勵研究陶器有優良成績之學生若干名，或研究陶器有新貢獻之著作人或發明人，檢匯法幣五萬元，請為收轉，並將設置經過函復。

（八）分會近訊

（1）白沙沱分會於本年元月二十六日舉行第四次常會改選職員結果：

會長 熊明善 副會長 張志純
書記 李芝田 會計 邱耀聲

並議決下列各重要提案：（1）各座談會組，召集人及幹事應再繼續負責一年，並分別準備年會論文或提案，（2）用分會名義，送總會第十三屆年會，及工程大廈落成紀念物一組，（3）歡迎出席年會會員蒞沱參觀，（4）組織招待委員會，推定伙全澤、劉銘恩、徐兆瑞、鮑家駒、李睿紳、繆裕樞為委員，辦理年會內招待事宜，（5）參照宜賓分會辦法，製發本分會會員證；散會後假白沙農場經濟食堂聚餐。

（九）總會計報告

（十）總編輯報告

（十一）工程大廈建築委員會報告

（十二）國父實業計劃研究會報告

（十三）材料試驗委員會報告

（十四）工程標準協進會報告

（十五）新會員審查委員會報告

中國工程師學會暨各專門工程學會聯合年會徵集論文及展覽圖表辦法

（一）論文宣讀為本會每屆年會學術檢討之重心所在，而尤以最近三年來歷貴陽蘭州桂林三屆年會其數量與質量之增進洵從來所未有，經審查發給獎狀登載工程暨各專門定期刊物為全國各界所嘉許，本屆年會允當更為興奮，敏勉有加。

（二）徵文種類，依照向例。凡學術研究，創作發明，建設計劃，實施報告，試驗成就，專案考據，問題意見，工程史料，工程教育，考察筆記之關於土木工程，建築工程，機械工程，電機工程，鑛冶工程，化學工程，紡織工程，水利工程，衛生工程，市政工程，造船工程，航空工程，自動工程以及實業計劃，工程標準，技術改進，材料試驗，國際技術合作，抗戰工程文獻等均在徵集之列。本屆本會專題討論，以（1）戰時生產問題（2）戰時交通問題與（3）戰後經濟建設問題爲中心尤希多方貢獻。論文於宣讀後，將重書面討論，一併登載工程定期特刊，垂之永久，長篇著作，列爲工程叢書，均經各專門論文審查委員，分別列爲給予獎狀，或刊印發表，或暫行保存，或逕予保留，任何稿件，决不沒收，已用後原著作人均可收回，至繕寫與繪圖務求清晰，標點明顯，名詞確實，文筆通暢，文言語體不拘。宣揚工程事業之小說 劇本理設計亦 所歡迎。

（三）展覽以各種有意義之圖表，用精確統計或估計數字精彩圖案或圖式表明用 A_3（297×420mm）A_2（420×594mm）A_1（594×841mm）A_0（594×1189mm）四種相近大小尺寸之繪圖紙道林紙或牛皮紙最爲適宜，用粗線墨筆或彩色，務期明朗，現成晒圖及照片或特種模型，亦所歡迎。以範圍以有關工程，工業科學，建設及生產運輸，經濟與管制。標準，及計算統計等爲限，圖表陳列後亦分別請專家審查由本會給予獎狀或謝狀。

（四）論文及圖表等，請於收到本辦法後，先將題目及摘要於四月底以前，全文及圖表於五月底以前函寄重慶郵箱第二六八號轉論文（編輯展覽）委員會如有商詢之處，可逕函重慶川鹽大樓經濟部五樓本會吳潤東先生。

重慶聯合年會籌備委員會

主任委員葉秀峯

副主任委員顧毓瑔茅以昇同啓

論文（編輯展覽）委員會

主任委員吳承洛

中國工程師學會

「工程」第十八卷第一期在渝復刊目錄

(定閱請函重慶郵箱第 268 號本總會或經濟部五樓吳總編輯索取定單)

美國分會動態

本會美國分會，於民國九年即已成立，其時本會前身幼年之中國工程學會總會遷回中國。美國分會積極活動，至抗戰前稍有停頓，至 1942 年八月二十九至三十日在紐約復活，并出有會務特刊其第一卷第一期於該年雙十節出版，至 1945 年二月十日已出至第四卷第一期

中國工程師學會

會務特刊

曾養甫題

第十二卷　第三期

中華民國34年6月15日出版

內政部登記證警字783號
中華郵政掛號第183執據
重慶郵箱　第168號

會內刊物
戰時機密
負責存用
勿輕示人

要目

本會第五十五次董事會執行部聯席會議紀錄

時　間：三十四年四月四日下午七時

地　點：重慶中國橋樑公司會議室

出席者：吳承洛　茅以昇　李熙謀　侯家源　程孝剛　歐陽崙　朱其清　顧毓瑔　顧毓琇（毓瑔代）　凌鴻勛　譚伯羽　趙祖康（程孝剛代）　夏光宇（茅以昇代）韋以黻　葉秀峯

主　席：李熙謀

紀　錄：劉茂棠

議決事項

（一）年會籌備委員會建議本屆年會原定五月一日至四日現以籌備不及擬請改期案

議決：改定六月六日至九日

（二）年會籌備委員會建議年會工程圖表展覽會請改在藍家巷新會址舉行並請吳承洛先生負責主持案

議決：通過展覽會中並加入工程標準圖表以資宣傳

（三）年會籌備委員會建議：（1）增設總務委員會請錢其琛先生任主任委員（2）將論文委員會改編為論文及編輯委員會仍請吳承洛先生任主任委員（3）招待委員會主任委員改請劉如松先生担任（原請錢其琛先生担任因錢先生已改任總務委員會主任委員）（4）常期論文委員會中陶業一項併入化工以內請核定案

議決：通過

（四）本會工程大廈業被徵用前與金城銀行擬定之合約應如何辦理案

議決：合約仍行簽訂押租退還並加給比期利息合約應附加（1）俟美軍讓出後租與該行（2）將來押租另議

（五）草擬幹事部工作計劃人事配備及經費預算請核定案

議決：原則通過工作範圍包括總編輯及總會計部份工程大廈押租運用問題組織財務委員會研究推請李熙謀朱其清韋以黻茅以昇鍾鍔夏光宇顧毓琇（召集人）等七位先生為委員並經副會長同意實行

（六）軍事委員會核選徵用本會工程大廈合約草案請討論案

議決：合約第三條優先承租應係同一用途並得本會同意第四條月息三分應改為當時合法利息第五條乙個月前通知乙方應改為一年以內通知乙方第七條所保火險費如不敷修復房屋之用時應增加押租作修復之用第九條應由雙方斟酌情形予以修復所需費用由甲方（外事局）負担作為押租第十一條取銷

（七）本屆年會地址問題案

議決：請年會籌備委員會決定

（八）本會會員參加國民代表大會案

議決：呈行政院請在二四〇指定名額中加入工程師六名並請陳立夫（召集人）葉秀峯夏光宇沈怡茅以昇程孝剛顧毓琇等七位先生研究辦理

（九）審查新會員案

議決：新會員一四五八審查通過

散會

補報告

（一）國父實業計劃研究會報告：略謂本會已舉行大會一次研討 國父實業計劃凡未完部份希於年內辦完研究方式先作概要次作宣傳宣傳方面以向國際宣傳為最重要美人知者甚鮮英籍較多本會擬向各該國廣播並已洽妥特迄未實行廣播之意必將儘量解釋

（二）工作標準協進會報告：略謂經濟部設有工業標準委員會其工作目標與本會相同故機構雖異工作則視同一事關於工程標準問題經數年之努力研討已有相當成效卽自桂林年會以來亦已見有成績最近成立土木工程標準委員會及汽車零件標準委員會從事初步審查一年以來審查完畢者計大號業已公布者計九十七號正在審查中者有二十六號工業標準雖已逐步建立惟尚未能家喻戶曉本會前於上年十月陪都國防科學運動會時曾將工業標準圖表陳列展覽以資宣傳今後並擬加緊宣傳工作以便推行工業標準美英等國頗望我國加入國際聯盟工業標準協進會蘇聯已準備加入我亦將加入工業標準為工業要素之一工業要素第一為為第二為資源第三為人第四卽為標準故此項工作極為重要

中國工程師學會第五十六次
董事會執行部聯席會議議程

甲、報告事項

（一）本屆年會已由年會籌備委員會積極籌備該會已召集會程、交通、演講、提案、總務、招待、論文及編輯聯絡等委員會聯席會議一次及各委員會主任委員會議二次年會經費業准行政院撥付國幣二百萬元經濟部交通部各二十萬元教育部五萬元戰時運輸管理局二十五萬元航空委員會十五萬元

（二）本會工程大廈押租國幣二千萬元外事局須於簽約後方可撥付茲因該項合約尚待討論迄未簽訂而本會租賃鑑家巷會所及設備傢具等在在需款經迭請該局通融先予具領並經於本年二月十六日領得四百萬元四月六日領得六百萬元五月四日領得五百萬元前後三次共領得乙千五百萬元其餘五百萬元該局必須俟簽訂合約後方予具領

（三）本年度承水利委員會補助本會經費國幣五萬元（尚未領到）社會部補助乙萬二千元（已領得五千元）

（四）本會工程大廈地皮前承中國橋樑公司讓借應用現該公司以此項大廈已被外事局徵用為招待盟軍之用情形特殊關於

29523

外事局所付大廈押租內之地價部份其收益亦一併捐贈

（五）材料試驗委員會以工作亟待進行需款甚殷預計本年度約須國幣六萬元除三十三年度結存三千二百八十五元九角九分外請續撥五萬六千七百十四元〇一分業予照撥

（六）分會近訊

（1）長壽分會經推舉會員陳𡶶爲本年六六工程師節籌備委員會主任委員

（七）總會計報告

（八）總編輯報告

（九）工程大廈建築委員會報告

中國工程師學會

第五十六次董事會執行部聯席會議紀錄

時　間：三十四年五月十八日下午五時

地　點：重慶兩路口中國橋樑公司會議室

出席者：夏光宇　吳承洛　程孝剛　茅以昇　錢昌祚　趙祖康　顧毓琇　歐陽崙　錢其琛　沈　怡　凌鴻勛（沈怡代）　韋以黻

主　席：韋以黻

紀　錄：劉茂棠

行禮如儀

甲、報告事項：（（一）（二）（三）（四）（五）（六）見議程）

（七）總會計報告：略謂收支賬目已見附表（略）目前經濟情形而論年會以後會中經費必甚困難表列放映機價款係與業餘無線電協會合購故僅列半數

（八）總編輯報告：略謂詳細報告經編列本屆年會會務報告茲不贅「三十年來之中國工程」第一期印刷費乙百萬元付清後可將稿件送校惟尚有稿件五六篇約本月內可到工程雜誌內擬附詹天佑先生照片工程大廈照片及杭州年會（二十五年）圖（當時決定祇附詹先生照片）年會論文已收到土木組五篇機械組四篇電機組三篇鑛冶組十三篇化工組七篇水利組二篇市政組六篇（包括衛生建築）航空組四篇紡織組一篇普通組四篇本屆年會擬即如此分組造船擬併入機械組關於本屆年會展覽事宜因未經舉辦迄無把握請各先生多予指導（當時商定陳列工程圖表照片刊物三種）

（九）工程大廈建築委員會報告：略謂藍家巷會所內改具及電燈正在辦理中限五月底完工惟內部佈置擬請總會先作準備

乙、討論事項

（一）本會前經將外事局所送工程大廈租約草稿根據上次董事會意見送請專家研究並將研究結果函送外事局甚准該局來函仍須照原約辦理經請副會長核示認為該局條款之欠平允者必須保留押租必須早日清付如何辦理請討論案

議決：（1）一面簽字一面附函說明

（2）金城銀行合同照簽俟外事局將工程大廈歸還後生效

（3）本會應與中國橋樑公司簽訂一合約並函謝該公司

（二）本屆年會各項籌備情形請討論案

議決：（1）初級會員准予參加本屆年會

（2）年會會場仍在復興關中央幹部學校大禮堂

（3）請重慶分會迅將會員錄編送（不印通訊處）以便於年會前趕印本會會員錄

（三）請決定第十三屆司選委員候選人案

議決：（1）前任會長可出席董事會執行部聯席會議（請大會修改會章）

（2）由董事會推舉司選委員候選人五人其餘五人由大會推舉經推定曾養甫翁文灝陳立夫韋以黻凌鴻勛等五位先生為候選人

（四）李學海君以近數月來物價飛漲原領圖書押租二十五萬元留勝家用頗感困難請增加國幣五萬元案

議決：通過

（五）呈請政府增加工程師參加國民大會名額並迅即辦理選舉案（原提案見議程附件二）

議決：向年會提議組織一三十八小組會議積極進行並隨同提案送請陳立夫先生召集

（六）本會幹事部工作計劃人事配備及經費預算經由財務委員會研究並經副會長同意請追認案

議決：准予追認

（七）本會幹事部工作人員即將遷往監家巷會所辦公請聘定副總幹事以專責成案

議決：專任副總幹事人選以能以本會工作為終身職者為上選每月薪津定為國幣五萬元並按物價指數隨時調整住宿由會供給請張延祥先生為專任副總幹

（八）請調整本會會員會費永久會員會費自國幣五百元增為二千元並改收常年會費正會員二百元仲會員乙百元初級會員五十元至入會費除永久會員無須繳納外其

他各級會員概納一百元案

議決：永久會員暫停收受並提大會討論

（九）本會本年度工程獎章擬給予李承斡先生或龔繼成先生案

議決：推程孝剛（召集人）夏光宇吳承洛趙曾珏楊繼曾等五位先生組織審查委員會從事審查並請朱其清趙祖康兩先生分別擬具報告逕送召集人

（十）本屆年會前請再舉行董事會一次案

議決：通過定六月五日舉行

（十一）審查新會員案

議決：新會員五十六人審查通過

散會

中國工程師學會

第五十七次董事會執行部聯席會議議程

甲、報告事項

（一）本會已呈請 蔣主席於本屆年會開幕典禮時蒞場致訓並分請翁副院長文灝陳部長立夫朱部長家驊谷部長正綱吳委員敬恆吳祕書長鐵城及賀市長耀祖致詞又分請各主管機關長官於專題討論時蒞場致詞關於戰時生產問題請翁部長文灝致詞交通復員問題請俞部長飛鵬致詞如何扶植營造業以利工程建設問題請張部長厲生致詞重慶市政問題請賀市長耀組致詞並請鑛冶工程學會翁會長趙曾珏先生趙祖康先生及沈怡先生分任各專討評論時之主席

（二）本會經請各專門工程學會推舉代表一人組織本屆年會主席團並經召開主席團會議一次商討年會各種問題各專門學會代表爲中國鑛冶工程學會翁文灝中國機械工程學會韋以黻中國市政工程學會沈怡中國化學工程學會張洪沅中國土木工程學會凌鴻勛中國電機工程學會徐恩曾中國水利工程學會沈百先中國衛生工程學會盧毓駿中國紡織學會朱仙舫中國建築師學會陸謙受中國造船工程學會徐祖善中國自動機工程學會柴志明中國航空工程學會代表迄未推選送會

（三）本會爲闡揚工程師節之意義起見經於年會籌備委員會各主任委員第三次會議時商定推請專人於本年六六工程師節在各校紀念週時前往演講工程問題關於演講人員及學校並經商定如下：

陳立夫先生　陸軍大學

孫越崎先生　國立中央大學

楊繼曾先生　國立交通大學

譚伯羽先生　國立重慶大學

程宗陽先生　國立復旦大學

凌鴻勛先生　中央政治學校

葉秀峯先生　中央幹部學校

趙曾珏先生　國立中央高級工業職業學校

茅以昇先生　南開中學

吳承洛先生　兵工學校

（四）各地分會近情

（1）蘭州分會於上年十二月三十一日召開會員大會推舉張志禮李玉書陶履敦爲司選委員並推張志禮爲召集人於本年三月十五日假建設廳開票結果：

會長顧光賓　副會長沈圻　書記楊玉清

會計吳華慶　並已於三月十七日就職

該會已成立年會籌備委員會推定顧光賓爲主任委員楊公兆沈圻爲副主任委員積極進行籌備事宜

（2）西安分會本年度職員改選事宜業經辦理竣事結果：

會長吳士恩　副會長李書田

文書幹事徐世銘　會計幹事何子佳

（3）成都分會分區年會經決定六月六日上午請名人致詞六九兩日下午八時半請成都廣播電台廣播水利製紙四川建設等問題關於年會之分區聯絡事宜已請夏祥烈君裝置話機以資應用

該會已派代表盛宗澄吳文華蕭萬成余翔九來渝出席本屆年會

年會籌備委員會

各主任委員第三次會議紀錄

日　期：三十四年五月二十二日下午六時

地　點：國府路二八二號

出席者：茅以昇　朱其清　趙曾珏（林海明代）　葉秀峯　錢其琛　劉如松（章國英代）　羅　英　顧毓瑔　孫越崎　吳承洛（羅英代）

列席者：牛洛宸　劉茂棠

主　席：葉秀峯　　紀　錄：牛洛宸

（一）報告事項

各委員會主任委員報告籌備工作進度從略

（二）決定事項

1.年會指南加速趕印市圖應將各開會有關地點注明以入

2.紀念章工料費五萬元照付

3.出席年會會員應憑會員證報到各專

門學會會員無本會會籍者應憑各該會會員證或由各該會會長具函證明開附該會參加年會會員名單介紹報到請總會再登報公佈一次並在報紙上發表同

4.備函向華源公司大川公司徵求贈品

5.招待新聞記者一次訂六月一日舉行組織新聞組司年會中發佈一切新聞事宜由編輯委員會負組織函中央社蕭同玆先生請派記者一人主持其事

6.六月六日中午由市府招待晚由戰時生產局等三機關聯合招待七日晚由四聯總處各銀行招待備函請工業五團體聯合招待一次并請孫委員越崎當面接洽如得同意時間定爲六月八日晚餐

7.會場宿舍聚餐處應聘請招待人員由招待委員會負責

8.備函中央祕書處接洽傢具借用事宜

9.年會前由五月三十一日起應備旅行車一輛卡車一輛作搬運接洽之用車輛由錢委員公南負責洽借燃料由孫委員越崎負責籌供

10年會交通問題各地分會來渝參加者由各分會自行負責到達重慶後完全由交通委員會負責

11六月九日年會宴時請會會長在美播講請趙委員佇珏再電切實洽約時間與國際電台商訂

12專題討論定六月八日舉行上下午均同時討論兩個題目上午討論戰時生產問題在川師中山室請礦冶工程學會或生產局主持改進營造業問題在信誼堂請建築師學會主持下午討論重慶市政問題（原爲重慶市之水電問題）在中山堂請市政工程學會主持并函請賀市長致辭復員期間之交通準備問題在信誼堂請土木工程學會或交通部主持

13八日晚放映電影前請美人凱頓講演一次地點函谷部長正綱借用社交會堂或廣播大廈

14通俗講演除六日晚已定城內部分外朱委員其清担任無線電表演改在七日在廣播大廈

15六月四日推請會員到各學校紀念週作工程講演由總會函教育部并向各校接洽講演人暫定如下：復旦（程宗陽）中大（孫越崎）交大（楊繼竹）重大（譚伯羽）中工（趙曾珏）南開（茅以昇）中正（顧毓瑔）陸大（陳立夫）中央幹校（葉秀峯）中政（凌鴻勛）兵工（吳承洛）中央紀念週由葉委員先與中央祕書處接洽

16聯絡委員會預算五十九萬元如數通

過

17年會參觀事宜俟報到後再徵求報名臨時決定辦法

18工程圖表展覽日期暫定六月六日起至十日止視情況得延長之地點暫定藍家巷江蘇同鄉會滄白紀念堂合作會堂遷川工廠聯合會及西南實業協會等處由總務委員會先事接洽

19工程經濟組展覽圖表關於敵人經濟資料部份農林水利部份工債部份由萊委員秀峯徵集交通部份由錢委員公南徵集工鑛部份由孫委員越崎徵集

20出席年會本埠會員外埠會員代表及正會員初級會員等之出入證顏色應有區別

21函請中央攝影場年會中攝製影片

22工業建設綱領應付印贈送出席年會會員每人一份

23運動節目應再與郝更生先生接洽並備贈品

24二十四日起籌備會委員會各主任委員應每日下午七時到橋樑公司聚談一次幷備晚餐星期六星期日除外如不能出席必須有負責代表參加

歡送生產顧問專家

美國派來我國之鋼鐵及酒精專家六人行將回國本會與鑛冶機械兩工程學會及戰時生產局鋼鐵顧問委員會聯合訂於二月二十六日(星期一)中午十二時在嘉陵賓館設宴爲各專家餞行由翁局長主席會會長代表本會胡博淵代表鑛冶工程學會程孝剛代表機械工程學會致詞孔萊顧問傑克遜助理顧問以次均有演講並攝影紀念戰時生產局於三月十日下午三時邀請工業界及工鑛界與技術專家在該局茶點報告近時設施並歡迎由美飛來之第二批顧問專家十餘人共有二十餘人陸續到來席間由翁局長報告及孔萊顧問介紹新顧問卡內及助理顧問勃魯克斯與各專家演說來賓則由吳蘊初潘仰山致詞

孔萊Howard Coonley, Former Director of the Conservation Division of WPB; Chairman of the Board of Walworth Co. (Valve Manufacturer) (現職Advisor of Chinese War Production Board)

傑克遜James A. Jacobson, Special Assistant (現職Assistant of CWPB)

施達林Eugene M. Stallings, alcohol production expert.

葛萊漢Herbert W. Graham, Chief Metallurgist of the Jones and Laughlin Co.

史德雷Harry A. Strain Direction of Raw Materia's of Fuel and Tar of the United States Steel Corporation in Pittsburgh.

倍爾Carl Albert Bell, Foundry Superintendent of the United Engineering Foundry Company in new Castle, Penn.

歐威森Henrik Ovrsen, Consulting Engineer of the Lukers Steel, Co.

華爾斯密特E. K. Waldschmidt, formerly with Jones and Langhlin Chief of the Shell and Steel Section of Steel Division.

工程第十六卷四期至十七卷六期

廣告一覽表（續）

廠名	期數
資源委員會鋼品製造廠	十七卷二期
	十七卷四期
	十七卷六期
國防工業公司噴漆廠	十六卷五期
中央工業試驗所鹽鹼實驗工廠	十六卷五期
中國植物油料廠	十七卷一期
	十七卷二期
	十七卷三期
	十七卷四期
	十七卷五期
建成油漆廠	十六卷四期
利華橡膠廠	十六卷四期
	十六卷五期

廠名	期數
	十六卷六期
	十七卷一期
	十七卷二期
	十七卷三期
	十七卷四期
	十七卷五期
樂山木材乾	十六卷四期
	十六卷六期
	十七卷五期
中元造紙廠，	十七卷六期
廣西企業公司酒精廠	十七卷三期
遵義酒精廠	十六卷四期
資中酒精廠	十六卷四期
	十六卷六期

江西印刷廠	十七卷四期
贛縣紡織染廠	十七卷五期
宜泉毛織廠	十六卷五期
	十六卷六期
	十七卷四期
	十七卷六期
中國毛紡織廠	十六卷五期
	十六卷六期
	十七卷三期
	十七卷六期
申新福新公司	十六卷五期
	十七卷一期
廣西水利林墾公司	十七卷二期
廣西地產公司	十七卷二期
西南建業公司	十七卷二期
桂林中國國貨公司	十七卷一期
雍興實業公司	十六卷四期
	十六卷六期
	十七卷二期
	十七卷四期
廣西企業公司	十六卷四期
	十六卷五期
	十六卷六期
	十七卷一期
	十七卷二期
	十七卷三期
	十七卷四期
	十七卷五期

	十七卷六期
建忠五金器材行	十七卷二期
江西度量衡檢定所	十七卷一期
薛迪彝工程師	十六卷五期
	十六卷六期
	十七卷三期
	十七卷六期
華誠煙草公司	十六卷六期
	十七卷二期
	十七卷三期
	十七卷六期
粵漢鐵路	十六卷四期
	十六卷六期
	十七卷五期
	十七卷六期
黔桂鐵路	十六卷五期
	十七卷四期
湘桂鐵路	十七卷一期
	十七卷二期
	十七卷三期
	十七卷四期
	十七卷五期
	十七卷六期
廣西銀行	十七卷一期
衡陽市全體工廠歡迎桂林年會開幕	十七卷一期
桂林市各工廠致謝桂林年會閉幕	十七卷六期
桂林市商會及各同業公會歡迎桂林年會	十七卷四期

審查本會三十三年度工程獎章候選人曾養甫先生主持機場之成就報告書

晚近戰爭空軍最爲重要故空軍基地之建造遂爲土木工程中之重要部門我國對於此項空軍基地之建造尚在創始時期時勢所趨不得不努力進行期與抗戰需要互相配合茲查曾養甫自民國三十一年七月起奉軍事委員會之命主持建造空軍基地迄今二年十個月先後成立工程處五十二個已完成及正在完成中之大小機場共六十座均係新式建築與世界最近新創之飛機運用密切配合而以三十三年二月至五月間所完成之成都區機場九座之中其廣漢新津彭山邛崍四處爲超重轟炸機場綿陽簡陽彭家場鳳凰山雙流五處爲驅逐機場根據附表所列計有跑道十條共長約十九公里滑翔道共長四十八公里汽車道共長一百五十六公里橋梁涵洞六百五十一座房屋一千零八十二座共十三萬九千餘平方公尺石料一百五十五萬餘立方公尺土方三百二十六萬立方公尺徵雇民工三十三萬餘人汽車一千五百四十輛計其所用石料足舖平漢粵漢湘桂每一條鐵路而有餘所建築房屋可排成三十餘公里之街道以最近交通運輸之困難工具材料之缺乏又無相當機械設備之協助曾養甫君竟能督率所屬日夜　趕於六十日至九十日之短促時期將偌大空軍基地工程一律完成此實爲我國土木工程界之奇蹟美國最新最大之超重轟炸機B29號第一次轟炸日本本土及馬利亞納羣島超重轟炸機場基地未完成前各次轟炸日本本土均係由曾君主持建造之成都區空軍基地出發此爲曾君在世界民主戰爭期內我國工程界之極大貢獻。

附成都區各機場重要工程統計表一份（略）

翁文灝　夏光宇
徐恩曾　韋以黻

提案——會長曾養甫負責軍事工程爭取時間完成偉大任務對於抗戰貢獻至鉅擬請贈予本年度榮譽獎章由　附件四

謹查本會會長曾養甫先生主持軍事委員會工程委員會秉承　最高當局之命負責建築成都區飛機場特種工程能領導工程人員二千人民衆五十萬人把握時機爭取時間集中人力排除萬難完成遠東最偉大之空軍基地俾得發動對日寇本土有效之重創實爲抗戰階段中不朽之貢獻足爲我全國工程師之楷模爰聯名提請贈予本會本年度榮譽獎章以昭激勸是否有當謹請
董事會公決

提議人陳立夫　顧毓琇　朱其清
張家祉　趙曾珏　吳保豐
李熙謀　歐陽崙　胡庶華
顧毓瑔　胡博淵　吳承洛

中國工程師學會

會務特刊

中華民國34年9月15日

重慶民[illegible]號

〔內政部登記證警字7873號〕

〔中[illegible]183[illegible]〕

12—4

卷 期

電話：42475 [illegible]：7726 [illegible]：268

本會董監職員錄

會長：曾養甫 副會長：顧毓琇 徐恩曾

董事：胡庶華 惲震 薩福均 胡博淵

顧毓琇 侯德榜 沈百先 葉秀峯

孫越崎 翁文灝 陳立夫 李以新

杜鎮遠 趙祖康 徐恩曾 程孝剛

沈鴻勛 茅以昇 李熙謀 凌鴻源

薛次莘 沈怡 杜名材 李書田

歐陽崙 趙曾珏 錢昌祚

基金監：章以黻 吳承洛

總幹事：顧毓瑔 副總幹事：歸其琛 張延祥

總會計：朱其清 副總會計：楊簡初

總編輯：吳承洛 副總編輯：顧[illegible]

★ ★ ★

第五十七次董執聯席會議紀錄

時間：三十四年六月三日下午六時

地點：重慶[illegible]中國[illegible]公司會議室

出席者：胡曾珏 歐陽崙 趙祖康 [illegible]

張延祥 歸其琛 曾養甫（茅以昇代）

程孝剛 顧毓琇（顧毓瑔代） 章以黻

[illegible] 吳承洛 朱其清 沈怡

凌鴻勛（沈怡代）

主席：章以黻 紀錄：劉[illegible]

甲、報告事項：（見[illegible]程）

乙、討論事項：

（一）本屆年會籌備以來，業已大致就緒，請再加討論案。

議決：（1）各校工學院學生會員，每校推舉十人，出席本屆年會。

（[illegible]）[illegible]第十兵工廠，以[illegible]先後[illegible]，第十兵工廠一百人[illegible]由機械工程師學會[illegible][illegible]幣五百元，（[illegible]購買一張，獎[illegible]討論事歷時之

（5）大會紀錄，由年會籌備委員會指定人員辦理。

（6）工程[illegible]展覽，保管事宜，由各組委員辦理。

（7）[illegible]，由年會籌備委員會總務委員會[illegible]。

（8）各工程[illegible]，應以「工程建國」[illegible]。由各[illegible]辦理。

（9）[illegible]百[illegible]元，不敷約二百[illegible]元，[illegible]由本會[illegible]，[illegible]辦理。

（二）[illegible]委員會[illegible]，關於[illegible]工程獎章候選人[illegible]，請討論案。

[illegible]報告：[illegible]，關於榮譽工程獎章[illegible]，第一，[illegible]，決不[illegible]。第二，[illegible]，[illegible]工程師及工程人員[illegible]之結果，[illegible]，[illegible]加[illegible]工作，[illegible]會對於[illegible]，[illegible]人。[illegible]，[illegible]，[illegible]。茲特代[illegible]，[illegible]其意見，並另行考慮應得獎章之[illegible]人。

議決：（1）[illegible]報告。

（[illegible]）[illegible]。

（[illegible]）[illegible]之工程集團[illegible]工程[illegible]工程師。

（[illegible]）討論李[illegible]、薛[illegible]，二先生榮譽工程[illegible]

[illegible]：（1）[illegible]工程[illegible]條例。

（[illegible]）推[illegible]（召集人），程孝剛，[illegible]珏，吳承洛，[illegible]先生，[illegible]。（[illegible]先生[illegible]然參加）。並請[illegible]提案人擬具詳細報告，送審查人。

（四）[illegible]會執行部聯席會議，議決，提大會各案，請[illegible]討論。

議決：（1）下列[illegible]提大會。

1 會[illegible]及永久會員問題案。

2 [illegible]委員[illegible]。

3 [illegible]職[illegible]一年案。

4 前三屆會[illegible]出席[illegible]會案。

5 本會[illegible]文名稱案（原有英文名稱係二十四年大會所[illegible]）。

6 工程師[illegible]國[illegible]大會案。

（2）組織提案審查委員會，協助年會提案委員會案，推請趙曾珏，（召集人），趙祖康，章以黻，吳承洛，孫越崎，五位先生，組織提案審查委員會。

（五）審查新會員案

議決：新會員八十一人，審查通過，三十七人[illegible]具手續。

29533

第五十八次董執聯席會議紀錄

時間：三十四年六月八日下午八時。
地點：華懋兩路口中國橋樑公司會議室。
出席者：朱其清（張延祥代）　張延祥　葉秀峯（茅以昇代）　沈百先　錢其琛　譚伯羽
　趙曾珏　韋以黻　孫越崎　胡庶華
　茅以昇　夏光宇　顧毓琇　顧毓瑔
　沈　怡　吳承洛　趙祖康　錢昌祚
　徐恩曾
主席：　韋以黻　　紀　錄：劉茂棠
　甲、報告事項：
（一）司選委員會報告下屆職員選舉結果：
會長：曾養甫　副會長：顧毓琇　徐恩曾
基金監：吳承洛
董事：凌鴻勛　茅以昇　李熙謀　侯家源　薛次莘
　沈　怡　徐名材　李書田　歐陽崙　趙曾珏
（補徐董事恩曾名額）
　乙、討論事項：
（一）擬訂榮譽工程獎章章程，請討論案。
議決：修正通過
（二）三十三年度榮譽工程獎章，請再加討論案。
議決：（1）仍應給與曾養甫先生，惟為接受曾先生之謙德起見，此項獎章可不發給。
（2）軍事委員會工程委員會全體工程師，趕築成都區飛機場，厥功甚偉，惟格於規定，應備函說明。
（三）請討論李承幹賴繼成二先生榮譽工程獎章案。
議決：移下屆董事會辦理。

★　★　★

第五十九次董執聯席會議紀錄

時間：三十四年七月五日下午六時
地點：重慶民族路蓋家巷特七號本會會議室
出席者：趙曾珏　顧毓琇　徐恩曾　孫越崎
　沈　怡　楊繼曾　譚伯羽　韋以黻
　程孝剛　吳承洛　顧毓瑔　顧　英
　陳立夫　夏光宇　趙祖康（夏光宇代）
　茅以昇　錢其琛　鮑　國　朱其清
　歐陽崙　張延祥
主席：徐恩曾　顧毓琇　　紀錄：劉茂棠
開會如儀：
　甲、報告事項：
（一）軍事委員會外事局徵用本會工程大廈合約，業於六月十三日簽訂，該大廈押金尾款國幣五百萬元，經於六月十六日收到，並經將前請法律專家研究合約之意見，備函該局說明。
（二）本會辦事部業於本年七月一日遷移民族路蓋家巷特七號本會新址辦公。
（三）中國造船工程學會，業於本年六月九日假航業大樓舉行會員大會，並改選第三屆理監事。選舉結果：
理事：李允成　張文治　王　超　徐祖善　張合洪
　辛一心　葉在馥　宋建勛　朱天秉
候補理事：黃桂麟　李志翔　王世銓
監事：朱起蟄　邢契莘　楊仁傑
候補監事：沙乘濂
旋於六月十日開第三屆第一次理監事聯席會議，互推李允成為理事長。
（四）各分會近情：
（1）內江分會於本年六月六日假內江成渝鐵路局修建廠舉行年會，到會員三十餘人，並改選下屆職員票選結果：
會長：　何永璞　　副會長：　張學熙
書記：　張大鏞　　會計：　羅一清
（2）老君廟分會於六月二日正式成立，現有會員二十七人，預計可增至百餘人，經選舉。
會長：　邵逸周　　副會長：　嚴　爽　金開英
書記：　萬乃煦　　會計：　熊尚元
該分會會址設於老君廟甘肅油礦局協理室，書信均由該處轉。
（3）宜賓分會已於本年六月十七日，假宜賓中國造紙廠，召開三十四年度第一次會員大會，辦理職員改選事宜，票選結果：
會長：　錢子寧　　副會長：　黃文治
書記：　錦尚仁　　會　計：　張廷輝
該會並舉行學術演講，請金儀先生講「造紙歷史及方法」，邱鼎汾先生講「工程師學會歷史」。
（五）總會計報告
（六）第十三屆年會籌備委員會報告：　本屆經費約需七百六十餘萬元，內總務委員會約用四百七十萬元，聯絡委員會及其他各委員會約用三百萬元。
　乙、討論事項
年會議決各案
（一）請增加本會會費案
（年會決議，本會會費暫增加至三十六倍，將來視生活指數再行調整）
議決：照辦
（二）請停收永久會員案　　董事會提
（年會決議：暫行停止）
議決：照辦，永久會……
（三）本會前三屆……
董事會提
議決：照辦
（四）本次各……
董事會提
議決：照辦
（五）本會……

Engineers案。　董事會提

（年會決議通過，昆明區年會決議，原則通過，惟英文名稱原文Insitute一字，含有學術機構之意味，與本會中文名稱「學會」相符合，又本會及各專門學會之英文名稱，當初曾經詳細研討後，始採用Institute一字，是否有充分理由，必須更改為Society，應請總會慎重考慮之）

議決：照改

（六）關於工程師參加國民大會，擬請大會決定原則，授權董事會，推舉委員三十人，組織委員會辦理案。　董事會提

（年會決議，授權下屆董事會辦理，昆明年會決議，原則通過，組織應以各分會會長為當然委員）。

議決：（1）推各專門學會會長，及本會會長，副會長，茅以昇，洪金坡，李儀祉董事，譚伯羽，夏光宇，錢其琛先生，組織委員會，應請本會會長副會長為召集人（兩星期內召集會議）。

（2）參加國民大會之工程師，請政府規定二十名。

（七）決定下屆年會地點案　董事會提

（年會決議，下屆年會地點定為首都，次為南綏）。

議決：俟將來再加討論

（八）擬加强工程學術團體組織，以求合理案。　趙祖康等五人提

（年會決議，交本會董事會與各專門學會，另組一委員會，籌商辦理）。

議決：推請趙祖康（召集人），趙曾珏，楊繼曾三先生，並請專門學會，各推一人，組織委員會，商討進行。

（九）各工程機關及事業主管機關，應即組織工程人員配合反攻，以便於敵人撤退時，接收收復區及光復區，各工程各工業機關。

譚聲乙等六人提

（年會決議，（一）本會舉行會員總登記，（二）建議政府參考）

議決：交各分會辦理會員登記，淪陷區克復後，儘速成立分會辦理登記事宜。

（十）擬請政府寬籌經費，大量增設技術專科學校高級初級職業學校及技工訓練班，以配合復員及復興時技術人員之需要案。

譚聲乙等六人提

（年會決議，建議政府採擇施行）。

議決：照辦

（十一）建議政府迅速實行薩凡奇氏長江三峽水力發電計劃案。　張大煜等三人提

（年會決議，通過）。

議決：組織委員會從事研討，推請沈怡，（召集人）關頌聲，沈百先，茅以昇，陳中熙五位先生為委員。

（十二）建議總會，以研討薩凡奇氏長江三峽水力發電計劃為本年度中心工作之一案。

昆明分會提

（昆明區大會決議通過）

議決：與第十一案併辦

（十三）宜昌水電計劃，關係我國前途至深且鉅，應如何促其實現案。　石志仁提

（年會決議通過）

議決：與第十一案併辦

（十四）擬請政府抗戰勝利後半年內取消市用度量衡制，專用公制，並請本會組織各項工程手冊編纂委員會以利工業建設案。

吳有榮等十五人提

（年會決議（甲）（乙）兩項送請主管核辦（丙）項交下屆董事會會同各專門委員會辦理）

議決：（甲）（乙）兩項照辦，（丙）項請各專門學會籌辦。

（十五）擬請政府禁用鉛合金作非工業器材以增戰時生産案。

吳有榮等十五人提

（年會決議，請主管機關核辦）。

議決：送戰時生産局

（十六）擬請改善新會員入會及會員升級辦法以利會務案。　吳有榮等十五人提

（年會決議交下屆董事會）

議決：（1）新會員入會經新會員審查委員會審查合格後，即填發入會通知書惟須俟董事會追認後，始予核發會員證。

（2）會員升級照舊辦理。

（十七）請政府注意技工訓練以應需要案

吳健提

（年會決議同一〇）

議決：照辦

（十八）中國科學社之工作，應普及民衆，庶能達到普及科學之目的案。　吳健提

（年會決議送科學社）

議決：保留

（十九）確定工業專科學校及工業職業學校畢業生工程經驗年資，以利介紹入會案。

魏元光等十七人提

（年會決議修正通過）

議決：交新會員審查委員會照辦

（二十）統一全國假定水準基點，（B.M.）標高（Elevation）辦法，以氣壓計（Barometer）所指當地之拔海高度為標準案。

陸鳳山提

（年會決議保留）

議決：保留

（二一）組織都市設計團輪迴設計全國各城市案。

趙曾田提

（年會決議送市政工程學會）

29535

議決：送參考

（二二）應否組織中國農具改良研究會，改良中國農具俾逐漸達到農村機械化案。 王一鳴提

（年會決議送機械工程學會）

議決：送參考

（二三）凡經董事會審定之新會員姓名，應在會務特刊內陸續發表案。 張志丸提

（年會決議通過）

議決：通過

（二四）本會應製定會徽及會歌，象徵發揚工程師精神以固信念，而資號召案。 張志丸提

（年會決議交下屆董事會）

議決：以前製發菱形會徽，爲本會會徽並徵求工程師歌，（先徵求詞句，再徵求曲譜）。

（二五）擬請建議政府責成煤焦及煉油事業工廠注意煤膏副產物及甘油之收集精製，以給高級炸藥軍用無煙藥及礦山爆破藥之原料案。 張志丸提

（年會決議送戰時生產局辦理）

議決：送戰時生產局參考

（二六）本會各地分會應如何與各專門學會取得聯繫，請討論案。 張志丸提

（年會決議，交下屆董事會）。

議決：與第八案併辦

（二七）擬建議政府，改善度量衡市用制，並通令各教育機關，編譯教材一律採用公制案。 吳羅淵提

（年會決議，送工程標準協進會）

議決：照辦

（二八）擬建議政府通令各公私機關，及工廠，一律採行公制螺紋案。 吳羅淵提

（年會決議，送工程標準協進會）。

議決：照辦

（二九）擬建議政府通令全國各機關學校一律採用挪氏速寫表案。 吳羅淵提

（年會決議，交下屆董事會）

議決：送工程標準協進會（與第二十八案併辦）.

（三〇）請大會爲抗戰期中殉職工程師請褒並籌設永久紀念案。 茅以昇等四人提

（年會決議通過）

議決：在總會陵園立碑紀念，俟抗戰結束後辦理，並先請史料委員會及分會[illegible]調查。

（三一）爲本會前會長[illegible]先生以身殉職事功與身世，請由本會列其事蹟呈請政府明令褒揚案。 茅以昇等五人提

（年會決議通過）

議決，照辦送請交通部轉呈

（三二）工業建設綱議案 李承幹提

（年會決議保留）

議決：保留

（三三）請大會建議水利委員會即時成立堅強永久測驗總機構，以利水利建設案 陳揚提

（年會決議，送請水利委員會核辦）

議決：照辦

（三四）請大會建議政府動員各部門工程人員，配合各戰場軍事行動修復收復區各項工程以紓民困而促復興案。 陳揚提

（年會決議同（九））

議決：與第九案併辦

（三五）請大會建議政府規定工程人員之資歷不論其服務任何工程部門皆認爲一律連續有效，以增保障，而利動員案。 陳揚提

（年會決議，建議政府不論服務公私機關工程人員調至其他公家機關時，應採算年資，如在本行者，應十足計算，非本行者，視相關程度酌予資位）。

議決：送請銓敍部酌辦

（三六）請大會建議即時設立，中國工程文獻館，收集編纂，整理工程文獻案。 陳國[illegible]提

（年會決議，交下屆董事會）

議決：送史料委員會

（三七）請將中國工程師學會改爲「中國工程師公會」並確定爲法定團體案。 莊智煥，雷寶華提

（年會決議，本會保留，公會得另行組織）。

議決：保留

（三八）爲紀念美國故大總統羅斯福先生對於人類之偉大貢獻，並促進中美邦交與工程技術觀摩起見，擬籌建羅斯福工程館，是否有當，擬請公決案 盧毓駿等九人提

（年會決議，本案保留，俟將來吾國有偉大工程完成，應以羅斯福命名）。

議決：保留

（三九）切實推行工業標準案 朱一誠等六人提

（年會決議通過）

議決：送工程標準協進會

（四〇）提請於本會內設置委員會，根據現代技術要求，研討工礦，交通、及公用事業，各項法規，貢獻政府，以期推行法治，而利經濟建設案。 陸桂祥等二十四人提

（年會決議，通過，送下屆董事會成立研討會，並須與各主管部同保持聯繫）。

議決：定名爲工程專業法規研討委員會，推請夏光宇（召集人），歐陽崙、趙祖康、[illegible]、陸桂祥、李鳴龢、孫越崎、李熙謀、趙曾珏、張家祉、沈嗣芳、朱有騫、周茂柏、莊智煥、林繼庸、爲委員。

（四一）提請大會設工業管理促進委員會案 楊允植等五人提

（年會決議，建議經濟部）

議決：照辦

（四二）請政府提早完成綦江鐵路，以利煤鐵運輸案　朱謙等十人提

（年會決議通過，呈請政府辦理）

議決：送交通部參攷

（四三）建議本會改組爲工程師會，各專門學會未成立者促其成立，本會與各專門學會無系統關係，但爲須取得聯絡，凡就工程師之福利事項，及有關一般學會以上之學術研討事項，由本會主持，（以外路之各學會爲基本學會以工程師會員集體之會），（各專門學會負責出席本會董事會），請公決案　王元康提

（年會決議，交下屆董事會，與趙祖康等所提關於加強本會組織案，併案辦理）。

議決：與第八案併辦

（四四）擬請本會建議政府，對於邊疆工作之工作人員，優予待遇，幷於完工後，予以繼續指派工作之保障案。

[illegible]等八人提

（年會決議通過，呈請政府辦理）。

議決：照辦

（四五）請政府從速制定，統購外國機器方案，以發展紡織工業案。　中國紡織學會提

（年會決議，交下屆董事會）。

議決：送經濟部參攷

（四六）請本會及專門學會，提高論文質量，並組織經常之論文委員會，注重平時徵稿案。

論文提案委員會提

（年會決議通過）

議決：照辦

（四七）建議下屆董事會，設立論評委員會，經常[illegible]工程[illegible]案。

論文提案委員會提

（年會決議通過）

議決：通過，推[illegible]以[illegible]先生爲主任委員，並請擬具[illegible]法。

（四八）中國工程師學會，贈與工程榮譽獎章辦法草案。　董事會提

（年會決議修正通過），原文第四條之工程師協會下添「或代表團體之個人」。

議決：照辦

（四九）請建議政府，取消硝礦管制法令，以及各種捐稅，以利化學工業案。　化工學會提

（年會決議，交下屆董事會）。

議決：送呈行政院

（五〇）請救濟工業專科以上學校教員缺乏案。

化工學會提

（年會決議，交下屆董事會）。

議決：保留

（五一）擬請政府充實工程教育，以配合建國工作案　城固分會余謙等八人提

（年會決議同第十案）

議決：送教育部（與第十案併辦）

（五二）建議總會，在每年年會時間，即將下屆年會地點討論案。　蘭州分會提

（蘭州分會決議，與總會合辦，大會決議，照向例辦理）

議決：照向例辦理

（五三）再建議政府，在甘寧青新四省，籌備科系完備之工程學校案。　蘭州分會提

（蘭州分會決議，電總會以書面分呈主席及行政院採擇施行，大會決議呈請政府辦理）

議決：送教育部參攷

（五四）建議政府，統籌統購近年來歐美各國新出各種工程圖書雜誌，按本屆年會所分區域，各區分配，包括各員書籍，由各區分會保管，據使該區工程師隨時閱覽，參攷，以求增進新知識案。　蘭州分會提

（蘭州分會決議，請總會轉請政府[illegible]，大會決議，呈請政府辦理）。

議決：凡有會所之分會，由總會轉[illegible]（請張延祥先生接洽）。

（五五）建議政府，把握時機，趁隴海鐵路通車，與人力物力之設備，提早接修完成天蘭段之鐵路，以開西北交通案。　蘭州分會提

（蘭州分會決議，請總會轉請政府提早接修，大會議決，呈請政府辦理）

議決：呈行政院

（五六）建議政府繼續建修甘省南岸平疊兩渠，以利生產案　蘭州分會提

（蘭州分會決議，電總會建議，分配貸款繼續大會決議，建議政府辦理）。

議決：送水利工程學會研究

（五七）建議政府，從速開發黃河上流水力發電，以便推廣電力灌溉，並配合西北各縣工業建設案。　蘭州分會提

（蘭州分會決議，轉請政府從速開發研究，提早實施，大會決議送請主管機關辦理）

議決：與第五十六案併辦

（五八）建議政府，從速疏濬黃河上流青甘寧三省間水道以利航運案。　蘭州分會提

（蘭州分會決議，電總會轉請政府從速在勘研究提早實施，大會議決送請主管機關辦理）。

議決：與第五十六案併辦

（五九）請組織當期演講會案　譚伯羽提

議決：與第四十七案併辦

（六〇）建議各報館及通訊社，增聘工程記者，報導正確消息案　中國土木工程學會提

29537

（中國土木工程學會決議，事關整個工程專案，送請中國工程師學會酌辦）

議決：請程孝剛（召集人）、吳承洛、朱其清、夏光宇、羅英五位先生研究。

其他議案

（六一）吳德楣願捐購四開機一部（價款二百餘萬元）與兵工學校合作印刷本會刊物案

議決：參加交通印刷公司，（先請茅以昇先生洽詢投資辦法）

（六二）鑫鑫鋼鐵廠前捐二分元鋼乙噸，（建鑫營造廠願以五十萬元購入）及事業委員會前捐鋼料乙批，計一六一根，重一八一三市斤，如何辦理，請討論案

議決：請朱其清、張延祥、二先生，會商辦理。

（六三）凌董事鴻勛請辭董事職務案

議決：俟凌董事任期滿時，請司選委員會注意

（六四）會所管理問題案

議決：組織會所管理委員會，推請夏光宇（召集人），歐陽崙，莊前鼎、顧毓瑔、朱其清、五位先生為委員。

（六五）普通工程論文稿，如何辦理案

議決：交常期論文委員會辦理，並通知趙祖康、夏光宇先生。

（六六）請求合作銀行預付本會工程大廈租金案，（前經將押租二百萬元，及息金二十四萬元，送該銀行，請其照所付之息，不足比期利息，擬請酌加。並將所加之數，作為捐贈本會之款）

議決：照比期利息加補三十二萬元，至捐[illegible]由該行酌奪，並函說明。

（六七）關於本會基金用途案

議決：俟鍾鍔先生說明後，再行辦理。

（六七）聘請執行部各職員及各委員會主任委員案

議決：總幹事：顧毓瑔　副總幹事：張延祥　錢其琛　總編輯：吳承洛　副總編輯：羅英　總會計：朱其清　副總會計：（請朱總會計物色人選）。

國父實業計劃研究會會長：陳立夫

總幹事及理事人選（由陳會長提出）

中國工程標準協進會會長：譚伯羽

副會長：吳承洛　韋以黻

工程技術獎進委員會主任委員：翁文灝

副主任委員：韋以黻：楊繼曾

總幹事：歐陽崙

材料試驗委員會主任委員：顧毓瑔

工程史料編纂委員會主任委員：吳承洛

獎學金基金委員會主任委員：朱其清

基金募集委員會主任委員：陳立夫

副主任委員：鍾鍔

新會員審查委員會主任委員：韋以黻

副主任委員：錢其琛　張延祥

工程專業法規研討委員會主任委員：夏光宇

演講委員會主任委員：茅以昇

國際技術合作委員會主任委員：曾養甫

總幹事：趙曾珏

★　★　★

本會啟事

以下三項致各分會通函，恐未週知，特再請各會員查照。

★　★　★

案查本會第十三屆年會，董事會提請增加本會會員會費案，當經大會議決：「本會會費暫增加至三十六倍，將來視生活指數，再行調整。」并經本會第五十九次董執聯會議決：「照辦。」各節情，紀錄在卷。相應函達，即請查照辦理為荷。此致

中國工程師學會各地分會

（第3597號函，三十四年八月十一日發）

★　★　★

案查本會第十三屆年會，董事會提請停收永久會費案，當經大會議決：「暫行停收」。并經本會第五十九次董執聯會議決：「照辦，永久會員資格，俟戰後擬定。」各節情，紀錄在卷，相應函達，即希查照辦理為荷。此致

中國工程師學會各地分會

（第3596號函，三十四年八月十一日發）

★　★　★

逕啟者，本會現以執行各種會務，需款既鉅且迫，所有各分會所收會員證費，擬請于文到十日內，繳送到會，以應急需，其分會尚已收取會員證費，即請統數造冊，送會為荷，此致

中國工程師學會各地分會

（第3614號函三十四年八月二十日發（

★　★　★

第十三屆年會提案討論目錄

（一）各工程或工業主管機關，應即組織工程人員，配合反攻，以便於敵人撤退時，接收收復區及光復區各工程及工業機關案。

決議：（一）本會舉行會員總登記，

（二）建議政府參考。

（二）擬請政府寬籌經費，大量增設技術專科學校，高級初級職業學校及技工訓練班，以配合復員及復興時，技術人員之需要案。

決議：建議政府採擇施行。

（一）建議政府速籌實行薩凡奇氏長江三峽水力發電計劃案。

決議：通過。

（四）宜昌水電計劃，關係我國前途至深且鉅，應如何促其實現案。

決議：通過

（五）擬請政府抗戰勝利後半年內，取消市用度量衡制，專用公制；並請本會組織各項工程手冊編纂委員會，以利工業建設案[illegible]

決議：（甲）（乙）兩項送請主管機關核辦（丙）項交下屆董事會會同各專門委員辦理。

（六）擬請政府禁用鋁合金作非工業器材，以增戰時生產案。
決議：請主管機關核辦。

（七）擬請改善新會員入會及會員升級辦法，以利會務案。
決議：交下屆董事會。

（八）請政府注重技工訓練，以應需要案。
決議：同（二）。

（九）我國科學社之工作，應廣及民衆，庶能達到普及科學之目的案。
決議：送科學社。

（十）確定工業專科學校及工業職業學校畢業生工程經驗年資，以利介紹新會員案。
決議：修正通過。

（一一）統一全國假定水準基點（B.M.）標高（Elevation）辦法，以氣壓計所指當地之拔海高度爲標準案。
決議：保留

（一二）組織都市設計團輪迴設計全國各城市案。
決議：交市政工程學會。

（一三）應否組織中國農具改良研究會，改良中國農具，俾逐漸達到農村機械化案。
決議：送農業工程學會。

（一四）凡經董事會審定之新會員姓名，應在會務特刊內陸續發表案。
決議：通過。

（一五）本會應製定會徽及會旗，象徵發揚工程師精神，以固信念，而資號召案。
決議：交下屆董事會。

（一六）擬請建議政府，責成煤焦及肥皂油脂工廠，注意煤膏副產物，及甘油工廠，收集精製，以裕高級炸藥，軍用無烟藥，及礦山爆破藥，之原料案。
決議：送生產局參酌辦理。

（一七）本會各地分會，應如何與各專門學會，取得聯繫……
決議：交下屆董事會。

（一八）擬建設政府，改善度量衡市用制，并通令各教育機關編譯教科書，一律採用公制案。
決議：同（五）

（一九）擬建設政府，通令各公私機關及工廠，一律採用公制螺紋案。
決議　送工業標準委員會。

（二〇）擬建設政府，通令全國各機關學校，一律採用擴氏寒暑表案。
決議：交下屆董事會。

（二一）請大會爲抗戰期中殉職工程師誌悼，並籌設永久紀念案。
決議：通過

（二二）爲本會前會長陳子博先生，以身殉職事，功與事世，請由本會列其事蹟，呈請政府明令褒揚案。
決議：通過

（二三）工業建設意識案。
決議：保留

（二四）請大會建議水利委員會，即籌成立堅强水文測驗機構，以利水利建設案。
決議：送請水利委員會核辦。

（二五）請大會建議政府動員，各部門工程人員，配合各戰場軍事行動修復區各項工程，以紓民困，而促復興案。
決議：同（一）。

（二六）請大會建議政府，規定工程人員之資歷，不論其服務任何工程部門，皆認爲一律連續有效，以增保障，而利動員案。
決議：建議政府，不論服務公私機關工程人員，調至其他公家機關，應接算年資。如在本行者，應十足計算；非本行者，應相距程度酌予資位。

（二七）請大會建議即時設立中國工程文獻館，收集圖集整理工程文獻案。
決議：交下屆董事會。

（二八）請將中國工程師學會改爲「中國工程師公會」，並確定爲職業團體案。
決議：本會保留，公會得另行組織。

（二九）爲紀念美國故大總統羅斯福先生，對於人類之偉大貢獻，并促進中美邦交與工程技術觀摩起見，擬籌建羅斯福工程館，是否有當擬請公決案。
決議：本案保留，俟將來吾國有偉大工程完成，應總統命名。

（三〇）切實推行工業標準案。
決議通過：

（三一）提請於本會內設置委員會，根據現代技術要求，研討工礦交通及公用事業各項法設，貢獻政府，以期推行法治，而利經濟規案。
決議：通過；交下屆董事會成立研究會，並須與各主管部同樣組織連繫。

（三二）提議大會，添設工業管理促進委員會案。
決議：建議經濟部。

（三三）請政府提早完成綦江鐵路，以利煤鐵運案，
決議：通過；呈請政府辦理。

（三四）建議本會改組爲工程師會，各專門學會未成立者，促其成立。本會與各專門學會，無系統關係；但應須取得聯絡，凡關工程留之福利事項，及有關一個學會以上之學術研討事項，由本會主持。（以列舉之各學會爲基本學會，以工程師會爲集團之…

29539

）。（各專門學會會長出席本會董事會）請公決案。
決議：交下屆董事會與趙祖康等所提關於加强本會組織案併辦理。

（三五）擬請本會建議政府，對於邊疆工作之工作人員，優予待遇，並於完工後，予繼續指派工作之保障案。
決議通過：呈請政府辦理。

（三六）請政府從速訂定統購外國設器方案，以發展紡織工業案。
決議：通過。

（三八）建議下屆董事會設立演講委員會，經常辦理工程講演事宜案。
決議：通過。

（三九）中國工程師學會贈與工程榮譽獎章辦法草案。
決議：修正通過。（原文第四條之工程師個人下添『代表團體之個人』）。

（四〇）請建議政府取消硝磺管制法令，以及各種附稅，以利化學工業。
決議：交下屆董事會。

（四一）請救濟工業專科以上學校教員缺乏。
決議：交下屆董事會。

（四二）擬請政府充實工程教育，以配合建國工作案。
決議：同（二）。

蘭州分會提案

（一）建議總會在每年會期間，即將下屆年會地點討論案。
決議：與總會合辦。
大會決議照向例辦理。

（二）請建議政府在甘、寧、青、新四省，籌備科目完善之工程學校。
決議：由本會以書面分呈　蔣主席及行政院核辦施行。
大會決議呈請政府辦理。

（三）建議政府獎勵統譯近年來歐美各國新出各種工程書籍雜誌，按本屆年會劃分區域，各區分別包括各省市籍由各區分會辦理，務使該區工程師隨時閱讀參攷，以求增進新知識。
決議：請總會商請政府統籌辦理。
大會決議呈請政府辦理。

（四）建議政府把握時機，趁著天成路通車與人力，物力之設備，提早修完成天蘭段之事，以利西北交通案。
決議請總會轉請政府提早修修。
大會決議呈請政府辦理。

（五）建議政府繼續速修甘省南豐年豐兩渠，以增生產案。
決議：電總會建議分配貸款繼修。
大會決議建議政府辦理。

（六）建議政府從速開發黃河上游水力發電以期推廣電力灌溉，並配合西北各項工業計設案。
決議：轉請政府從速開發研究，提早實施。
大會決議送請主管機關辦理。

（七）建議政府從速疏濬黃河上流青、甘、寧三省間水道，以利航運案。
決議：電總會轉請政府從速查勘研究，提早實施。
大會決議送請主管機關核辦。

★　★　★

美州分會出版 JOURNAL

本會美洲分會在紐約出版 C.I.E. Journal，於1943年11月出版第一卷第二期，於1944年5月出版二卷第一期，全係英文撰述，會寄回十餘份，除分贈國內各機關各校圖書館外，本會重慶會所留存一份，備會員閱覽，該分會通訊地址為

Chinese Institute of Engineers.
America Section.
Suite 1918.630 Fifth Avenue.
New York 20. N.Y.

★　★　★

美國 A.S.C.E. 寄贈雜誌

美國土木工程師學會寄贈Proceedings二册，計1945年一月至五月，現陳列本會圖書室備閱。

★　★　★

辰谿分會出版『工程通訊』

本會辰谿分會，於32年6月創刊『工程通訊』，因寄寄京不易，茲將其題目如下，重慶本會存有餘書，代售每册國幣一百元，共第一期及第二期兩册

湘西土法煉鋼之考察	向　[illegible]
調查某廠製煉鋼生鐵之方法	蕭鼎蓮
鋼之臨界漲縮現象在淬火上所起之影響	熊舜中
國產鉻鋼鐵之使用經過	馬千里
酒精製造	賀世薇
戰時硝酸之製造	鄧殷鏞
改良沅水河道管見	李志甚
對于兩個「五年」計划中所需水泥及鋼鐵之建議	張宗漢
高級鑄鐵製造法之研討	羅俊奇
二次世界大戰中戰術與武器之新姿態	張叔方
鈹——怪金屬	張叔方
樣板之製造	柏泉培
各種內燃機之比較	鮑慶恩